中国气象灾害年鉴

中国气象局

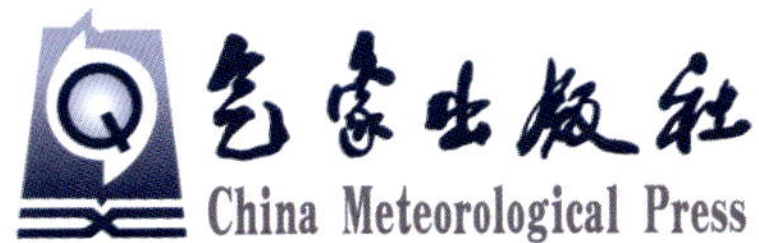

中国气象灾害年鉴

Yearbook of Meteorological Disasters in China

内容简介

本年鉴是中国气象局主要业务产品之一。全书共分为六章，第1章重点描述和分析2014年重大气象灾害和异常气候事件；第2章按灾种分析年内对我国国民经济产生较大影响的干旱、暴雨洪涝、热带气旋、局地强对流、沙尘暴、低温冷冻害和雪灾以及雾、霾、雷电、高温热浪、酸雨、农业气象灾害、森林草原火灾、病虫害等发生的特点、重大事例，并对其影响进行评估；第3、4章分别从月和省(区、市)的角度概述气象灾害的发生情况；第5章分析2014年全球气候特征、重大气象灾害；第6章介绍2014年中国气象局防灾减灾重大事例。本年鉴附录给出气象灾害灾情统计资料和月、季、年气候特征分布图以及港澳台地区的部分气象灾情。本书比较全面地总结分析了2014年我国气象灾害特点及其影响，可供从事气象、农业、水文、国土、矿业、地质、地理、生态、环境、保险、人文、经济、社会其他行业以及灾害风险评估管理等方面的业务、科研、教学和管理决策人员参考。

图书在版编目(CIP)数据

中国气象灾害年鉴. 2015 / 中国气象局编著. --北京：气象出版社，2016.11

ISBN 978-7-5029-6427-6

Ⅰ.①中… Ⅱ.①中… Ⅲ.①气象灾害-中国-2015-年鉴 Ⅳ.①P429-54

中国版本图书馆CIP数据核字(2016)第227480号

出版发行：气象出版社

地　　址：北京市海淀区中关村南大街46号　　**邮政编码**：100081

电　　话：010-68407112(总编室)　010-68409198(发行部)

网　　址：http://www.qxcbs.com　　**E-mail**：qxcbs@cma.gov.cn

责任编辑：张　斌　　**终　　审**：邵俊年

责任校对：王丽梅　　**责任技编**：赵相宁

封面设计：王　伟

印　　刷：北京中科印刷有限公司

开　　本：889 mm×1194 mm　1/16　　**印　　张**：15

字　　数：440千字

版　　次：2016年11月第1版　　**印　　次**：2016年11月第1次印刷

定　　价：120.00元

中国气象灾害年鉴(2015)

编审委员会

主　任：许小峰

委　员（以姓氏拼音字母为序）：

毕宝贵　巢清尘　陈海山　端义宏　顾建峰　矫梅燕　李茂松
李维京　刘传正　刘志雨　潘家华　宋连春　杨军　张强
张祖强

科学顾问：丁一汇

编辑部

主　编：宋连春

副主编：翟建青　苏布达　侯威

编写人员（以姓氏拼音字母为序）：

白鹤鸣　戴升　丁国安　段居琦　段素莲　樊静　高歌　高学群
格桑　郭安红　何延波　贺芳芳　侯青　侯威　胡菊芳　黄大鹏
姜彤　李晶　李茜　李荣庆　李莹　廖要明　刘昌义　刘诚
刘栋　刘绿柳　刘雅星　吕厚荃　毛以伟　任律　任雨　沈军
舒文军　宋艳玲　苏布达　苏占胜　孙霞　王安乾　王春学　王纯枝
王大勇　王飞　王秀荣　王阳　王有民　文明章　吴琼　吴蓉
伍红雨　肖潺　徐良炎　许红梅　叶殿秀　于俊伟　于群　俞亚勋
翟建青　张存杰　张亚杰　张义军　赵长海　赵慧霞　赵珊珊　钟海玲
周德丽　周美丽　周小兴　朱晓金

序　言

气象灾害是指由气象原因直接或间接引起的，给人类和社会经济造成损失的灾害现象。20世纪90年代以来，在全球气候变暖背景下，气象灾害呈明显上升趋势，对经济社会发展的影响日益加剧，给国家安全、经济社会、生态环境以及人类健康带来了严重威胁。随着我国社会经济发展进程的加快，气象灾害的风险越来越大，影响范围也越来越广。因此，必须把加强防灾减灾作为重要的战略任务，不断提高气象服务水平和服务手段，加强气象灾害的监测、分析、预警能力和水平，为我国经济社会可持续发展提供科技支撑。

气象灾害信息是气象服务的重要组成部分，也是气象灾害预测与评估的基础资料。中国气象局立足于经济社会发展，为提高防灾抗灾能力、保护人民生命财产安全和构建和谐社会的需求，发挥气象部门优势，从2005年开始组织国家气候中心、国家气象中心、中国气象科学研究院、国家气象卫星中心以及各省（区、市）气象局共同编撰出版《中国气象灾害年鉴》。《中国气象灾害年鉴》为研究自然灾害的演变规律、时空分布特征和致灾机理等提供了宝贵的基础信息，也为开展灾害风险综合评估、科学预测和预防气象灾害提供了有价值的参考。

2014年，我国北方阶段性伏旱突出，汛期南方暴雨过程频繁，但未出现大的流域性暴雨洪涝灾害，洪涝灾害总体偏轻；华西和黄淮等地秋雨量大、强度强，局地滑坡、泥石流灾害重；生成和登陆台风偏少，但登陆台风强度大；中东部雾、霾天气频繁，影响交通和人体健康；华南地区高温日数多，长江中下游地区出现凉夏；雪灾、低温冷冻害和连阴雨对农业生产有一定影响。2014年全国因气象灾害及其次生、衍生灾害导致受灾人口近

2.4亿人次，因灾死亡失踪约1055人，农作物受灾面积2485.2万公顷，绝收面积308.8万公顷，直接经济损失2964.7亿元。总体来看，2014年气象灾害直接经济损失超过1990—2013年的平均水平，因灾死亡或失踪人数和受灾面积均明显少于1990—2013年平均值。综合来看，2014年气象灾害为偏轻年份。

《中国气象灾害年鉴(2015)》系统地收集、整理和分析了2014年我国所发生的干旱、暴雨洪涝、台风、冰雹和龙卷风、沙尘暴、低温冷冻害和雪灾等主要气象灾害及其对国民经济和社会发展的影响，还收录了港澳台地区的部分气象灾情及全球重大气象灾害；给出全年主要气象灾害灾情图表、主要气象要素和天气现象特征分布图。希望通过本年鉴对2014年气象灾害的总结分析，能为有关部门加强防灾减灾工作和减少气象灾害损失提供帮助。

中国气象局副局长

许小峰

编写说明

一、资料来源

本年鉴气象资料来自我国各级气象部门的气象观测整编资料和相关分析报告及产品。灾情资料来自民政部、国家减灾委办公室会同工业和信息化部、国土资源部、交通运输部、水利部、农业部、卫生计生委、统计局、林业局、地震局、气象局、保监会、海洋局、总参谋部、总政治部、中国红十字会总会、中国铁路总公司等部门会商核定的数据以及地方各级民政部门上报的数据。

二、气象灾害收录标准

1. 干旱

指因一段时间内少雨或无雨，降水量较常年同期明显偏少而致灾的一种气象灾害。干旱影响到自然环境和人类社会经济活动的各个方面。干旱导致土壤缺水，影响农作物正常生长发育并造成减产；干旱造成水资源不足，人畜饮水困难，城市供水紧张，制约工农业生产发展；长期干旱还会导致生态环境恶化，甚者还会导致社会不稳定进而引发国家安全等方面的问题。

本年鉴收录整理的干旱标准为一个省（自治区、直辖市）或约 5 万平方千米以上的某一区域，发生持续时间 20 天以上，并造成农业受灾面积 10 万公顷以上，或造成 10 万以上人口生活、生产用水困难的干旱事件。

2. 暴雨洪涝

指长时间降水过多或区域性持续的大雨（日降水量 25.0～49.9 毫米）、暴雨以上强度降水（日降水量大于等于 50.0 毫米）以及局地短时强降水引起江河洪水泛滥，冲毁堤坝、房屋、道路、桥梁，淹没农田、城镇等，引发地质灾害，造成农业或其他财产损失和人员伤亡的一种灾害。

华西秋雨是我国华西地区秋季（9—11 月）连阴雨的特殊天气现象。秋季频繁南下的冷空气与暖湿空气在该地区相遇，使锋面活动加剧而产生较长时间的阴雨天气。华西秋雨的降水量虽然少于夏季，但持续降水也易引发秋汛。华西秋雨主要涉及的行政区域包括湖北、湖南、重庆、四川、贵州、陕西、宁夏、甘肃等 6 省 1 市 1 区。

本年鉴收录整理的暴雨洪涝标准为某一地区发生局地或区域暴雨过程，并造成洪水或引发泥石流、滑坡等地质灾害，使农业受灾面积达 5 万公顷以上，或造成死亡人数 10 人以上，或造成直接经济损失 1 亿元以上。

3. 台风

热带气旋是生成于热带或副热带洋面上，具有有组织的对流和确定的气旋性环流的非锋面性涡旋的统称，分为热带低压、热带风暴、强热带风暴、台风、强台风和超强台风六个等级。其中热带气旋底层中心附近最大平均风速达到 10.8～17.1 米/秒（风力 6～7 级）为热带低压，

达到17.2～24.4米/秒(风力8～9级)为热带风暴，达到24.5～32.6米/秒(风力10～11级)为强热带风暴，达到32.7～41.4米/秒(风力12～13级)为台风，达到41.5～50.9米/秒(风力14～15级)为强台风，达到或大于51.0米/秒(风力16级或以上)为超强台风。热带气旋尤其是达到台风强度的热带气旋具有很强的破坏力，狂风会掀翻船只、摧毁房屋和其它设施，巨浪能冲破海堤，暴雨能引发山洪。在我国，通常将热带风暴及以上强度的热带气旋统称为“台风”。

本年鉴收录整理的台风标准为中心附近最大风力大于等于8级的热带气旋，且对我国造成10人以上死亡或直接经济损失1亿元以上。

4. 冰雹和龙卷风

冰雹是指从发展强盛的积雨云中降落到地面的冰球或冰块，其下降时巨大的动量常给农作物和人身安全带来严重危害。冰雹出现的范围虽较小，时间短，但来势猛，强度大，常伴有狂风骤雨，因此往往给局部地区的农牧业、工矿企业、电信、交通运输以及人民生命财产造成较大损失。龙卷风是一种范围小、生消迅速，一般伴随降雨、雷电或冰雹的猛烈涡旋，是一种破坏力极强的小尺度风暴。

本年鉴收录整理的冰雹和龙卷风标准为在某一地区出现的风雹过程，使农业受灾面积1000公顷以上，或造成3人以上死亡的灾害过程。

5. 沙尘暴

指由于强风将地面大量尘沙吹起，使空气浑浊，水平能见度小于1000米的天气现象。水平能见度小于500米为强沙尘暴，水平能见度小于50米为特强沙尘暴。沙尘暴是干旱地区特有的一种灾害性天气。强风摧毁建筑物、树木等，甚至造成人畜伤亡；流沙埋没农田、渠道、村舍、草场等，使北方脆弱的生态环境进一步恶化；沙尘中的有害物及沙尘颗粒造成环境污染，危害人们的身体健康；恶劣的能见度影响交通运输，并间接引发交通事故。

本年鉴收录整理的标准是沙尘暴以上等级，并且造成3人及以上死亡的灾害过程。

6. 低温冷(冻)害及雪(白)灾

低温冷(冻)害包括低温冷害、霜冻害和冻害。低温冷害是指农作物生长发育期间，因气温低于作物生理下限温度，影响作物正常生长发育，引起农作物生育期延迟，或使生殖器官的生理活动受阻，最终导致减产的一种农业气象灾害。霜冻害指在农作物、果树等生长季节内，地面最低温度降至0℃以下，使作物受到伤害甚至死亡的农业气象灾害。冻害一般指冬作物和果树、林木等在越冬期间遇到0℃以下(甚至－20℃以下)或剧烈变温天气引起植株体冰冻或丧失一切生理活力，造成植株死亡或部分死亡的现象。雪灾指由于降雪量过多，使蔬菜大棚、房屋被压垮，植株、果树被压断，或对交通运输及人们出行造成影响，造成人员伤亡或经济损失的现象。白灾是草原牧区冬春季由于降雪量过多或积雪过厚，加上持续低温，雪层维持时间长，积雪掩埋牧场，影响牲畜放牧采食或不能采食，造成牲畜饿冻或因而染病、甚至发生大量死亡的一种灾害。

本年鉴收录整理的低温冷(冻)害及雪(白)灾标准为影响范围1万平方千米以上并造成农业受灾面积1000公顷以上，或造成2人以上死亡，或死亡牲畜1万头(只)以上，或造成经济损失100万元以上。

7. 雾和霾

雾是指近地层空气中悬浮的大量水滴或冰晶微粒的乳白色的集合体，使水平能见度降到1千米以下的天气现象。雾使能见度降低会造成水、陆、空交通灾难，也会对输电、人们日常生活等造成影响。

霾是一种对视程造成障碍的天气现象，大量极细微的干尘粒等均匀地浮游在空中，使水平能见度小于10千米，造成空气普遍浑浊。由于霾发生时，气团稳定，污染物不易扩散，严重威胁人体健康。

本年鉴收录整理的雾霾标准为影响范围1万平方千米以上，持续时间2小时以上；并因雾霾造成2人以上死亡，或造成经济损失100万元以上。

8. 雷电

雷电是在雷暴天气条件下发生于大气中的一种长距离放电现象，具有大电流、高电压、强电磁辐射等特征。雷电多伴随强对流天气产生，常见的积雨云内能够形成正负的荷电中心，当聚集的电量足够大时，形成足够强的空间电场，异性荷电中心之间或云中电荷区与大地之间就会发生击穿放电，这就是雷电。雷电导致人员伤亡，建筑物、供配电系统、通信设备、民用电器的损坏，引起森林火灾，造成计算机信息系统中断，致使仓储、炼油厂、油田等燃烧甚至爆炸，危害人民财产和人身安全，同时也严重威胁航空航天等运载工具的安全。

本年鉴所收集整理的雷电灾害事件标准为雷击死亡3人及以上的灾害过程。

9. 高温热浪

本年鉴将日最高气温大于或等于35℃定义为高温日；连续5天以上的高温过程称为持续高温或“热浪”天气。高温热浪对人们日常生活和健康影响极大，使与热有关的疾病发病率和死亡率增加；加剧土壤水分蒸发和作物蒸腾作用，加速旱情发展；导致水电需求量猛增，造成能源供应紧张。

本年鉴收录整理的标准为对人体健康、社会经济等产生较大影响的高温热浪过程。

10. 酸雨

pH值小于5.6的降雨、冻雨、雪、雹、露等大气降水称为酸雨。酸雨的形成是大气中发生的错综复杂的物理和化学过程，但其最主要因素是二氧化硫和氮氧化物在大气或水滴中转化为硫酸和硝酸所致。酸雨的危害包括森林退化，湖泊酸化，导致鱼类死亡，水生生物种群减少，农田土壤酸化、贫瘠，有毒重金属污染增强，粮食、蔬菜、瓜果大面积减产，使建筑物和桥梁损坏，文物遭受侵蚀等。

本年鉴按照大气降水pH值≥5.6为非酸性降水、4.5≤pH值<5.59为弱酸性降水、pH值<4.5为强酸性降水的标准对酸雨基本情况进行分析和整理。

11. 农业气象灾害

农业气象灾害是指不利的气象条件给农业生产造成的危害。农业气象灾害按气象要素可分为单因子和综合因子两类。由温度要素引起的农业气象灾害，包括低温造成的霜冻害、冬作物越冬冻害、冷害、热带和亚热带作物寒害以及高温造成的热害；由水分因子引起的有旱害、涝害、雪害和雹害等；由风力异常造成的农业气象灾害，如大风害、台风害、风蚀等；由综合气象要素引起的农业气象灾害，如干热风、冷雨害、冻涝害等。此外，广义的农业气象灾害还包括畜牧气象灾害（如白灾、黑灾、暴风雪等）和渔业气象灾害等。

本年鉴所收集整理的农业气象灾害标准为对农作物生长发育、产量形成造成不利影响，导致作物减产、品质降低、农田或农业设施损毁等影响较大的灾害过程或事件。

12. 森林草原火灾

指失去人为控制，并在森林内或草原上自由蔓延和扩展，对森林草原生态系统和人类带来一定危害和损失的火灾过程。

本年鉴收录整理的森林草原火灾标准为造成森林草原受灾面积100公顷以上，或造成人员伤亡，或造成经济损失100万元以上。

13. 病虫害

病虫害是农业生产中的重大灾害之一，指虫害和病害的总称，它直接影响作物产量和品质。虫害指作物生长发育过程中，遭到有害昆虫的侵害，使作物生长和发育受到阻碍，甚至造成枯萎死亡；病害指植物在生长过程中，遇到不利的环境条件，或者某种寄生物侵害，而不能正常生长发育，或是器官组织遭到破坏，表现为植物器官上出现斑点、植株畸形或颜色不正常，甚至整个器官或全株死亡与腐烂等。

本年鉴收录整理的病虫害标准为与气象条件相关的病虫害，造成受灾面积100万公顷以上。

三、港澳台地区灾情

全国气象灾情统计数据未包含香港、澳门和台湾地区，港澳台地区的部分灾情见附录6。

四、主要灾情指标解释

受灾人口

本行政区域内因自然灾害遭受损失的人员数量(含非常住人口)。

因灾死亡人口

以自然灾害为直接原因导致死亡的人员数量(含非常住人口)。

因灾失踪人口

以自然灾害为直接原因导致下落不明，暂时无法确认死亡的人员数量(含非常住人口)。

紧急转移安置人口

指因自然灾害造成不能在现有住房中居住，需由政府进行安置并给予临时生活救助的人员数量(包括非常住人口)。包括受自然灾害袭击导致房屋倒塌、严重损坏(含应急期间未经安全鉴定的其他损房)造成无房可住的人员；或受自然灾害风险影响，由危险区域转移至安全区域，不能返回家中居住的人员。安置类型包含集中安置和分散安置。对于台风灾害，其紧急转移安置人口不含受台风灾害影响从海上回港但无需安置的避险人员。

因旱饮水困难需救助人口

指因旱灾造成饮用水获取困难，需政府给予救助的人员数量(含非常住人口)，具体包括以下情形：①日常饮水水源中断，且无其他替代水源，需通过政府集中送水或出资新增水源的；②日常饮水水源中断，有替代水源，但因取水距离远、取水成本增加，现有能力无法承担需政府救助的；③日常饮水水源未中断，但因旱造成供水受限，人均用水量连续15天低于35升，需政府予以救助的。因气候或其他原因导致的常年饮水困难的人口不统计在内。

农作物受灾面积

因灾减产1成以上的农作物播种面积，如果同一地块的当季农作物多次受灾，只计算一次。农作物包括粮食作物、经济作物和其他作物，其中粮食作物是稻谷、小麦、薯类、玉米、高粱、谷子、其他杂粮和大豆等粮食作物的总称，经济作物是棉花、油料、麻类、糖料、烟叶、蚕茧、茶叶、水果等经济作物的总称，其他作物是蔬菜、青饲料、绿肥等作物的总称。

农作物成灾面积

农作物受灾面积中，因灾减产 3 成以上的农作物播种面积。

农作物绝收面积

农作物受灾面积中，因灾减产 8 成以上的农作物播种面积。

倒塌房屋

指因灾导致房屋整体结构塌落，或承重构件多数倾倒或严重损坏，必须进行重建的房屋数量。以具有完整、独立承重结构的一户房屋整体为基本判定单元（一般含多间房屋），以自然间为计算单位；因灾遭受严重损坏，无法修复的牧区帐篷，每顶按 3 间计算。

损坏房屋

包括严重损坏和一般损坏房屋两类。其中，严重损坏房屋指因灾导致房屋多数承重构件严重破坏或部分倒塌，需采取排险措施、大修或局部拆除的房屋数量。一般损坏房屋指因灾导致房屋多数承重构件轻微裂缝，部分明显裂缝；个别非承重构件严重破坏；需一般修理，采取安全措施后可继续使用的房屋间数。以自然间为计算单位，不统计独立的厨房、牲畜棚等辅助用房、活动房、工棚、简易房和临时房屋；因灾遭受严重损坏，需进行较大规模修复的牧区帐篷，每顶按 3 间计算。

直接经济损失

受灾体遭受自然灾害后，自身价值降低或丧失所造成的损失。直接经济损失的基本计算方法是：受灾体损毁前的实际价值与损毁率的乘积。

目　录

概　述

2014 年，中国年平均气温 10.1℃，较常年(9.6℃)偏高 0.5℃，比 2013 年偏低 0.1℃(图 1)；四季平均气温均较常年同期偏高。中国平均年降水量 636.2 毫米，比常年(629.9 毫米)偏多 1.0%，比 2013 年偏少 2.6%(图 2)；冬、春和夏季降水接近常年同期，秋季偏多。

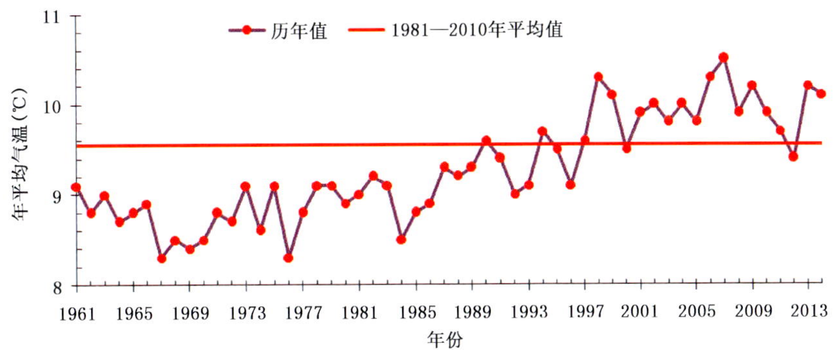

图 1　1961—2014 年全国年平均气温历年变化图(℃)

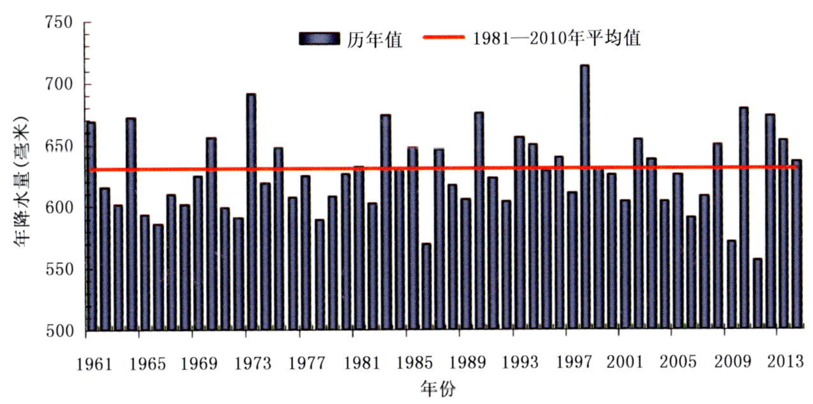

图 2　1961—2014 年全国平均年降水量历年变化图(毫米)

2014 年，我国北方阶段性伏旱突出，汛期南方暴雨过程频繁，但未出现大的流域性暴雨洪涝灾害，洪涝灾害总体偏轻；华西和黄淮等地秋雨量大、强度强，局地滑坡、泥石流灾害重；生成和登陆台风偏少，但登陆台风强度大；中东部雾、霾天气频繁，影响交通和人体健康；华南地区高温日数多，长江中下游地区出现凉夏；雪灾、低温冷冻害和连阴雨对农业生产有一定影响。

据统计，2014 年全国因气象灾害及其次生、衍生灾害导致受灾人口 2.4 亿多人次，因灾死亡及失踪 1055 人，农作物受灾面积 2485.2 万公顷，绝收面积 308.8 万公顷，直接经济损失 2964.7 亿元(图 3)。总体来看，2014 年气象灾害直接经济损失超过 1990—2013 年的平均水平，因灾死亡或失踪人口和受灾面积均明显少于 1990—2013 年平均值。综合来看，2014 年气象灾害属于偏轻年份。

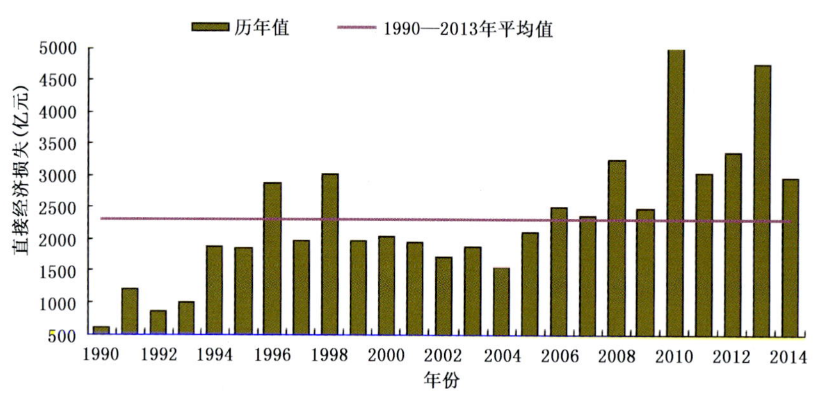

图 3　1990—2014 年全国气象灾害直接经济损失直方图(亿元)

图 4 给出 2014 年全国主要气象灾害在各项损失指标中所占比例。其中暴雨洪涝在“死亡人口”、“倒塌房屋”和“直接经济损失”上所占比例最高，分别为 69.9%、80.3%和 34.7%，干旱在“受灾人口”、“受灾面积”和“绝收面积”上所占比例最高，分别为 42.4%、49.4%和 48.1%。

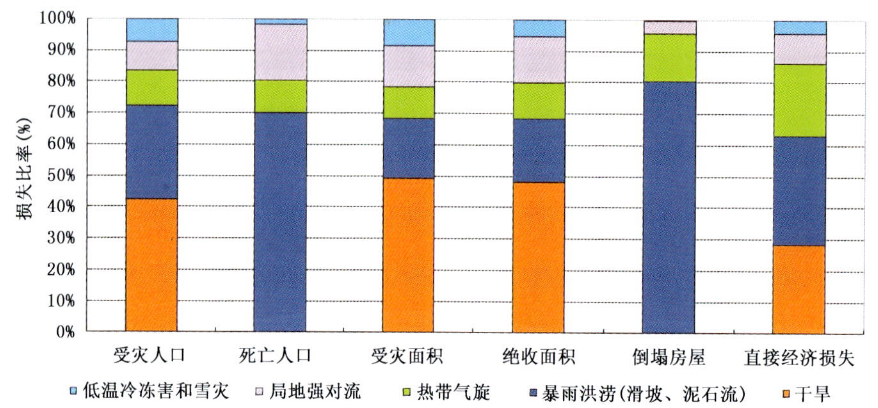

图 4　2014 年全国主要气象灾害各项损失指标比例图

与 2013 年相比，2014 年全国气象灾害造成的受灾人口、死亡人口、农作物受灾面积和绝收面积、倒塌房屋、直接经济损失均偏少。分灾种比较，2014 年各灾种造成的直接经济损失(图 5 左)和死亡人口(图 5 右)均较 2013 年偏少。

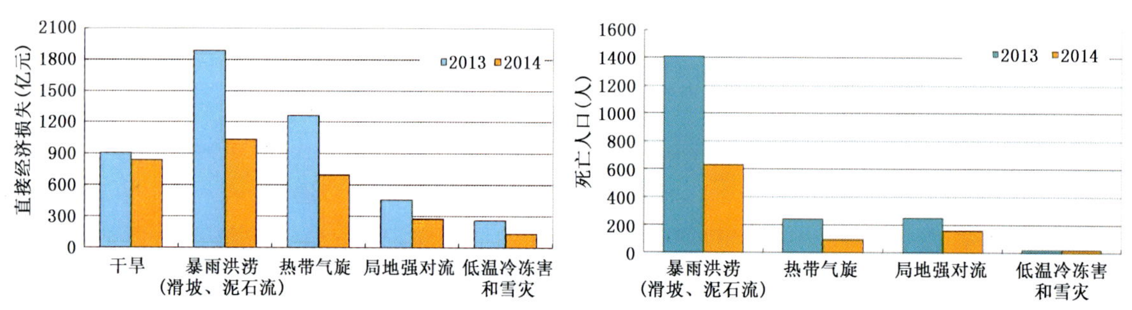

图 5　2014 年全国主要气象灾害直接经济损失(左)和死亡人口(右)与 2013 年比较

2014 年主要气象灾害概述：

干旱　2014 年，中国干旱受灾面积 1227 万公顷，较 1990—2013 年平均值明显偏小，为 1990 年以来第三少，属干旱灾害偏轻年份(图 6)。2014 年区域性和阶段性干旱明显，但总体影响偏轻。主要事件有:东北及云南、四川南部等地出现春旱,东北和黄淮遭受严重伏旱,江南和华南出现秋旱。

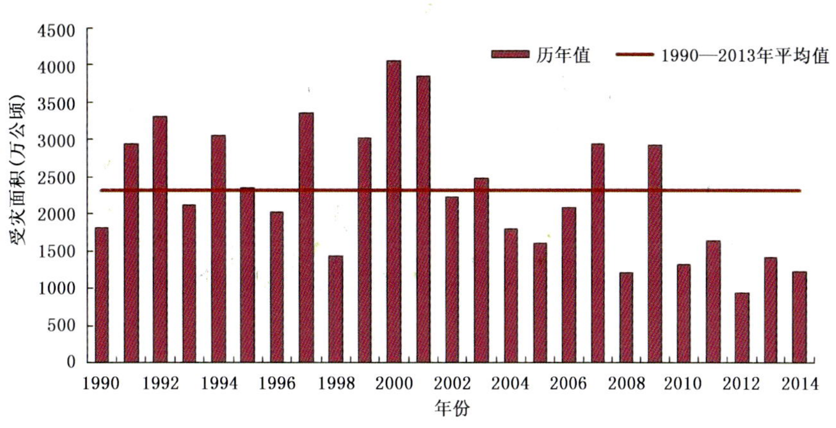

图6 1990—2014年全国干旱受灾面积直方图(万公顷)

暴雨洪涝(及其引发的滑坡和泥石流) 2014年,我国未发生大的流域性洪涝灾害,但暴雨天气过程多,全年共出现36次区域性暴雨天气过程,其中南方出现31次。5—9月,南方部分地区强降雨频繁,出现严重暴雨洪涝灾害;华西和黄淮秋雨雨量多、强度大,川渝陕鄂等省(市)局地发生较重的城市内涝及滑坡和泥石流等灾害。全国暴雨洪涝造成农作物受灾面积474万公顷,死亡631人,直接经济损失1029.8亿元,与1990—2013年平均值相比,受灾面积、死亡人数均明显偏少,直接经济损失略偏重。总体来看,2014年属暴雨洪涝灾害偏轻年份。

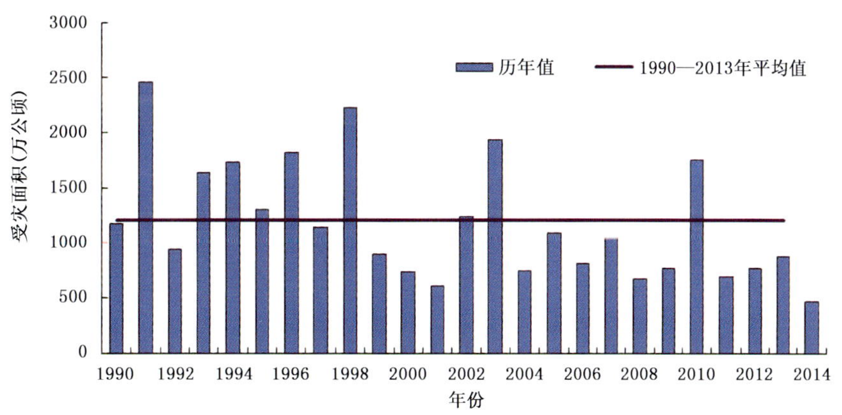

图7 1990—2014年全国暴雨洪涝受灾面积直方图(万公顷)

台风 2014年,在西北太平洋和南海共有23个台风(中心附近最大风力≥8级)生成,较常年(25.5个)偏少2.5个。其中5个登陆中国,登陆个数较常年(7.2个)偏少。初、末台登陆时间均较常年偏早。年内有3个台风多次登陆我国,为历史罕见。台风首次登陆点均在华南沿海,位置总体偏南。超强台风“威马逊”登陆强度强、影响大,海南、广东、广西、云南受灾较重。全年热带气旋造成94人死亡,直接经济损失693.4亿元,与1990—2013年平均值相比,死亡人数偏少,直接经济损失偏高。总体而言,2014年热带气旋灾情偏重(图8)。

局地强对流(大风、冰雹、龙卷及雷电等) 2014年,因风雹灾害共造成322.5万公顷农作物受灾,194人死亡,直接经济损失276.7亿元。总体来看,2014年为风雹灾害偏轻年份。

低温冷冻害及雪灾 2014年,中国因低温冷冻灾害和雪灾共造成农作物受灾面积213.3万公顷,直接经济损失129.2亿元,为低温冷冻灾害及雪灾偏轻年份。年初,南方多地遭受低温冷冻害;

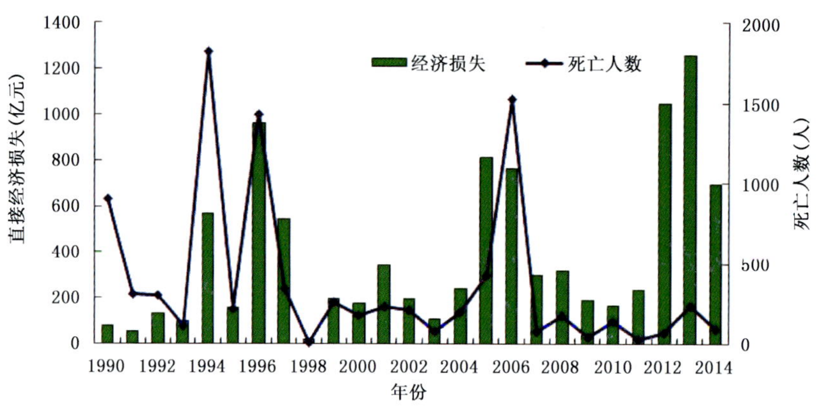

图 8　1990—2014 年全国热带气旋直接经济损失和死亡人数直方图

春季，北方部分地区遭受阶段性低温冻害；夏季，长江中下游地区出现低温阴雨寡照。低温冷冻害对部分地区农业生产造成一定影响。

沙尘暴　2014 年春季，我国共出现 7 次沙尘天气过程，比常年同期（17 次）偏少 10 次，比 2000—2013 年同期平均（11.9 次）偏少 4.9 次；其中沙尘暴和强沙尘暴过程 3 次，较 2000—2013 年同期平均（7.2 次）偏少 4.2 次。北方地区平均沙尘日数为 2.5 天，比常年同期偏少 2.6 天，为 1961 年以来历史同期第三少。首次沙尘天气过程发生在 3 月 19 日，比 2001—2013 年平均沙尘天气首发时间（2 月 11 日）偏晚 36 天。4 月 23—24 日的沙尘暴天气过程是 2014 年强度最强、影响范围最广的一次。2014 年沙尘天气影响总体偏轻。

第1章 重大气象灾害和气候事件

1.1 东北、黄淮出现严重伏旱

2014年6月1日至8月22日，长江以北地区降水持续偏少，大部地区降水量比常年同期偏少2～5成，其中辽宁、吉林东南部、河南大部偏少5～8成。7月1日至8月20日，辽宁、吉林两省区域平均降水量分别为106.6毫米、138.2毫米，比常年同期分别偏少63.3%和47.5%，均为1951年以来同期最少；河南6月1日至8月20日降水量为166.2毫米，偏少54.5%，为1951年以来同期最少。长时间降水偏少，加之7月北方大部地区持续高温，7—8月，黄淮、江汉、西北地区东部、华北、东北中部和南部陆续出现气象干旱，且旱情发展迅速，东北南部、黄淮西部出现重至特旱。

1.2 汛期南方部分地区遭受暴雨洪涝灾害

2014年5—9月，我国共出现29次暴雨天气过程，其中南方出现25次。广西、贵州、湖南等地有28县(市)观测站日降水量突破历史极值。福建、广东、广西、湖南、贵州、云南、重庆等省(区、市)的部分地区出现严重暴雨洪涝和山洪灾害。其中5月16—25日，江南南部、华南、西南等地出现强降雨天气过程，部分地区遭遇暴雨、大暴雨，局地出现特大暴雨，引发洪涝等灾害，造成福建、江西、湖南、广东、广西、重庆、四川和贵州8省(区、市)40多人死亡，直接经济损失130多亿元；6月2—6日，四川盆地西南部和东北部、贵州西南部和东北部、云南中东部、广西大部、广东西南部和北部等地出现暴雨，局地大暴雨，造成福建、广东、广西、重庆、四川、贵州、云南7省(区、市)30人死亡，直接经济损失超过40亿元；7月3—5日，江淮、西南地区东部以及湖南北部、湖北东部、广西西北部等地出现强降水天气过程，降水量普遍有50～150毫米，安徽安庆地区多站日降水量超过200毫米，贵州、广西、湖南、湖北、安徽、江苏、浙江等地遭受较严重的暴雨洪涝灾害，部分地区还引发了山洪、泥石流、山体滑坡等地质灾害。

1.3 华西和黄淮等地秋雨量大、强度强，局地滑坡、泥石流灾害重

2014年华西秋雨主要影响时段在9月中旬及10月下旬。其中，9月9—18日，华西地区、黄淮大部、华北西南部等地出现持续降雨过程，部分地区出现大到暴雨，局地大暴雨甚至特大暴雨。累计降水量一般有50～200毫米，陕西南部、四川东北部等地有200～250毫米，局部超过250毫米，比常年同期偏多2倍以上。其中，陕西和河南两省平均降水量分别为155毫米和143毫米，较常年同期偏多4.2倍和4.8倍，均为1951年以来最多；四川平均降水量为84.2毫米，较常年偏多98.6%；重庆平均降水量为83.9毫米，较常年偏多1.3倍。陕西、四川东部、甘肃东部、河南、山西南部等地

降水日数有6～10天，普遍较常年同期偏多3天以上，其中陕西大部、河南、山西南部等地偏多5～7天。暴雨日数重庆为1951年以来同期最多，四川为1951年来同期第二多，陕西为近40年来同期第二多。强降水造成部分江河水位上涨、农田被淹、城镇出现严重内涝，局地还遭受山洪、山体滑坡、泥石流等灾害。其中，四川、陕西、湖北、重庆灾情较重。

1.4 北方冬麦区出现冬旱

2013年12月至2014年2月3日，淮河以北大部地区降水量在5毫米以下，其中华北、黄淮北部及陕西中北部、甘肃中西部、内蒙古中西部等地基本无降水。与常年同期相比，上述大部地区降水量偏少8成以上。陕西、山西、河北、河南、山东及京津地区区域平均降水量仅1.7毫米，较常年同期偏少86%，为1951年以来历史同期最少；最长连续无降水日数普遍有30～50天，山西大部、陕西北部等地达50～70天，北京自2013年10月23日至2014年2月6日连续106天无有效降水。同时，淮河以北大部地区气温较常年同期偏高。

由于雨雪稀少，气温偏高，河北西部、山西南部、陕西南部、河南大部、山东西部、甘肃中部局部、湖北北部等地出现中度气象干旱。对冬小麦安全越冬产生不利影响。

1.5 生成和登陆台风个数均偏少，但影响偏重

2014年，影响我国的台风由于登陆或影响时间集中，部分地区降水强度大、风力强，造成了一定的人员伤亡和经济损失。据统计，全国有10多个省(区、市)受到台风的影响。影响较大的台风是“威马逊”(Rammasun)、“海鸥”(Kalmaegi)；受灾较重的地区是广东、广西和海南。

1409号台风“威马逊”于7月12日下午在菲律宾以东的西北太平洋上生成，18日15时30分前后在海南省文昌市翁田镇沿海登陆，登陆时中心附近最大风速达70米/秒(风力17级以上)，中心最低气压为890百帕，为新中国成立以来登陆我国(包括台湾地区)最强的台风。受“威马逊”影响，海南、广东、广西多地及云南南部出现狂风暴雨天气，引发洪涝、风雹、泥石流等灾害；对城市交通、用电、用水及沿海地区的海产养殖业、农业、旅游等行业造成严重影响。

1415号台风“海鸥”于9月16日9时40分前后在海南省文昌市翁田镇沿海登陆，登陆时中心附近最大风力有14级(42米/秒)，中心气压为960百帕；16日12时45分前后在广东徐闻南部沿海再次登陆，登陆时中心附近最大风力有14级(42米/秒)，中心气压为960百帕。由于“海鸥”两次登陆时强度均较强，其带来的风暴潮与天文大潮叠加，致使海南南渡江、广东漠阳江、广西左江支流明江等7条河流发生超警洪水，海南、广东沿海18个潮位站超警，海南海口出现1973年有实测记录以来最高潮位，局地发生洪涝和地质灾害；广东、海南、广西部分地区的农业、交通运输、电力、旅游等行业受到严重影响。

1.6 华南高温日数为1961年来次多

2014年，全国平均高温(日最高气温≥35℃)日数9.0天，较常年(7.8天)偏多1.2天，为近10年第三少。但江南南部、华南高温日数偏多显著，其中华南区域平均高温日数较常年偏多8.3天，为1961年以来第二多。持续高温天气导致广东用电负荷屡创新高，广东、广西多地中暑、呼吸道感染、皮肤病等疾病患者明显增多，江西南部、福建中部部分处于灌浆期的早稻出现轻度“高温逼熟”，对产量形成有一定的不利影响。

1.7 雾霾范围广、影响大、持续时间长

2014 年，我国共出现 13 次大范围、持续性雾霾过程（主要集中在 1 月、2 月、10 月和 11 月，其中 10 月最多，有 4 次）。频繁的雾霾天气对交通运输产生较大影响，并引发多起交通事故，造成人员伤亡，对人体健康也有危害。

10 月，我国华北、黄淮地区经历了 4 次大范围雾霾天气过程。7—10 日，北京、天津及华北南部、黄淮西部和陕西中部等地出现持续性严重雾霾天气，大部地区能见度低于 1000 米，部分地区不足 200 米。22—26 日，华北、东北及黄淮、江淮、四川盆地和陕西中部等地的部分地区出现雾霾天气，其中 25 日京津冀大部地区出现重度污染，北京、石家庄出现严重污染。

1.8 8 月，长江中下游部分地区持续低温阴雨寡照

8 月 7—31 日，长江中下游地区出现持续低温阴雨天气，大部地区气温较常年同期偏低 2～3℃，部分地区偏低 3℃以上；安徽、江苏平均气温为 1961 年以来历史同期最低值，湖北为次低值，湖南为第三低；部分地区还出现 3 天以上日平均气温≤22℃的低温天气。安徽、江苏中南部、浙江、上海、江西、湖北、重庆、湖南东南部等地降水日数比常年同期偏多 2～6 天，局地偏多 6 天以上。安徽、浙江两省平均降水日数均为 1961 年以来历史同期第三多。上述大部地区日照时数较常年同期偏少 60～80 小时，部分地区偏少 80 小时以上。持续低温阴雨寡照天气导致水稻、棉花生育进程延缓，部分一季稻授粉不良，结实率降低、空壳率增加，产量形成略受影响；晚稻总茎蘖数下降，根系活力不强，干物质积累量减少，植株茎秆柔嫩，抗逆能力较差；稻飞虱、卷叶螟、稻瘟病、纹枯病等病虫害发生；棉花大量蕾铃脱落，伏桃数比常年明显偏少。

1.9 后春，北方部分地区冻害严重

4 月下旬至 5 月，北方地区冷空气活动频繁，西北、华北、东北部分地区遭受阶段性严重低温冷冻害或雪灾。其中 5 月，我国北方地区出现 3 次较强冷空气过程，大部地区出现大风降温天气。西北地区东部、华北西部和北部、东北地区南部等地遭受严重大风、低温冻害或雪灾，设施农业和玉米、蔬菜、林果业等遭受不同程度影响，部分农作物绝收。

1.10 4 月下旬，西北地区遭受强沙尘天气

4 月 23—24 日，我国西北大部地区遭遇大风降温沙尘天气。新疆中北部、甘肃大部、宁夏、内蒙古中西部及东部部分地区、陕西西部及北部等地过程最大降温普遍有 8℃以上，其中新疆北部及东部部分地区、内蒙古西部部分地区达到 12～14℃，局地超过 14℃；新疆北部、甘肃中西部、内蒙古西部等地出现了 5～7 级风，局部达 10～12 级；新疆、甘肃中西部、内蒙古西部、青海北部、宁夏北部出现沙尘天气，新疆、甘肃西部局地出现强沙尘暴。此次沙尘暴天气过程是年内强度最强、影响范围最广的一次沙尘天气过程，也是近 10 年中强度和范围仅次于 2006 年的“4·10”沙尘暴和 2010 年的“4·24”沙尘暴的一次强沙尘暴过程。据民政部门初步统计，本次强降温、大风沙尘、霜冻天气造成新疆（包括兵团）、甘肃和宁夏等地直接经济损失超过 20 亿元。

1.11 年初，南方部分地区遭受低温雨雪冰冻灾害

2月上中旬，南方出现大范围持续低温雨雪天气过程。湖北、浙江、湖南、江西、贵州、云南等地出现中到大雪、局部暴雪，最大积雪深度有5～10厘米，局部达10～20厘米。与雨雪天气过程相伴，南方地区出现明显降温，江南南部、华南大部及贵州大部、云南东部等地最大降温幅度达14～18℃，局部地区超过18℃。受低温雨雪天气影响，四川、重庆、湖南、湖北、江西、贵州、广西、广东、安徽、浙江等地部分地区发生不同程度的低温雨雪冷冻等灾害，局部地区农房出现倒损，蔬菜大棚被积雪压塌，农作物、林木等因冻受灾，电力等基础设施受损，道路结冰对交通运输和群众出行造成一定影响。

第2章 气象灾害分述

2.1 干旱

2.1.1 基本概况

2014年,全国平均降水量636.2毫米,接近常年(629.9毫米),比2013年(653.5毫米)偏少2.6%。降水阶段性变化大,1月、7月、10月和12月偏少,其中1月偏少58%,12月偏少25%;2月、5月、9月和11月偏多,其中9月偏多24%,11月偏多20%;3月、4月、6月和8月接近常年同期。

2014年,全国有12个省(区、市)降水量偏少(图2.1.1),其中辽宁、北京、河北分别偏少34%、23%和23%,辽宁降水量为1961年以来最少,北京为第六少;17个省(区、市)降水量偏多,其中宁夏偏多22%;福建和江西降水量接近常年。

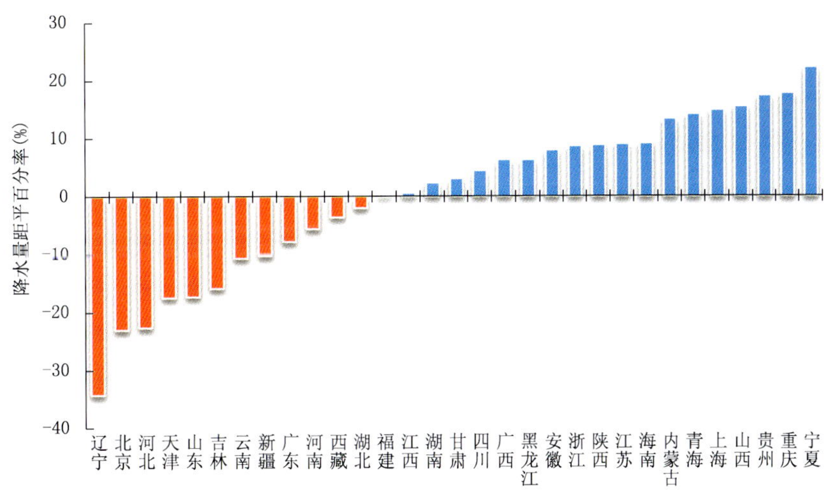

图2.1.1 2014年各省(区、市)年降水量距平百分率(%)

Fig. 2.1.1 Percentage of annual precipitation anomalies (unit: %) in different provinces of China in 2014

2014年我国干旱受灾面积较常年偏小,但区域性和阶段性干旱严重。年内干旱主要出现在东北中南部、内蒙古中东部、华北、黄淮、西北地区东南部、西南地区西部、华南东部以及新疆部分地区。2014年我国农作物因旱受灾面积较1990—2010年平均明显偏小,2014年属干旱灾害偏轻年份。

2014年全国因旱农作物受灾面积1227.2万公顷,绝收面积148.5万公顷;受旱面积较常年偏少1215.3万公顷(图2.1.2),连续第五年少于常年。辽宁、河南、内蒙古和河北4省(区)干旱对农业影响最为严重,因旱绝收面积占全国因旱绝收面积的70%。2014年全国因旱造成10194.7万人次受灾,其中饮水困难人口1012.5万人次;直接经济损失835.6亿元。

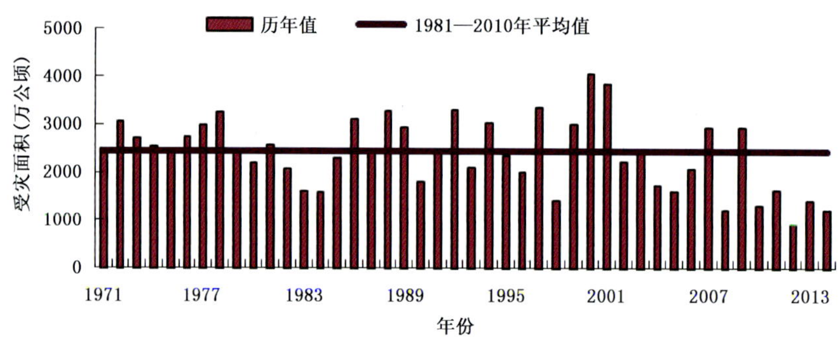

图 2.1.2 1971—2014 年全国干旱受灾面积变化图(万公顷)

Fig. 2.1.2 Drought areas in China during 1971—2014(unit: 10^4 hm^2)

受旱面积较大或旱情较重的省(区)有辽宁、河南、内蒙古、河北、山西、山东、吉林、云南等。2014 年不同季节主要旱区分布如图 2.1.3 所示,冬季气象干旱主要出现在云南、河北,其他省(区)没有发生冬季气象干旱;春季气象干旱主要出现在黑龙江、辽宁、内蒙古东部和云南等省(区);夏季华北、黄淮、东北南部等地干旱较重,吉林、辽宁、内蒙古、河北、北京、山东、河南、湖北、甘肃、四川和新疆发生不同程度的气象干旱;秋季,吉林、辽宁、河北、山东、广东和云南等省出现气象干旱。干旱日数达 90 天以上的地区有辽宁大部、北京西南部、河北中南部、山东北部、云南中西部(图 2.1.4)。不同时期的干旱程度及其影响如表 2.1.1 所示。

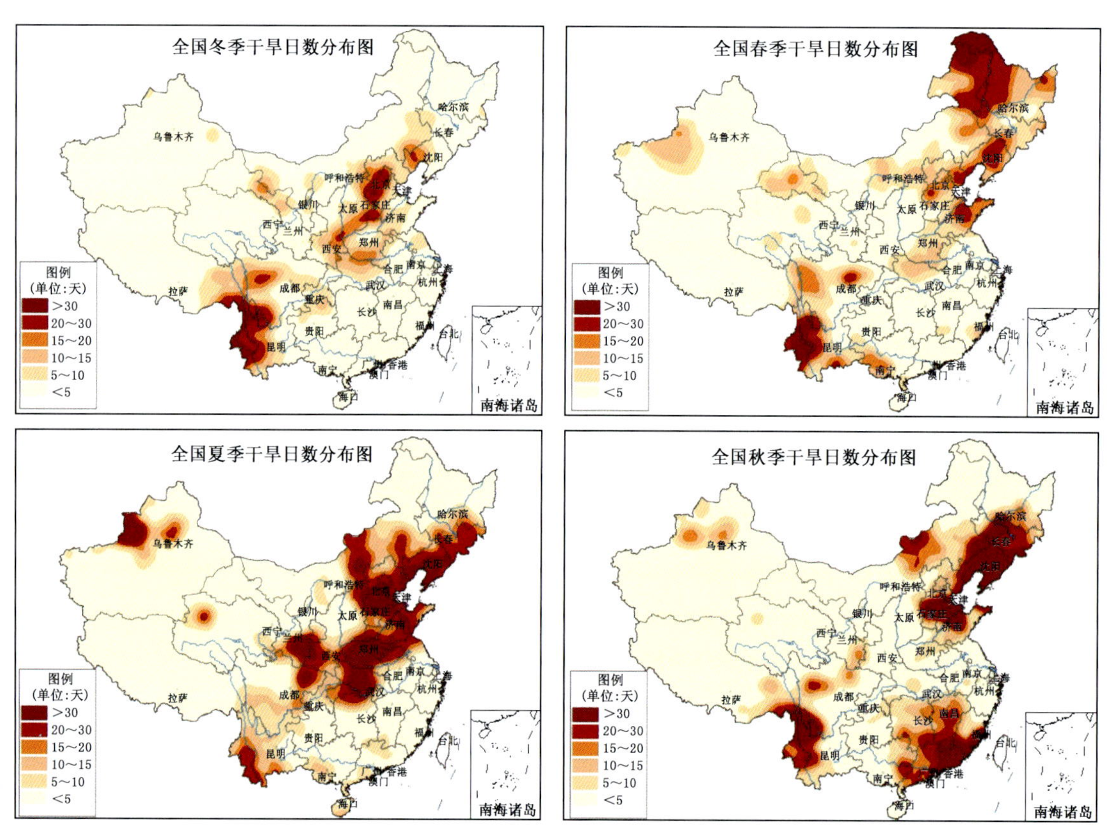

图 2.1.3 2014 年不同季节主要干旱区示意图

Fig. 2.1.3 Sketch of major droughts over China in 2014

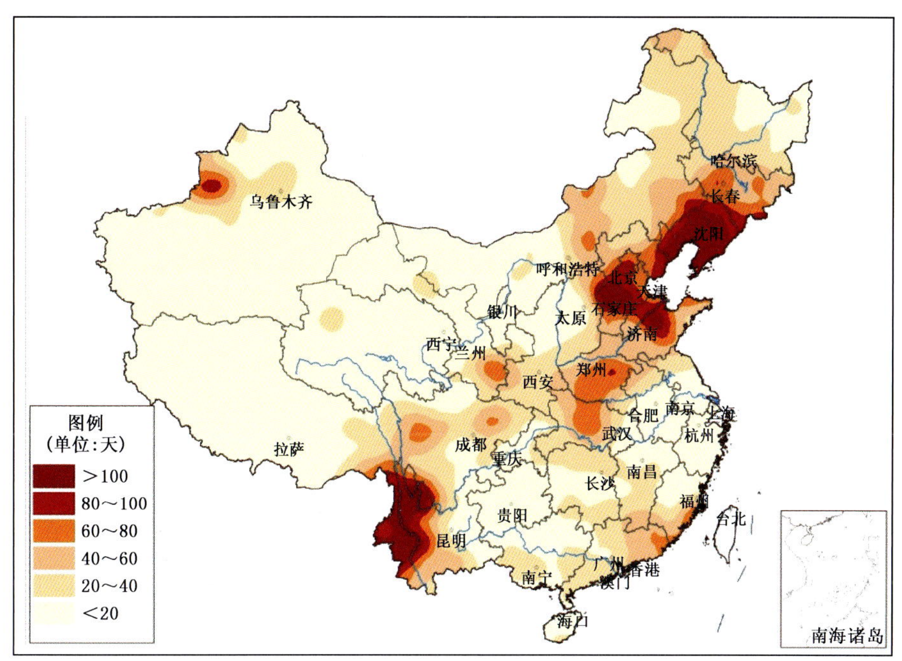

图 2.1.4　2014 年全国中旱以上干旱日数分布图(天)

Fig. 2.1.4　Distribution of median drought and more severe drought days of China in 2014(unit:d)

表 2.1.1　2014 年我国主要干旱事件简表

Table 2.1.1　List of major drought events over China in 2014

时间	地区	程度	旱情概况
2013 年 12 月至 2014 年 2 月 3 日	北方冬麦区	淮河以北大部地区降水量普遍不足 5 毫米。陕西、山西、河北、河南、山东及京津地区区域平均降水量仅 1.7 毫米，较常年同期偏少 86%，为 1951 年以来历史同期最少	干旱对冬小麦安全越冬产生不利影响，陕西、甘肃、河北等省的局部地区人畜饮水、农作物、草原也受到不同程度影响
2 月中旬至 4 月下旬	东北以及云南、四川南部	东北大部及内蒙古东部降水量普遍在 30 毫米以下，较常年同期偏少 2～8 成。云南大部、四川南部等地降水量普遍在 50 毫米以下，较常年同期偏少 5～8 成。云南省平均降水量为 1961 年以来同期最少	干旱对东北大部以及内蒙古东北部的春耕工作产生了不利影响。受高温干旱影响，云南部分地区一季稻移栽困难，无灌溉条件的山地玉米、烤烟枯死；正值花果期的经济林果缺水，幼果膨大受阻、落花落果明显，果品产量和品质受到极为不利影响
6 月 1 日至 8 月 22 日	东北、黄淮	长江以北大部地区降水量比常年同期偏少 2～5 成，其中辽宁、吉林东南部、河南大部降水较常年同期偏少 5～8 成。辽宁、吉林 7 月 1 日至 8 月 20 日降水量比常年同期分别偏少 63.3%和 47.5%，均为 1951 年以来同期最少；河南 6 月 1 日至 8 月 20 日降水量比常年同期偏少 54.5%，为 1951 年以来同期最少	干旱共造成辽宁、河南、吉林、内蒙古、山东、陕西、湖北、江苏、四川、河北、安徽、宁夏、山西等 13 省(区)6215.4 万人受灾，474.3 万人饮水困难；农作物受灾面积 994.3 万公顷，其中绝收 118.2 万公顷；直接经济损失达 386 亿元

续表

时间	地区	程度	旱情概况
8月下旬至11月下旬	江南、华南	南方地区降水量普遍在200毫米以下，与常年同期相比，江南、华南大部地区降水量偏少3成以上，其中江西南部、湖南南部、广东东部和福建西南部等地区降水量偏少5～8成	干旱对南方地区农业产生一定的影响。江西部分灌溉条件差的地区已播种作物的出苗和生长受到影响，部分灌溉条件差的地区水稻无法正常灌浆。广东部分水库山塘蓄水不足，对居民用水造成一定影响

2.1.2 主要旱灾事例

1. 北方冬麦区出现冬旱

2013年12月至2014年2月3日，淮河以北大部地区降水稀少，降水量普遍不足5毫米，华北、黄淮北部及陕西中北部、甘肃中西部、内蒙古中西部等地基本无降水。与常年同期相比，降水量普遍偏少8成以上。陕西、山西、河北、河南、山东及京津地区区域平均降水量仅1.7毫米，较常年同期偏少86%，为1951年以来历史同期最少。上述地区无降水持续时间长，最长连续无降水日数普遍有30～50天，山西大部、陕西北部等地达50～70天，北京自2013年10月23日至2014年2月6日连续106天无有效降水。同时，淮河以北大部地区气温较常年同期偏高。

由于雨雪稀少，气温偏高，导致部分地区干旱露头或发展，2月3日气象干旱监测显示，河北西部、山西南部、陕西南部、河南大部、山东西部、甘肃中部局部、湖北北部等地有中等程度气象干旱（图2.1.5）。

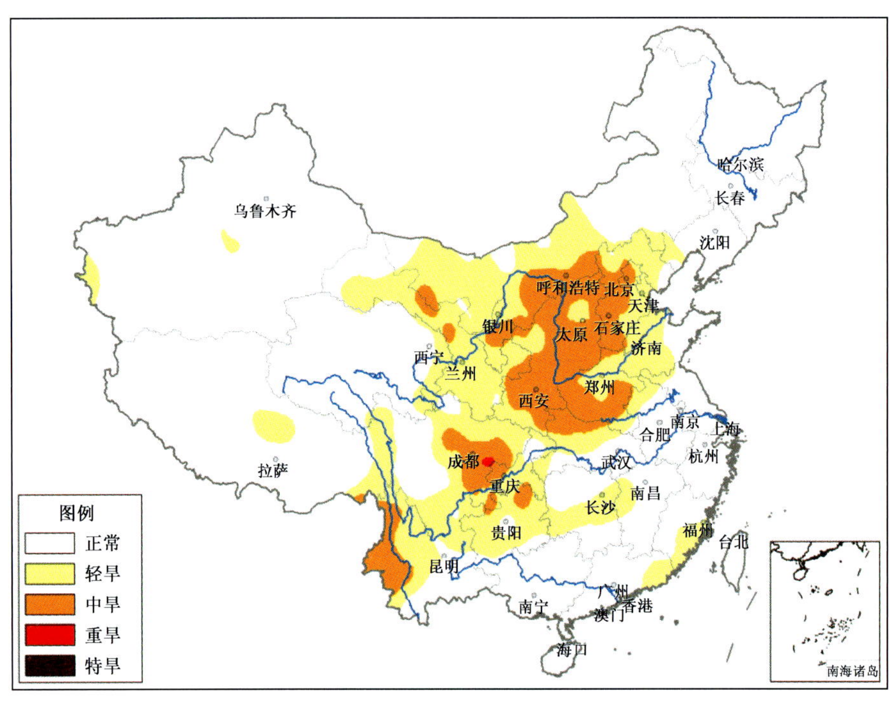

图2.1.5　2014年2月3日全国气象干旱监测图

图2.1.5　Drought Monitoring in China on February 3, 2014

干旱对冬小麦安全越冬产生不利影响，陕西、甘肃、河北等省局部地区人畜饮水、农作物、草原也受到不同程度影响。1月下旬，陕西咸阳、渭南、商洛等3市17个县（区、市）发生干旱，造成173

万人受灾，9.5 万人饮水困难；饮水困难大牲畜 700 头(只)；农作物受灾面积 17.5 万公顷，绝收面积 2000 公顷；直接经济损失 4.5 亿元。甘肃张掖市有 7300 人受灾，3900 人饮水困难；饮水困难大牲畜 1.5 万头(只)；73 万公顷草原严重受旱；直接经济损失 2300 万元。河北石家庄、邯郸 2 市共 69.1 万人受灾，1300 余人饮水困难；饮水困难大牲畜 260 余头(只)；农作物受灾面积 3.8 万公顷，其中绝收面积近 700 公顷；直接经济损失近 4800 万元。

2. 东北以及云南、四川南部等地出现春旱

2 月中旬至 4 月下旬，东北大部及内蒙古东部降水量普遍在 30 毫米以下，其中东北西部以及内蒙古东北部降水量不足 10 毫米。与常年同期相比，东北及内蒙古东部降水量普遍偏少 2～8 成，局地偏少 8 成以上。降水持续偏少，导致气象干旱发展。4 月底东北大部以及内蒙古东北部出现中到重度气象干旱，局地达特旱，对春耕工作产生了不利影响。

5 月中下旬，云南大部、四川南部等地降水量普遍在 50 毫米以下，其中云南中北部、四川南部不足 10 毫米。与常年同期相比，普遍偏少 5～8 成，其中云南西部、四川南部等地偏少 8 成以上。云南省平均降水量仅 22.9 毫米，比常年同期偏少 74%，为 1961 年以来同期最少。同期，上述地区气温普遍偏高 2℃以上，云南省平均气温达 23.8℃，比常年同期偏高 3.1℃，为 1961 年以来同期最高；云南大部地区还出现罕见高温天气，云南省高温站日达到 415 站日次，比常年同期偏多 322 站日次，为 1961 年以来同期最多。高温少雨导致上述地区气象干旱迅速发展。5 月 31 日全国气象干旱监测显示，云南大部、四川南部等地存在中到重度气象干旱，局部地区达特旱(图 2.1.6)。受高温干旱影响，云南部分地区一季稻移栽困难，无灌溉条件的山地玉米、烤烟枯死；正值花果期的经济林果缺水，幼果膨大受阻、落花落果明显，果品产量和品质受到极为不利影响。

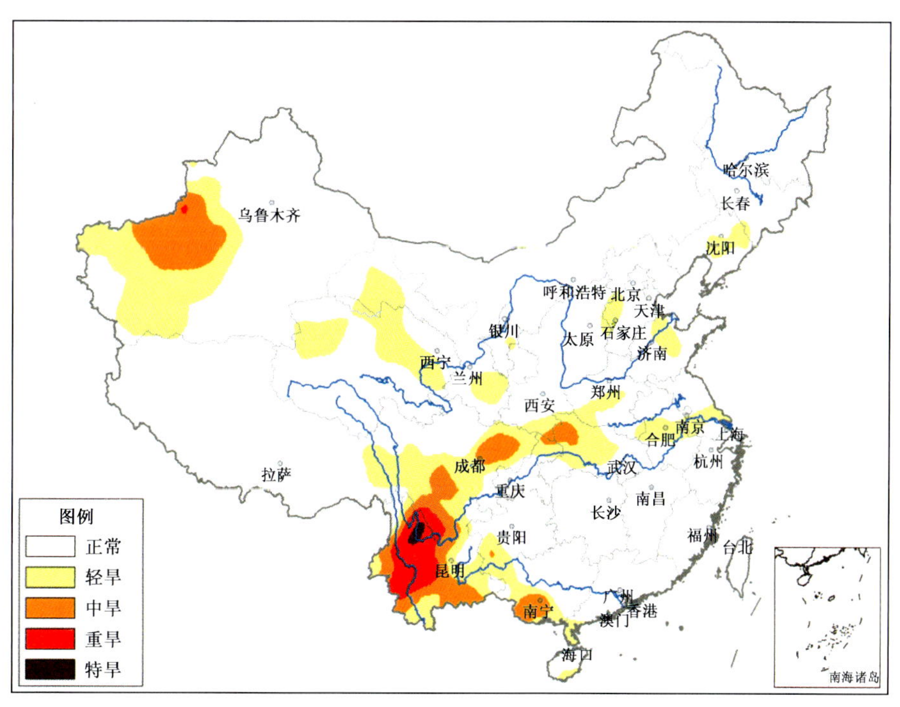

图 2.1.6 2014 年 5 月 31 日全国气象干旱监测图
图 2.1.6 Drought Monitoring in China on May 31, 2014

3. 东北、黄淮夏季降水少，伏旱严重

6 月 1 日至 8 月 22 日，长江以北地区降水持续偏少，大部地区降水量比常年同期偏少 2～5 成，其中辽宁、吉林东南部、河南大部降水较常年同期偏少 5～8 成。辽宁、吉林 7 月 1 日至 8 月 20 日降水量分别为 106.6 毫米、138.2 毫米，比常年同期分别偏少 63.3%和 47.5%，均为 1951 年以来同期最少；河南 6 月 1 日至 8 月 20 日降水量为 166.2 毫米，偏少 54.5%，为 1951 年以来同期最少。由于降水偏少，7—8 月，黄淮、江汉、西北地区东部、华北大部及东北中部和南部陆续出现气象干旱，且旱情发展迅速(图 2.1.7)。8 月 4 日，全国中旱及以上面积达 115 万平方千米，其中重旱面积约 37 万平方千米，特旱面积 5.5 万平方千米，旱情较重区域主要分布在河南和陕西。8 月中旬的 3 次明显降水过程使陕西、四川、山西旱情有效解除，河南、湖北、甘肃等地旱情缓和，但辽宁、吉林降水仍然稀少，旱情迅速发展并持续至 8 月下旬前期(图 2.1.8)；8 月下旬后期，降水使辽宁、吉林干旱明显缓和。

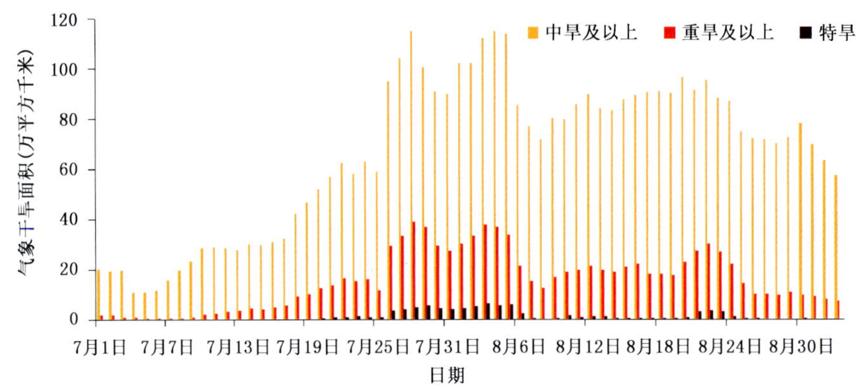

图 2.1.7 2014 年 7—8 月全国气象干旱面积演变(万平方千米)

图 2.1.7 The changes of Drought area in China between July and August, 2014(unit: 10^4 km^2)

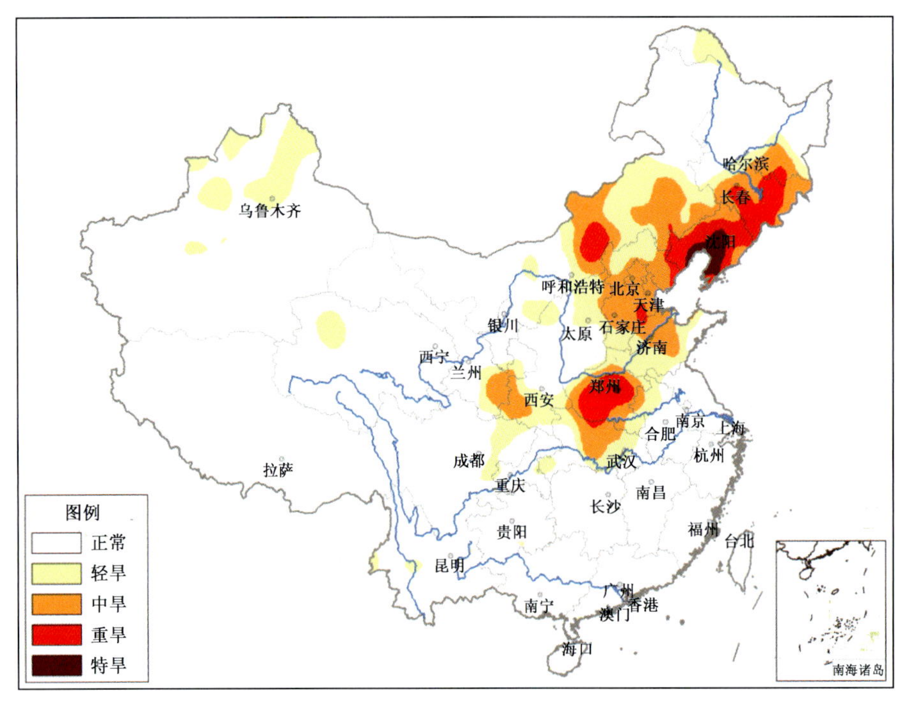

图 2.1.8 2014 年 8 月 22 日全国气象干旱监测图

图 2.1.8 Drought Monitoring in China on August 22, 2014

干旱对农业、水资源和生态环境等都产生了不利影响。干旱发生在黄淮、华北等地秋粮作物需水关键时期，春玉米处于开花授粉、籽粒形成期，夏玉米拔节生长期，耗水量较大，干旱对北方玉米生长构成威胁；江汉等地水稻孕穗、棉花开花以及夏玉米抽雄吐丝也受到不利影响。陕西渭北北部塬区，未灌溉的春玉米及地膜春玉米均因旱干枯死亡或接近死亡，处于绝收状态；未灌溉的夏玉米长势较差，不能正常成熟。由于作物生长期时严重缺水，导致辽宁部分作物干枯死亡，玉米受干旱影响最重，占受灾作物的80%。河南伏旱严重，全省35%的小型水库干枯，平均地下水水位比2013年同期下降了约1.8米，个别地方下降2～4米；平顶山、许昌、洛阳、南阳、郑州等地城乡供水受到影响，平顶山市水源地白龟山水库蓄水量创建库以来最低，已低于死水位，严重影响城市供水安全。陕西关中、陕南多条河流接近干涸，造成人畜饮水困难，部分企业因缺水停工停产。辽宁省有56座小型水库干涸，427条中小河流断流。气象卫星遥感监测显示，东北大部、华北东部和北部、黄淮东部以及内蒙古东部、新疆北部、青藏高原东部植被长势较差。

干旱共造成辽宁、河南、吉林、内蒙古、山东、陕西、湖北、江苏、四川、河北、安徽、宁夏、山西等13省(区)6215.4万人受灾，474.3万人饮水困难；农作物受灾面积994.3万公顷，其中绝收面积118.2万公顷；直接经济损失达386亿元。其中辽宁、河南、吉林3省受灾最为严重，有2705.1万人受灾，147.4万人饮水困难；农作物受灾面积498.8万公顷，其中绝收面积61.5万公顷；直接经济损失213.4亿元。

4. 江南、华南出现秋旱

8月下旬至11月下旬，南方地区降水量普遍在200毫米以下，其中江西大部、湖南东南部、广东东北部和福建西南部降水量在50～100毫米。与常年同期相比，江南、华南大部地区降水量偏少3成以上，其中江西南部、湖南南部、广东东部和福建西南部等地区降水量偏少5～8成。同期，南方大部分地区气温比常年同期偏高，其中江西、湖南南部、福建东南部偏高1～2℃。

由于降水偏少，气温偏高，导致蒸发量大，土壤失墒快，江西、广东、湖南的部分地区气象干旱露头并发展，江西、湖南、广东、广西东部、福建西南部和西北部存在中度气象干旱，其中江西中南部、广东东北部、湖南南部局地、福建西南部等地存在重度气象干旱(图2.1.9)。

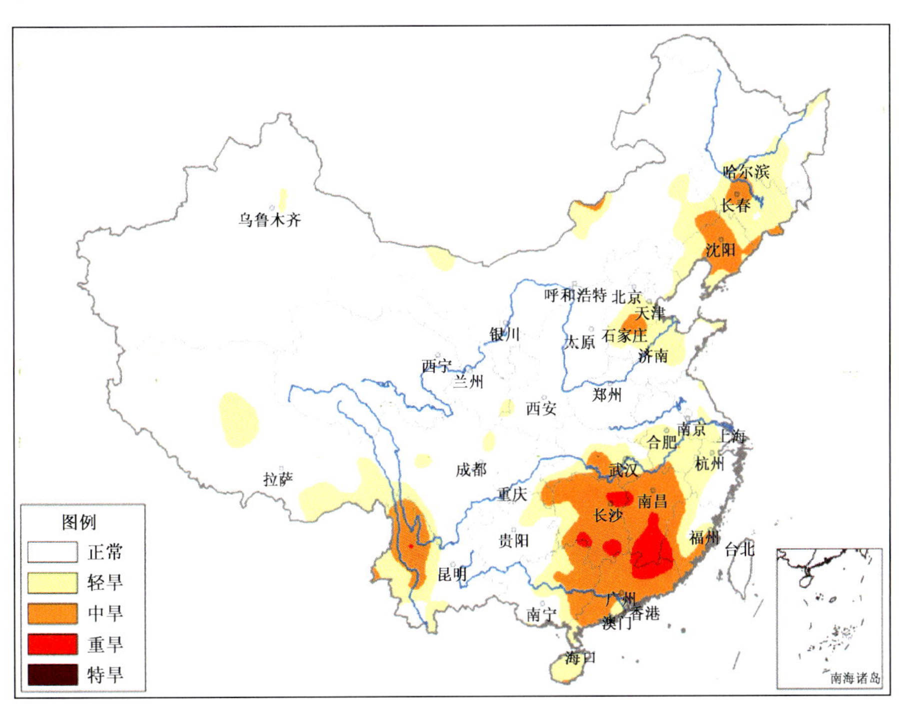

图2.1.9 2014年10月20日全国气象干旱监测图
图2.1.9 Drought Monitoring in China on October 20, 2014

干旱对南方地区农业产生了一定的影响。江西秋种作物播种进度总体略慢于2013年，部分灌溉条件差的地区已播种作物的出苗和生长受到影响；干旱对移栽油菜幼苗生长不利，影响直播油菜的播种进度和出苗率，部分灌溉条件差的地区水稻无法正常灌浆；干旱影响柑橘正常生长、降低果汁含量，部分果园出现了卷叶等干旱症状。干旱导致广东部分水库山塘蓄水不足，对居民用水造成一定压力，对农作物生长影响不大。

2.2 暴雨洪涝

2.2.1 基本概况

2014年，全国平均年降水量及冬、春、夏季降水均接近常年，秋季偏多。全年共出现36次暴雨天气过程，主要出现在3—10月，其中南方出现31次。春季，南方部分地区遭受阶段性阴雨天气；5—9月，南方强降雨频繁，部分地区出现严重暴雨洪涝灾害；华西和黄淮秋雨雨量多，强度大，川渝陕鄂等省(市)局地发生较重的城市内涝及滑坡和泥石流等灾害。据统计，2014年全国因暴雨洪涝及其引发的滑坡、泥石流灾害共造成7200万人次受灾，死亡(含失踪)728人；农作物受灾面积474万公顷，其中绝收面积63万公顷；倒塌房屋26.9万间，直接经济损失1029.8亿元。

总体上看，2014年全国暴雨洪涝造成的受灾面积、死亡或失踪人数、直接经济损失较1990—2013年平均值及2013年均偏少。年内未发生大的流域性暴雨洪涝灾害，暴雨洪涝造成的损失较常年偏轻。2014年受灾较重的有湖南、贵州、四川、重庆、广东、江西、浙江等省(市)(图2.2.1)。

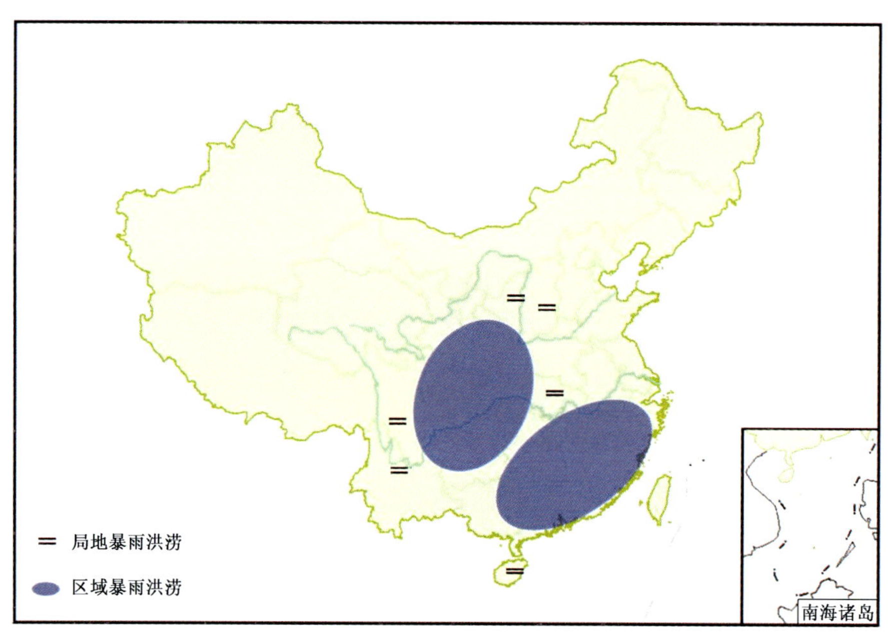

图2.2.1　2014年全国主要暴雨洪涝示意图

Fig. 2.2.1　Sketch map of major rainstorm induced floods over China in 2014

2.2.2 主要暴雨洪涝灾害事例

1. 3—4月，南方部分地区遭受阶段性阴雨天气

3—4月，南方地区多阴雨天气，共出现4次明显的降水过程。江南大部、华南北部及贵州、重庆东南部等地降水日数有30～40天，广西北部、湖南西南部、贵州东南部等地达40天以上；与常年同

期相比，广西、贵州、重庆、湖南中西部、重庆等地降水日数偏多，其中广西大部、贵州东南部、湖南西南部偏多5～8天，部分地区偏多8天以上。阴雨寡照天气对江南油菜开花结荚、华南早稻播种育秧及旱地作物春播有不利影响。其中，3月华南西部光照严重不足，影响早稻播种出苗和秧苗生长，部分地区秧苗生长缓慢，甚至出现烂种烂秧现象，早稻播种进度整体慢于2013年；4月中下旬，江淮、江汉多阴雨天气，降水量比常年同期偏多5成以上，日照偏少，部分地区土壤过湿，适温高湿环境易诱发农业病虫害，并且不利于冬小麦抽穗开花和油菜产量形成。

2. 汛期南方强降雨天气频繁，部分地区暴雨洪涝灾害重

5—9月，我国共出现29次暴雨天气过程，其中南方出现25次。广西钦州(380.5毫米)和马山(358.3毫米)、贵州石阡(294.6毫米)和清镇(287.8毫米)、湖南凤凰(251.7毫米)等28县(市)日降水量突破历史极值。强降水导致福建、广东、广西、湖南、贵州、云南、重庆等省(区、市)的部分地区出现严重暴雨洪涝和山洪灾害。

5月，南方地区遭遇4次大范围强降水天气过程，江南、华南、西南地区东部降水量普遍在100毫米以上，其中江南大部以及福建、广东、广西东部等地有200～400毫米，广东中东部、福建西北部等地达400～600毫米，局部地区达600毫米以上。与常年同期相比，广东中东部、江西中南部、福建大部、湖南东北部等地偏多5成至1倍，局部偏多1倍以上。广东、广西、湖南、江西、福建、贵州6省(区)平均降水量为284.7毫米，较常年同期偏多31.7%，仅次于2005年，为1976年以来历史同期次多(图2.2.2)。其中5月21—26日降水过程持续时间长，强度强，影响范围广，灾害损失重。此次过程雨量大于50毫米和100毫米的影响面积均为春季最大，分别达90.8万平方千米和32.3万平方千米；过程雨量超过50毫米的区域平均雨量也最大，为103.3毫米，共造成福建、江西、湖南、广东、广西、贵州6省(区)547.7万人受灾，42人死亡或失踪；农作物受灾面积32.5万公顷，其中绝收面积5.2万公顷；直接经济损失84.0亿元。

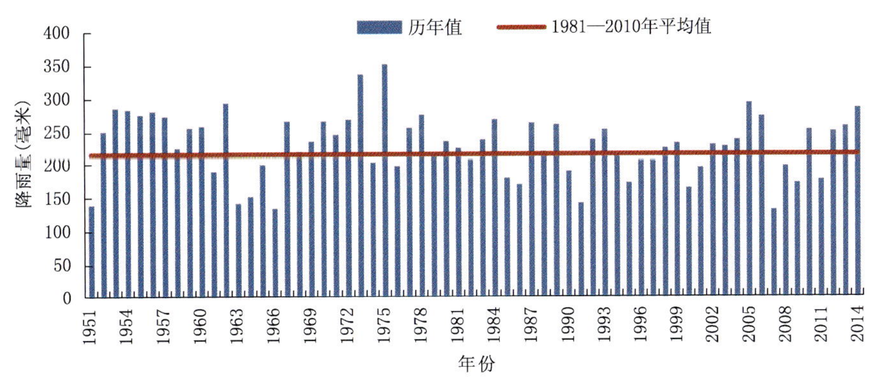

图2.2.2 粤、桂、湘、赣、闽、黔6省(区)平均5月降水量历年变化(1951—2014年)(毫米)

Fig. 2.2.2 Regional averaged precipitation in May over six provinces in south China for 1951—2014(unit:mm)

广东：5月19—26日，清远、河源、潮州等8市27县(市、区)111.8万人受灾，17人死亡，3人失踪，9.5万人紧急转移安置；1.3万余间房屋倒塌或严重损坏；农作物受灾面积5.5万公顷，其中绝收面积4800公顷；直接经济损失31.1亿元。

湖南：5月24—27日，邵阳、娄底、株洲等11市(自治州)66个县(市、区)262.1万人受灾，13人死亡，1人失踪，10.5万人紧急转移安置；2.7万间房屋倒塌或严重损坏；农作物受灾面积13.3万公顷，其中绝收面积3.0万公顷；直接经济损失33.1亿元。

6月2—6日，四川盆地西部、南部和东北部以及贵州西南部和东北部、云南中东部、广西大部、广东西南部和北部等地降水量有50～100毫米，其中四川盆地东北部、云南中部、广西东北部局地累计雨量超过100毫米，造成福建、广东、广西、重庆、四川、贵州、云南7省(区、市)378.9万人受灾，30人死亡，2人失踪；1.1万间房屋倒塌，6.1万间不同程度损坏；农作物受灾面积15.3万公顷，其中绝收约2万公顷；直接经济损失41.6亿元。

贵州：6月1—6日，毕节、安顺、六盘水等8市(自治州)45县(市、区)126.4万人受灾，10人死亡，1人失踪，8.9万人紧急转移安置；2400余间房屋倒塌，1.6万间损坏；农作物受灾面积5.6万公顷，其中绝收8000公顷；直接经济损失23.5亿元。

6月15—24日，江南大部、华南东部累计雨量100～250毫米，其中福建西北部、江西东北部、浙江西南部、广东东南部局地累计降水量超过250毫米，江西南丰(460毫米)、玉山(427.3毫米)，广东海丰(439.3毫米)、陆丰(423.6毫米)，福建邵武(413.5毫米)等个别站点累计雨量超过400毫米。湖南资水、沅水，江西抚河，福建闽江上游，广西蒙江、贺江，浙江钱塘江干流及支流金华江、浦阳江等一些中小河流一度发生超警戒水位洪水。

7月3—5日，江淮、西南东部以及湖南北部、湖北东部、广西西北部等地出现强降水天气过程，降水量普遍有50～100毫米，湖南北部、安徽西南部部分地区100～150毫米，其中安庆地区多站日降水量超过200毫米。贵州、广西、湖南、湖北、安徽、江苏、浙江等地遭受较为严重的暴雨洪涝灾害，部分地区还引发了山洪、泥石流、山体滑坡等地质灾害。其中湖南新晃县米贝乡集镇发生大规模山体滑坡造成堰塞湖，塌方近15万余方，堰塞湖面积达166平方千米，蓄水7.2万立方米，直接威胁到77户300余人安危。湖南吉首、沅江、汉寿发生城市内涝，国道G319线沅陵段、泸溪段，吉怀高速凤凰段，沅张公路因灾一度中断。据统计，这次强降水天气过程共造成上述7省(区)542万人受灾，7人死亡，4人失踪；4600余间房屋倒塌，3.5万间损坏；农作物受灾面积32.2万公顷，绝收2.6万公顷；直接经济损失32.6亿元。

湖南：7月3—6日，长沙、张家界、常德等12市(自治州)60县(市、区)192.6万人受灾，1人死亡，1人失踪，2.8万人紧急转移安置；2200余间房屋倒塌，2.4万余间损坏；农作物受灾面积12.1万公顷，其中绝收1.4万公顷；直接经济损失14.8亿元。

8月8—14日，南方出现大范围降水，过程降水50毫米以上覆盖面积140.4万平方千米，其中100毫米以上降水主要出现在四川东部、江苏中部、福建中东部、江西南部、广东西北部、广西东部和南部等地，覆盖面积25.6万平方千米。强降水致使南方部分地区出现洪涝，如重庆开县、梁平、垫江部分地区被淹，广西河池多地遭受洪水浸泡，巴善下属两个自然村被洪水完全淹没，水位最深处达7米多；局部地区发生山洪泥石流等地质灾害，四川甘孜州丹巴县境内发生特大泥石流，损毁房屋95栋，造成9趟动车停运，因预警及时，人员及时撤离。此次暴雨洪涝灾害造成贵州、重庆、湖北、四川、福建、江西、浙江、广东、广西等地203.1万人受灾，32人死亡，15人失踪，直接经济损失27.6亿元。

重庆：8月7—13日，綦江、南岸、大足等24县(区)124.2万人受灾，8人死亡，6人失踪，11万人紧急转移安置；2700余间房屋倒塌，1.4万间不同程度损坏；农作物受灾面积3万公顷，其中绝收4100公顷；直接经济损失4.4亿元。

贵州：8月11—14日，六盘水、遵义、毕节等6市(自治州)13县(市、区)37.8万人受灾，17人死亡，7人失踪，4.4万人紧急转移安置；1500余间房屋倒塌，近9900间不同程度损坏；农作物受灾面积1.5万公顷，其中绝收4500公顷；直接经济损失17.1亿元。

3. 华西秋雨强度大，川渝陕鄂等地受灾较重

2014年华西秋雨主要影响时段在9月中旬及10月下旬。其中，9月9—18日，华西地区、黄淮大部、华北西南部等地出现持续降雨过程，部分地区出现大到暴雨，局地大暴雨甚至特大暴雨。累计降水量一般有50～200毫米，陕西南部、四川东北部等地有200～250毫米，局部超过250毫米，普遍比常年同期偏多2倍以上。其中，陕西和河南全省平均降水量分别为155毫米和143毫米，是常年同期的 4.2 倍和 4.8 倍，均为 1951 年以来最多；四川省平均降水量为 84.2 毫米，较常年偏多 98.6%；重庆市平均降水量为 83.9 毫米，较常年偏多 1.3 倍。陕西、四川东部、甘肃东部、河南、山西南部等地降水日数有 6～10 天，普遍较常年同期偏多 3 天以上，其中陕西大部、河南、山西南部等地偏多 5～7 天。暴雨日数重庆为 1951 年以来同期最多，四川为 1951 年来同期第二多，陕西为近 40 年来同期第二多(图 2.2.3)。

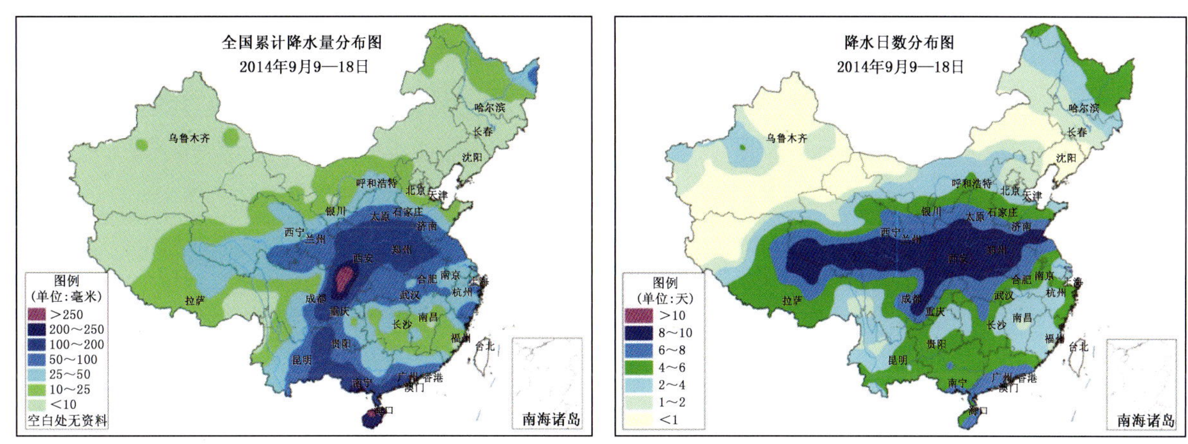

图 2.2.3　2014 年 9 月 9—18 日全国累计降水量(毫米)及降水日数(天)分布图

Fig. 2.2.3　Precipitation(unit:mm) and rainy-day(unit:d) over China during September 9—18, 2014

强降水造成部分江河水位上涨、农田被淹、城镇出现严重内涝，局地还遭受山洪、山体滑坡、泥石流等灾害。9 月 11—12 日，四川省广安市遭受强降雨袭击，渠江、嘉陵江等河流均超警戒水位；9 月 13 日，重庆御临河上游邻水片区普降特大暴雨，导致御临河统景段河水猛涨，最高水位超警戒水位 10 米，为 25 年来最大洪水；9 月 15 日，嘉陵江磁器口站出现最高水位比警戒水位超出 1.56 米，长江长寿站出现比警戒水位超出 3.5 米的洪峰水位。10 月 28 日，连续降雨造成云南省昆明市东川区发生山体滑坡，9 人失踪。2014 年华西秋雨造成的经济损失为近 5 年来较重。据统计，共造成四川、陕西、湖北、重庆、湖南、贵州、云南 7 省(市)789.7 万人受灾，48 人死亡，27 人失踪；农作物受灾面积 82.1 万公顷，其中绝收 5.3 万公顷；直接经济损失 98.4 亿元。其中，四川、陕西、湖北、重庆灾情较重。另一方面，华西、黄淮等地秋雨使得部分地区水资源增加明显，对塘库蓄水比较有利，陕西及河南等地前期气象旱情得到解除；华西秋雨还增加了大部地区土壤墒情，为秋收作物后期生长以及秋播提供了较好底墒。此外，9 月以来，汉江流域降雨逐渐增多，丹江口水库水位持续上涨，蓄水较前期明显增加，有利于南水北调中线工程汛后的顺利调水。

四川：9 月 9—17 日，广元、南充、内江等 15 市(自治州)51 县(市、区)379.3 万人受灾，6 人死亡，12 人失踪，16.9 万人紧急转移安置；4.2 万间房屋倒塌或严重损坏；农作物受灾面积 9.4 万公顷，其中绝收 2.2 万公顷；直接经济损失 57.5 亿元。

陕西：9 月 9—17 日，汉中、渭南、安康等 10 市 79 县(市、区)83.4 万人受灾，8 人死亡，1 人失踪，17.7 万人紧急转移安置；2.3 万间房屋倒塌或严重损坏；农作物受灾面积 6.0 万公顷，其中绝收 6900 公顷；直接经济损失 8.7 亿元。

湖北：9 月 9—17 日，宜昌、恩施、十堰等 6 市(自治州)26 县(市、区)和神农架林区 45.8 万人受灾，1 人死亡，2.6 万人紧急转移安置；1.3 万间房屋倒塌或严重损坏；农作物受灾面积 2.3 万公顷，其中绝收 2200 公顷；直接经济损失 7.2 亿元。

重庆：9 月 11—17 日，北碚、合川、梁平等 12 县(区)39.6 万人受灾，17 人死亡，4 人失踪，3.3 万人紧急转移安置；近2600间房屋倒塌，1.2万间损坏；农作物受灾面积1.3万公顷，其中绝收2400公顷；直接经济损失11.9亿元。

2.3 台风

2.3.1 基本概况

2014年，西北太平洋和南海共有23个台风（中心附近最大风力≥8级）生成，生成个数较常年（25.5）偏少2.5个。其中1407号"海贝思"（Hagibis）、1409号"威马逊"（Rammasun）、1410号"麦德姆"（Matmo）、1415号"海鸥"（Kalmaegi），1416号"凤凰"（Fung-wong）共5个台风先后在我国登陆（图2.3.1）。2014年台风生成个数偏少；起编时间较常年偏早，停编时间较常年偏晚；登陆个数、登陆比例均较常年偏少；初、末台登陆时间均较常年偏早；多次登陆的台风个数偏多，登陆强度偏强；登陆位置总体偏南。

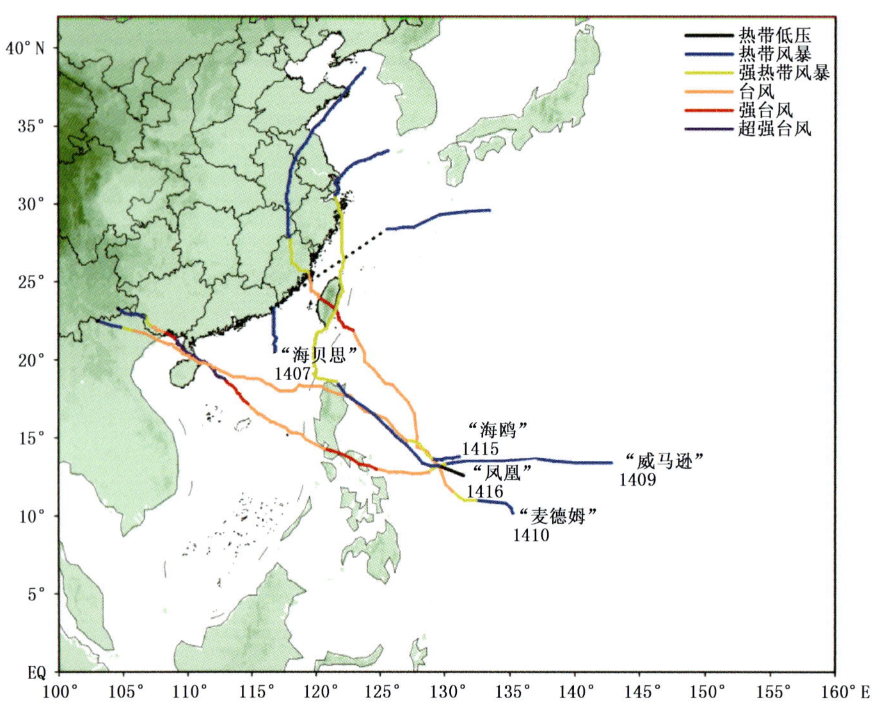

图2.3.1 2014年登陆中国台风路径图（中央气象台提供）

Fig. 2.3.1 The tracks of tropical cyclones landed on China during 2014 (Provided by Central Meteorological Office of CMA)

2014年，影响我国的台风带来了大量降水，对缓解南方部分地区的夏伏旱和高温天气以及增加水库蓄水等十分有利，但由于登陆或影响时间集中，部分地区因降水强度大、风力强，造成了一定的人员伤亡和经济损失。据统计，全国共有2660万人受灾，94人死亡，17人失踪，转移安置177.3万人，248.3万公顷农作物受灾，倒塌房屋5.2万间，直接经济损失693.4亿元（表2.3.1）。2014年，台风造成的死亡人数明显少于1990—2013年平均值，直接经济损失超过1990—2013年平均值，但比2013年明显偏少。其中，影响较大的是1409号"威马逊"（Rammasun）、1410号"麦德姆"（Matmo）及1415号"海鸥"（Kalmaegi）。总体而言，2014年台风灾害损失较常年偏重。

表 2.3.1　2014 年我国台风主要灾情表

Table2.3.1　List of tropical cyclones and associated disasters over China in 2014

国内编号及中英文名称	登陆时间（月.日）	登陆地点	最大风力（风速）	受灾地区	受灾人口（万人）	死亡人口（人）	失踪人口（人）	转移安置（万人）	倒塌房屋（万间）	受灾面积（万公顷）	直接经济损失（亿元）
1407 海贝思（Hagibis）	6.15	广东汕头	9(23)	广东	25.4			1.5		1.9	7.4
				福建	16.6			2.6		1.8	4.4
1409 威马逊（Rammasun）	7.18 7.18 7.19	海南文昌 广东徐闻 广西防城港	17(70) 17(62) 15(50)	海南	325.9	26	6	18.8	2.5	16.3	119.1
				广东	207.3			15.7	0.7	22.6	153.4
				广西	442.9	10		32.1	1.0	77.5	139.9
				云南	213.8	37	9	4.3	0.4	10	34.1
1410 麦德姆（Matmo）	7.23 7.23 7.25	台湾台东 福建福清 山东荣成	14(42) 11(30) 8(20)	福建	54.3			18.6		3.1	12.1
				广东	65.5			1.0		4.0	13
				江西	52.0	10		4.1	0.1	3.5	12.2
				安徽	68.9			2.5	0.1	3.8	2.8
				浙江	17.1			2.7			1.3
				江苏	16.2					2.1	0.7
				山东	54.2			0.8	0.1	7.4	6.1
				辽宁	9.4			0.1		0.9	0.9
1415 海鸥（Kalmaegi）	9.16 9.16	海南文昌 广东徐闻	14(42) 14(42)	海南	286.5	1	1	9.8		14.4	57.8
				广东	256.3			16.8		41.5	81.5
				广西	323.1	5		15	0.3	27.6	30.2
				云南	66.9	3	1	0.3		3.5	5.6
				贵州	15.8			0.4		0.7	1.4
1416 凤凰（Fung-wong）	9.21 9.21 9.22 9.23	台湾恒春半岛 台湾宜兰与新北交界 浙江象山 上海奉贤	10(28) 10(28) 10(25) 8(18)	浙江	141.4			30.2		5.7	9.5
合计					2659.5	94	17	177.3	5.2	248.3	693.4

2.3.2　主要台风灾害事例

1. 1407 号“海贝思”(Hagibis)

1407 号“海贝思”于 6 月 15 日 16 时 50 分在广东省汕头市濠江区沿海登陆，登陆时中心附近最大风力有 9 级(23 米/秒)，中心气压为 986 百帕；15 日晚上在广东汕头市潮阳区境内减弱为热带低压；17 日早晨移入东海海面后强度再度发展，并于 14 时在东海中部海面上再次加强为热带风暴，夜间“海贝思”(热带风暴)移出东海，并逐渐变性为温带气旋；中央气象台于 18 日早晨 5 时对其停止编号。

“海贝思”(热带风暴)是 2014 年首个登陆我国的台风，具有“近海生成，生命史短；路径稳定，快速登陆；风雨范围小，局地雨量大”的特点。“海贝思”造成广东、福建 42.0 万人受灾，转移安置 4.1 万人，农作物受灾面积 3.7 万公顷，直接经济损失 11.8 亿元。

广东　受“海贝思”影响，汕头、潮州、揭阳和梅州等市出现了暴雨到大暴雨，汕头和潮州局部还出现了特大暴雨。6月14日08时至16日15时，广东省有17个气象站降水量达250毫米以上，其中汕头市潮南区雷岭镇最大为442.5毫米；96个气象站降水量有100～250毫米，80个气象站降水量有50～100毫米，75个自动气象站降水量有25～50毫米。粤东海面和珠江口外海面出现了7～9级、阵风10级的大风，粤东沿海市县普遍出现了7～8级、阵风9级的大风，其中汕头澄海区凤翔街15日14时录得全省最大阵风28.2米/秒(10级)。“海贝思”降水引发洪涝、滑坡等灾害。据统计，“海贝思”造成广东25.4万人受灾，1.5万人紧急转移安置；农作物受灾面积1.9万公顷；直接经济损失7.4亿元。

福建 “海贝思”登陆后，云团盘踞在福建中南部上空，带来了强降水。6月15日17时至17日08时，过程降水量超过50毫米的有50个县，超过100毫米的有28个县，超过200毫米的有7个县，最大为同安320.0毫米。强降雨导致多条主要江河支流发生超警戒洪水。受其影响，闽南部分县市街道出现严重积水，河流出现倒灌。厦门北站北广场出现约1.5米深的积水，严重影响了旅客出行。据统计，“海贝思”造成福建16.6万人受灾，2.6万人紧急转移安置，农作物受灾面积1.8万公顷，直接经济损失4.4亿元。

2. 1409号“威马逊”(Rammasun)

1409号“威马逊”于7月12日下午在菲律宾以东的西北太平洋上生成，15日傍晚前后登陆菲律宾中部沿海，16日08时离开菲律宾进入南海东部海面并减弱为台风，17日17时加强为强台风，18日5时加强为超强台风；18日15时30分前后在海南省文昌市翁田镇沿海登陆，登陆时中心附近最大风速达70米/秒(风力17级以上)，中心最低气压为890百帕，为新中国成立以来登陆我国最强的台风，历史罕见；18日19时30分前后在广东省徐闻县龙塘镇沿海再次登陆，登陆时中心附近最大风速达62米/秒(17级以上)，中心气压为910百帕；19日07时10分前后在广西壮族自治区防城港市光坡镇沿海第三次登陆，登陆时中心附近最大风速达50米/秒(15级)，中心气压为945百帕。19日15时减弱为强热带风暴，17时其中心位于广西崇左市龙州县境内，19日晚上在中越交界附近地区减弱为热带风暴，20日4时在云南省境内减弱为热带低压，中央气象台于20日上午8时对其停止编号。

“威马逊”具有登陆强度极强、登陆次数多、风力大、降雨强等特点。受“威马逊”影响，海南、广东、广西多地及云南南部出现狂风暴雨天气，引发洪涝、风雹、泥石流等灾害，对城市交通、用电、用水及沿海地区的海产养殖业、农业、旅游等行业造成严重影响。据统计，“威马逊”共造成海南、广东、广西、云南1189.9万人受灾，88人死亡(失踪)，70.9万人紧急转移安置，4.6万间房屋倒塌，农作物受灾面积126.4万公顷，直接经济损失446.5亿元。

海南 受“威马逊”影响，7月17—19日，三沙市、海南岛近海和陆地先后出现严重风雨天气，海南岛北部、中部、东部和西部地区普降大暴雨到特大暴雨，南部地区普降暴雨到大暴雨。7月18日，海南海口、琼山、澄迈、昌江、白沙等地日降水量在400毫米以上，昌江有3个乡镇降水量达到600毫米以上，最大为昌化镇702.1毫米，多地小时雨强达100～139毫米/小时。受“威马逊”影响，海南岛东北部陆地普遍出现10～12级、阵风13～16级大风，最大风力出现在文昌翁田镇，测得阵风17级(58.8米/秒)、平均风力12级(36.2米/秒)。其中，17日夜间，三沙市部分岛礁出现10～11级大风；18日，海南岛东部海面浮标站和文昌七洲列岛最大阵风高达74.1米/秒和72.4米/秒(17级以上)。

受“威马逊”影响，海口供电、供水、城市交通中断、海陆空交通全部中断，近33万宽带固话用户中断。海口美兰国际机场截止到7月18日19时，取消航班218架次，三亚凤凰机场截止到18日14时，取消航班72架次，两机场共计超过1.2万名旅客受到影响。17日8时，琼州海峡全线停航；18日开始，三亚至海口的东环高铁全线停运。据统计，“威马逊”共造成海南325.9万人受灾，转移安置

18.8 万人，26 人死亡，6 人失踪，房屋倒塌 2.5 万间，农作物受灾面积 16.3 万公顷，直接经济损失 119.1 亿元。

广东 受“威马逊”影响，7 月 18 日粤西海面和沿海市县出现了 13～15 级、阵风 16～17 级的大风，18 日 16—17 时，茂名浮标站测到 14.1 米的最大浪高。粤西沿海市县自 18 日 12 时开始出现 12 级以上大风，并持续约 18 个小时。7 月 18 日至 19 日上午，粤西地区出现暴雨到大暴雨，粤东和珠江三角洲市县出现大雨到暴雨局部大暴雨。18 日 08 时至 19 日 16 时，广东省有 69 个气象站降水量在 100 毫米以上，其中湛江市徐闻县最大为 260.9 毫米，284 个气象站降水量有 50～100 毫米，617 个自动气象站降水量有 25～50 毫米。

“威马逊”带来的强降水造成多地出现洪涝灾害，部分农田被淹、被毁，土壤肥力流失，对广东西南部的养殖业、渔业、热带水果造成巨大的损失。大风致使沿海经济林果茎枝折断、倒伏或落果，还造成蔬菜大棚倒塌，棚内作物受灾等。强风暴雨造成水产养殖设施被冲毁。“威马逊”对城市的电力与交通也产生不利影响，造成雷州半岛等地多条电力线路跳闸、倒塔、断杆或倾斜；水上交通受阻、高铁运输减速运行、部分线路列车出现不同程度的晚点；机场航班延误或取消。“威马逊”导致部分大中型水库和提防被损坏，多处提防决口，护岸等被损坏。据统计，“威马逊”共造成广东 207.3 万人受灾，转移安置 15.7 万人，房屋倒塌 0.7 万间，农作物受灾面积 22.6 万公顷，直接经济损失 153.4 亿元。

广西 “威马逊”在广西境内以强台风级和台风级共持续了 9 个小时(19 日 7 时到 16 时)，是自有气象记录以来强度在台风以上级别的、在广西滞留时间最长的台风。“威马逊”给广西带来严重风雨影响。7 月 18 日下午至 20 日，北海、防城港、钦州、南宁、崇左、玉林、梧州、贵港、来宾等 9 个地市的 37 个县(市)出现 8 级以上大风，阵风 10～14 级；北部湾海面出现 14～15 级、阵风 17 级的大风，其中 19 日北海市涠洲岛竹蔗寮极大风速达 59.4 米/秒(17 级)、盛塘村 56.5 米/秒(17 级)，防城港茅墩岛达 56.5 米/秒(17 级)；19 日北海、防城的极大风速分别为 45 米/秒和 41 米/秒，打破当地建站以来历史纪录。7 月 18 日晚，桂南、桂西及沿海地区出现强降水，局部出现大暴雨和特大暴雨。18 日 20 时至 20 日 20 时，广西 11 个县(区)的 19 个乡镇降水量有 300～400 毫米，18 个县(区)的 50 个乡镇降水量有 200～300 毫米，59 个县(区)的 312 个乡镇降水量有 100～200 毫米，72 个县(区)的 371 个乡镇有 50～100 毫米，其中合浦县常乐镇降水量为 552 毫米，防城区扶隆乡 487 毫米，武鸣县大明山 418 毫米，防城区垌中镇 418 毫米，北海市铁山港区石头埠 408 毫米。

“威马逊”使广西前期的高温天气得以结束，但其带来的强风暴雨，给部分地区特别是沿海地区的海产养殖业、农业、交通运输、电力、旅游等行业造成严重影响，并导致防城河、钦江、北仑河、明江、左江等 11 条河流出现超警戒水位，局地发生洪涝和地质灾害，造成了严重损失。据统计，“威马逊”造成广西 442.9 万人受灾，转移安置 32.1 万人，10 人死亡，倒塌房屋 1 万间；农作物受灾面积 77.5 万公顷，直接经济损失 139.9 亿元。

云南 受“威马逊”及其残留云系影响，7 月 20—22 日，云南出现全省性大雨以上强降水天气过程，其中 21 日全省出现 24 站大雨、16 站暴雨、5 站大暴雨。宁洱 21 日和镇康 22 日日降水量分别达 183.4 毫米和 136.8 毫米，均突破当地历史纪录。强降水引发的洪涝、滑坡、泥石流等灾害，造成民房、农业生产、交通、电力、城镇等基础设施不同程度受损，给滇南、滇西等地的交通出行带来了巨大压力。据统计，“威马逊”造成云南 213.8 万人受灾，转移安置 4.3 万人，37 人死亡，9 人失踪，房屋倒塌 0.4 万间，农作物受灾面积 10 万公顷，直接经济损失 34.1 亿元。

3. 1410 号“麦德姆”(Matmo)

1410 号“麦德姆”于 7 月 18 日凌晨 2 时在菲律宾以东的西北太平洋洋面上生成；23 日 0 时 15 分前后在台湾省台东县长滨乡沿海登陆，登陆时中心附近最大风力 14 级(42 米/秒)，中心附近最低气压 955 百帕；23 日 15 时 30 分前后在福建省福清市高山镇沿海再次登陆，登陆时减弱为强热带风暴，中心附近最大风力 11 级(30 米/秒)，中心气压 980 百帕；登陆后台风中心先后经过福建、江西、安徽、江苏等地，并于 25 日 17 时 10 分在山东省荣成市虎山镇沿海第三次登陆，登陆时最大风力有 8 级(20 米/秒)，中心气压 993 百帕；25 日 23 时在黄海北部海面变性为温带气旋，中央气象台对其停止编号。

"麦德姆"北上过程中，我国东部台湾海峡、东海、黄海以及渤海南部海域均受到其影响。大风大雨造成台湾、福建、广东、浙江、江西、湖南、安徽、江苏、山东、辽宁、吉林等地城市内涝、农田受淹、房屋倒塌、公路和电力短时中断。据统计，"麦德姆"共造成 337.6 万人受灾，12 人死亡，29.8 万人紧急转移安置，3000 余间房屋倒塌，农作物受灾面积 24.8 万公顷，直接经济损失 49.1 亿元。

福建 "麦德姆"具有移动路径稳定，强度强，风雨影响大、范围广等特点。受其影响，福建省中北部沿海出现 8～9 级偏北大风，中部沿海最强阵风 10～12 级，以福鼎北奥极大风速 36.9 米/秒为最大。福建宁德、福州和莆田出现 10 级以上瞬时大风有 10～31 小时，长乐县局地 12 级以上瞬时大风多达 10 小时。福建省大部分地区出现暴雨到大暴雨。7 月 23—25 日，50 个县(市、区)693 个区域站、34 个气象站降水量超过 100 毫米，其中 27 个县(市、区)129 个区域站、4 个气象站超过 250 毫米，以罗源中房 577.8 毫米为最大；7 月 24 日降水最强，周宁日降水量 209.2 毫米，为本站 7 月历史第二位。

"麦德姆"结束了福建省前期的持续性高温天气，其带来的大范围强降水使福建省中部沿海和闽南地区的前期旱情得到解除。但"麦德姆"造成省内多条河流出现超警戒水位，包括福州在内的多个市县出现城市内涝，部分农作物受淹倒伏，塑料大棚等农业设施受损。7 月 24 日，交溪和闽江支流发生超警戒水位洪水，敖江连江段水位超警戒 3.28 米；7 月 24 日位于福州市晋安区新店镇杨廷村的小 II 型水库杨廷水库出现两处管涌，下游 2000 多人紧急转移；21 列动车组停运。据统计，"麦德姆"造成福建 54.3 万人受灾，转移安置 18.6 万人，农作物受灾面积 3.1 万公顷，直接经济损失 12.1 亿元。

广东 受"麦德姆"环流影响，广东汕头附近海面风力较大，汕头"莱长渡运航线"于 7 月 22 日中午 12 时起全线停航。部分县(村镇)出现强雷暴天气。据统计，"麦德姆"造成广东 65.5 万人受灾，转移安置 4.3 万人，农作物受灾面积 4 万公顷，直接经济损失 13 亿元。

浙江 受"麦德姆"影响，7 月 23—25 日，浙江沿海海面和沿海地区持续出现 8～10 级大风，局地 12～13 级大风。7 月 23—24 日，温州、台州、丽水、衢州、杭州西部等地先后出现大到暴雨，局部大暴雨。22 日 20 时至 26 日 08 时，浙江省面雨量 51 毫米，其中丽水市 117 毫米、温州市 90 毫米；180 个乡镇过程降水量超过 100 毫米，34 个乡镇超过 200 毫米，最大为庆元岭头 322 毫米。

"麦德姆"虽然缓解了浙江前期高温天气并补充农业用水，但局部大风和暴雨在浙江省中南部地区造成了农田受淹、房屋倒塌、公路和电力短时中断等灾情。据统计，"麦德姆"造成浙江省 17.1 万人受灾，转移安置 2.7 万人，直接经济损失 1.3 亿元。

江西 受"麦德姆"及其外围影响，江西省中北部部分地区出现了暴雨和大暴雨，局地出现了特大暴雨。7 月 24—25 日，江西省平均降水量 37.2 毫米，有 24 个县(市、区)的 60 个站点雨量超过 100 毫米，其中德安县有 4 个站点雨量超过 300 毫米，以德安县丰林镇 541.4 毫米为最大。景德镇、乐安、芦溪、万安、宜春、樟树等 6 个县(市、区)出现 7 级以上大风，万安最大 9 级(21 米/秒)。

"麦德姆"给江西带来了丰沛的降水，有效缓解了高温天气，改善了土壤墒情。但部分地区出现暴雨洪涝灾害。江西境内各大河流水位上涨，多座大型水库超汛限水位运行。特大暴雨致博阳河德安站水位超警戒 3.21 米，创历史新高；26 日 16 时，鄱阳湖星子站水位 18.67 米，庐山区赛城湖站超警戒 0.15 米。"麦德姆"影响期间，多处国道路基积水或被冲毁，通行受阻；九江德安县域主干道多处被水阻断，多个乡镇发生塌方和出现断水断电，停电4.2万用户。7月24日，昌北机场有20多个航班受到影响。据统计，“麦德姆”造成江西52万人受灾，转移安置4.1万人，10人死亡，倒塌房屋0.1万间，农作物受灾面积3.5万公顷，直接经济损失12.2亿元。

安徽 受“麦德姆”影响，安徽省大部地区出现较强降水。7月23日08时至25日08时，江淮大部、沿江西部、江南大部及淮北局部降水量超过50毫米，其中江淮中部、东部及沿江西部部分地区超过100毫米，197个乡镇超过100毫米，7个超过200毫米，其中全椒黄栗树水库达到268.2毫米，最大1小时雨强95.2毫米。全椒黄栗树水库、凤台杨村、明光自来桥、长丰左店等多地小时雨强创历史极值。淮北东部和沿淮淮河以南大部分地区有7～8级阵风，最大石台27米/秒。

“麦德姆”使安徽省前期持续的高温天气和淮北东部气象干旱得到明显缓和，但强降水导致淮河支流淠河，长江支流尧渡河、秋浦河、黄湓河、西河、牛屯河、滁河出现超警戒水位的洪水，佛子岭、磨子潭、白莲崖水库出现超汛限水位的洪水。据统计，“麦德姆”造成安徽68.9万人受灾，转移安置2.5万人，倒塌房屋0.1万间，农作物受灾面积3.8万公顷，直接经济损失2.8亿元。

江苏 受台风“麦德姆”和冷空气的共同影响，江苏省西部地区出现大到暴雨，宿迁、连云港、淮安、南京等市的部分地区出现大暴雨，徐州大部分地区出现了大到暴雨。7月24日07时至25日07时，江苏省有15个县(市)雨量超过50毫米，其中有8个县(市)达到大暴雨；全省普遍出现了5～8级大风，东南沿海地区9～10级，如东洋口港最大27.3米/秒。

降水对缓解连云港、徐州等地干旱，增加河流、水库蓄水很有利，但也导致部分地区出现灾情。淮安涟水县县城部分低洼地段出现短时积涝；淮安盱眙县农作物大面积倒伏，部分乡镇街道的积水比较严重；连云港局地出现渍涝等灾害；宿迁多地发生城市内涝，多个小区道路积水，给出行带来极大不便。据统计，“麦德姆”造成江苏16.2万人受灾，农作物受灾面积2.1万公顷，直接经济损失0.7亿元。

山东 受“麦德姆”影响，7月24—25日，全省平均降水量51.3毫米，半岛地区多暴雨或大暴雨，其中大暴雨21站，暴雨13站，胶州过程降水量252.8毫米；其中25日，半岛地区共16站达极端日降水量事件标准，4站日降水量突破建站以来历史极值。受台风影响，山东出现海上或内陆大风天气过程，渤海、渤海海峡、黄海和黄海北部出现阵风8～10级，山东半岛、鲁西北、鲁中和鲁西南出现阵风9～10级。据统计，“麦德姆”造成山东54.2万人受灾，转移安置0.8万人，倒塌房屋0.1万间，农作物受灾面积7.4万公顷，直接经济损失6.1亿元。

辽宁 受“麦德姆”影响，7月25日2时至26日8时，辽宁省62个国家级气象观测站中，有23个站出现降水，平均降水量为12毫米，最大降水量出现在丹东安民为161.5毫米。据统计，“麦德姆”造成辽宁9.4万人受灾，转移安置0.1万人，农作物受灾面积0.9万公顷，直接经济损失0.9亿元。

4. 1415号“海鸥”(Kalmaegi)

1415号“海鸥”于9月16日9时40分前后在海南省文昌市翁田镇沿海登陆，登陆时中心附近最大风力14级(42米/秒)，中心气压960百帕；16日12时45分前后在广东徐闻南部沿海再次登陆，登陆时中心附近最大风力14级(42米/秒)，中心气压960百帕；16日23时前后在越南北部广宁省沿海又一次登陆，登陆时中心附近最大风力12级(35米/秒)，中心最低气压975百帕；登陆后强度快速减弱，中央气象台于17日17时对其停止编号。

“海鸥”具有移动速度快、风雨范围广的特点。“海鸥”带来的强风和强降雨，给部分地区的农业、交通运输、电力、旅游等行业造成灾害或不利影响，并导致部分中小河流出现超警戒水位，局地发生洪涝和地质灾害。据统计，“海鸥”造成海南、广东、广西、云南、贵州共948.6万人受灾，11人死亡失踪，42.3万人紧急转移安置，3000余间房屋倒塌，农作物受灾面积87.7万公顷，直接经济损失

176.5 亿元。

海南 受“海鸥”影响，海南岛北部地区普降大暴雨、局地特大暴雨，南部地区普降大到暴雨、局地大暴雨。9 月 15 日 14 时至 17 日 08 时，全岛有 178 个乡镇降水量超过 100 毫米，其中 85 个乡镇超过 200 毫米，18 个乡镇超过 300 毫米，其中儋州洋浦区降水量最大为 646.0 毫米。9 月 15 日 08 时至 17 日 08 时，文昌七洲列岛测得最大阵风 15 级(49.6 米/秒)，最大平均风 13 级(40.7 米/秒)；海南岛北部陆地普遍出现平均风 7～10 级、阵风 10～12 级的大风，东北部局地沿海地区阵风达到 13～15 级，澄迈桥头镇测得最大阵风 15 级(47.0 米/秒)和最大平均风 12 级(35.9 米/秒)；南部沿海地区出现 6～8 级阵风。

由于“海鸥”造成的风暴潮与天文大潮叠加，琼北沿海发生大海潮，海口秀英验潮站 17 日实测到最高潮位为 4.24 米，创 1950 年建站以来历史最高。东寨港防潮堤决口 20 余处，澄迈县发生 1983 年以来最严重的一次海水倒灌，13 个临海村庄受损严重，村民房屋积水普遍达 1.5 米至 2 米。据统计，“海鸥”造成海南 286.5 万人受灾，转移安置 9.8 万人，1 人死亡，1 人失踪，农作物受灾面积 14.4 万公顷，直接经济损失 57.8 亿元。

广东 受“海鸥”及其环流影响，9 月 15—16 日，广东省出现了大风、暴雨、巨浪、狂潮。粤西沿海和海面出现 11～13 级、阵风 14～16 级的大风，其中阳江海陵岛 12 级以上大风持续了 7 小时；粤中和粤东海面出现了 8～10 级的大风。粤西海面出现了 10 米以上的狂浪，茂名浮标 16 日上午出现 14.5 米的最大波高；雷州湾等海岸出现了超过 2 米的风暴增水。广东中南部大部市县出现暴雨，珠江口及其以西的湛江、茂名、阳江、江门等市县出现暴雨到大暴雨，局部出现特大暴雨。

受“海鸥”影响，粤西三市湛江、茂名及阳江 9 月 16 日全面停课。15 日 13 时起，琼州海峡客滚船全线停航，致使 15、16 日两天部分进出海南岛的跨海列车和广茂线列车停运或调整始发和终到站。16 日，深圳机场进出港航班 38 班被取消，白云机场部分飞海口航班取消，南航往来湛江和广州的 10 个航班取消。广东电网 35 千伏及以上线路累计跳闸 122 条，受影响变电站 23 座。截至 9 月 16 日 15 时 30 分，湛江电网损失用电负荷达 308.6 兆瓦，损失电量 175.9 万千瓦时；停电用户数达 68.54 万户。据统计，“海鸥”造成广东 256.3 万人受灾，转移安置 16.8 万人，农作物受灾面积 41.5 万公顷，直接经济损失 81.5 亿元。

广西 受“海鸥”影响，桂南及沿海地区大部出现 8～10 级、阵风 11～12 级以上大风，其中 16 日 14 时北部湾(斜阳岛)阵风达 14 级(46 米/秒)。桂西、桂南出现了暴雨到大暴雨天气，局地出现特大暴雨。据自动站观测资料统计，16 日 08 时至 18 日 08 时，301 个乡镇降水量有 50～100 毫米，282 个乡镇 100～200 毫米，51 个乡镇 200～300 毫米，8 个乡镇 300～400 毫米，6 个乡镇降水量超过 400 毫米。据国家气象观测站资料，15 日 20 时至 18 日 20 时，北海、防城港、钦州、南宁、崇左、百色、河池等市出现了暴雨以上强降雨，其中暴雨 25 站日、大暴雨 17 站日；16 日 20 时至 17 日 20 时暴雨以上降雨站数最多，其中暴雨 18 站、大暴雨 15 站。17 日，德保、南宁、龙州和凭祥的降水量打破当地建站以来 9 月份最大日降水量历史纪录；扶绥县日降水量 194.9 毫米，打破当地建站以来最大日降水量历史纪录(189.0 毫米)；那坡县降雨量 166.5 毫米，再现当地建站以来最大日降水量历史极值。

“海鸥”带来的强风和强降雨，给部分地区的农业、交通运输、电力、旅游等行业造成灾害或不利影响，并导致部分中小河流出现超警戒水位，局地发生洪涝和地质灾害。沿海各市的水产养殖、畜牧业受灾。16 日 8 时 30 分至 14 时，南宁吴圩国际机场 44 个进出港航班被取消，5000 余名旅客受到影响。9 月 15 日晚至 16 日 10 时 30 分，北海机场 14 个航班被取消。9 月 16—18 日，南宁铁路局 88 趟旅客列车停运。桂南、桂西部分地市出现水毁公路和道路塌方，部分公路两边树木被拦腰折断或连根拔起，多路段出现内涝，致使交通堵塞。据统计，“海鸥”造成广西 323.1 万人受灾，转移安置 15 万人，5 人死亡，倒塌房屋 0.3 万间，农作物受灾面积 27.6 万公顷，直接经济损失 30.2 亿元。

云南 受台风"海鸥"减弱后低压影响,9 月 17—18 日,云南出现暴雨天气过程,其中 18 日有 42 站降大雨,18 站降暴雨,1 站降大暴雨,其中麻栗坡最大 119.9 毫米。强降雨造成部分乡镇出现洪涝、滑坡、泥石流等灾害,房屋、道路、灌溉沟渠、河堤等设施受到不同程度损坏。据统计,"海鸥"造成云南 66.9 万人受灾,转移安置 0.3 万人,3 人死亡,1 人失踪;农作物受灾面积 3.5 万公顷;直接经济损失 5.6 亿元。

贵州 受"海鸥"登陆后外围云系影响,贵州省出现持续性强降雨天气过程。9 月 16 日 20 时至 18 日 08 时,普安及 32 乡镇降水量在 200 毫米以上,13 县 275 乡镇在 100～199.9 毫米之间,20 县 361 乡镇在 50～99.9 毫米之间,最大降水量为六枝特区龙场乡的 370.6 毫米。强降水导致贵州部分地区遭受暴雨洪涝灾害。据统计,"海鸥"造成贵州 15.8 万人受灾,转移安置 0.4 万人,农作物受灾面积 0.7 万公顷,直接经济损失 1.4 亿元。

5. 1416 号"凤凰"(Fung-wong)

1416 号"凤凰"于 9 月 21 日 10 时前后在台湾省恒春半岛南部沿海登陆,登陆时中心附近最大风力 10 级(28 米/秒),中心气压 982 百帕;21 日 22 时 20 分前后在台湾省宜兰县与新北市交界附近沿海再次登陆,登陆时中心附近最大风力 10 级(28 米/秒),中心气压为 982 百帕;22 日 19 时 35 分前后在浙江省象山县鹤浦镇沿海第三次登陆,登陆时中心附近最大风力 10 级(28 米/秒),中心气压 985 百帕;23 日上午减弱为热带风暴级,并于 10 时 45 分前后在上海市奉贤区海湾镇沿海第四次登陆,登陆时中心附近最大风力 9 级(23 米/秒),中心气压 990 百帕;24 日上午在黄海东南部海面变性为温带气旋,11 时中央气象台对其停止编号。

"凤凰"路径怪异,先后四次登陆我国,为历史少见。据统计,"凤凰"造成浙江省 141.4 万人受灾,30.2 万人紧急转移安置,农作物受灾面积 5.7 万公顷,直接经济损失 9.6 亿元。

浙江 9 月 20 日下午至 23 日上午,浙江省沿海海面出现 10～12 级、局部 13 级大风,10 级以上大风最长持续 53 个小时;杭州湾和沿海地区出现了 7～10 级大风。北部沿海最大风速为普陀区梁横山 40.6 米/秒(13 级),中部沿海最大为路桥区白果 34.4 米/秒(12 级)、南部沿海最大为平阳平屿 33.0 米/秒(12 级)。浙江省东部沿海地区普遍出现大到暴雨,局部大暴雨。9 月 20 日 8 时至 23 日 9 时,全省面雨量 63 毫米,其中台州市 136 毫米、宁波市 127 毫米、舟山市 125 毫米、温州市 85 毫米、绍兴市 61 毫米,其他 6 市在 20～33 毫米之间;东部有 44 个县(市、区)面雨量超过 50 毫米,其中 14 个超过 100 毫米(象山 202 毫米、温岭 195 毫米、椒江区 171 毫米、普陀区 168 毫米、路桥区 167 毫米);全省有 258 个乡镇累计雨量超过 100 毫米,44 个超过 200 毫米,其中象山外高泥 331 毫米、北渔山 305 毫米、新桥 295 毫米、定塘镇 293 毫米、黄泥桥 292 毫米。

受台风大风和暴雨影响,沿海地区农业遭受较大损失。大风造成农业设施被吹毁,农作物倒伏,瓜果落果,经济林木损毁;暴雨引发田间积水,农作物受淹,蔬菜瓜果绝收,部分地区的晚稻倒伏受淹,产量严重受损。台州、宁波、舟山等市局部地区发生小流域山洪和山体滑坡等灾害,一些交通、水利、电力、通信等基础设施受损,有 41 座大中型水库超过汛限水位,杭嘉湖东部平原部分站点略超警戒水位。温州市、舟山市中小学、幼儿园 22 日停课一天或半天。舟山跨海大桥 22 日晚实施全桥关闭,全部车辆禁行。

台湾 受"凤凰"影响,台湾东部和南部累计雨量有 100～300 毫米,部分地区 400～500 毫米,屏东县泰武乡达 995 毫米;台湾部分地区出现 7～9 级大风,局地 11～13 级。"凤凰"对台湾航空、铁路等交通造成不利影响,部分地区停工停课。

2.4 冰雹与龙卷风

2.4.1 基本概况

2014 年全国共有 30 个省(区、市)、1485 个县(市)次出现冰雹，降雹次数比 2001—2010 年平均次数(1378 个县次)偏多；全国有 21 个县(市)次出现龙卷风，龙卷风出现次数较 2001—2010 年平均次数(74 个县次)明显偏少。受冰雹、龙卷风等强对流天气影响，全国累计 2226.7 万人次受灾，199 人死亡失踪，9.7 万人次紧急转移安置，1.3 万间房屋倒塌，29.7 万间不同程度损坏；农作物受灾面积 322.5 万公顷，其中绝收 45.8 万公顷；直接经济损失 276.7 亿元。总体来看，2014 年我国风雹灾情偏轻，受灾人次、因灾死亡失踪人口、倒损房屋数量均为近 10 年来最少。

2.4.2 冰雹

1. 主要特点

(1)降雹次数偏多

2014 年，全国 30 个省(市、区)遭受冰雹袭击。据统计，共有 1485 个县(市)次出现冰雹，降雹次数比 2001—2010 年平均次数(1378 个县次)偏多。

(2)初雹时间偏早，终雹时间偏晚

2014 年，全国最早一次冰雹天气出现在 1 月 12 日(云南省玉溪市江川县)，较 2001—2010 年平均初雹时间(1 月下旬)偏早；最晚一次冰雹天气出现在 11 月 24 日(江苏省无锡市新区)，较 2001—2010 年平均终雹时间(11 月中旬)偏晚。

(3)降雹主要集中在夏季和春季

从降雹的季节分布来看，2014 年夏季出现冰雹最多，共有 1018 个县(市)次，占全年降雹总次数的 68.6%；春季降雹次多，共有 388 个县(市)次，占全年的 26.1%；秋季共有 78 个县(市)次降雹，占全年的 5.3%；冬季只有 1 个县(市)降雹。

从各月降雹情况看，2014 年 7 月最多，共 502 个县(市)次降雹，占全年的 33.8%；6 月次多，300 个县(市)次降雹，占全年的 20.2%；8 月、3 月分居第三、第四位，分别有 216 个县(市)次、195 个县(市)次降雹，各占全年的 14.5%、13.1%。

(4)华北、西北、西南地区东部、江南地区中部及内蒙古等地降雹较多

2014 年，我国降雹主要集中在华北、西北东部与江南地区中部等两条带区。从各省分布来看，云南最多，降雹 156 县(市)次；甘肃次多，降雹 133 县次；内蒙古居第三位，降雹 124 县次；贵州(117 县次)、河北(103 县次)、山西(88 县次)、江西(75 县次)、陕西(68 县次)等省降雹均超过 60 县次(图 2.4.1)。

2. 主要风雹灾害事例

(1)1 月 12 日，云南省玉溪市江川县遭受冰雹袭击，降雹持续时间约 5 分钟，冰雹最大直径 6 毫米左右。蔬菜、豆类、油菜等农作物受灾面积 266 公顷，成灾 160 公顷，农业经济损失 219 万元。

(2)3 月 19 日，浙江省台州市椒江区、黄岩区、天台县、仙居县、临海市遭受风雹灾害。冰雹最大直径达 33 毫米；上述大部分地区出现 7～9 级雷雨大风，其中临海市永丰站极大风速达到 35.3 米/秒(风力 12 级)。受灾地区不少汽车、房屋和农业大棚被冰雹砸坏，枇杷、杨梅及露地蔬菜、蚕豌豆等损失较重。共计 28.6 万人受灾，伤 5 人；36 间房屋倒塌，近 1600 间不同程度损坏；农作物受灾面积 3100 公顷，其中绝收 200 公顷；直接经济损失 7100 余万元。

(3)3 月 19—20 日，贵州省贵阳、遵义、毕节、铜仁等 6 市(州)11 个县(市)遭受风雹、暴雨灾害。

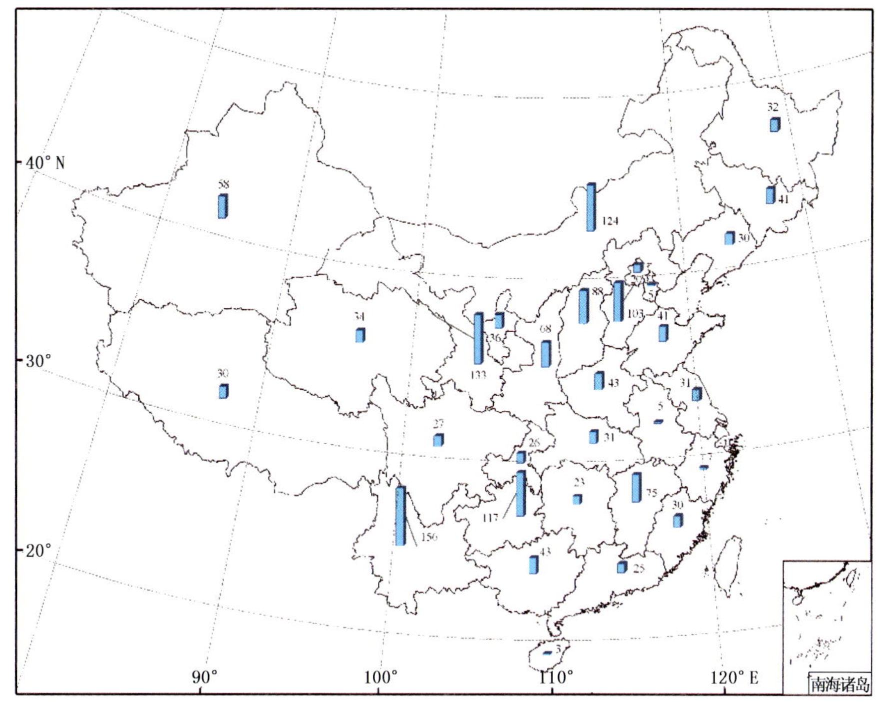

图 2.4.1 2014 年全国降雹县(市)次分布

Fig. 2.4.1 Distribution of hail events over China in 2014

桐梓县冰雹最大直径达 50 毫米,12 小时最大降水量达 136.0 毫米,部分油菜、小麦等农作物被冰雹砸烂,很多房屋屋顶被打穿。共计 13.6 万人受灾;1300 余间房屋不同程度损坏;农作物受灾面积 1.1 万公顷,其中绝收 1600 公顷;直接经济损失 8400 余万元。

(4)3 月 20 日,云南省曲靖、保山、德宏、文山 4 市(州)6 个县(市)遭受风雹灾害,其中文山州西畴县冰雹最大直径有 10～20 毫米。共计 1.5 万人受灾,1 人死亡;500 多间房屋不同程度损坏;三七、小麦、蔬菜、南瓜、果树、葡萄等农作物受灾面积近 800 公顷,其中绝收近 100 公顷;直接经济损失 1700 余万元。

(5)3 月 21—22 日,云南省玉溪、西双版纳、楚雄、昆明、普洱 5 市(州)12 个县(区、市)遭受风雹灾害,其中玉溪市澄江县降雹持续时间约 10 分钟,玉溪市峨山县、西双版纳傣族自治州勐腊县冰雹最大直径 20 毫米左右。共计 4250 人受灾;农作物受灾面积 6700 公顷,其中成灾 1989 公顷,绝收 382 公顷;损坏房屋约 200 间;直接经济损失 1.1 亿元。

(6)3 月 23 日,云南省普洱、红河、临沧 3 市(州)5 个县(市)遭受风雹灾害,其中普洱市澜沧县测站冰雹最大直径 20 毫米。共计 2.95 万人受灾;约 1100 间房屋不同程度损坏;农作物受灾面积 4195 公顷,其中成灾 1495 公顷,绝收 30 多公顷;直接经济损失 1775 万元。

(7)3 月 24 日,贵州省六盘水市盘县、黔南布依族苗族自治州瓮安县、安顺市平坝县遭受风雹灾害,其中平坝县冰雹直径 5 毫米左右。共计 5400 人受灾;农作物受灾面积 800 余公顷,其中绝收近 200 公顷;直接经济损失 300 余万元。

(8)3 月 25—26 日,贵州省六盘水、安顺、毕节、黔南、黔西南、贵阳 6 市(州)18 个县(区)遭受风雹灾害,其中六盘水市水城县冰雹持续时间最长约 40 分钟,冰雹最大直径约 25 毫米。共计 40.9 万人受灾,2 人死亡(1 人雷击身亡,1 人房屋倒塌致死);2600 余间房屋不同程度损坏;农作物受灾面积 1.4 万公顷,其中绝收 2300 公顷;直接经济损失 1.4 亿元。

(9)3月26—27日，湖南省益阳、湘潭、衡阳、郴州、邵阳、岳阳6市15个县(市、区)遭受风雹、暴雨灾害。其中，岳阳市汨罗市冰雹最大直径34毫米，岳阳县月田镇王龙村1小时最大降水量100.5毫米；郴州市永兴县降雹密度510粒/平方米；邵阳市洞口县瞬间风速22米/秒(风力9级)。共计约15万人受灾，2人死亡(房屋倒塌所致)；600余间房屋倒塌，7700余间不同程度损坏；农作物受灾面积1.3万公顷，其中绝收2400公顷；直接经济损失1.2亿元。

(10)3月26日，江西省南昌、景德镇、新余、抚州、吉安等7市15个县(市、区)遭受风雹灾害，其中抚州市广昌县冰雹最大直径约10毫米，持续时间30分钟左右。共计11.7万人受灾，2人死亡；600余间房屋倒塌，8400余间不同程度损坏；农作物受灾面积5100公顷，其中绝收300公顷；直接经济损失8600余万元。

(11)3月26日，福建省福州、南平、三明、宁德等5市13个县(市、区)遭受风雹灾害，其中三明市泰宁县冰雹持续时间5分钟，冰雹最大直径约10毫米。共计6.1万人受灾；1.4万间房屋不同程度损坏；农作物受灾面积2500公顷，其中绝收约200公顷；直接经济损失近7300万元。

(12)3月27—28日、30日，江西省南昌、新余、赣州、吉安等6市14个县(市、区)遭受强雷电和短时强降水、雷雨大风、冰雹等强对流天气袭击。其中，吉安市安福县、吉水县最大冰雹直径5～10毫米；吉安市永新县1小时最大降水量58.9毫米；全省普遍出现8～9级短时雷雨大风。共计10.5万人受灾，2人死亡；500余间房屋倒塌，8200余间不同程度损坏；农作物受灾面积3200公顷，其中绝收200余公顷；直接经济损失7800余万元。

(13)3月27—31日，贵州省毕节、安顺、六盘水、铜仁、黔西南、黔南、黔东南7市(州)18个县(区)发生风雹灾害。其中六盘水市盘县最大冰雹直径50毫米，水城县冰雹持续时间最长约30分钟。共计13.52万人受灾，3人死亡；农作物受灾面积1.19万公顷，其中成灾2600多公顷，绝收1080多公顷；损坏房屋4500多间；直接经济损失9900多万元。

(14)3月27—29日，福建省三明、南平、龙岩、福州等5市14个县(市)出现冰雹、短时雷雨大风等强对流天气。其中，福州市福清市测站冰雹持续6分钟，冰雹最大直径19毫米，风力8～9级；南平市建瓯市冰雹最大直径60毫米，并伴有10级大风；三明市将乐县余坊乡24小时最大降水量达123.5毫米。全省早稻、烤烟、蔬菜、瓜果等共计受灾面积976公顷，其中成灾243公顷，绝收33公顷；毁坏民房689间；直接经济损失1430万元。

(15)3月30日至4月3日，广东省惠州、东莞、深圳、佛山、肇庆、云浮、河源等9市13个县(市、区)遭受雷雨大风、冰雹、暴雨灾害。其中3月30日云浮气象站实测冰雹最大直径52毫米，28日20时至31日08时云安县六都镇降雨量达251.3毫米，郁南县历洞镇最大阵风11级。全省共计7.5万人受灾，因灾死亡15人，失踪3人；70余间房屋倒塌，1.4万间不同程度损坏；农作物受灾面积1.2万公顷，其中绝收200余公顷；直接经济损失2.6亿元。

(16)3月28—31日，广西柳州、梧州、玉林、百色、河池、贺州、崇左7市24个县(市、区)遭受雷雨大风、冰雹、暴雨灾害。3月29日08时至31日08时全区有2个镇(梧州市岑溪市安平镇和诚谏镇，雨量均为266毫米)降雨量超过250毫米，34个县(区)的172个乡镇降雨量达100～250毫米，并普遍出现8级以上大风；玉林市容县六王镇冰雹大的有拳头般大。全区共计32.6万人受灾，因灾死亡2人；500余间房屋倒塌，1.6万间房屋不同程度损坏；玉米、水稻、蔬菜、瓜果等农作物受灾面积8800公顷，其中绝收800公顷；直接经济损失1.3亿元。

(17)4月1—3日，云南省文山州文山市、麻栗坡县、西畴县、砚山县和普洱市江城县部分乡镇遭受雷雨大风、冰雹袭击。其中江城县冰雹最大直径35毫米，测站1小时最大降水量达47.2毫米；西畴县降雹时间长达35分钟。共计1.4万人受灾；小麦、玉米、蚕豆、豌豆、油菜、黄瓜、马铃薯等农作物受灾面积9231公顷，其中成灾3361公顷，绝收829公顷；1.52万间房屋受损，近6000台太阳能损坏；约 1200 只(头)家禽及大牲畜死亡；直接经济损失 2.3 亿元。

(18)4 月 4—5 日，云南省西双版纳傣族自治州勐海县、景洪市，普洱市江城哈尼族彝族自治县，红河哈尼族彝族自治州屏边县，玉溪市江川县、易门县部分乡镇出现冰雹及雷雨大风天气，其中江城县冰雹最大直径 35 毫米。共计 6800 多人受灾；玉米、大豆、油菜、豌豆、荔枝、香蕉等农作物受灾面积 1100 多公顷，其中成灾 500 多公顷，绝收近 200 公顷；直接经济损失 410 万元。

(19)4 月 7 日，云南省曲靖、红河、文山 3 市(州)4 个县(市)遭受风雹灾害。共计 4.3 万人受灾；60 余间房屋倒塌，200 余间房屋不同程度损坏；农作物受灾面积 6100 公顷，其中绝收 500 余公顷；直接经济损失 2200 余万元。

(20)4 月 8 日，贵州六盘水、黔西南 2 市(州)3 个县(市)遭受风雹灾害。近 8700 人受灾；100 余间房屋不同程度损坏；玉米、蔬菜等农作物受灾面积 400 余公顷；直接经济损失 300 余万元。

(21)4 月 9—10 日，广西百色、河池 2 市 6 个县遭受风雹、洪涝灾害。4.3 万人受灾；近 200 间房屋不同程度损坏；农作物受灾面积 1500 公顷，其中绝收 200 余公顷；直接经济损失 600 余万元。

(22)4 月 14—15 日，甘肃省兰州、白银 2 市 7 个县(区)遭受风雹灾害。11.34 万人受灾；玉米、豆类、胡麻、油籽、蔬菜等农作物受灾面积 6780 公顷，其中成灾 4840 多公顷，绝收约 1000 公顷；直接经济损失 1.6 亿元。

(23)4 月 16—17 日，贵州省贵阳、毕节、铜仁、遵义 4 市 11 个县遭受风雹灾害，其中遵义市遵义县降雹 10 多分钟，冰雹最大直径 25 毫米左右。共计 21.26 万人受灾；1500 多间房屋不同程度损坏；农作物受灾面积 9200 多公顷，其中绝收 500 余公顷；直接经济损失 3900 余万元。

(24)4 月 18—19 日，四川省成都、南充、广安、泸州、资阳、达州等地(市)15 个县(市、区)遭受冰雹、暴雨、大风袭击。其中，资阳市简阳市局部冰雹下了 40 多分钟，最大冰雹似鸡蛋大；达州市渠县普降暴雨，并伴有 8～10 级大风。共计 34.6 万人受灾，1 人死亡；近 400 间房屋倒塌，1.3 万间房屋不同程度损坏；农作物受灾面积 1.0 万公顷，其中绝收 1500 公顷；直接经济损失 1.5 亿元。

(25)4 月 18—19 日，重庆市沙坪坝、九龙坡、南岸、渝北、璧山、巫溪、永川、铜梁、巴南、南川、荣昌、北碚、江津、酉阳等 14 个县(区)遭受强降水和大风冰雹袭击，其中沙坪坝冰雹直径 5～30 毫米不等，降雹持续时间 10 分钟左右。共计 42.1 万人受灾，2 人死亡；近 300 间房屋倒塌，5700 余间房屋不同程度损坏；农作物受灾面积 1.4 万公顷，其中绝收 800 余公顷；直接经济损失 1.3 亿元。

(26)4 月 23—24 日，甘肃省嘉峪关、酒泉、张掖、平凉 4 市 11 个县(市、区)遭受风雹灾害，其中平凉市崆峒区冰雹直径 12～28 毫米不等。共计 16.2 万人受灾；小麦、胡麻、油菜、果园等受灾面积 9800 公顷，其中绝收 1000 公顷；直接经济损失 7800 余万元。

(27)5 月 1—2 日，云南省曲靖、楚雄、玉溪、昆明、德宏 5 市(州)7 个县(市)遭受风雹、暴雨灾害。共计 12.6 万人受灾，1 人死亡；近 2800 间房屋损坏；农作物受灾面积 1.2 万公顷，其中成灾 6200 多公顷，绝收 3400 多公顷；直接经济损失 1.5 亿元。

(28)5 月 5—7 日，云南省普洱、红河、思茅、德宏 4 市(州)5 个县(区)遭受暴雨、风雹灾害。其中普洱市江城县勐烈镇 1 小时最大降水量达 38.9 毫米，冰雹最大直径 11 毫米，局部瞬时风速超过 25 米/秒(风力 10 级)。共计 1.3 万人受灾，1 人死亡；100 余间房屋不同程度受损；农作物受灾面积近 600 公顷，其中绝收 100 余公顷；直接经济损失近 3300 万元。

(29)5 月 9 日夜间到 10 日凌晨，贵州省贵阳市修文、息烽、开阳、观山湖、清镇、云岩、南明、白云等县(区、市)出现强雷电、冰雹、强降水天气，雹灾持续 10 多分钟，冰雹每平方米 40～50 粒，观山湖区金华镇一带冰雹最大直径 30 毫米左右。受暴雨和风雹天气影响，贵阳市多个路段街道严重积水，贵阳火车站及部分医院、家属住宅区一度停电；贵阳机场 4 架进港飞机被迫备降到其他机场，7 个航班被迫返航；300 多公顷蔬菜受灾，水冲沙压农田 40 公顷。全省保险业共接到因暴雨冰雹灾害造成损失的报案 6600 余件，估计经济损失 3778 万元。

(30)5 月 19 日，内蒙古通辽市科尔沁区、奈曼旗，赤峰市翁牛特旗、敖汉旗、巴林右旗、巴林左旗、林西县遭受雷雨大风、冰雹袭击，冰雹最大直径 50 毫米，持续时间均在 10 分钟以上，奈曼旗、敖汉旗局地还发生龙卷风。共计 14.4 万人受灾；玉米、谷子、甜菜、瓜菜、果树等受灾面积 3.56 万公顷，成灾 1.53 万公顷；死亡牲畜 150 多头（只）；倒损房屋 200 多户；直接经济损 1.2 亿元。此外，电力设施不同程度受损，烧毁变压器 2 个，折断电线杆 16 根，损毁高低压线路 4300 延长米，损坏家用电器 28 台；龙卷风还造成 3.2 万棵胸径 30 厘米的树木拦腰折断。

(31)5 月 25—26 日，云南省曲靖市富源县、罗平县、宣威市及文山市广南县、玉溪市江川县出现强雷暴、大风、冰雹天气，其中江川县冰雹持续时间 4～5 分钟，冰雹最大直径约 10 毫米。共计 6200 多人受灾，2 人死亡；烤烟、蔬菜等农作物受灾面积 1248 公顷，其中成灾 141 公顷，绝收 113 公顷；直接经济损失 700 多万元。

(32)5 月 28 日，黑龙江省鸡西、牡丹江、绥化等 5 市 9 个县（市、区）遭受风雹灾害，其中绥化市庆安县勤劳镇冰雹持续 6 分钟，冰雹最大直径 15 毫米。共计 3600 余人受灾，1 人死亡；500 余间房屋损坏；农作物受灾面积 400 余公顷；直接经济损失 1800 余万元。

(33)6 月 3—4 日，新疆和田、阿克苏 2 地区 5 个县（市）遭受风雹灾害。共计 3.6 万人受灾，棉花及苹果、香梨、红枣、核桃等受灾面积 6900 公顷，其中绝收近 400 公顷，直接经济损失 7100 余万元。

(34)6 月 3—4 日，云南省曲靖市富源县、沾益县、陆良县、宣威市和昭通市鲁甸县、红河哈尼族彝族自治州泸西县遭受暴雨、强雷电、大风、冰雹等灾害，其中鲁甸县冰雹最大直径 20 毫米左右。共计 1.5 万人受灾；烤烟、玉米、大豆、马铃薯等农作物受灾面积 4276 公顷，其中成灾 1461 公顷，绝收 400 公顷；直接经济损失 1.5 亿元。

(35)6 月 9 日，内蒙古自治区赤峰市阿鲁科尔沁旗、敖汉旗、宁城县出现冰雹、洪涝灾害，冰雹持续时间普遍有 20～30 分钟，冰雹最大直径 40 毫米，地面积雹最厚达 10 厘米以上，1 小时最大降水量 18.5 毫米。共计 2.67 万人受灾；玉米、高粱、谷类等农作物受灾面积 6197 公顷，其中成灾 4746 公顷；倒塌房屋 9 间，严重损坏房屋 9 间；直接经济损失 2789 万元。

(36)6 月 9 日，江苏省徐州市沛县、铜山区、贾汪区出现大风、冰雹、雷电等强对流天气，最大风力达 8～9 级，冰雹持续时间 20～30 分钟，冰雹最大直径约 20 毫米。此次突发灾害性天气给正值收获的小麦及林果、蔬菜生产造成了严重影响。全市 6.5 万人受灾；农作物受灾面积 4000 公顷；损毁民房 22 间；倒伏折断林木 3.6 万株；直接经济损失近 1800 万元。

(37)6 月 9—10 日，辽宁省朝阳、营口 2 市 4 个市（区）遭受风雹、暴雨灾害。其中营口市冰雹持续时间最长 20 分钟左右，冰雹直径一般在 10～20 毫米，黄土岭镇 10 日 12 时 30 分至 16 时降水量达 45.7 毫米。共计 1.9 万人受灾，1 人死亡；农作物受灾面积 1700 公顷，其中绝收 200 余公顷；直接经济损失 2500 余万元。

(38)6 月 9—10 日，河北省廊坊、承德、秦皇岛、沧州等 6 市 9 个县（区）遭受风雹灾害，其中沧州市泊头市冰雹最大直径 30 毫米，最大风力 6～7 级。共计 9.5 万人受灾；农作物受灾面积 5700 公顷；直接经济损失 1800 余万元。

(39)6 月 9—11 日，山东省枣庄、聊城、济宁、临沂、泰安、青岛 6 市 10 多个县（市、区）遭受风雹灾害，其中泰山景区大津口乡风力达 10 级以上，降雹持续时间 40 多分钟，局地冰雹最大直径 50 毫米，地面积雹厚度达 20 多厘米。共计 29.5 万人受灾，1 人死亡；100 余间房屋倒塌，1300 余间损坏；小麦、玉米、水果、蔬菜等农作物受灾面积 1.4 万公顷，其中绝收 4200 公顷；直接经济损失 2.2 亿元。

(40)6 月 13 日，河北省承德市丰宁满族自治县、隆化县和张家口市沽源县部分乡镇遭受冰雹、暴雨袭击，降雹持续时间10～50分钟不等，冰雹直径普遍有5～6毫米，局部地面积雹厚度达10厘米，1小时最大降雨量在50毫米以上。共计1.88万人受灾；农作物受灾面积1510公顷，其中成灾1055公顷，绝收107公顷；直接经济损失801万元。

(41)6月16—17日，内蒙古自治区赤峰市松山区、喀喇沁旗和兴安盟科右中旗部分乡镇出现短时雷雨、大风、冰雹等强对流天气。其中，松山区冰雹最大直径40毫米，1小时最大降雨量有28.3毫米；喀喇沁旗冰雹最大直径30毫米，降雹持续时间28分钟。共计1.5万人受灾；玉米、谷子、绿豆、西瓜、葵花、药材、高粱等农作物受灾面积6063公顷，其中成灾3823公顷，绝收2259公顷；直接经济损失7020万元。

(42)6月16—17日，河北省张家口、承德、石家庄3市11个县不同程度遭受风雹、暴雨灾害。其中，张家口市尚义县降雹持续时间30分钟，万全县冰雹最大直径30毫米，怀来县地面积雹厚度达15厘米。共计6.8万人受灾，1人死亡；玉米、谷黍、胡麻、杂豆、葱头、西芹、土豆等农作物受灾面积8210公顷，其中成灾7200公顷，绝收1078公顷；直接经济损失1.4亿元。

(43)6月16—17日，山西省大同、朔州、阳泉、晋中、忻州等9市15个县(市、区)遭受风雹灾害，其中大同市阳高县长城乡强降雨和冰雹持续时间超过40分钟，冰雹最大直径10毫米以上。共计21.7万人受灾；100余间房屋损坏；玉米、黍子、谷子、绿豆等农作物受灾面积1.7万公顷，其中绝收1700公顷；直接经济损失1.5亿元。

(44)6月16—17日，陕西省延安、铜川、宝鸡、咸阳、榆林5市12个县(区)遭受风雹、暴雨灾害。其中，延安市宝塔区冰雹持续20分钟，冰雹最大直径10毫米；咸阳市杨凌区强雷电天气持续两个半小时，瞬时极大风速15.2米/秒(风力7级)。共计7.4万人受灾，1人死亡；100余间房屋损坏；农作物受灾面积1.1万公顷，其中绝收1500公顷；直接经济损失1.6亿元。

(45)6月16—17日，甘肃省庆阳、陇南、平凉3市6个县(区)遭受风雹、暴雨灾害，其中庆阳市环县冰雹持续20分钟，冰雹最大直径20毫米左右。共计1.6万人受灾；玉米、小麦、豆子、胡麻、瓜果等农作物受灾面积1600公顷，其中绝收100公顷；直接经济损失近2400万元。

(46)6月18日，辽宁省营口市盖州市，葫芦岛市连山区，锦州市市区、凌海市，朝阳市朝阳县、建平县、喀喇沁左翼蒙古族自治县，阜新市阜新蒙古族自治县遭受短时雷雨、大风和冰雹袭击，局部地区发生山洪灾害。其中，喀左县冰雹最大直径30毫米，降雹持续时间10分钟左右。共计7.3万人受灾，4人死亡；农作物受灾面积1.6万公顷，其中成灾2090多公顷，绝收1900余公顷；直接经济损失2.1亿元。

(47)6月18日，甘肃省定西市岷县、渭源县，甘南藏族自治州舟曲县、临潭县，酒泉市瓜州县出现冰雹和强降雨过程。其中，岷县地震灾区冰雹最大的有乒乓球大，一些受灾群众的帐篷都被打穿，地里的冰雹厚度5厘米左右；临潭县冰雹最人直径15毫米；渭源县风雹持续时间长达40分钟。共计8.2万人受灾；玉米、小麦、大豆、洋麦、洋芋、青稞、中药材、苗木等受灾面积8900余公顷，成灾4096公顷，绝收921公顷；倒塌房屋11间，损坏房屋1290余间；直接经济损失8430万元。

(48)6月20—22日，河北省张家口、承德、石家庄、保定、邢台、衡水、沧州7市21个县(市)遭受风雹灾害，其中张家口市万全县冰雹持续时间达20分钟，冰雹最大直径30毫米，风力5～6级。共计26.2万人受灾，3人死亡；豆类、青玉米、白菜、卷心菜等农作物受灾面积2.7万公顷，其中成灾1.1万公顷，绝收1390公顷；直接经济损失3.1亿元。

(49)6月21日，山西省大同市天镇县、大同县及忻州市原平市、晋中市和顺县部分乡镇遭受冰雹袭击，其中原平市冰雹最大直径5毫米。共计3151人受灾；玉米、土豆、豆类等农作物受灾面积1505公顷；直接经济损失913万元。

(50)6月22日，内蒙古赤峰市敖汉旗、松山区、翁牛特旗、宁城县遭受暴雨、冰雹灾害。其中，松山区 1 小时最大降雨量 26.3 毫米，冰雹最大直径 30 毫米；宁城县冰雹最大直径达 50 毫米，持续时间近 40 分钟。共计 3.86 万人受灾；玉米、谷子、高粱、葵花、绿豆等农作物受灾面积 6720 公顷，其中成灾 5504 公顷，绝收 299 公顷；死亡牲畜 83 头；直接经济损失 4466 万元。

(51)6 月 23 日，黑龙江省哈尔滨、双鸭山、鸡西、牡丹江等 4 市 8 县(区)遭受风雹灾害。共计 1.8 万人受灾；玉米、大豆等农作物受灾面积 1.0 万公顷，其中绝收 200 余公顷；直接经济损失近 1700 万元。

(52)6 月 23 日，吉林省长春、四平、延边、通化等 5 市(州)6 个县(市)遭受风雹灾害，其中通化市集安市冰雹最大直径 30 毫米左右。共计 8500 余人受灾；农作物受灾面积 2500 公顷，其中绝收 300 余公顷；直接经济损失近 1500 万元。

(53)6 月 23 日，辽宁省辽阳市灯塔市、葫芦岛市绥中县、大连市庄河市遭受风雹、暴雨灾害。其中，庄河市 1 小时最大降雨量 20 毫米，冰雹持续 40 分钟，最大冰雹如鸡蛋黄大小。共计 1.4 万人受灾，农作物受灾面积 4400 公顷，其中绝收 400 余公顷，直接经济损失 4600 多万元。

(54)6 月 23 日，新疆伊犁哈萨克自治州新源县、阿克苏地区拜城县和喀什地区疏勒县、伽师县遭受风雹灾害，其中疏勒县最大冰雹直径 30 毫米。共计 4.1 万人受灾；棉花、小麦、杏、红枣、玉米、蔬菜等受灾面积 6484 公顷，其中绝收 100 多公顷；直接经济损失 1.2 亿元。

(55)6 月 24—25 日，内蒙古呼和浩特、赤峰、通辽、呼伦贝尔等 6 市(盟)15 个县(市、旗)遭受风雹、暴雨灾害。其中，呼和浩特市土默特左旗冰雹持续约 30 分钟；赤峰市林西县冰雹最大直径约 50 毫米。共计 2.9 万人受灾，2 人死亡；200 余间房屋损坏；玉米、高粱、谷子等农作物受灾面积 8500 公顷，其中绝收 400 余公顷；直接经济损失 3100 余万元。

(56)6 月 25 日，黑龙江省佳木斯市富锦市、同江市，绥化市海伦市、望奎县，双鸭山市宝清县发生风雹灾害，其中富锦市风雹持续时间 30 分钟，冰雹最大直径 30 毫米，瞬间最大风力达 10 级。共计 1 万多人受灾；玉米、大豆、西瓜、烤烟等农作物受灾面积 1.1 万公顷，其中绝收 1273 公顷；损坏房屋 69 间；直接经济损失 2818 万元。

(57)6 月 26 日，新疆和田地区皮山县和兵团二师、三师遭受风雹灾害。1.7 万余人受灾；30 间房屋倒塌，200 余间房屋损坏；2200 余公顷农作物受灾，其中绝收 200 多公顷；直接经济损失 3000 余万元。

(58)6 月 27 日，云南省丽江市华坪县、古城区及大理白族自治州鹤庆县遭受冰雹灾害。共计 1800 人受灾；玉米、烤烟等受灾面积 455 公顷；直接经济损失 253 万元。

(59)6 月 28—29 日，内蒙古巴彦淖尔市磴口县及鄂尔多斯市鄂托克旗、乌审旗出现大风、冰雹等灾害。其中，鄂托克旗冰雹最大直径 40 毫米；乌审旗降雹持续时间最长达 20 多分钟。共计 1.3 万人受灾；农作物受灾面积 6000 多公顷，其中绝收 3000 多公顷；草牧场受灾面积 2.7 万公顷；死亡牲畜 600 余头(只)；直接经济损失 3000 多万元。

(60)6 月 28—30 日，青海省西宁市大通回族土族自治县，海南藏族自治州贵南县、贵德县，海北藏族自治州门源县遭受风雹、暴雨灾害。其中，贵南县强降雨夹杂冰雹历时 10 余分钟。共计 4100 人受灾；农作物受灾面积 1800 多公顷；直接经济损失 650 多万元。

(61)6 月 29 日，甘肃省兰州市永登县、榆中县和临夏回族自治州永靖县遭受冰雹袭击，其中永登县冰雹直径 6～8 毫米，持续时间 30 分钟左右。共计 1.1 万人受灾，小麦、玉米、豆类、薯类等农作物受灾面积 1200 多公顷，其中成灾 240 公顷，直接经济损失 3970 万元。

(62)6 月 30 日至 7 月 2 日，内蒙古呼和浩特、包头、赤峰、呼伦贝尔、鄂尔多斯、阿拉善盟等 9 市(盟)24 个县(市、区、旗)遭受冰雹灾害。共计 5.7 万人受灾，2 人死亡；1400 余间房屋损坏；农作物受灾面积 1.9 万公顷，其中绝收 1700 公顷；直接经济损失近 8000 万元。

(63)6月30日，陕西省延安、榆林2市7个县(区)遭受短时强降水和风雹灾害。其中，延安市子长县冰雹最大直径30毫米，2小时降雨量31.8毫米。共计7.3万人受灾；玉米、葵花、蔬菜、瓜果等农作物受灾面积1.1万公顷，其中绝收3900公顷；直接经济损失1.3亿元。

(64)7月1日，河北省张家口、承德、唐山等5市14个县(市、区)遭受风雹、暴雨灾害，其中康保县降雹持续时间达40分钟，冰雹最大直径30毫米。共计3.7万人受灾；莜麦、小麦、马铃薯、亚麻、葵花、黍子、青玉米、蔬菜等农作物受灾面积4300公顷，其中绝收500余公顷；直接经济损失2300余万元。

(65)7月1日，甘肃省庆阳市宁县、环县、庆城县、合水县及临夏州和政县遭受风雹灾害，其中环县冰雹持续40分钟左右，最大冰雹直径20毫米左右。共计23.3万人受灾；小麦、玉米、西瓜、苹果等受灾面积5034公顷，其中成灾4006公顷，绝收157公顷；死羊56只；直接经济损失6600余万元。

(66)7月1日，江西省九江、鹰潭、赣州3市4个县(区)遭受风雹灾害。共计3万人受灾；300余间房屋倒塌，200余间房屋损坏；农作物受灾面积1500公顷，其中绝收200余公顷；直接经济损失3300余万元。

(67)7月1—2日，山西省太原、大同、长治、忻州等8市12个县(市、区)遭受暴雨、风雹灾害，其中忻州市神池县1小时最大降雨量23.0毫米，原平市降雹20多分钟，冰雹直径10～30毫米不等。共计8.2万人受灾，1人死亡；马铃薯、豆类、胡麻、玉米及果树等受灾面积9100公顷，其中绝收800余公顷；直接经济损失6100余万元。

(68)7月1—2日，陕西省渭南、咸阳、榆林、延安4市11个县(市、区)发生大风、暴雨、冰雹灾害，其中渭南市合阳县冰雹最大直径超过30毫米，持续时间15分钟左右。重灾地区西瓜、苹果、梨遍地烂果，玉米叶片成丝，红提葡萄叶片无存，串无完粒，损失严重。共计6.42万人受灾；农作物受灾面积9439公顷，其中绝收1351公顷；倒塌房屋42间，损坏房屋177间；直接经济损失1.2亿元。

(69)7月2日，内蒙古乌兰察布市商都县、巴彦淖尔市乌拉特前旗、锡林郭勒盟多伦县出现强降水和冰雹天气，冰雹最大直径20毫米左右，降雹持续时间10多分钟。共计3000多人受灾；农作物受灾面积2460公顷，其中成灾1386公顷；直接经济损失1833万元。

(70)7月2日，甘肃省兰州市榆中县、永登县及武威市民勤县、庆阳市庆城县遭受风雹灾害。其中，庆城县冰雹持续时间20分钟左右，民勤县冰雹直径约10毫米。共计8932人受灾；玉米、小麦、大豆、苹果等受灾面积1016公顷，其中成灾365公顷；直接经济损失1125万元。

(71)7月2日，青海省西宁、海东、海南3市(州)4个县遭受风雹灾害。7700余人受灾；农作物受灾面积3900公顷；直接经济损失2700余万元。

(72)7月3日，河南省南阳市内乡县、安阳市汤阴县、郑州等地出现冰雹和雷雨大风，其中郑州局地冰雹直径15毫米。共计5.3万人受灾；玉米、林果、蔬菜等受灾面积3536公顷；倒塌房屋97间，损坏房屋489间，倒断电线杆317根、树木2.9万棵；直接经济损失6321万元。

(73)7月5日，新疆博尔塔拉蒙古自治州温泉县和阿克苏地区拜城县、乌什县发生冰雹、暴雨灾害，其中拜城县冰雹直径6～7毫米。共计1000多人受灾；农作物受灾面积1396公顷，其中成灾579公顷，绝收267公顷；直接经济损失770余万元。

(74)7月6—7日，内蒙古呼和浩特、呼伦贝尔、鄂尔多斯、兴安4市(盟)7个县(区、旗)遭受风雹灾害，其中呼伦贝尔市扎兰屯市冰雹最大直径25毫米。共计1.1万人受灾；农作物受灾面积5500公顷，其中绝收600余公顷；直接经济损失1700余万元。

(75)7月6—7日，新疆阿克苏、伊犁、塔城3地(州)4个县和兵团五师、八师、十师4个团(场)遭受风雹灾害。共计1万余人受灾；农作物受灾面积1.1万公顷，其中绝收1500多公顷；直接经济损失1.1亿元。

(76)7月8—9日，新疆阿克苏、巴音郭勒、塔城3地(州)4个县和兵团一师十六团、四师七十五团遭受风雹灾害。其中，阿克苏地区阿瓦提县冰雹最大直径约5毫米，最大风速15.3米/秒(风力7级)，沙雅县冰雹持续15分钟。共计1.6万人受灾；棉花等农作物受灾面积1.4万公顷，其中绝收4600公顷；直接经济损失1.9亿元。

(77)7月10日，云南省昆明市石林彝族自治县，玉溪市通海县、峨山彝族自治县，曲靖市宣威市、富源县出现冰雹、大风天气，其中富源县冰雹持续时间约15分钟，冰雹最大直径20毫米左右。共计烤烟、玉米等受灾面积900多公顷，其中成灾200多公顷，绝收100多公顷；宣威市直接经济90多万元。

(78)7月11—12日，贵州省六盘水、毕节2市8个县(区)遭受风雹灾害。共计30.7万人受灾；300余间房屋损坏；农作物受灾面积1.5万公顷，其中绝收2900公顷；直接经济损失1.4亿元。

(79)7月11—16日，江西省南昌、九江、景德镇、新余、宜春、上饶、吉安、抚州8市31个县(市、区)发生暴雨、风雹灾害。其中，南昌市有27个站11日16时至13日20时累积雨量超过100毫米，安义县黄洲镇最大，达198.6毫米；瞬时风速最大达25.3米/秒(风力10级)。全省共计33.8万人受灾，6人死亡；300余间房屋倒塌，近500间房屋损坏；农作物受灾面积1.7万公顷，其中绝收近400公顷；直接经济损失1.9亿元。

(80)7月12日，山西省晋城、忻州、晋中3市3个县遭受风雹灾害。共计7700人受灾；农作物受灾面积3600公顷，其中绝收近200公顷；直接经济损失2100余万元。

(81)7月12—13日，陕西省渭南市合阳县、澄城县、大荔县、白水县及延安市洛川县遭受风雹袭击。其中，合阳县局部风力达7～10级，冰雹持续20～25分钟；白水县冰雹最大直径约20毫米。由于此次灾害来势猛、强度大，造成部分苹果、酥梨、桃、葡萄等果树树干折损，果实脱落，部分大棚棚膜撕扯破损，西瓜、玉米等夏田作物不同程度受损。共计13.99万人受灾；倒塌、损坏房屋400间；农作物受灾面积1.74万公顷，其中成灾9459公顷，绝收20公顷；直接经济损失1.5亿元。

(82)7月12—13日，甘肃省兰州、金昌、定西、庆阳等6市(州)11个县遭受风雹灾害。其中，金昌市永昌县冰雹最大直径15毫米；兰州市皋兰县降雹持续约3分钟。共计3.79万人受灾；玉米、小麦、胡麻、豆类等农作物受灾面积3983公顷；损毁房屋10多间；直接经济损失2575万元。

(83)7月14日，河北省邯郸市、承德、衡水、沧州4市7个县(市)遭受风雹袭击。其中，沧州市吴桥县冰雹持续时间约25分钟，冰雹最大直径25毫米；海兴县最大风速达22.0米/秒(风力9级)。共计3.7万人受灾；农作物受灾面积7352公顷，其中成灾2081公顷，绝收1121公顷；直接经济损失1.4亿元。

(84)7月14日，山西省晋城、临汾、吕梁3市8个县(市、区)遭受风雹灾害。其中，晋城市阳城县冰雹持续时间15分钟左右，冰雹最大直径约30毫米。共计2.5万人受灾；农作物受灾面积3500公顷，其中绝收800余公顷；直接经济损失近2900万元。

(85)7月14日，河南省三门峡、洛阳、新乡、南阳等5市9个县(区)遭受风雹灾害。其中，三门峡市卢氏县冰雹最大直径20毫米；新乡市延津县瞬时风力达8级，冰雹如玻璃球大小，玉米叶子被冰雹打烂，损失严重。共计13.6万人受灾；近100间房屋倒塌，200余间损坏；玉米、烟叶、蔬菜、瓜果等受灾面积8600公顷，其中绝收2400公顷；直接经济损失1.3亿元。

(86)7月14—15日，山东省济南、德州、潍坊、烟台、泰安、滨州、临沂、菏泽8市13个县(市、区)遭受风雹灾害，其中德州市平原县冰雹持续约10分钟，冰雹最大直径20毫米，并伴有8级左右大风。共计17.4万人受灾；近500间房屋损坏；玉米、棉花、蔬菜等农作物受灾面积2.1万公顷，其中绝收1100公顷；倒断树木4400多株；直接经济损失4.3亿元。

(87)7月15日，吉林省长春市榆树市、白城市大安市、松原市扶余市、吉林市磐石市、延边朝鲜族自治州敦化市遭受风雹、暴雨灾害。其中，大安市冰雹最大直径30毫米；敦化市降雹最长时间达20分钟，20分钟最大降雨量达48.3毫米。共计3万人受灾；100余间房屋倒塌，100余间房屋损坏；玉米、豆类等农作物受灾面积9300公顷，其中绝收2400公顷；直接经济损失4800余万元。

(88)7月15日，内蒙古赤峰、通辽、乌兰察布3市8个旗(市)遭受冰雹、暴雨、大风袭击。其中，赤峰市敖汉旗风雹持续近20分钟，冰雹直径15～20毫米不等；通辽市奈曼旗大沁他拉镇降雨量达150.6毫米。共计2.1万人受灾；玉米、荞麦、谷子、高粱、向日葵、绿豆、杂粮、蔬菜等农作物受灾面积1万公顷；倒塌房屋10间；2310只羊死亡；直接经济损失3300余万元。

(89)7月15日，甘肃省白银、平凉、定西3市8个县(区)遭受风雹、暴雨灾害，其中定西市渭源县冰雹直径约10毫米，持续时间5～15分钟不等。共约10万人受灾；小麦、玉米、胡麻、马铃薯、大豆、中药材等受灾面积1.4万公顷，成灾9000公顷，绝收900余公顷；直接经济损失2.2亿元。

(90)7月16日，内蒙古鄂尔多斯市乌审旗、通辽市科尔沁区、赤峰市松山区出现雷电、冰雹、暴雨天气。其中，松山区降雹持续时间18分钟，冰雹最大直径达50毫米；科尔沁区1小时最大降雨量达69.9毫米。共计1.1万人受灾；玉米、谷子、豆类、瓜类等农作物受灾面积5043公顷，其中成灾3278公顷，绝收1043公顷；倒损房屋17间；直接经济损失6456万元。

(91)7月16日，北京市中心城区和门头沟、昌平、延庆、海淀、石景山等地遭受风雹、暴雨灾害。其中，昌平区流村冰雹最大直径70毫米；海淀区凤凰岭阵风达9级，闵庄1小时最大降雨量48.4毫米。共计1.5万人受灾；农作物受灾面积2400公顷，其中绝收780公顷；直接经济损失8800万元。

(92)7月16日，河北省张家口、秦皇岛、唐山、承德市、保定市5市10个县(区)遭受风雹灾害。其中，张家口市赤城县冰雹最大直径20毫米，冰雹持续时间15分钟左右；保定市顺平县冰雹最大直径20毫米，降水量85.6毫米，并伴有7～8级大风。共计4.4万人受灾；农作物受灾面积3380公顷，其中绝收200多公顷；倒塌、损坏房屋近100间；直接经济损失2100余万元。

(93)7月16日，山西省忻州市五寨县、晋城市陵川县、大同市大同县、运城市夏县出现大风、冰雹、雷电等强对流天气。其中，五寨县瞬时最大风速20米/秒(8级)，冰雹最大直径45毫米；陵川县冰雹持续时间20分钟左右。共计2.8万人受灾；玉米、谷粟、马铃薯、蔬菜等受灾面积2915公顷，其中成灾986公顷；房屋受损15间；直接经济损失1160万元。

(94)7月16日，甘肃省天水市张家川回族自治县、平凉市庄浪县和定西市陇西县、渭源县出现雷电、风雹等强对流天气，其中张家川县冰雹直径5～15毫米不等，持续时间约10分钟。共计11万人受灾；小麦、玉米等农作物受灾面积1.4万公顷，成灾9925公顷，绝收3478公顷；直接经济损失9028万元。

(95)7月19—20日，山东省临沂、济宁、菏泽、枣庄4市6个县(区)遭受风雹、暴雨灾害，其中枣庄市市中区1小时最大雨量达60.1毫米。共计1.3万人受灾；近500间房屋损坏；农作物受灾面积1400公顷；直接经济损失960万元。

(96)7月23日，吉林省吉林市舒兰市、高新区、龙潭区、船营区和长春市九台市、德惠市遭受风雹灾害。其中，舒兰市冰雹最大直径30毫米，持续时间20分钟，瞬间风力达7级。重灾地区玉米叶片被打成丝状，玉米秆被打折，农作物大面积倒伏。共计4.9万人受灾；近2000间房屋损坏；农作物受灾面积1.3万公顷，其中成灾5900多公顷，绝收1500余公顷；直接经济损失1.6亿元。

(97)7月23日，四川省成都、眉山、泸州3市4个县(市、区)遭受风雹灾害。共计7100余人受灾；400余间房屋损坏；农作物受灾面积100余公顷；直接经济损失2400余万元。

(98)7月23日，重庆市万州、巫山、奉节3个县(区)遭受风雹灾害。共计9600余人受灾；200余间房屋不同程度损坏；农作物受灾面积800余公顷，其中绝收近100公顷；直接经济损失1200余万元。

(99)7月23—25日，湖北省十堰、恩施、宜昌、神农架、黄冈等市(州、林区)出现短时强降雨，并伴有大风、冰雹等强对流天气。其中，宜昌市长阳县大堰站 24 日降水量达 114.6 毫米，恩施州来凤县、宜昌市兴山县、黄冈市黄梅县等地最大风力达 8 级。全省有 19 县(市、区)17.16 万人受灾，因灾受伤 3 人；倒塌农房 132 间，损坏农房 1091 间；农作物受灾面积 1.6 万公顷，其中绝收 2100 公顷；直接经济损失 8886 万元。

(100)7 月 24 日，陕西省安康市 5 个县遭受风雹灾害。共计 6500 余人受灾；近 100 间房屋不同程度损坏；农作物受灾面积 600 余公顷，其中绝收 200 余公顷；直接经济损失近 1900 万元。

(101)7 月 24 日，贵州省黔南布依族苗族自治州惠水县、贵定县、瓮安县和黔东南苗族侗族自治州麻江县发生暴雨、风雹灾害，其中贵定县 1 小时最大雨量近 60 毫米，最大冰雹如拇指大。共计 8660 多人受灾；烤烟、玉米、蔬菜等受灾面积 668 公顷，其中成灾 443 公顷，绝收 65 公顷；房屋受损 120 多间；直接经济损失 1021 万元。

(102)7 月 24—27 日，云南省保山市腾冲县、施甸县，曲靖市宣威市、罗平县，玉溪市红塔区、江川县、易门县，红河哈尼族彝族自治州石屏县、泸西县，楚雄彝族自治州楚雄市、武定县，大理白族自治州南涧彝族自治县、鹤庆县，文山壮族苗族自治州砚山县出现冰雹、大风、短时强降水天气，其中红塔区冰雹最大直径约 20 毫米，降雹持续时间约 10 分钟，1 小时最大降雨量 30.9 毫米。共计烤烟、玉米等农作物受灾面积 3100 多公顷，其中成灾 1000 多公顷，绝收 400 多公顷。

(103)7 月 25 日，青海省海东地区 4 个县(区)遭受风雹灾害，其中乐都区最大冰雹直径 30 毫米，持续时间 1 小时左右。共计 3.2 万人受灾；玉米、马铃薯、小麦、油菜等农作物受灾面积 4300 公顷，其中绝收近 300 公顷；直接经济损失近 2400 万元。

(104)7 月 25 日，西藏昌都地区察雅县、阿里地区措勤县、日喀则地区白朗县遭受风雹和短时强降水袭击。共计 7460 人受灾，2 人死亡；农田受灾面积 282 公顷，其中绝收 7 公顷；倒损房屋 207 间；死亡牲畜 416 只。

(105)7 月 25—26 日，甘肃省定西、临夏、甘南 3 市(州)6 个县(区)遭受风雹灾害，其中定西市临洮县冰雹持续时间 10～20 分钟，冰雹直径 5～15 毫米不等。共计 3.8 万人受灾；小麦、洋芋等农作物受灾面积 6400 公顷；直接经济损失 4100 余万元。

(106)7 月 26 日，宁夏中卫市沙坡头区、中宁县和银川市灵武市遭受冰雹灾害，其中中宁县冰雹持续时间 15 分钟左右，冰雹最大直径 10 毫米。共计 494 人受灾；硒砂瓜、苹果、枣树等受灾面积 552 公顷，其中成灾 137 公顷，绝收 102 公顷；直接经济损失 1376 万元。

(107)7 月 27 日，江苏省南通、镇江、常州 3 市 4 个县(市、区)遭受风雹灾害。共计约 1 万人受灾；300 余间房屋不同程度损坏；农作物受灾面积近 300 公顷；直接经济损失近 3000 万元。

(108)7 月 27—28 日，宁夏吴忠、固原、中卫 3 市 5 个县(区)遭受风雹灾害。其中，中卫市海原县冰雹持续时间约 20 分钟；固原市彭阳县冰雹最大直径 30 毫米，地面积雹厚度 1～1.5 厘米。共计 1.4 万人受灾，1 人死亡；小麦、玉米、油料、葵花、马铃薯、中药材、糜子、谷子、荞麦、西甜瓜等受灾面积 5600 公顷，其中绝收 1300 公顷；直接经济损失 2100 余万元。

(109)7 月 28 日，内蒙古呼伦贝尔市鄂伦春自治旗、扎兰屯市和兴安盟突泉县出现冰雹、暴雨天气。其中，鄂伦春旗冰雹最大直径 40 毫米；突泉县 1 小时最大降雨量 46.7 毫米。共计 8200 多人受灾；大豆、玉米、葵花等受灾面积 4100 多公顷，其中绝收 170 多公顷。

(110)7 月 29 日，内蒙古鄂尔多斯市乌审旗、呼和浩特市武川县、乌兰察布市商都县出现雷电、冰雹、短时强降水天气，其中乌审旗冰雹最大直径 37 毫米，降雹持续 30 分钟左右。共计 9800 余人受灾；小麦、油菜、玉米、甜菜、马铃薯等农作物受灾面积 1.1 万公顷，其中成灾 8000 多公顷，绝收 2000 多公顷；直接经济损失 6131 万元。

(111)7 月 29 日，甘肃省兰州、庆阳、临夏、定西 4 市(州)5 个县(区)遭受风雹灾害，其中庆阳市环县冰雹持续20分钟左右，冰雹最大直径20毫米左右。共计2万余人受灾；玉米、胡麻、糜谷、豆类等受灾面积5300多公顷，其中绝收400余公顷，直接经济损失2800余万元。

(112)7月29日，云南省昆明市禄劝彝族苗族自治县，曲靖市宣威市，玉溪市通海县、峨山彝族自治县、江川县，昭通市鲁甸县、威信县遭受风雹灾害。其中，通海县降雹持续10分钟左右；峨山县最大冰雹直径10毫米，1小时最大降雨量55.5毫米。共计3700人受灾；玉米、水稻等受灾面积1358公顷，其中成灾160多公顷，绝收30公顷；直接经济损失1037万元。

(113)7月29—31日，河南省郑州、洛阳、新乡、焦作、开封、商丘、漯河、信阳等9市21个县(市、区)遭受风雹灾害，其中新乡市延津县29日下午出现飑线。受强降水和大风影响，省内8条500千伏线路故障跳闸，部分市区电力中断，多地农作物倒伏，树木折断，房屋、厂房、蔬菜大棚等严重受损，城市多处积水，道路交通受阻。全省37.5万人受灾，6人死亡；300余间房屋倒塌，3200余间损坏；农作物受灾面积2.16万公顷，其中绝收近500公顷；直接经济损失1.6亿元。

(114)7月30日，江苏省徐州、连云港、盐城等5市8个县(区)遭受风雹灾害。共计8.4万人受灾；1300余间房屋损坏；农作物受灾面积8500公顷，其中绝收400余公顷；直接经济损失3000余万元。

(115)7月30日，湖北省十堰、鄂州、襄阳、恩施4市(州)5个县(区)遭受风雹灾害，其中襄阳市保康县暴雨、冰雹持续半小时，冰雹最大直径30毫米。共计4.6万人受灾，1人死亡；200余间房屋损坏；农作物受灾面积4100多公顷，其中绝收500余公顷；直接经济损失1600余万元。

(116)7月30日，云南省昭通市昭阳区、威信县、宣威市遭受冰雹、大风灾害。共计2753人受灾；玉米、烤烟、蔬菜等农作物受灾面积899公顷，其中成灾305公顷，绝收238公顷；损毁房屋1840间，损坏电杆24根，倒断树木2700多棵；直接经济损失930多万元。

(117)7月31日，宁夏银川、吴忠、中卫3市4个县(市、区)遭受风雹、暴雨灾害。其中，银川市灵武市冰雹持续时间10分钟左右；中卫市沙坡头区冰雹最大直径20毫米；吴忠市盐池县最大瞬时风速达32.4米/秒(11级)，利通区1小时最大降雨量32毫米。共计1.7万人受灾；硒砂瓜、玉米、油料、马铃薯等受灾面积2500公顷；直接经济损失1800余万元。

(118)7月31日至8月2日，贵州省六盘水、毕节、黔西南3市(州)6个县(区)遭受短时强降水、山洪、大风、冰雹等灾害。共计9.3万人受灾，1人死亡；100余间房屋损坏；烤烟、玉米等农作物受灾面积4000公顷，其中绝收近800公顷；直接经济损失3400余万元。

(119)8月3日，重庆市垫江、大足、铜梁等5个县(区)遭受风雹灾害。共计1.9万人受灾，2人死亡；近4200间房屋损坏；农作物受灾面积600余公顷；直接经济损失近800万元。

(120)8月4日，云南省曲靖市宣威市、昭通市昭阳区、玉溪市易门县、丽江市玉龙纳西族自治县遭受冰雹、暴雨袭击。共计玉米、烤烟等受灾面积1608公顷，其中成灾637公顷，绝收604公顷；60余户农户房屋进水，18个大棚被淹；直接经济损失2362万元。

(121)8月4日，贵州省六盘水、遵义、毕节、黔东南4市(州)7个县(市、区)遭受风雹灾害。共计2万余人受灾，1人死亡；600余间房屋损坏；农作物受灾面积800余公顷；直接经济损失近1200万元。

(122)8月6日，吉林省长春、白城2市3个县(市)遭受风雹灾害。共计2.2万人受灾；农作物受灾面积1.1万公顷，其中绝收2300公顷；直接经济损失1.1亿元。

(123)8月9日，内蒙古呼和浩特市武川县，乌兰察布市四子王旗、商都县，锡林郭勒盟正蓝旗遭受冰雹灾害，其中正蓝旗冰雹持续时间约30分钟，冰雹最大直径30毫米。共计5683人受灾；马铃薯、小麦、莜麦、油菜籽等受灾面积1506公顷；死羊24只；直接经济损失1822万元。

(124)8月12日，内蒙古呼和浩特、呼伦贝尔、鄂尔多斯、巴彦淖尔4市9个县(区、旗)遭受风雹灾害，其中鄂尔多斯市伊金霍洛旗降雹 10 多分钟，冰雹最大直径 40 毫米左右，地面积雹厚度 2～3 厘米。共计约 7600 人受灾，1 人死亡；农作物受灾面积 3400 公顷，其中绝收 300 余公顷；直接经济损失 2400 余万元。

(125)8 月 13—15 日，青海省海南藏族自治州兴海县、海东地区化隆回族自治县、西宁市湟中县遭受冰雹等强对流天气。其中，兴海县冰雹最大直径 3 毫米；化隆县 1 小时最大降水量 14.5 毫米。共计油菜、小麦、大豆、洋芋等农作物受灾 9000 多公顷；直接经济损失 6800 多万元。

(126)8 月 15 日，辽宁省盘锦市辽河口经济区、盘山县和锦州市凌海市出现雷阵雨和冰雹天气。共计农田受灾面积 4398 公顷；直接经济损失 4153 万元。

(127)8 月 15—17 日，甘肃省白银、庆阳、平凉、武威、定西 5 市 15 个县(区)遭受风雹、暴雨灾害。其中，庆阳市环县部分乡镇风雹持续约 40 分钟，冰雹最大直径 30 毫米左右，镇原县新集乡 16 日降水量 72.3 毫米；武威市天祝县地面积雹厚度约 15 厘米。共计 11.5 万人受灾，1 人死亡；100 余间房屋倒塌，1700 余间房屋损坏；玉米、胡麻、糜谷、荞麦、土豆、葵花等农作物受灾面积 2.76 万公顷，其中绝收 5200 公顷；直接经济损失 1.3 亿元。

(128)8 月 15—17 日，宁夏银川、吴忠、固原、中卫 4 市 12 个县(区、市)遭受风雹、暴雨灾害。其中，中卫市中宁县冰雹最大直径约 30 毫米；中卫观测站出现 17.0 米/秒(风力 7 级)大风；吴忠市青铜峡市火车站累计降水量 74.2 毫米，峡口镇 1 小时最大降水量 35.8 毫米，冰雹持续时间约 30 分钟。共计 15 万人受灾，4 人死亡；近 600 间房屋损坏；玉米、葡萄、苹果、枣子、水稻、枸杞、黄豆等受灾面积 2.8 万公顷，其中绝收 1.2 万公顷；直接经济损失 2 亿元。

(129)8 月 18 日，山西省忻州、晋中、吕梁 3 市 6 个县遭受风雹灾害，其中忻州市五寨县风雹持续时间 20 分钟左右，冰雹直径 6～7 毫米。共计 1.4 万人受灾；豆类、玉米等农作物受灾面积 2400 公顷，其中绝收 200 余公顷；直接经济损失 1600 余万元。

(130)8 月 23 日，甘肃省兰州、白银、定西、临夏 4 市(州)14 个县(区)遭受风雹灾害。其中，定西市临洮县冰雹直径 5～8 毫米，渭源县冰雹持续时间 15～20 分钟不等。共计 13.7 万人受灾，1 人失踪；苹果、玉米、谷子、马铃薯、荞麦等受灾面积 1 万公顷，其中绝收近 300 公顷；直接经济损失 8300 余万元。

(131)8 月 24 日，江苏省盐城、扬州、泰州等 5 市 10 个县(市、区)遭受风雹灾害。共计 2.4 万人受灾，1 人死亡；400 余间房屋损坏；农作物受灾面积近 700 公顷；直接经济损失 1500 余万元。

(132)8 月 25 日，甘肃省兰州市永登县、皋兰县和甘南藏族自治州卓尼县、定西市临洮县遭受风雹灾害，其中永登县降雹持续时间约 15 分钟。共计 1.8 万人受灾；小麦、玉米、洋芋等农作物受灾面积 1200 多公顷，其中成灾 700 多公顷；直接经济损失 1670 余万元。

(133)8 月 27 日，山西省阳泉市平定县、盂县和太原市娄烦县遭受风雹灾害，其中娄烦县冰雹最大直径约 10 毫米。共计 2.2 万人受灾；农作物受灾面积 1.1 万公顷；直接经济损失 3100 万元。

(134)8 月 28 日，河北省石家庄、张家口、保定 3 市 9 个县(市)遭受风雹、暴雨灾害。共计 16.8 万人受灾；农作物受灾面积 1.3 万公顷，其中绝收 2900 公顷；直接经济损失 2.5 亿元。

(135)8 月 28 日，山西省大同、朔州、忻州、阳泉 4 市 7 个县(区)遭受风雹、暴雨灾害。共计 2.6 万人受灾；农作物受灾面积 3500 公顷；直接经济损失 1800 余万元。

(136)9 月 2 日，黑龙江省齐齐哈尔市拜泉县、大庆市肇州县、绥化市绥棱县遭受风雹灾害。共计 4.1 万人受灾；100 余间房屋损坏；农作物受灾面积 1.3 万公顷；直接经济损失 3400 余万元。

(137)9 月 10 日，云南省昆明市石林彝族自治县、昭通市威信县、曲靖市罗平县、红河哈尼族彝族自治州泸西县及玉溪市红塔区、江川县、易门县遭受风雹灾害，其中红塔区冰雹最大直径 8 毫米，降雹持续 4 分钟。共计 1.5 万人受灾；100 多间房屋损坏；农作物受灾面积 1820 多公顷，其中成灾

220多公顷，绝收10多公顷；直接经济损失900多万元。

(138)9月16日，云南省玉溪市易门县、普洱市西盟佤族自治县和楚雄彝族自治州楚雄市、双柏县遭受大风冰雹灾害。共计水稻、玉米等农作物受灾面积363公顷；直接经济损失130余万元。

(139)10月2—4日，陕西省榆林、延安2市7个(区)县遭受短时强降雨、大风、冰雹袭击，其中榆林市佳县风雹持续时间30分钟左右，冰雹最大直径约30毫米。共计6.82万人受灾，1人死亡；荞麦、糜子、黑豆、药材等受灾面积1.3万公顷，其中绝收3240公顷；倒损房屋113间；直接经济损失8800万元。

(140)10月3日，甘肃省庆阳市环县、华池县及平凉市崆峒区、白银市会宁县、定西市陇西县、天水市秦安县遭受冰雹灾害，其中环县冰雹持续20分钟左右，冰雹最大直径约30毫米。共计11.16万人受灾；果园及农作物受灾面积8809公顷，其中成灾5136公顷，绝收643公顷；毁坏蔬菜大棚233座；倒塌房屋6间，损坏彩钢房10间；直接经济损失4046万元。

2.4.3 龙卷风

1. 主要特点

(1)发生次数明显偏少

2014年全国有9个省(区)、21个县(市、区)发生了龙卷风(表2.4.1)，龙卷风出现次数较2001—2010年平均次数(74个县次)明显偏少。

(2)主要发生在夏季和春季

从2014年龙卷风的季节分布来看，夏季发生最多，共出现龙卷风12县次，占全年总次数的57.1%；春季次多，共出现龙卷风7县次，占全年的33.3%；秋季出现龙卷风2县次，占全年的9.5%；冬季没有出现龙卷风。从各月分布来看，5月龙卷风最多，发生7县次，占全年33.3%；7月、8月次多，各发生5县次，各占全年23.8%；6月、9月各发生2县次，各占全年9.5%；其他月份未发生龙卷风。

(3)广东、江苏、吉林、内蒙古相对较多

从2014年龙卷风发生的地区分布来看，广东相对较多，有5个县次，占全国龙卷风总数的23.8%，其次是江苏、吉林、内蒙古，各有3个县次，各占全国龙卷风总数14.3%。

表2.4.1 2014年龙卷风简表

Table 2.4.1 List of major tornado events over China in 2014

发生时间(月·日)	发生地点	发生时间(月·日)	发生地点
5·3	内蒙古通辽市科尔沁区	7·17	江西省宜春市丰城市
5·9	广西北海市铁山港区	7·18	吉林省松原市扶余市
5·13	吉林省四平市公主岭市	7·18	江西省南昌市新建县
5·19	内蒙古赤峰市敖汉旗、通辽市奈曼旗	8·5	广东省珠海市金湾区
5·21	广东省广州市萝岗区	8·21	海南省海口市
5·22	广东省潮州市湘桥区	8·24	江苏省扬州市仪征市、江都市
6·3	广东省佛山市顺德区	8·31	江苏省常州市溧阳市
6·25	黑龙江省绥化市北林区	9·15	广东省佛山市三水区
7·1	云南省丽江市玉龙县	9·15	海南省澄迈县
7·6	吉林省长春市九台市		

2. 主要龙卷风灾害事例

(1)5 月 3 日 18 时许，内蒙古通辽市经济技术开发区(科尔沁区)发生龙卷风。共计 1.13 万人受灾，1 人死亡，11 人受伤；120 公顷玉米受灾；民房倒塌 7 间，损坏 104 间，112 间厂房、1440 平方米库房也受到不同程度的损坏；直接经济损失 1289 万元。

(2)5 月 9 日凌晨 5 时，广西北海市铁山港区突发龙卷风，造成一施工单位活动板房被毁，29 人不同程度受伤。此外，龙卷风掠过 4 个村庄，造成 105 间房屋受损，13 间房屋倒塌。

(3)5 月 21 日 16 时 40 分左右，广东省广州市萝岗区九龙镇 5 个自然村(社)遭受龙卷风袭击。造成沿街店铺、屋前广告牌、屋顶铁皮不同程度损坏，部分农田被淹，几处厂房、民居屋顶被掀翻。全镇受淹农田 82 公顷，龙卷风掀翻种养殖棚 230 多平方米；黄竹园村 1 座数千平方米的铁罐厂厂房被刮倒，直接经济损失 50 万元以上；镇龙村全部停电，有线电视信号中断。

(4)5 月 22 日 17 时前后，广东省潮州市湘桥区意溪镇出现龙卷风，影响范围宽约 300 米，长约 3000 米。受灾 348 人，轻伤 1 人；农作物受灾面积 33 公顷，其中成灾 13 公顷；房屋倒塌 27 间，严重受损 116 间；直接经济损失 600 万元，其中农业损失 230 万元，家庭财产损失 370 万元。

(5)6 月 3 日 15 时 25—30 分，广东省佛山市顺德区陈村镇广隆工业区环镇西路和工业大道交界处出现龙卷风，造成邦粤钢材厂 2200 多平方米的厂房房顶被掀，1 人受伤。

(6)6 月 25 日午后，黑龙江省绥化市北林区四方台镇友谊村二组突遭龙卷风袭击，持续时间大约 5 分钟。造成部分农房不同程度受损，部分临街牌匾刮翻，直接经济损失 21 万元。

(7)7 月 1 日 16 时前后，云南省丽江市玉龙纳西族自治县拉市镇境内突遭龙卷风袭击。致使美泉村委会恩宗四组及游龙马场的房屋瓦片被掀，薰衣草基地的 120 平方米钢架结构仓房受损严重，直接经济损失约 40 万元。

(8)7 月 6 日傍晚，吉林省长春市九台市其塔木镇戢家村、新鲜村、双城村等地突遭龙卷风和暴雨、冰雹袭击。九舒公路林带杨树被刮倒 155 棵，造成交通中断；九台农电其塔木二次变电站工棚被风摧毁，6 所房屋受损；农田受灾面积 12 公顷。

(9)7 月 17 日 16—20 时，江西省宜春市丰城市 17 个乡镇(街道)遭受雷雨、冰雹袭击，局地出现龙卷风。由于风力大，张巷、白土镇道路两侧树木被刮倒，造成道路通行困难；张巷镇电线杆被刮倒，导致大部分村停电；荣塘镇农户、猪舍、鸡舍倒塌近 1300 平方米；丽村镇龙卷风造成 413 公顷水稻受灾。全市 2.44 万人受灾，1 人死亡；农作物受灾面积 2860 公顷；倒塌农房 4 间，损坏农房 115 间；直接经济损失 1860 万元。

(10)7 月 18 日 23 时至 19 日 02 时，江西省南昌市新建县松湖镇三埂村和流湖乡大岗村、庆新村、楼下村、红星村出现龙卷风、强雷暴天气。受灾地区大片房屋屋顶、野鸡棚被吹毁，瓦房的瓦被吹掉、部分房屋墙壁倒塌，流湖乡楼下村的 1 棵受国家保护的古樟树被刮倒，并压塌了 1 座寺庙。此次风灾共造成 600 多公顷已经成熟的早稻倒伏。

(11)8 月 5 日上午，广东省珠海市金湾区三灶海域出现龙卷风，持续时间近 40 分钟。此次龙卷风位于三灶长咀和飞沙滩之间海面上，未对珠海机场航空货客运转造成影响。

(12)8 月 24 日 15 时 40 分和 16 时左右，江苏省扬州市仪征市大仪镇和江都市小纪镇、樊川镇、真武镇、邵伯镇相继遭受龙卷风袭击。共计 396 人受灾，4 人受伤；严重损坏房屋 20 间，一般损坏房屋 266 间；农作物成灾面积 27 公顷，绝收 19 公顷；倒断树木 1300 多棵、电线杆 60 余根；直接经济损失约 505 万元。

(13)9 月 15 日 23 时 25 分前后，广东省佛山市三水区白坭镇下灶村遭受龙卷风袭击，影响范围长约 2500 米，宽约 200 米。造成桂丹路至城区路段沿线部分厂房不同程度受损，绿化树木倾倒。此次风灾共造成农业生产棚舍受损 10 间，面积约 1000 平方米，20 家企业厂房受损，面积约 10 万平方米，部分市政基础设施受损，直接损失约3000万元。

(14)9月15日21时40分左右，海南省澄迈县桥头镇圣目村发生龙卷风，持续时间约10分钟。造成15间房屋倒塌，水产养殖损失约100万元。

2.5 沙尘暴

2.5.1 基本概况

2014年，我国共出现7次沙尘天气过程(表2.5.1)，且均出现在春季(3—5月)。与常年同期相比，2014年春季我国北方沙尘过程数明显偏少，沙尘暴次数为2000年以来同期第三少；沙尘日数也明显偏少，为1961年以来同期第三少；沙尘首发时间晚，比2000—2013年平均首发时间偏晚36天。

表2.5.1 2014年我国主要沙尘天气过程纪要表(中央气象台提供)

Table 2.5.1 List of major sand and dust storm events and associated disasters over China in 2014 (provided by Central Meteorological Observatory)

序号	起止时间	过程类型	主要影响系统	影响范围
1	3月19日	扬沙	地面高压	甘肃西北部、新疆东南部等地的部分地区有扬沙，其中敦煌出现沙尘暴
2	3月26—27日	扬沙	地面低压、冷锋	内蒙古中西部、宁夏、陕西北部、华北西北部有扬沙，其中内蒙古海力素、吉兰太、盐池等地出现沙尘暴
3	4月2—3日	扬沙	地面高压	甘肃西部、新疆东北部、内蒙古西部出现扬沙
4	4月23—24日	强沙尘暴	地面高压、冷锋	新疆东北部和南疆盆地、甘肃中西部、内蒙古中西部、宁夏南部、陕西北部、青海西北部有扬沙，其中南疆盆地中部、甘肃西部、内蒙古中部以及青海西北部出现沙尘暴和强沙尘暴
5	4月29日至5月1日	扬沙	地面冷锋	南疆盆地东部、青海西北部、甘肃中部和西部局地、内蒙古西南部、陕西东北部、山西西部和北部等地有扬沙，其中青海西部出现沙尘暴，茫崖出现强沙尘暴
6	5月8—9日	沙尘暴	地面低压、冷锋	南疆盆地、青海西部、内蒙古西部、甘肃中部、宁夏中南部及陕西北部局地出现扬沙天气，其中南疆盆地北部、青海茫崖、甘肃民勤、内蒙古阿拉善右旗、拐子湖出现沙尘暴，巴音毛道出现强沙尘暴
7	5月22—24日	沙尘暴	地面高压、冷锋	南疆盆地、柴达木盆地、内蒙古西部、甘肃中西部、宁夏、陕西北部等地出现扬沙天气，其中南疆盆地西北部和东南部、甘肃西部、柴达木盆地、内蒙古西部局地出现沙尘暴，和田、于田、民丰、玉门镇出现强沙尘暴

2.5.2 2014年我国北方沙尘天气主要特征和过程

1. 春季沙尘过程数较常年同期明显偏少，沙尘暴次数为2000年以来第三少

2014年春季(3—5月)，我国共出现7次沙尘天气过程(4次扬沙，2次沙尘暴，1次强沙尘暴)，较常年同期(17次)偏少10次，比2000—2013年同期平均(11.9次)偏少4.9次(表2.5.2)。其中沙尘暴和强沙尘暴过程有3次，较2000—2013年同期平均(7.2次)偏少4.2次，但较2013年同期偏多1次，为2000年以来第三少(图2.5.1)。7次沙尘天气过程中有2次出现在3月，3次出现在4月，2

次出现在 5 月(表 2.5.2)。

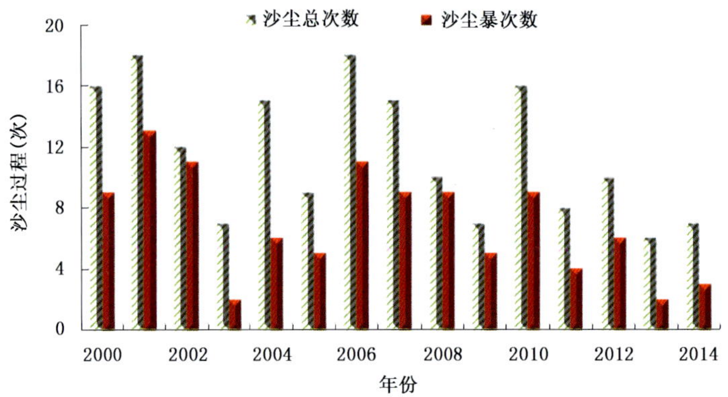

图 2.5.1 2000—2014 年春季中国沙尘天气过程次数及沙尘暴过程次数历年变化

Fig. 2.5.1 Number of sand and dust storm events over China in spring during 2000－2014

表 2.5.2 2000—2014 年春季(3—5 月)我国沙尘天气过程统计

Table 2.5.2 Statistics of sand and dust storm events in spring (from March to May) during 2000－2014

时间	3 月	4 月	5 月	总计
2000 年	3	8	5	16
2001 年	7	8	3	18
2002 年	6	6	0	12
2003 年	0	4	3	7
2004 年	7	4	4	15
2005 年	1	6	2	9
2006 年	5	7	6	18
2007 年	4	5	6	15
2008 年	4	1	5	10
2009 年	3	3	1	7
2010 年	8	5	3	16
2011 年	3	4	1	8
2012 年	2	6	2	10
2013 年	3	2	1	6
2014 年	2	3	2	7
2000—2013 年平均	4.0	4.9	3.0	11.9

2. 沙尘首发时间偏晚

2014 年我国首次沙尘天气过程发生时间为 3 月 19 日，比 2000—2013 年平均首发时间(2 月 11 日)偏晚 36 天，较 2013 年(2 月 24 日)偏晚 23 天(表 2.5.3)。

表 2.5.3　2000 年以来历年沙尘天气最早发生时间

Table 2.5.3　The earliest beginning date of sand and dust storms during 2000—2014

年份	最早发生时间	年份	最早发生时间
2000	1 月 1 日	2008	2 月 11 日
2001	1 月 1 日	2009	2 月 19 日
2002	3 月 1 日	2010	3 月 8 日
2003	1 月 20 日	2011	3 月 12 日
2004	2 月 3 日	2012	3 月 20 日
2005	2 月 21 日	2013	2 月 24 日
2006	2 月 20 日	2014	3 月 19 日
2007	1 月 26 日		

3. 沙尘日数偏少，为 1961 年以来同期第三少

2014 年春季，我国北方平均沙尘日数为 2.5 天，较常年同期（5.1 天）偏少 2.6 天，比 2000—2013 年同期平均（3.8 天）偏少 1.3 天，为 1961 年以来历史同期第三少（图 2.5.2）。平均沙尘暴日数为 0.5 天，分别比常年同期（1.1 天）和 2000—2013 年同期（0.8 天）偏少 0.6 天和 0.3 天，为 1961 年以来历史同期第七少（图 2.5.3）。

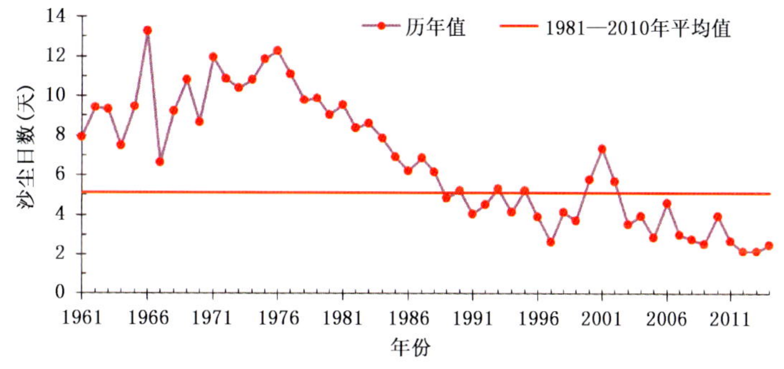

图 2.5.2　1961—2014 年春季（3—5 月）中国北方沙尘（扬沙以上）日数历年变化（天）

Fig. 2.5.2　Number of sand and dust (sand-blowing, sandstorm, strong sandstorm) days averaged over northern China in spring during 1961—2014(unit:d)

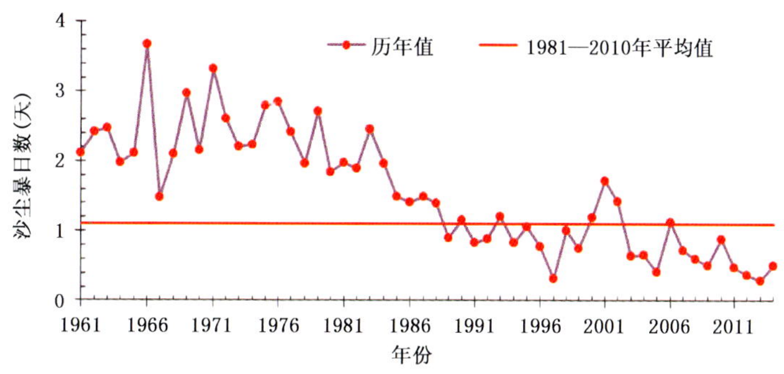

图 2.5.3　1961—2014 年春季（3—5 月）中国北方沙尘暴日数历年变化（天）

Fig. 2.5.3　Number of sandstorm days averaged over northern China in spring during 1961—2014(unit:d)

从空间分布来看，2014 年春季沙尘天气主要集中于新疆南部和东部、甘肃西部、宁夏北部、内蒙古西部、青海西北部等地。南疆盆地和内蒙古西部等地的部分地区沙尘日数在 10 天以上，局部地

区超过15天；甘肃西部、青海西北部、宁夏北部、西藏西北部等地沙尘日数为5～10天，华北西北部及内蒙古中部、陕西西北部、宁夏中部和南部、新疆北部等地为1～5天(图2.5.4)。与常年同期相比，北方大部地区沙尘日数偏少，其中西藏西北部、新疆西南部、内蒙古西部和中部、宁夏大部等地偏少5～10天，部分地区偏少10天以上(图2.5.5)。

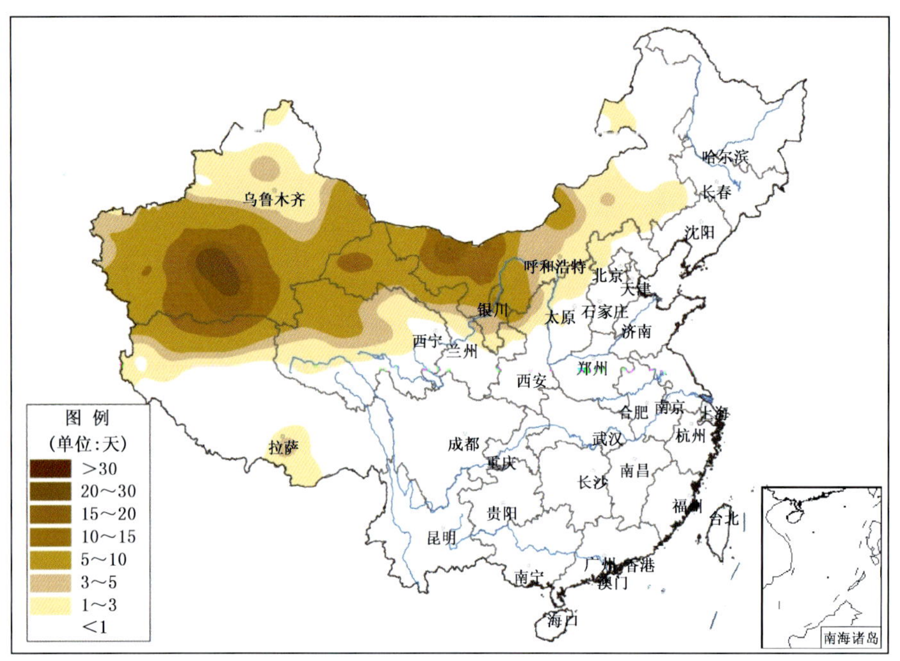

图2.5.4　2014年全国春季沙尘日数分布图(天)

Fig. 2.5.4　Distribution of sand and dust (sand-blowing, sandstorm, strong sandstorm) days over China in spring in 2014(unit:d)

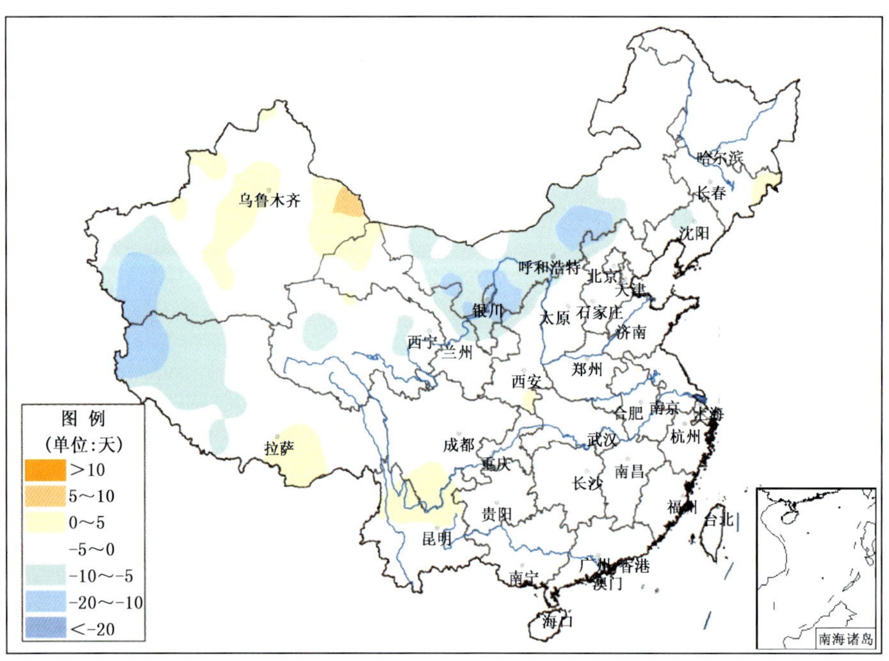

图2.5.5　2014年全国春季沙尘日数距平分布图(天)

Fig. 2.5.5　Distribution of anomaly of sand and dust (sand-blowing, sandstorm, strong sandstorm) days over China in spring in 2014(unit:d)

2.5.3 2014 年我国北方沙尘天气影响

2014 年沙尘天气的影响总体偏轻。2014 年 4 月 23—24 日的沙尘暴天气过程是年内强度最强、损失最重的一次沙尘天气过程。

3 月 19 日，甘肃西北部、新疆东南部等地部分地区出现扬沙天气，其中敦煌出现沙尘暴。据统计，甘肃有 2900 余人受灾，直接经济损失 300 余万元。

4 月 23—24 日我国西北大部地区遭遇大风降温沙尘天气。新疆中北部、甘肃大部、宁夏、内蒙古中西部及东部部分地区、陕西西部及北部等地过程最大降温普遍有 8℃以上，其中新疆北部及东部部分地区、内蒙古西部部分地区达到 12～14℃，局地超过 14℃；新疆北部、甘肃中西部、内蒙古西部等地出现了 5～7 级风，局部达 10～12 级；新疆、甘肃中西部、内蒙古西部、青海北部、宁夏北部出现沙尘天气，新疆、甘肃西部局地出现强沙尘暴。此次沙尘暴天气过程是年内强度最强、影响范围最广的一次沙尘天气过程，也是近 10 年中，强度和范围仅次于 2006 年的“4・10”沙尘暴和 2010 年的“4・24”沙尘暴的一次强沙尘暴过程。据民政部门统计，本次强降温、大风沙尘、霜冻天气使新疆(包括兵团)、甘肃和宁夏 49.6 万人受灾，2 人死亡，3 人失踪，农作物受灾面积 21.9 万公顷，直接经济损失近 20 亿元。

4 月 30 日至 5 月 1 日，南疆盆地东部、青海西北部、甘肃中部和西部局地、内蒙古西南部、陕西东北部、山西西部和北部等地有扬沙，其中青海西部出现沙尘暴，茫崖出现强沙尘暴。宁夏兴仁、陶乐、惠农、盐池等地出现了能见度 700～900 米的沙尘暴。大风沙尘给公众的节日出行带来不便，并造成宁夏 1031 人受灾，705 座大棚损毁，42.7 公顷经济作物受灾，直接经济损失 464.2 万元。

2.6 低温冷冻害和雪灾

2.6.1 基本概况

2014 年，全国平均霜冻日数为 113.5 天，较常年偏少约 7.9 天(图 2.6.1)；全国平均降雪日数为 14.8 天，比常年偏少 11.5 天，为 1961 年以来的最小值(图 2.6.2)。2014 年，全国因低温冷冻灾害和雪灾造成农作物受灾面积达 213.3 万公顷，其中绝收面积 16.8 万公顷；1761.4 万人次受灾，17 人死亡；直接经济损失 129.2 亿元。与近 10 年平均值相比，2014 年全国低温冷冻灾害和雪灾受灾面积、死亡人数和直接经济损失均偏少。总体而言，2014 年为低温冷冻害和雪灾偏轻年份。

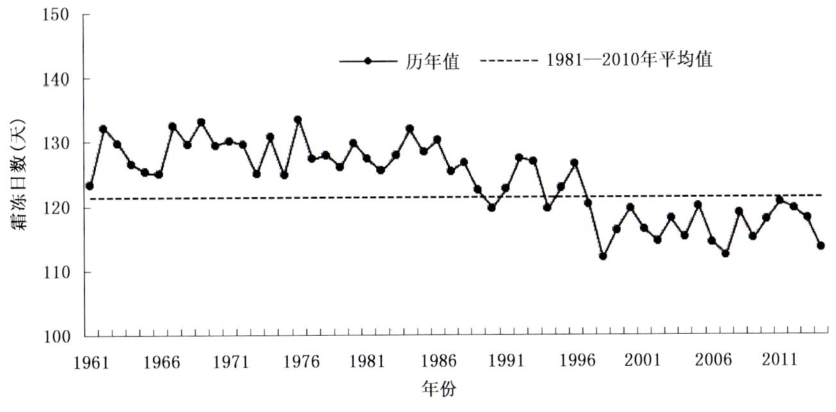

图 2.6.1 1961—2014 年全国平均霜冻日数历年变化(天)

Fig. 2.6.1 Annual frost days over China during 1961－2014(unit:d)

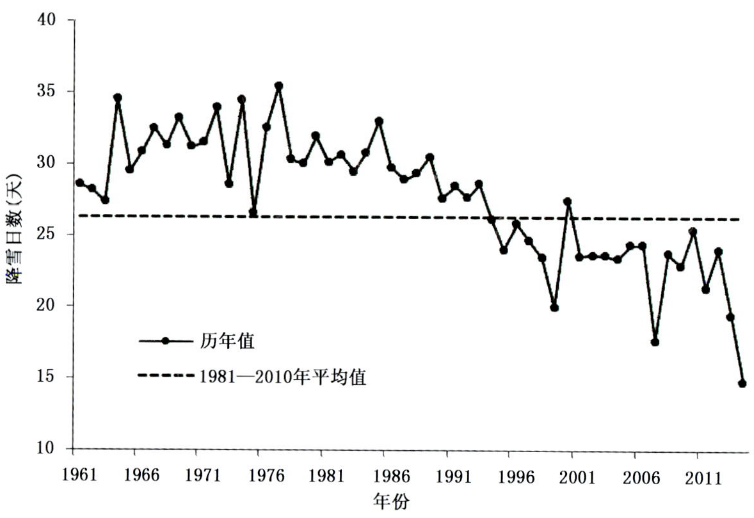

图 2.6.2 1961—2014 年全国平均年降雪日数历年变化(天)

Fig. 2.6.2 Annual snowfall days over China during 1961—2014(unit:d)

2014 年,我国主要低温冷冻害和雪灾事件有:1 月,新疆、云南等地遭受低温冷冻害或雪灾;2 月,南方多地遭受低温雨雪冰冻灾害;春季,北方部分地区遭受阶段性低温冷冻和雪灾;夏季,长江中下游地区遭受低温阴雨寡照;10 月,新疆、青海、甘肃等地遭受雪灾;12 月,黑龙江多地出现雪灾(表 2.6.1)。

表 2.6.1 2014 年全国主要低温冻害和雪灾事件简表

Table2.6.1 List of major low-temperature, frost and snowstorm events over China in 2014

时间	影响地区	灾情概况
1 月中下旬	新疆、云南等地	1 月下旬,新疆北部出现持续降雪天气,降雪量普遍有 25~50 毫米,局部地区超过 70 毫米,造成牲畜采食困难; 1 月中下旬,西南地区出现降雪或雨夹雪天气,局部地区降温明显。雨雪冰冻天气对云南、四川部分地区农业生产造成一定影响
2 月上中旬	南方地区	受低温雨雪天气影响,四川、重庆、湖南、湖北、江西、贵州、广西、广东、安徽、浙江等省(区、市)部分地区发生不同程度的低温雨雪冷冻等灾害,局部地区农房出现倒损,蔬菜大棚被积雪压塌,农作物、林木等因冻受灾,电力等基础设施受损,道路结冰对交通运输和群众出行造成一定影响
4 月下旬至 5 月	西北、华北、东北部分地区	4 月 22—26 日,我国西北地区遭遇降温大风沙尘和强降雪; 5 月 1—4 日,东北地区、华北北部和东部以及内蒙古中部和东部、陕西北部、宁夏北部等地出现大风降温天气过程,农作物遭受低温冷害
8 月 7—31 日	长江中下游地区	长江中下游地区出现持续低温阴雨天气,导致水稻、棉花生育进程延缓,部分一季稻授粉不良,结实率降低、空壳率增加,产量形成略受影响;晚稻总茎蘖数下降,根系活力不强,干物质积累量减少,植株茎秆柔嫩,抗逆能力较差;发生稻飞虱、卷叶螟、稻瘟病、纹枯病等病虫害;棉花大量蕾铃脱落,伏桃数比常年明显偏少

续表

时间	影响地区	灾情概况
10月上中旬	新疆、青海、甘肃等地	10月7—9日，新疆伊犁市昭苏县出现降雪天气，累计降雪量10.3毫米，最大积雪深度4厘米，发生雪灾； 10月10—12日，新疆伊犁大部地区连续3天日最低气温低于0℃，出现霜冻灾害； 10月10—12日，甘肃张掖，青海东北部等地出现大范围寒潮、强降温、雨雪天气，部分地区遭受雪灾
12月	黑龙江	12月黑龙江降水偏多，为1961年以来历史第2位。多地发生雪灾

2.6.2 低温冷冻害和雪灾的影响

1.1月，新疆、云南等地遭受低温冷冻害或雪灾

新疆 1月下旬，新疆北部出现持续降雪天气，降水量普遍有25～50毫米，局部地区超过70毫米，比常年同期偏多8成至2倍，部分地区最大积雪厚度有20～50厘米，局地达60厘米，造成牲畜采食困难。

云南 1月中下旬，西南地区出现降雪或雨夹雪天气，局部地区降温明显。云南曲靖、文山，四川攀枝花、凉山等地的蚕豆、豌豆、小麦等小春作物以及甘蔗等经济作物遭受低温冷冻害和雪灾，农作物受灾面积1.1万公顷，绝收2100公顷，受灾人口27.8万人，直接经济损失4100万元。

2.2月，南方多地遭受低温雨雪冰冻害

2月上中旬，南方地区频繁出现大范围持续低温雨雪、降温天气过程。降水时段主要出现在5—9日，12—13日，16—19日；4—20日累计降水量普遍在10毫米以上，其中江淮大部、江南中东部、华南东部有50～100毫米，局部地区超过100毫米。湖北、浙江、湖南、江西、贵州、云南等地出现中到大雪、局部暴雪，最大积雪深度有5～10厘米，局部达10～20厘米。过程最大降温幅度普遍在10℃以上，其中江南南部、华南大部及贵州大部、云南东部等地达14～18℃，局部地区超过18℃。受低温雨雪天气影响，四川、重庆、湖南、湖北、江西、贵州、广西、广东、安徽、浙江等地部分地区发生不同程度的低温冷冻和雪灾，局部地区农房出现倒损，蔬菜大棚被积雪压塌，农作物、林木等因冻受灾，电力等基础设施受损，道路结冰对交通运输和群众出行造成一定影响。初步统计，共计212.8万人受灾，农作物受灾面积10.5万公顷，直接经济损失7.4亿元。

江苏 2月，江苏共出现4次较为明显的大范围低温雨(雪)天气过程，分别出现在3日、5—10日、12—13日和16—19日。2月1—18日，全省各站降水量为9.9(沛县)～110.3毫米(张家港)。与常年相比，全省各站降水量大部地区正常或偏多2成至2.9倍(如东)。其中有29站达到历史极值，有16站达到历史次极值，有7站达到历史第三极值，其余站均为历史前10位。2月1—18日全省各站平均气温0.5(东海)～5.3℃(吴江)，与常年相比，除东南沿海启东、吕泗和昆山正常略偏高外，其他大部地区偏低0.01～2℃(徐州)。宿迁市中扬镇因雪灾造成9200人受灾，蔬菜受灾面积1300公顷，直接经济损失达1200万元。

江西 2月上旬末，江西出现大风、雨雪、冰冻等天气过程，给当地农业、春运交通、居民生活等造成一定影响。据统计，低温冷冻和雪灾造成江西省共计39.5万人受灾，农作物受灾面积3.0万公顷，直接经济损失1.3亿元。

四川 2月17—21日，攀枝花、阿坝、凉山3市(州)出现低温雨雪天气，灾害导致13.9万人受灾，农作物受灾面积0.9万公顷，直接经济损失1.3亿元。

安徽 2月，安徽出现四次雨雪过程，淮北中北部、大别山区及江南中部最大积雪深度超过10厘米。16—18日积雪范围为全年最广，全省72个市县出现积雪，江淮及江南中部最大积雪深度超过6厘米，9个市县达10厘米以上。低温雨雪造成铜陵、六安2市4个县(区)9.5万人受灾，农作物受灾面积2000公顷，直接经济损失3600万元。

湖南 2月，湖南共出现3次低温雨雪冰冻天气过程，分别为2月6—10日、12—14日、17—18日。其中6—10日、12—14日的低温雨雪冰冻过程造成全省71县市出现积雪，26县市出现冰冻；17—18日怀化等9县市出现暴雪。2月雨雪冰冻灾害造成湘西、湘北部分耐寒能力较弱的农作物被冻死冻伤，据不完全统计，全省约有5.3万公顷农作物受灾，其中有2.2万公顷油菜受灾。

湖北 2月，湖北出现4次大范围雨雪冰冻过程，共71站积雪，9站超过5厘米，最大积雪深度9厘米。据统计，全省因低温冷冻和雪灾造成75.5万人受灾，农作物受灾面积7.4万公顷、绝收0.5万公顷绝收，直接经济损失3.2亿元。

西藏 2月1—7日，西藏噶尔、安多等县发生暴风雪灾害。造成2.7万人受灾，冻伤367人，牲畜死亡15.8万头(只、匹)，倒塌或严重损坏房屋465间，一般损坏房屋1860间。

3. 春季，北方部分地区遭受阶段性低温冻害或雪灾

4月下旬至5月，北方地区冷空气活动频繁，西北、华北、东北部分地区遭受阶段性严重低温冷冻害或雪灾。其中5月，我国北方地区出现3次较强冷空气过程，大部地区出现大风降温天气。西北地区东部、华北西部和北部、东北地区南部等地遭受严重大风、低温冻害或雪灾，设施农业和玉米、蔬菜、林果业等遭受不同程度影响，部分农作物绝收。

4月22—26日，我国西北地区遭遇降温大风沙尘和强降雪。新疆中北部、甘肃大部、宁夏、内蒙古中西部及东部部分地区、陕西西部及北部等地过程最大降温普遍有8℃以上，部分地区达到12～14℃，局地超过14℃；新疆北部、甘肃中西部、内蒙古西部等地出现了5～7级风，局部达10～12级。强降温、大风沙尘、霜冻天气对新疆、甘肃和宁夏等地的设施农业、林果业和大田作物造成不同程度影响，特别是对处于开花或幼果期的大樱桃、桃、苹果、梨等林果业影响较重。4月24—25日，西北东北部及内蒙古西部等地出现降雪天气，累计降雪量有10～20毫米，甘肃、宁夏局部地区超过20毫米。此次降雪过程量级大、持续时间长、范围广，为当地近30年来同期罕见。初步统计，此次低温冷冻害和雪灾共造成西北地区91.5万人受灾，农作物受灾面积24.7万公顷，直接经济损失10.7亿元。

5月1—4日，东北地区、华北北部与东部以及内蒙古中部与东部、陕西北部、宁夏北部等地出现大风降温天气过程。过程最大降温8℃以上，其中东北大部及内蒙古中东部、河北北部、山西北部等地的部分地区达到12～14℃，局部超过14℃。河北、山西、内蒙古、陕西等地部分地区玉米、蔬菜、林果业等遭受严重低温冻害。共造成农作物受灾面积22.8万公顷，绝收6.7万公顷，直接经济损失超过17亿元。

内蒙古 4月下旬至5月上旬，内蒙古地区先后有57个乡镇遭受低温冷冻灾害，受灾人口32万人，农作物受灾面积4.8万公顷，绝收2000公顷，直接经济损失1.6亿元，其中农业损失1.4亿元。

宁夏 4月24—26日，宁夏出现大范围大风沙尘雨雪及霜冻天气，全区大部分地区最低气温在0℃以下，农作物及经济林果遭受不同程度冻害。共造成5.7万人受灾，农作物受灾面积6.3万公顷，林果林受灾面积6.3万公顷，直接经济损失3.3亿元。

甘肃 4月23—24日，甘肃省出现区域性大风沙尘暴强降温天气过程，其中，河西五市普遍出现显著降温，酒泉、嘉峪关两市降温8～16℃，张掖、金昌、武威三市降温4～9℃。其中气温下降超过10℃的有敦煌(16℃)、马鬃山(14℃)、肃北(12℃)。兰州、天水、庆阳等市因低温冷冻灾害天气，造成155.1万人不同程度受灾,农作物(经济林果)受灾面积6.7万公顷,成灾面积5.3万公顷,绝收面积0.9万公顷,直接农业经济损失12.3亿元。

河北 5月4—6日,河北有140个县(市)突破1951年以来5月最低气温极值,张家口、承德、秦皇岛、保定等地市部分地区陆续发生低温冷冻灾害,部分地区气温降至零下4℃。

湖南 4月下旬,湖南省平均气温17.1℃,较常年偏低2.2℃,共有69县市达到春寒(倒春寒)标准,其中新宁达到中度倒春寒标准;5月上、中旬出现阶段性低温时段,期间共有29县市出现“五月低温”,主要位于湘西地区,其中花垣、保靖达到重度“五月低温”标准。

4. 8月,南方部分地区遭受低温阴雨寡照

8月7—31日,长江中下游地区出现持续低温阴雨天气,大部地区气温较常年同期偏低2～3℃,部分地区偏低3℃以上;安徽、江苏平均气温为1961年以来历史同期最低值,湖北为次低值,湖南为第三低;部分地区还出现3天以上日平均气温≤22℃的低温天气。安徽、江苏中南部、浙江、上海、江西、湖北、重庆、湖南东南部等地降水日数比常年同期偏多2～6天,局地偏多6天以上。安徽、浙江两省平均降水日数均为1961年以来历史同期第三多。上述大部地区日照时数较常年同期偏少60～80小时,部分地区偏少80小时以上。持续低温阴雨寡照天气导致水稻、棉花生育进程延缓,部分一季稻授粉不良,结实率降低、空壳率增加,产量形成略受影响;晚稻总茎蘖数下降,根系活力不强,干物质积累量减少,植株茎秆柔嫩,抗逆能力较差;发生稻飞虱、卷叶螟、稻瘟病、纹枯病等病虫害;棉花大量的蕾铃脱落,伏桃数比常年明显偏少。

5. 10月新疆、青海、甘肃等地遭受雪灾,农业生产受到严重影响

新疆 10月7—9日,新疆伊犁市昭苏县出现降雪天气,累计降雪量10.3毫米,最大积雪深度4厘米,发生雪灾,造成小麦、油菜、甜菜、马铃薯等农作物受灾1.3万公顷,直接经济损失3924万元。

青海 10月10—12日,青海西宁、湟源、大通、互助、海晏、化隆、共和等地出现大范围寒潮、强降温、雨雪天气,致使11余万人受灾,农作物受灾面积1.3万公顷,直接经济损失4000余万元。部分地区由于道路湿滑,造成交通拥堵,少数高速公路路段短时封闭,交通受到一定影响。

甘肃 10月10—11日,甘肃省张掖市出现了雨雪、冻害天气,最大积雪深度达到15厘米,最低气温下降6~11℃,雪灾造成直接经济损失达1600多万元。

6. 10月中旬,新疆伊犁出现霜冻灾害

10月10—12日,新疆伊犁大部地区连续3天日最低气温低于0℃,出现霜冻灾害,其中伊宁市、霍城县、伊宁县出现重霜冻,霜冻造成约2000公顷的葡萄不同程度受灾,经济损失3.2亿元。其中伊宁县平原区多浪农场、萨地克于孜乡、维吾尔玉其温乡、巴依托海乡、英塔木乡、阿热吾斯塘乡葡萄受霜冻程度严重。

7. 12月黑龙江多地出现雪灾

黑龙江 12月黑龙江平均降水量为14.5毫米,较常年同期偏多,为1961年以来历史第2位。多地发生雪灾,受灾人口2443人,直接经济损失1475万元。

2.7 雾和霾

2014年我国雾主要分布在华北南部至华南东北部以及西南地区东部、西北地区东部等地,武汉、重庆和贵阳为年雾日数最多的三个省会城市。霾主要分布在东北南部、华北、黄淮、江淮中部和东部、江南北部、华南中部等地,郑州、南京和石家庄为年霾日数较多的三个省会城市。2014年,我国共出现13次大范围的雾霾天气过程。频繁的雾霾天气对交通运输、人体健康产生较大影响。

2.7.1 基本概况

2014 年我国的雾主要出现在 100°E 以东地区。中东部地区雾日数一般有 10～30 天，华北南部至华南东北部以及西南地区东部等地在 30 天以上（图 2.7.1）。

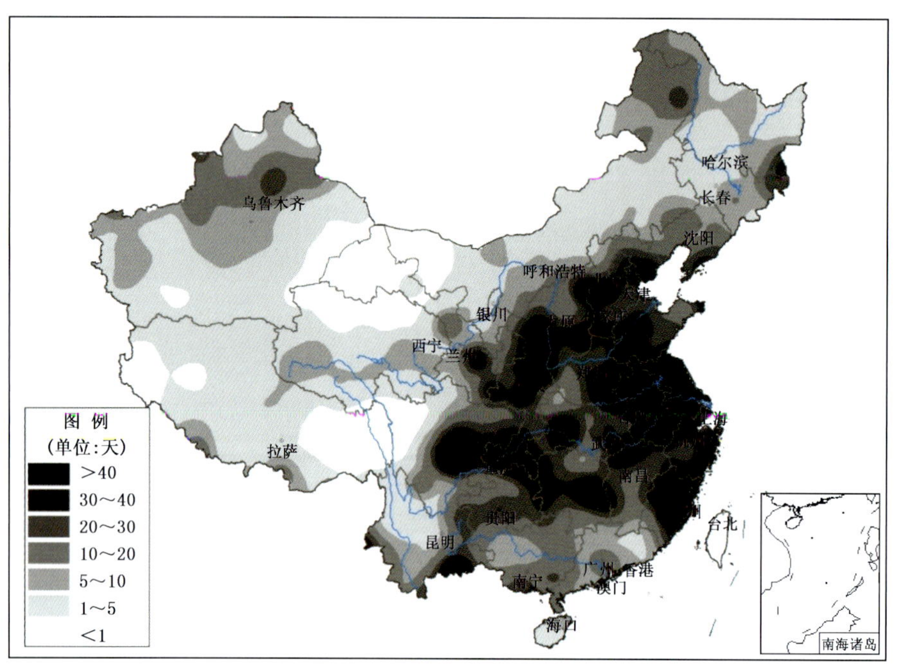

图 2.7.1　2014 年全国雾日数分布（天）
Fig. 2.7.1 Distribution of fog days over China in 2014 (unit:d)

2014 年，我国中东部地区平均雾日数 22 天，为 1997 年以来最多。从各月雾日数分布可以看到（图 2.7.2），2014 年我国雾多发月份为 1—3 月和 9—11 月，这 6 个月的雾日数占全年的 57%；通常雾天气出现较多的 12 月在 2014 年各月中雾日数最少。武汉、重庆和贵阳为年雾日数最多的三个省会城市。

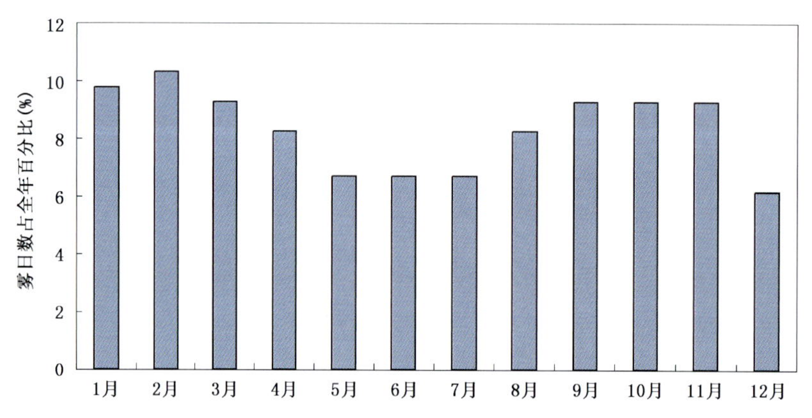

图 2.7.2　2014 年各月雾日数占全年的百分比（%）
Fig. 2.7.2 Monthly percentage distribution of fog days over China in 2014 (unit:%)

2014 年，我国中东部地区霾日数普遍有 20～50 天，其中，北京、河北西南部、山西中部和南部、山东南部、江苏、浙江、安徽东部、广东中部等地有 50～70 天，江苏、浙江、山西南部、广东中部等地局地超过 70 天(图 2.7.3)。

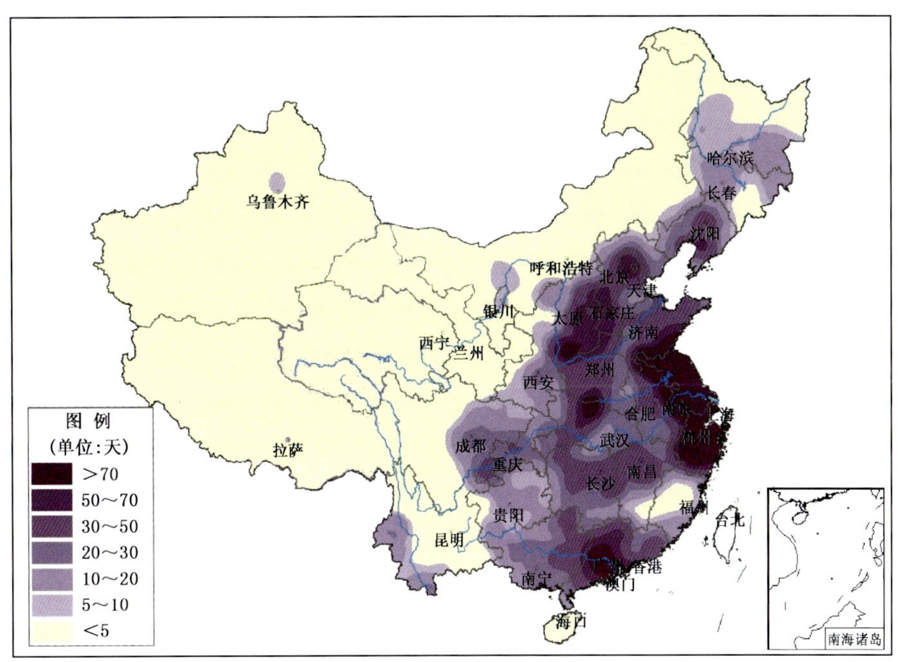

图 2.7.3 2014 年全国霾日数分布(天)

Fig. 2.7.3 Distribution of haze days over China in 2014(unit:d)

2014 年我国 100°E 以东地区平均霾日数为 69 天,为 1961 年以来最多。2014 年我国霾多发月份为 1—3 月和 10—12 月,这 6 个月的霾日数占全年的 68%,其中 1 月最多、12 月次多(图 2.7.4)。郑州、南京和石家庄为年霾日数最多的三个省会城市。

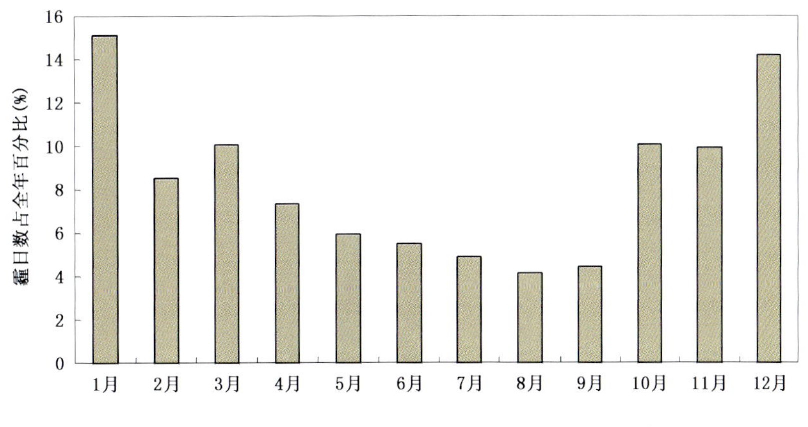

图 2.7.4 2014 年各月霾日数占全年的百分比(%)

Fig. 2.7.4 Monthly percentage distribution of haze days over China in 2014 (unit:%)

2.7.2 主要雾和霾灾害事例

2014 年,我国共出现 13 次大范围、持续性雾霾过程(主要集中在 1 月、2 月、10 月和 11 月;其中 10 月最多,有 4 次),较 2013 年偏多。频繁的雾霾天气对交通运输产生较大影响,并引发多起交通事故,造成人员伤亡;对人体健康也有危害。主要雾和霾的灾害事例如下:

1. 2月下旬，我国中东部大部地区出现持续性霾天气

20—26日，我国中东部大部地区出现持续性霾天气，霾覆盖面积207万平方千米，涉及11省（区、市），华北、黄淮、江淮东部及四川盆地等地大部地区霾日数有3～5天，北京、天津、石家庄等大城市霾日数达5～7天。京津冀地区 $PM_{2.5}$ 过程平均浓度为183.7微克/立方米；京津冀地区 $PM_{2.5}$ 日平均浓度最大值（2月26日）为255.5微克/立方米，天津宁河25日10时出现本次过程最大小时平均值（507.6微克/立方米），北京朝阳25日19时出现最大值（420.7微克/立方米）。

2. 10月上旬，华北、黄淮地区经历大范围雾、霾天气，对交通和人体健康造成不利影响

10月7—10日，北京、天津及华北南部、黄淮西部和陕西中部等地出现持续性严重雾霾天气，大部地区能见度低于1000米，部分地区不足200米，其中9日，京津冀多站点 $PM_{2.5}$ 日均浓度超过150微克/立方米，其中北京朝阳最高，达269.5微克/立方米。雾霾和重污染天气对人体健康和人们的出行造成极其不利的影响，北京、天津、河北、山东等地的部分高速公路路段交通受阻。

3. 10月下旬，华北、东北及黄淮、江淮、四川盆地和陕西中部等地的部分地区出现雾、霾天气

10月22—26日，华北、东北及黄淮、江淮、四川盆地和陕西中部等地的部分地区出现雾霾天气，其中25日京津冀大部地区出现重度污染，北京、石家庄出现严重污染。24日，石家庄机场被大雾天气突袭，共造成45个航班延误，4个航班取消。25日，受北京、天津、石家庄低能见度天气影响，呼和浩特机场先后接收备降航班8架次，其中国际航班3架次、国内航班5架次。

4. 11月下旬，东北南部、华北、黄淮、江淮等地出现大范围霾天气

11月22—27日，东北南部、华北、黄淮、江淮等地出现大范围霾天气，其中京津冀等地出现重度污染，天津河西 $PM_{2.5}$ 日均浓度最大值达374.9微克/立方米。

2.8 雷电

2.8.1 基本概况

据不完全统计，2014年全国共发生雷电灾害2079起，其中造成火灾或爆炸31起，造成人身事故175起，导致170人身亡、118人受伤。雷电灾害在全国造成大量电子设备、电力系统和建筑物受损，雷击造成建筑物损坏事件155起，办公和家用电子电器损坏事件1122起，损坏电子电器设备13215件，造成直接经济损失约0.7亿元，间接经济损失约0.4亿元。一次造成百万元以上直接经济损失的雷电灾害有5起。2014年雷电造成的灾害事故主要集中在电力、通信、石化和教育等行业，其中电力行业雷灾事故144起，通信行业126起，石化行业55起，教育行业45起。

从2003—2014年全国雷电灾害对比（表2.8.1）中可以看出，2014年雷电灾害事故数是自2003年以来最少的一年，由雷灾造成的死亡和受伤人数也是最少的，但雷击死亡率仍有约59%。从雷灾造成的经济损失来看，直接经济损失只有约0.7亿元，为2003年以来的最低值。

表2.8.1 2003—2014年全国雷电灾害

Table 2.8.1 Lightning stroke disasters over China from 2003 to 2014

年份	雷灾事故数	受伤人数	死亡人数	雷击死亡率	直接经济损失(亿元)	间接经济损失(亿元)
2014	2079	118	170	59%	0.72	0.44
2013	3380	177	178	50.1%	2.46	3.24
2012	4600	193	214	52.6%	1.44	1.20

续表

年份	雷灾事故数	受伤人数	死亡人数	雷击死亡率	直接经济损失(亿元)	间接经济损失(亿元)
2011	3993	241	253	51.2%	1.99	1.78
2010	7515	261	319	55%	1.82	3.58
2009	13481	310	371	54.5%	2.31	6.41
2008	8604	345	446	56.4%	2.24	6.21
2007	12967	718	827	53.5%	4.25	7.43
2006	19982	640	717	52.8%	3.84	0.96
2005	11026	690	646	48.4%	2.45	0.28
2004	8892	1059	770	42.1%	2.24	0.35
2003	7625	391	328	45.6%	1.76	0.34

2.8.2 雷电灾情空间分布

2014 年全国雷电灾情的空间分布如图 2.8.1 所示。从统计结果可以看出,我国沿海地区省份是雷电灾害的多发区。2014 年全年雷灾事故数上百的省份共有 5 个,较去年有所下降。其中属于沿海的省份共有 4 个,广东、浙江和福建分列前三位,年雷灾事故数最多的广东省达到 576 起。从雷击伤亡人数方面来看,全年雷击伤亡超过 10 人的有 8 个省份,江西省雷击伤亡人数最多,达到 47 人。雷击导致身亡人数超过 10 人的省份共有 7 个,江西和广东分列前两位,雷击导致身亡的人数分别达到 32 人和 21 人(图 2.8.2)。在考虑人口权重(表 2.8.2)后,在雷灾事故率方面,浙江、广东和福建等沿海经济较发达地区依旧排名靠前;同时,西藏地区的人均雷灾事故率和雷击伤亡率的排名均有大幅提升,分别上升至第 3 位和第 1 位。

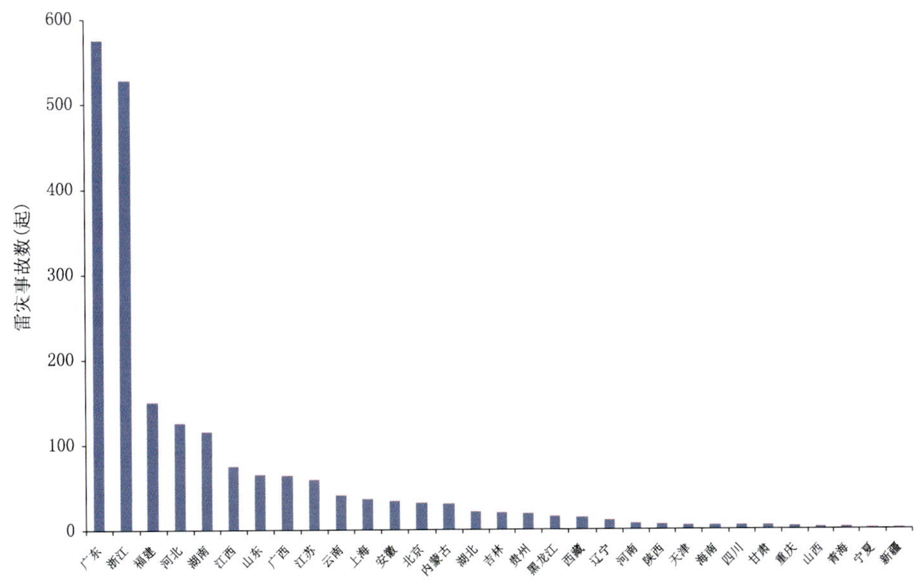

图 2.8.1 2014 年全国各省(区、市)雷灾事故分布图

Fig. 2.8.1 Number of lightning damage events for all provinces (municipalities, autonomous regions) over China in 2014

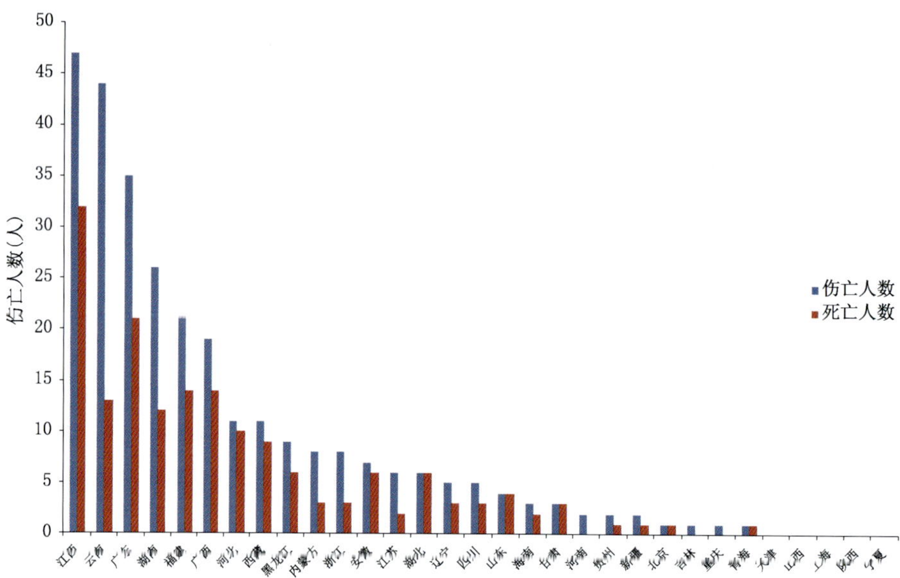

图 2.8.2　2014 年全国各省(区、市)雷击死亡人数分布图

Fig. 2.8.2 Number of lightning fatalities over China in 2014

表 2.8.2　2014 年全国各省(区、市)每百万人口雷击死亡率、受伤率、伤亡率和雷灾事故发生率及其排序

Table 2.8.2　Rate per million people of lightning fatalities, injuries, casualties and damage reports, and their ranks for all provinces over China in 2014

省份	人口数 *(百万)	雷击死亡		雷击受伤		雷击伤亡		总雷灾事故	
		死亡率	排序	受伤率	排序	伤亡率	排序	事故率	排序
北京	13.82	0.07	16	0	22	0.07	20	2.24	5
天津	10.01	0	24	0	23	0	27	0.5	20
河北	67.44	0.15	11	0.01	21	0.16	13	1.87	7
山西	32.97	0	25	0	24	0	28	0.09	29
内蒙古	23.76	0.13	12	0.21	5	0.34	9	1.26	11
辽宁	42.38	0.07	17	0.05	14	0.12	14	0.26	24
吉林	27.28	0	26	0.04	15	0.04	24	0.73	14
黑龙江	36.89	0.16	10	0.08	11	0.24	10	0.41	21
上海	16.74	0	27	0	25	0	29	2.15	6
江苏	74.38	0.03	23	0.05	12	0.08	19	0.79	13
浙江	46.77	0.06	18	0.11	10	0.17	12	11.31	1
安徽	59.86	0.1	14	0.02	20	0.12	16	0.57	18
福建	34.71	0.4	3	0.2	6	0.61	4	4.32	4
江西	41.4	0.77	2	0.36	3	1.14	2	1.81	8
山东	90.79	0.04	20	0	26	0.04	23	0.72	15
河南	92.56	0	28	0.02	19	0.02	26	0.08	30
湖北	60.28	0.1	15	0	27	0.1	18	0.35	23
湖南	64.4	0.19	9	0.22	4	0.4	7	1.8	9

续表

省份	人口数*（百万）	雷击死亡		雷击受伤		雷击伤亡		总雷灾事故	
		死亡率	排序	受伤率	排序	伤亡率	排序	事故率	排序
广东	86.42	0.24	7	0.16	7	0.4	6	6.67	2
广西	44.89	0.31	4	0.11	9	0.42	5	1.43	10
海南	7.87	0.25	6	0.13	8	0.38	8	0.64	16
重庆	30.9	0	29	0.03	16	0.03	25	0.13	27
四川	83.29	0.04	21	0.02	18	0.06	21	0.06	31
贵州	35.25	0.03	22	0.03	17	0.06	22	0.54	19
云南	42.88	0.3	5	0.72	2	1.03	3	0.96	12
西藏	2.62	3.44	1	0.76	1	4.2	1	5.34	3
陕西	36.05	0	30	0	28	0	30	0.17	26
甘肃	25.62	0.12	13	0	29	0.12	15	0.2	25
青海	5.18	0.19	8	0	30	0.19	11	0.58	17
宁夏	5.62	0	31	0	31	0	31	0.36	22
新疆	19.25	0.05	19	0.05	13	0.1	17	0.1	28
全国	1262.28	0.2		0.1		0.3		1.6	

*人口数来自于我国第五次全国人口普查。

2.8.3 雷电灾情时间分布

2014 年全国雷电灾情时间分布如图 2.8.3 所示。雷灾事故主要集中发生在 5—9 月。雷灾事故数、雷击受伤人数和雷击身亡人数均在 7 月份达到峰值，占各自全年数量的比例分别约为 26%、30%和 39%。5 月份受伤人数的比例为全年第二，达到了约 25%，高于之后 6 月份和 8 月份的比例。

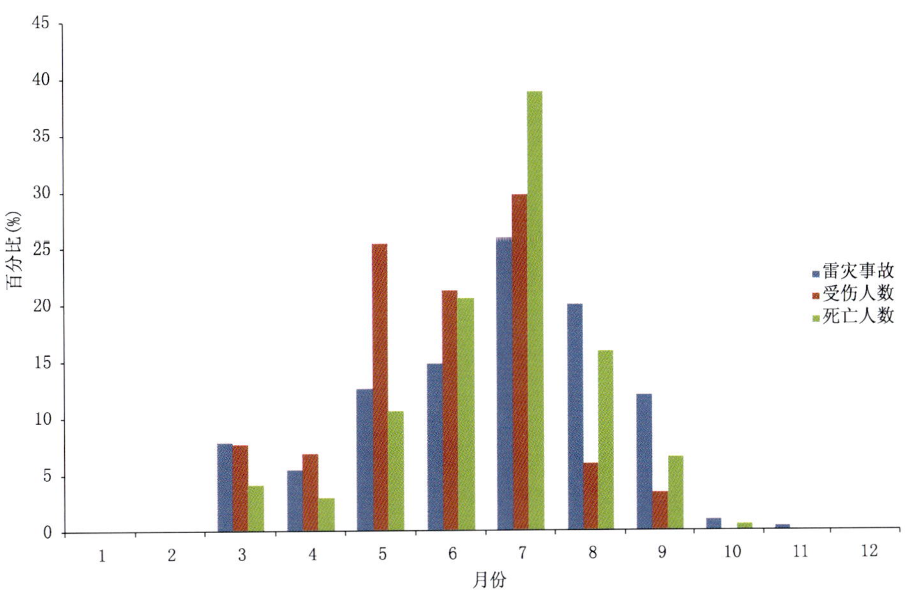

图 2.8.3 2014 年全国雷电灾害百分比月变化

Fig. 2.8.3 Monthly variation for percentage of lightning damage reports over China in 2014

2.8.4 2014年主要雷电灾害事件

(1)4月1日16时00分,广东省汕尾市陆丰市东海镇霞湖高速公路进出口收费站遭雷击,击坏3台交换机、6个监控摄像头、14台设备受损。直接经济损失190万元,间接经济损失10万元。

(2)4月24日上午,广东省肇庆市怀集县连麦镇四乌学校遭雷击,受雷电波影响教室内窗户破损严重,导致7名学生受伤,击坏2台台式电脑、1台复印机。间接经济损失1万元。

(3)5月23日12时00分,广东省清远市清新区龙颈镇昌轩(清远)水电发展有限公司遭雷击。直接经济损失150万元。

(4)5月27日18时10分,云南省昆明市安宁市多人在避雨时遭雷击,造成3人身亡,25人受伤。

(5)6月21日16时,江西省吉安市吉水县冠山乡遭雷击,造成正在护林的1人身亡,6人受伤,其中2人重伤。直接经济损失100万元,间接经济损失100万元。

(6)6月28日下午,福建省福州市永泰县嵩口镇下坂村遭雷击,造成正在躲避风雨的1人身亡,5人受伤。

(7)7月1日16时00分,内蒙古自治区乌兰察布市兴和县大同夭乡4名村民在田间种地时遭雷击受伤。

(8)7月5日上午,江苏省无锡市锡山区东港镇无锡东沃化能有限公司遭雷击。直接经济损失100万元,间接经济损失150万元。

(9)7月15日17时50分,湖南省衡阳市衡阳县洪市镇大印村洪湖组遭雷击,造成正在跑动躲雨的1人身亡,3人受伤。

(10)7月21日16时35分,广东省惠州市惠东县梁化镇埔仔村遭雷击,造成4人身亡。直接经济损失80万元,间接经济损失120万元。

(11)7月24日下午,广东省茂名市信宜市北界镇平山村遭雷击,造成在田间劳作的4人受伤。直接经济损失3.8万元,间接经济损失7万元。

(12)7月27日上午,江西省上饶市余干县大塘乡和平村、同心村遭雷击,造成在田野中的2人身亡,2人受轻伤。直接经济损失10万元,间接经济损失20万元。

(13)7月27日15时00分,江苏省常州市溧阳市别桥镇4名正在水稻田务农的农民遭雷击,造成2人身亡,2人受伤。

(14)7月31日前后,湖南省永州市蓝山县所城镇联村正在修复舜水河龙溪段治理工程河堤的工人遭雷击,造成2人身亡,3人受伤。

(15)8月4日15时00分,河北省定州市河北省旭阳焦化有限公司遭雷击,损坏4套铁路轨道衡计量数据采集系统。直接经济损失240万元。

2.9 高温热浪

2014年,全国平均高温(日最高气温≥35℃)日数9.0天,较常年(7.8天)偏多1.2天,为近10年第三少。但华南高温日数较常年偏多8.3天,为1961年以来第二多;华北、黄淮及云南等地高温强度强。持续高温天气导致广东用电负荷屡创新高,广东、广西多地中暑、呼吸道感染、皮肤病等疾病患者明显增多,江西南部、福建中部部分处于灌浆期的早稻出现轻度"高温逼熟",对产量造成了不利影响。5月,华北黄淮经历较强高温热浪,高温天气致使华北中南部、黄淮大部麦区出现干热风。

2.9.1 高温概况

1. 华北、黄淮及云南等地高温强度强

2014 年，东北西部、内蒙古大部、新疆、河北北部、山西南部、黄淮东部、江淮、西南东部及长江中下游以南大部地区极端最高气温一般为 35～38℃；华北东南部、黄淮大部、陕西东南部、江汉西部、重庆大部、四川东部、湖南西北部等地达到 38～40℃，其中北京、天津、河北、河南、陕西、重庆等省(市)的局部地区达 40～42℃，河北正定高达 43.4℃(图 2.9.1)。2014 年，我国共有 305 站日最高气温达到极端高温事件标准，极端高温事件站次比为 0.35，较常年(0.12)偏高，较 2013 年(0.8)偏少；其中 73 站日最高气温突破历史极值，主要分布在北京、河北、四川、云南、广西等省(区、市)。全年有 167 站连续高温日数达到极端事件标准，极端连续高温事件站次比(0.14)接近常年(0.13)。

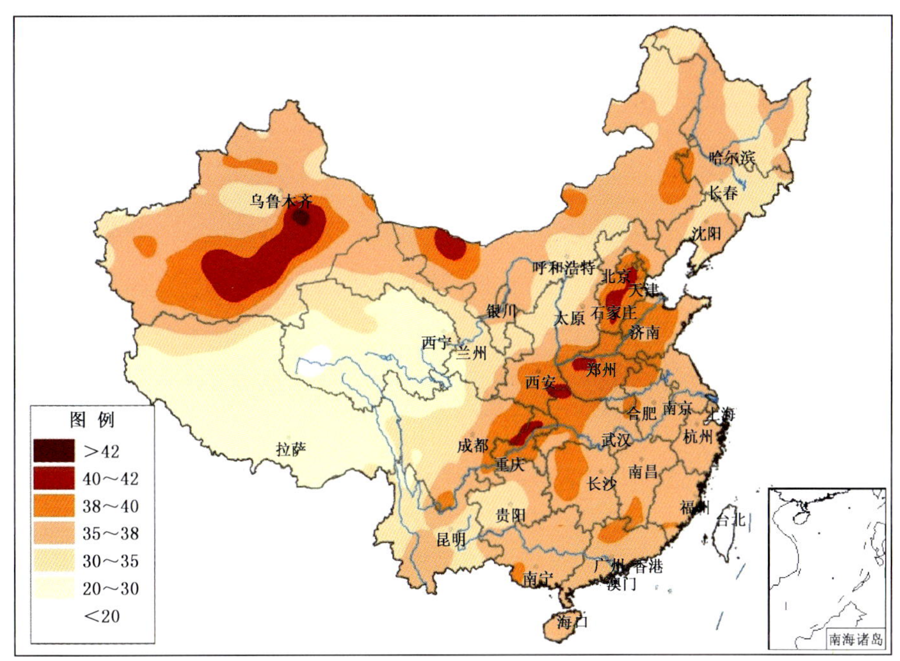

图 2.9.1 2014 年全国极端最高气温分布图(℃)

Fig. 2.9.1 Distribution of extreme maximum temperatures over China in 2014 (unit:℃)

2. 高温日数略偏多

2014 年，全国平均高温(日最高气温≥35℃)日数 9.0 天，较常年(7.8 天)偏多 1.2 天(图 2.9.2)，为近 10 年第三少，仅多于 2008 年(8.8 天)和 2012 年(8.2 天)。

从空间分布上看，江南中南部、华南大部及重庆大部、陕西东南部、河南西北部、新疆东南部等地高温日数有 20～40 天，其中江西南部、福建中南部、广东部分地区、海南北部及新疆东部的部分地区超过 40 天，新疆和江西的局部地区超过 50 天(图 2.9.3)；与常年相比，江南南部、华南大部、云南中南部和中北部、四川南部部分地区、陕西中南部、河南西部、山东中部、北京和天津的部分地区高温日数偏多 5～10 天，其中，福建南部、江西南部、广东大部、海南、广西和云南部分地区偏多 10 天以上，江西南部、福建西南部、广东东北部的局部地区偏多 20 天以上(图 2.9.4)。2014 年，华南地区平均高温日数达 25.6 天，较常年偏多 8.3 天，为 1961 年以来第二多，仅少于 2003 年。

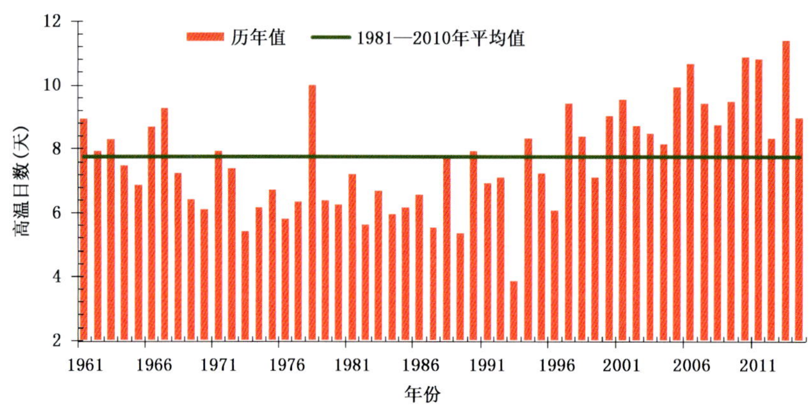

图 2.9.2 1961—2014 年全国年高温日数历年变化图(天)

Fig. 2.9.2 Annual mean hot days (daily maximum temperature ≥35℃) over China during 1961—2014 (unit:d)

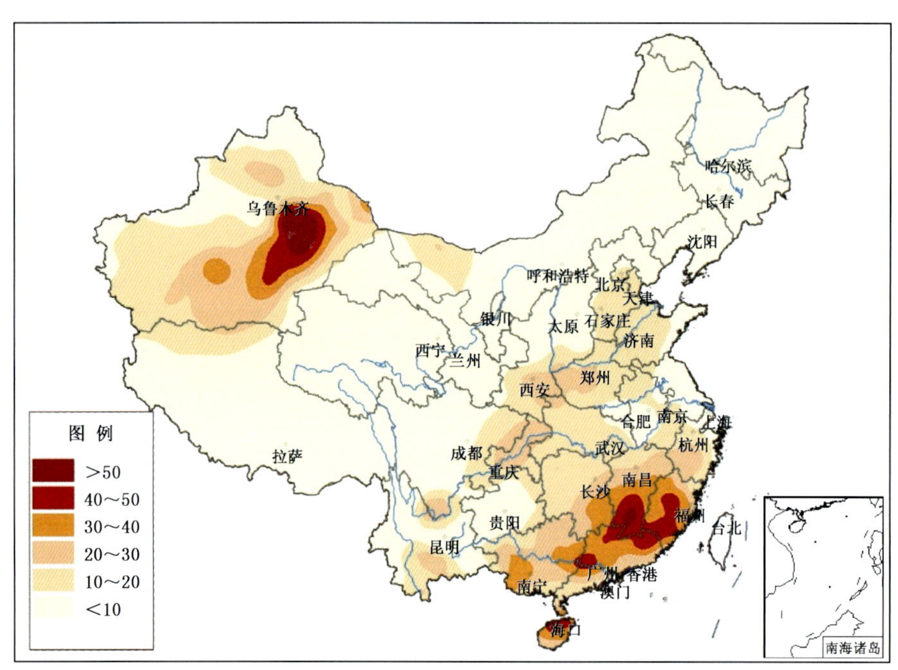

图 2.9.3 2014 年全国高温日数分布图(天)

Fig. 2.9.3 Distribution of hot days (daily maximum temperature≥35℃) over China in 2014 (unit:d)

2.9.2 主要高温事件及影响

2014 年,我国共出现 6 次较大范围的高温天气过程,分别为 5 月 26—31 日、6 月 13—16 日、6 月 26—28 日、7 月 4 日至 8 月 10 日、8 月 24 日至 9 月 3 日、9 月 7 —12 日。

2014 年 5 月 26—31 日,华北、黄淮、江淮等地出现大范围持续性高温天气,北京、天津、河北中南部、山东、河南、安徽中北部等地≥35℃高温日数达 3 天以上。京津冀三省(市)有 12 个站的日最高气温达到或突破历史极值,北京(41.1℃)、天津(40.5℃)和石家庄(42.8℃)均突破 1951 年以来 5 月份最高气温极值;河北正定(43.4℃)、灵寿(42.4℃)、曲阳(42.4℃)、平山(42℃)等 5 市(县)和北京昌平(42.2℃)日最高气温超过 42℃。其中 5 月 29 日的高温范围最大,强度最强,华北、黄淮、江淮 35℃以上、37℃以上、40℃以上高温覆盖面积分别为 55.0 万、27.4 万和 1.3 万平方千米。受持续

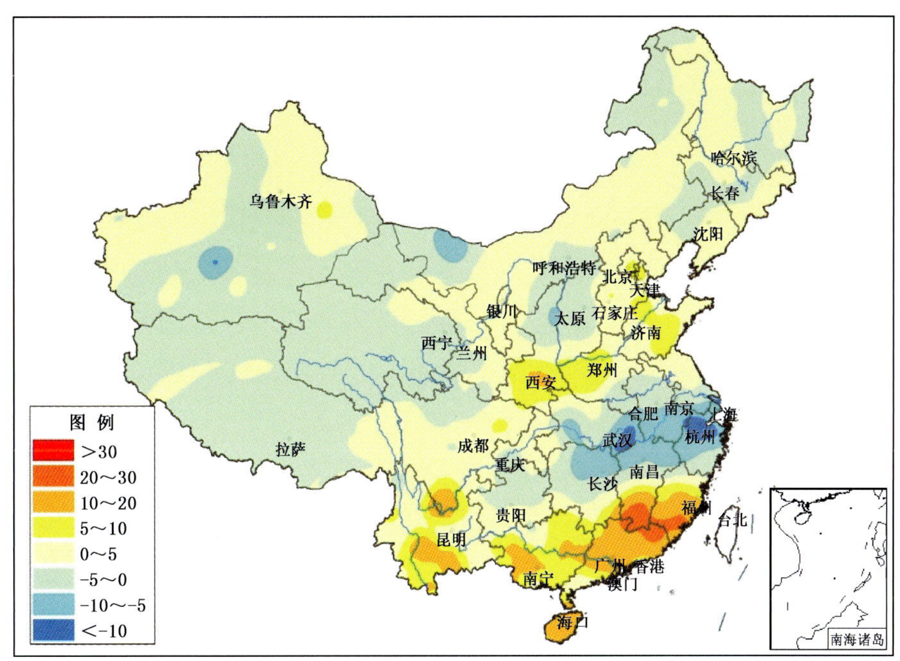

图 2.9.4　2014 年全国高温日数距平分布图(天)

Fig. 2.9.4　Distribution of hot days (daily maximum temperature≥35℃) anomalies over China in 2014 (unit:d)

高温影响，河北中南部、山东中西部及半岛西部、河南北部等地小麦遭受重度干热风天气影响。

2014 年 7 月 4 日至 8 月 10 日，江南南部、华南地区高温日数普遍有 15～20 天，其中江西南部、福建西部和南部、广东北部达 20～30 天。河北、陕西、湖北、重庆、内蒙古等地的局部地区极端最高气温达 40℃ 以上。河南孟州(42.9℃)、登封(40.6℃)、陕西柞水(39.1℃)、镇安(41.2℃)、山阳(40.1℃)、重庆开县(43.2℃)、巫山(42.8℃)、福建仙游(39.9℃)日最高气温达到或超过历史极值。广东北部、福建中南部、江西南部及重庆中北部等地的最长连续高温日数达 15 天以上，福建安溪的最长连续高温日数达 22 天，陕西中南部的最长连续高温日数普遍在 10 天以上，达到或超过历史极值。陕西洋县、城固和西乡最长连续高温日数达 13 天。7 月 10 日，高温影响整个华南、江南，覆盖面积达 77.6 万平方千米。晴热高温天气对江西南部、福建中部部分地区的早稻灌浆有一定不利影响。

夏季长时间持续高温对华南、江南部分地区电力供应、人体健康、农业生产等产生了较大影响。

广东　持续高温天气致使用电负荷不断攀升。7 月 7 日 11 时 14 分，广东电网统调负荷年内 8 次刷新纪录，再创历史新高，达到 9021.4 万千瓦，同比增长 9.02%，成为全国首个统调负荷突破 9000 万千瓦的省级电网。7 月 7 日 11 时 16 分，深圳电网用电负荷突破 1500 万千瓦，达到 1504.37 万千瓦，比 2013 年最高负荷增长 8.48%，净增负荷 117.6 万千瓦。自 5 月 27 日深圳电网负荷首创历史新高以来，已是年内第 10 次刷新历史纪录，也是南方电网首个负荷突破 1500 万千瓦的城市电网。8 月份潮州用电量达到 7.69 亿千瓦时，单月比 2013 年同期增长 15.01%。6 月 21 日，东莞塘厦医院急诊科的呼吸道感染患者比平日多了两倍，日接诊量达到 400 多人次，主要病症表现为发烧、感冒、咳嗽，部分患者甚至高烧到 40℃。8 月份，广州市区人群空调病多发，城郊居民中暑病例增多；深圳市共发生中暑事件 32 起。

广西　7 月，南宁市各大医院皮肤科门诊量明显增多，其中以患皮肤瘙痒、皮癣、湿疹、皮炎、真菌感染和日光引起的皮炎患者居多。

福建　7 月，福建出现长时间持续高温天气。受高温天气影响，福建中部部分处于灌浆期的早稻出现轻度“高温逼熟”危害，对产量形成有一定的不利影响。

江西　7月，江西出现长时间持续高温天气。受高温天气影响，江西南部处于灌浆期的早稻出现轻度“高温逼熟”危害，对产量形成有一定的不利影响。

2.10　酸雨

2.10.1　基本概况

2014年我国酸雨的特点如下：1)酸雨区范围较2013年继续减少，降水达到强酸雨程度的站点较少，仅出现在重庆和湖北部分地区；2)华北、西南、华东和华中地区降水酸度较2013年减弱，酸雨和强酸雨频率均呈减弱的趋势。

1. 全国年平均降水pH值分布

2014年我国酸雨区(年平均降水pH值低于5.6)主要分布在江淮、江汉、江南、华南大部、西南地区东部，北方的京津冀和山西南部也在酸雨区范围内。年平均降水pH值低于4.5的强酸雨站点位于我国重庆、湖北的局部地区。西藏、内蒙古、青海、新疆、宁夏、甘肃大部、山西和陕西北部、河北西部、河南东部、东北大部、山东大部、四川西部、云南大部和海南为非酸雨区(图2.10.1)。

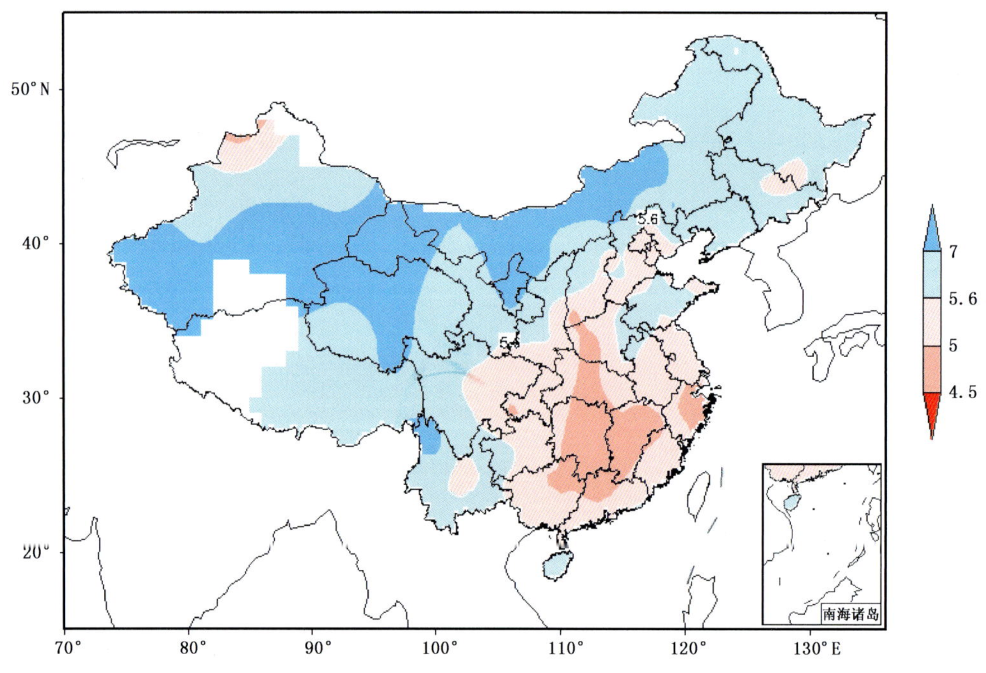

图2.10.1　2014年全国365个酸雨站年均降水pH值分布图

Fig2.10.1　Distribution of annual mean pH values of 365 acid rain stations over China in 2014

对近六年有连续观测的294个酸雨站数据进行统计(下同)，可见2014年年均降水pH值达到强酸雨程度的台站数(pH<4.5)仅8个，较2013年减少47%，为2008年以来的最低值，表明2008年以来我国强酸雨台站数逐年减少；非酸雨台站数(pH≥5.6)逐年增加，至2014年达到132个，约占全部酸雨站的44.9%；弱酸雨台站数(4.5≤pH<5.6)自2010年以来稳定在150个上下(图2.10.2)。

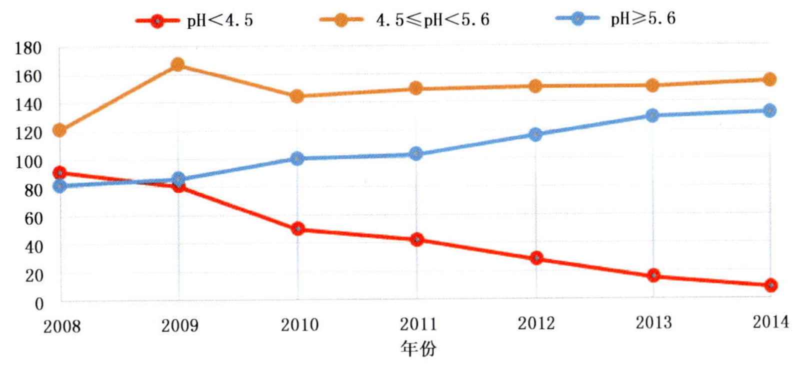

图 2.10.2 降水出现不同 pH 值等级的台站数统计图

Fig. 2.10.2 Station number of different pH levels

2. 全国酸雨出现频率分布

2014 年我国酸雨多发区(酸雨频率大于 20%)主要覆盖江汉、江淮、江南、华南、西南地区东部、华北和东北的部分地区,与我国酸雨区范围较为一致。酸雨高发区(酸雨频率高于 80%)分布在江西、重庆、湖南、广东和广西的部分地区以及新疆的局部地区,其中重庆、湖北和湖南部分站点的酸雨出现频率达 100%,庐山等 8 个站的酸雨出现频率也在 95%以上。银川、沈阳和石家庄等 65 个站全年无酸雨发生,其中甘肃敦煌和新疆和田站自 1993 年观测以来均未出现酸雨(图 2.10.3)。

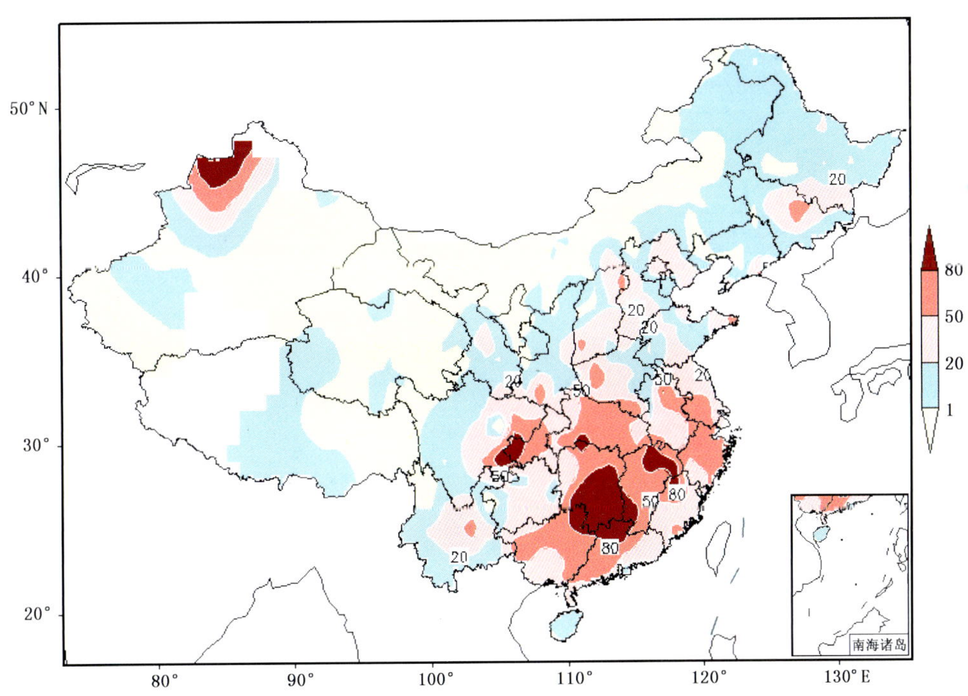

图 2.10.3 2014 年全国 365 个酸雨站年酸雨出现频率分布图

Fig. 2.10.3 Acid rain frequency of 365 acid rain stations in 2014

2014 年 294 个国家级酸雨站的年酸雨出现频率在 20%以下的站点数有 133 个,为 2008 年来的最高值,约占全部站点数的 45%;酸雨频率高于 50%的站点(90 个)约占全部站点数的 30.6%,为近几年来的最低值,表明近几年我国酸雨高发的台站数减少,酸雨低发的台站数增加,酸雨频率有所减小(图 2.10.4)。

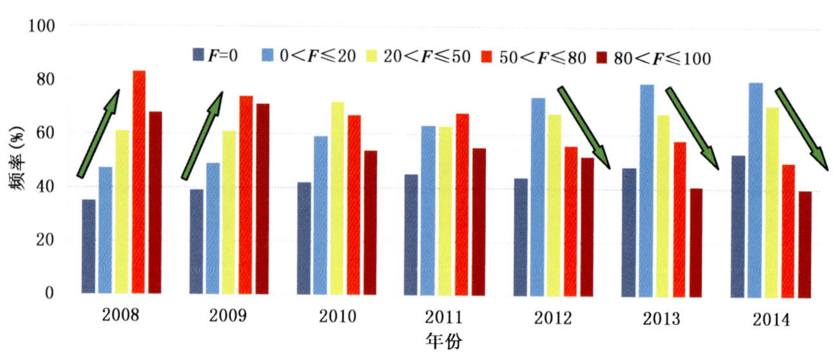

图 2.10.4 2008—2014 年酸雨出现不同频率等级的台站数统计图

Fig. 2.10.4 Station number of different pH levels

2014 年我国大部分地区强酸雨出现频率在 50%以下,其中强酸雨频率在 20%~50%的区域位于湖南、江西和浙江的部分地区。重庆石柱和綦江站的强酸雨出现频率最高,分别为 94.7%和 71.5%。全年没有强酸雨出现的站点有 181 个,较 2013 年增加 15 个站点,这些站点主要位于我国西北、西南、内蒙古、西藏和东北等地。

2.10.2 主要区域酸雨变化特征

1. 华北区域酸雨特征

2014 年华北地区降水 pH 值继续呈升高的趋势,表明降水酸度减弱;酸雨和强酸雨发生频次延续下降的趋势,酸雨频率降至 22%,强酸雨频率降至 5%,均为 2003 年以来的最低值(图 2.10.5)。

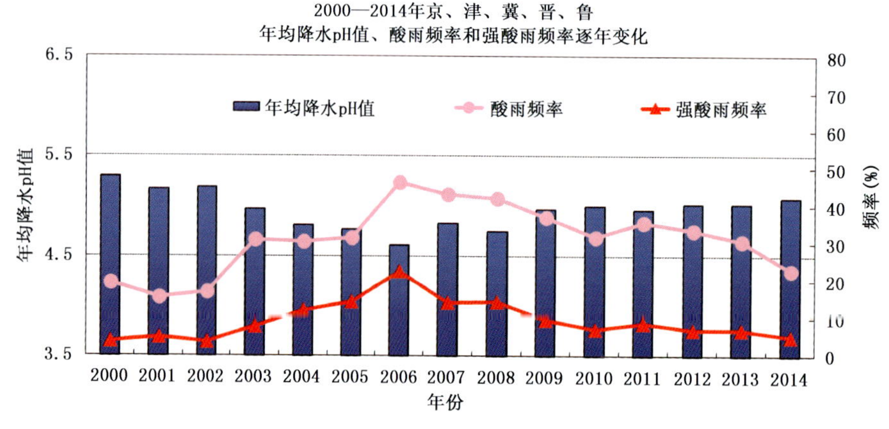

图 2.10.5 华北地区酸雨变化趋势

Fig. 2.10.5 Rainfall acidification in North China

2. 华东区域酸雨特征

华东地区降水 pH 值在 2006—2010 年间稳定在 4.6 左右,2011—2014 年波动上升,表明降水酸度有所减弱;酸雨和强酸雨频率在 2007—2009 年间最高,2010 年以来均呈波动下降的趋势,2014 年强酸雨频率降至 2000 年以来的最低值(图 2.10.6)。

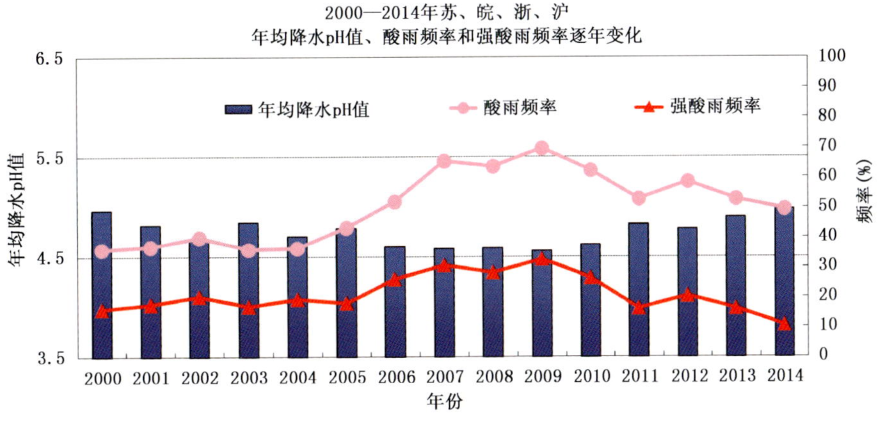

图 2.10.6 华东地区酸雨变化趋势

Fig. 2.10.6 Rainfall acidification in East China

3. 华中区域酸雨特征

华中地区 2006—2009 年间年平均酸雨强度达到强酸雨等级，2010 年以后降水 pH 值波动上升，平均酸雨强度降至弱酸雨等级；酸雨和强酸雨频率在 2006—2009 年间维持在高位波动，2010 年以来均呈波动下降趋势，2014 年酸雨频率降至 2005 年以来的最低值，强酸雨频率降至 2000 年以来的最低值(图 2.10.7)。

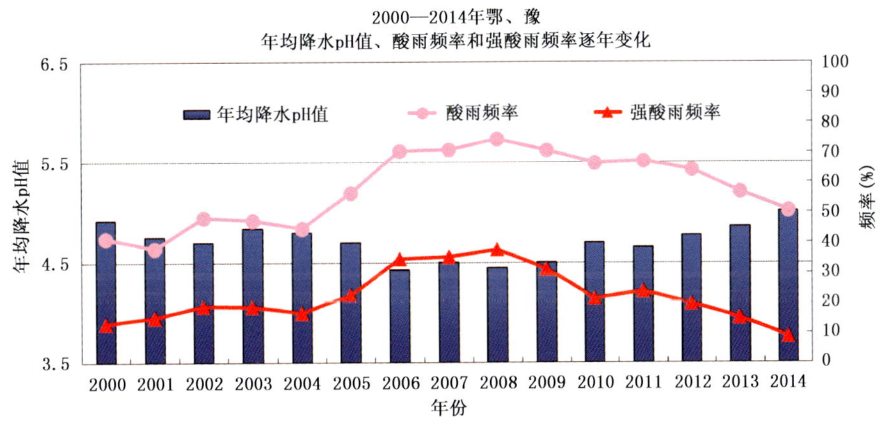

图 2.10.7 华中地区酸雨变化趋势

Fig. 2.10.7 Rainfall acidification in Central China

4. 华南区域酸雨特征

华南地区 2004—2010 年间降水 pH 值在 4.5 上下波动，降水酸度较强，酸雨和强酸雨频率较高，其中酸雨频率在 70%左右；2011—2013 年降水 pH 值呈增加的趋势，表明降水酸度有所减弱，酸雨和强酸雨频率呈下降的趋势。2014 年年均降水 pH 值较 2013 年略低，酸雨和强酸雨频率均较 2013 年有所上升，表明华南区域的酸雨有微弱增强的趋势(图 2.10.8)。

5. 西南区域酸雨特征

西南地区 2007—2009 年间年均降水 pH 值在 4.5 以下，达强酸雨程度，2010 年以来降水酸度逐年减弱；酸雨和强酸雨频率在 2007 年最高，分别达到 72%和 39%，2008 年以后酸雨和强酸雨频率双双下降，至 2014 年分别降至 48%和 8%(图 2.10.9)。

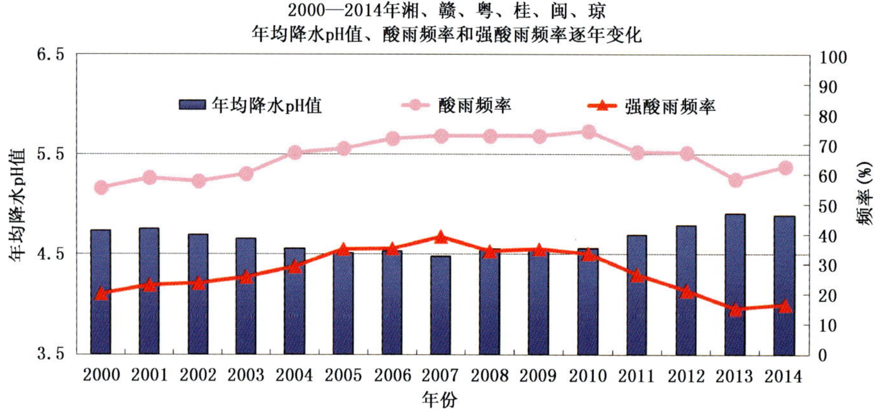

图 2.10.8 华南地区酸雨变化趋势

Fig. 2.10.8 Rainfall acidification in South China

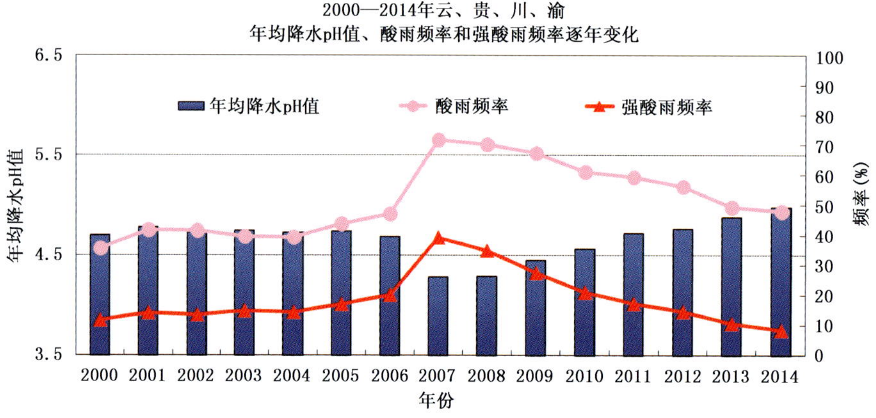

图 2.10.9 西南地区酸雨变化趋势

Fig. 2.10.9 Rainfall acidification in Southwest China

2.11 农业气象灾害

2014 年全国农业气象灾害较常年总体偏轻。黄淮西部、东北地区南部遭遇近 5 年最重夏伏旱、南方部分地区夏秋出现阶段性阴雨寡照,秋收作物生长发育和产量形成受到影响;年内台风活动虽少、但登陆强度大,沿海地区农业渔业生产遭受损失;北方春秋季低温霜冻造成经济林果和畜牧业生产损失较重。暴雨洪涝、干热风、寒露风、风雹等灾害对农业生产影响偏轻。

2.11.1 干旱

1. 冬春干旱范围小,影响轻

后冬至初春,陕西关中东部、山西西南部、河北中南部、河南西北部等地降水持续偏少,部分无灌溉条件的冬小麦出现旱情;云南冬春季干旱较轻,但春季后期出现明显高温时段,旱情有所发展,旱作玉米出苗困难,已移栽烤烟出现死苗现象。

2. 北方农区遭受近 5 年最严重夏伏旱,影响作物产量形成

6 月至 8 月中旬,西北地区东南部、东北地区中南部、华北大部、黄淮大部降水偏少 3~8 成,旱情持续发展,对秋收粮棉及经济作物生长和产量形成不利影响,其中河南西部、陕西关中、辽宁中西部、吉林西部、内蒙古东南部旱情较重，持续干旱使春玉米抽雄吐丝、授粉灌浆受阻，结实率降低，夏玉米生长缓慢、植株矮小，部分缺墒严重的田块叶片卷曲萎蔫，甚至枯死绝收（图 2.11.1）。据民政部 8 月统计信息，此次干旱共造成农作物受灾面积 800 余万公顷，其中绝收 100 余万公顷。由于夏伏旱发生在主要秋收作物产量形成的关键时期，受旱严重地区玉米等作物减产，干旱影响为近 5 年最重。

图 2.11.1 辽宁台安春玉米叶片干枯（左）和河南平顶山夏玉米枯黄绝收（右）
Fig. 2.11.1 Maize damaged because of drought in spring at Taian, Liaoning Province (left) and in summer at Pingdingshan, Henan Province (right)

3. 局地秋旱影响秋播作物生长

2014 年 9—10 月江西大部、湖南东南部和福建降水偏少 5～8 成，部分灌溉条件差的田块出现旱情，致使油菜播种和移栽延迟，马铃薯播种和果树生长发育也受到不利影响。此外，10—11 月，河北中部、山西中南部等地部分地区降水持续偏少，未灌溉麦田旱情持续或发展，对冬小麦播种出苗、分蘖有一定影响。

2.11.2 暴雨洪涝

1. 南方强降水天气多，但洪涝灾害偏轻

2014 年汛期（5—9 月），南方地区出现 25 次暴雨天气过程，频繁强降水使江南、江汉、华南、西南地区东部等地低洼农田受涝，部分田块被冲毁，烤烟、水稻等作物倒伏，果树、桑园、茶叶等经济林果落花落果、茎枝折断，洪涝灾害还造成部分地区水库塘坝等水利设施、畜禽圈舍、食用菌及水产养殖设施和设施农业受损（图 2.11.2）。总体来看，2014 年汛期南方未发生流域性洪涝灾害，洪涝灾害影响偏轻。

图 2.11.2 江西黎川稻田被冲毁（左）和湖南浏阳西瓜被淹绝收（右）
Fig. 2.11.2 Rice at Lichuan, Jiangxi Province (left) and watermelon at Liuyang, Hunan Province (right) destroyed by flood

2. 北方暴雨洪涝明显轻于2013年

2014年汛期，东北、西北地区东部和华北、黄淮等地出现分散性强降水天气，黑龙江、辽宁、内蒙古、陕西、甘肃、山西、山东、河南等省(区)局地遭受洪涝灾害。但总体来看，2014年汛期北方暴雨洪涝影响明显轻于2012和2013年。

2.11.3 台风

2014年登陆或影响我国的台风较常年同期明显偏少，仅“海贝思”、“威马逊”、“麦德姆”、“海鸥”、“凤凰”5个台风先后登陆及台风“黄蜂”外围影响我国，但登陆台风强度大，影响偏重，其带来的强风暴雨给粮食和经济作物、果树、食用菌、水产养殖等造成较严重损失(图2.11.3)。

第7号台风“海贝思”对福建、广东等地处于抽穗末期的早稻、香蕉及成熟的水果造成较大影响，据统计，农作物受灾4.813万公顷，直接经济损失14.11亿元。第9号台风“威马逊”先后在海南文昌、广东徐闻和广西防城港3次登陆，是1973年以来登陆华南地区的最强台风。据统计，“威马逊”共造成广东、广西、海南、云南4省(区)农作物受灾面积191.39万公顷，绝收25.82万公顷。第10号台风“麦德姆”登陆台湾后，又先后在福建福清和山东荣成登陆，共造成广东、福建、江西、浙江、江苏、安徽、山东、辽宁等8省农作物受灾面积19.02万公顷，绝收1.3万公顷。第15号台风“海鸥”先后登陆海南文昌和广东徐闻，共造成广东、广西、海南、贵州、云南5省(区)农作物受灾面积87.71万公顷，绝收8.25万公顷。第16号台风“凤凰”先后在台湾恒春、宜兰与新北交界处、浙江象山、上海奉贤区等地4次登陆，造成浙江省等农作物受灾面积3.95万公顷，绝收2800公顷。

图2.11.3 “威马逊”导致广东徐闻香蕉折断(左)和“海鸥”导致广西崇左龙州甘蔗大面积倒伏(右)

Fig. 2.11.3 Banana destroyed by typhoon Rammasun at Xuwen, Guangdong Province (left) and sugarcane damaged by typhoon Kalmaegi at Chongzuo, Guangxi (right)

2.11.4 雪灾、寒害和冻害

1. 春季北方低温霜冻使经济林果受灾较重

2014年4月中旬至5月中旬，北方地区出现多次大范围大风降温天气过程。其中，4月22—26日，新疆北部和东部、内蒙古中西部、甘肃大部、宁夏大部、陕西北部等地遭受霜冻害，甘肃东部、宁夏南部出现较强降雪，致使春播作物、果树及经济作物受冻，苹果、桃、梨等经济林果花朵和幼果受冻、脱落，座果率降低，产量和品质受到影响(图2.11.4左)。5月初，东北、华北、内蒙古低温冷冻和雪灾造成部分地区蔬菜、经济林果、玉米、小麦等损失较重(图2.11.4右)。

2. 秋冬低温冻害和雪灾给北方畜牧业生产和经济林果生产造成损失

2014年10月北方出现4次冷空气过程，新疆、甘肃、青海、陕西、山西等6省(区)的部分地区农

图 2.11.4 宁夏吴忠市葡萄新梢受冻(左)和吉林长春市玉米幼苗心叶受冻(右)
Fig. 2.11.4 Grape frozen at Wuzhong, Ningxia (left) and maize frozen at Changchun, Jilin Province (right)

作物及经济林果遭受不同程度的冻害;其中 10 月 9 日新疆伊犁哈萨克州霍城县发生霜冻,导致葡萄品质降低,10 月 15—16 日山西和陕西部分地区遭受低温冻害,造成正值收获季节的苹果、红枣等果树受灾,山西临汾市吉县受灾 3100 公顷。10 月中下旬至 12 月上旬,青海省海南藏族自治州、新疆伊犁哈萨克自治州、巴音郭楞蒙古自治州、阿克苏市等地部分地区以及黑龙江省佳木斯市抚远县遭受雪灾,导致部分温室大棚出现垮塌、棚内作物和露地未采摘经济林果受损,牲畜圈舍被毁,畜牧业遭受一定损失。

3. 南方低温雨雪灾害范围小、总体影响轻

2014 年 2 月南方出现 2 次大范围低温雨雪天气,湖北中南部、浙江中北部、湖南大部、江西中北部、贵州中西部、云南东部等地出现中到大雪、局部暴雪,江南北部和西部、贵州等地日最低气温≤0℃的天数有 3～9 天,导致部分抽薹开花的油菜和露地蔬菜受冻;部分茶叶、柑橘、竹子等经济林木被雪压折压断。华南中北部出现 3～9 天日最低气温≤5℃的低温天气,部分亚热带作物、经济林果遭受寒害。

2014 年 9 月 14 19 日、10 月 6 10 日及 10 月 13 15 日,江汉、江南北部、华南北部出现轻度寒露风天气,对部分正值抽穗扬花期的晚稻产生轻度影响。12 月上中旬受频繁冷空气活动的影响,浙江、福建、云南等地露地蔬菜、热带—亚热带经济林果以及越冬农作物遭受低温寒害、霜冻害。

2.11.5 低温、阴雨寡照

1. 华南中西部早春低温寡照影响早稻播种

2014 年 3 月上中旬,华南中西部出现阶段性低温阴雨寡照天气,早稻浸、播种进度偏慢,播期延后,已播早稻秧苗长势偏差,局部出现烂种烂秧现象。

2. 东北地区春季后期低温阴雨影响播种和幼苗生长

5 月上中旬,东北地区大部气温偏低 1～2℃,日照偏少 3 成以上,出现阶段性阴雨寡照天气,寡照程度重于低温阴雨寡照严重的 2011 年同期,部分地区旱地作物播种受阻,局地出现粉种现象。

3. 南方夏季阴雨寡照影响作物授粉结实

6 月至 7 月上旬,四川盆地持续低温阴雨寡照天气,降水日数达 20～33 天,日照偏少 3～6 成,导致春玉米抽雄吐丝和授粉结实不良,秃尖现象多,水稻空秕率上升。8 月 5—20 日,长江中下游地区多低温阴雨寡照天气,气温偏低 2～4℃,降水日数普遍有 7～15 天,安徽和江苏南部、湖北东南部、浙江大部、江西西北部、湖南大部日照偏少 5～8 成,导致一季稻结实率降低、空壳率增加;果树挂果率下降,果实转色、成熟受影响,产量和品质降低。

4. 华西、黄淮等地阶段性阴雨寡照影响秋收秋种

9月，西北地区东部、华北西南部、黄淮中西部、江汉、西南地区东北部降水日数普遍达10～20天，降水量较常年同期偏多5成至2倍，日照时数偏少3～8成。其中陕西、河南、山西、湖北、四川等地出现连阴雨天气，造成作物成熟收晒困难、局地籽粒发芽霉变（图2.11.5）、经济林果果实开裂腐烂，长时间阴雨也导致部分地区土壤过湿，油菜播种困难。11月，西南地区东部、江淮西部、江汉大部、江南西部、华南西部等地再次出现阶段性多雨寡照天气，部分低洼地块出现湿渍害，成熟作物收晒以及冬小麦、油菜播种出苗和生长受到不利影响，贵州部分地区因多雨寡照并伴随低温，导致部分田块秋播作物未能适期播栽。

图2.11.5 四川射洪县部分田块水稻发芽（左）、玉米发霉（右）

Fig. 2.11.5 Rice (left) and maize (right) damaged because of continuous rain at Shehong, Sichuan Province

2.11.6 大风冰雹

2014年春、夏、秋季局地性强对流天气多，大风、冰雹灾害呈现点多面广、发生频繁、局地受灾重的特点，发生区域主要集中在新疆西部、西北地区东部、华北、黄淮北部、东北地区与西南地区东部和南部至华东两条带区（图2.11.6左）。风雹灾害使大田农业生产、设施农业、经济林果和养殖业遭受损失，造成作物植株损伤和倒伏，蔬菜大棚、旱地作物薄膜和牲畜圈舍损毁、禽畜死伤以及果树折枝落果；其中对经济林果、农业设施损失重于粮食作物。与2013年相比（图2.11.6右），江淮、江南、华南风雹灾害发生次数少、影响区域小，造成损失较轻。

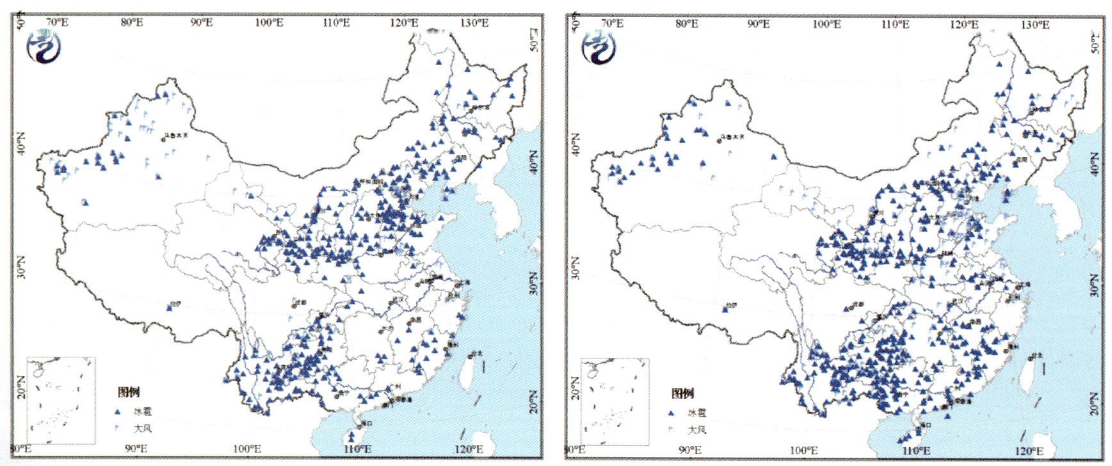

图2.11.6 2014年大风冰雹分布（左）与2013年大风冰雹分布（右）

Fig. 2.11.6 Distribution of the strong wind and hail in 2014 (left) and in 2013 (right)

2.11.7 黄淮干热风天气持续时间长、强度大，但影响较小

2014 年 5 月 26—31 日，华北中南部、黄淮大部麦区出现干热风天气，其中河北中南部、山东中西部及半岛西部、河南北部等地出现重度干热风天气过程，最高气温达 35～38℃，部分地区超过 40℃，但由于麦区大部墒情较适宜，且大多开展了"一喷三防"工作，因此干热风对冬小麦影响总体较小，仅河北中南部、山东中西部及半岛西部、河南北部部分墒情偏差、灌溉条件差的地块受灾较重，导致小麦灌浆速率下降，影响粒重。

2.12 森林草原火灾

2.12.1 基本概况

2014 年我国气候相对平稳，年内卫星遥感森林草原火点较多的时期在 1 月至 4 月和 10 月至 12 月间，火点主要分布在北方的黑龙江省、内蒙古自治区，南方的福建省、广东省、广西壮族自治区、贵州省、湖南省、江西省、云南省。其中湖南省和云南省火点多于其他地区(表 2.12.1 和表 2.12.2)。主要森林火灾发生在云南迪庆州香格里拉市、安宁市、丽江市宁蒗县、楚雄彝族自治州禄丰县、昆明市；湖南省临湘市；山东省栖霞市、威海市等地。草原火灾主要发生在内蒙古自治区锡林郭勒盟和呼伦贝尔市，其中部分草原火灾是由于境外草原火蔓延到我国边境线所致(图 2.12.1 和图2.12.2)。全国草原火灾主要发生在 4 月和 10 月。森林火点发生数量和 2013 年相比增加了约 40%，和近 7 年平均值相比增加约 50%；草原火点发生数量和 2013 年相比增加约 20%，和近 7 年平均值相比增加约 4%。

表 2.12.1 2014 年气象卫星监测我国林区火点分省统计

Table 2.12.1 Monthly forest fire spot numbers monitored by meteorological satellite in terms of province (region, city) of China in 2014

发生于林地火点数统计(10001 个)													
省(区、市)	1月	2月	3月	4月	5月	6月	7月	8月	9月	10月	11月	12月	总计
辽宁省	0	4	37	26	0	0	1	1	0	11	0	0	80
湖北省	494	11	93	81	2	1	2	0	0	0	0	0	684
江西省	824	168	106	33	0	0	0	1	6	4	0	0	1142
山西省	5	1	15	0	2	0	0	0	0	0	0	0	23
江苏省	1	0	0	0	0	0	0	0	0	1	0	0	2
新疆维吾尔自治区	0	0	1	4	0	0	0	0	0	0	0	0	5
河北省	0	2	12	12	4	1	0	0	0	0	0	0	31
云南省	379	522	376	352	78	3	0	0	2	0	0	0	1712
陕西省	67	1	34	2	0	0	2	0	0	0	0	0	106
吉林省	0	0	6	26	0	0	0	0	0	13	2	0	47
福建省	163	40	25	18	0	0	0	0	0	4	0	0	250
安徽省	173	1	13	2	0	4	0	0	0	2	0	0	195
河南省	71	1	32	12	0	2	0	0	0	0	0	0	118
内蒙古自治区	4	3	92	98	3	0	0	3	43	16	0	0	262
天津市	0	0	0	0	0	0	0	0	0	0	0	0	0
湖南省	1153	124	80	11	0	0	0	0	0	3	0	0	1371
宁夏回族自治区	2	0	0	0	0	0	0	0	0	0	0	0	2
西藏自治区	21	12	10	13	0	1	0	0	0	0	0	1	58
广东省	746	134	155	29	0	2	4	5	0	18	4	0	1097
甘肃省	13	1	0	0	0	0	0	0	0	0	0	0	14
浙江省	68	52	17	13	0	1	0	0	0	0	0	0	151
重庆市	0	0	0	0	0	0	0	0	0	0	0	0	0
山东省	4	2	26	11	7	15	0	0	0	1	0	0	66
北京市	0	0	2	1	0	0	0	0	0	0	0	0	3

续表

发生于林地火点数统计(10001 个)													
省(区、市)	1 月	2 月	3 月	4 月	5 月	6 月	7 月	8 月	9 月	10 月	11 月	12 月	总计
青海省	0	1	0	0	0	0	0	0	0	0	0	0	1
上海市	0	0	0	0	0	0	0	0	0	0	0	0	0
海南省	0	0	0	0	0	0	0	0	0	0	0	0	0
四川省	155	43	58	88	6	6	0	1	4	0	0	1	362
黑龙江省	0	0	35	602	4	1	1	10	9	75	13	0	750
广西壮族自治区	694	96	21	9	9	4	4	2	11	9	0	0	859
贵州省	267	305	37	1	0	0	0	1	0	0	0	0	611

表 2.12.2 2014 年气象卫星监测我国草原火点分省统计表

Table 2.12.2 Monthly grassland fire spot numbers monitored by meteorological satellite in terms of province (region, city) of China in 2014

发生于草地火点数统计(2580 个)													
省(区、市)	1 月	2 月	3 月	4 月	5 月	6 月	7 月	8 月	9 月	10 月	11 月	12 月	总计
辽宁省	1	3	3	1	0	0	0	0	0	17	0	0	25
湖北省	19	0	8	1	0	0	0	0	0	0	0	0	28
江西省	54	14	1	2	0	0	0	0	0	0	0	0	71
山西省	16	6	63	11	4	0	0	0	0	1	0	0	101
江苏省	1	0	1	0	0	0	0	0	0	0	0	0	2
新疆维吾尔自治区	1	1	5	46	10	0	0	3	0	0	0	0	66
河北省	4	2	18	24	6	1	0	0	0	3	0	0	58
云南省	84	141	92	67	8	0	0	0	0	0	0	1	393
陕西省	33	1	32	8	1	0	2	0	0	0	0	0	77
吉林省	0	1	41	7	0	0	0	0	0	35	0	0	84
福建省	5	0	0	0	0	0	0	0	0	0	0	0	5
安徽省	30	0	3	1	0	1	0	0	0	0	0	0	35
河南省	10	1	11	4	0	1	0	0	0	0	0	0	27
内蒙古自治区	16	6	160	202	7	2	3	7	62	47	1	0	513
天津市	0	1	2	0	0	1	0	0	0	0	0	0	4
湖南省	78	12	11	1	0	0	0	0	0	1	0	0	103
宁夏回族自治区	9	0	1	1	0	0	0	0	2	1	0	0	14
西藏自治区	9	7	3	0	0	1	0	0	0	0	0	0	20
广东省	31	4	9	1	0	0	0	0	0	0	0	0	45
甘肃省	35	1	6	0	0	0	1	0	0	0	0	0	43
浙江省	0	0	0	0	0	0	0	0	0	0	0	0	0
重庆市	0	0	0	0	0	0	0	0	0	0	0	0	0
山东省	1	1	18	9	1	1	0	0	0	0	0	0	31
北京市	0	0	1	2	0	0	0	0	0	0	0	0	3
青海省	1	0	1	0	0	0	0	0	0	0	0	0	2
上海市	0	0	0	0	0	0	0	0	0	0	0	0	0
海南省	0	0	0	0	0	0	0	0	0	0	0	0	0
四川省	49	22	36	33	3	4	0	0	1	0	0	3	151
黑龙江省	0	1	57	295	1	0	1	4	0	76	20	0	455
广西壮族自治区	72	8	2	0	1	0	1	0	2	1	0	0	87
贵州省	30	101	6	0	0	0	0	0	0	0	0	0	137

注:火点即卫星监测到的一处火区,各火点范围根据火区大小而有所不同,即各火点所含像元数随火区大小而异。

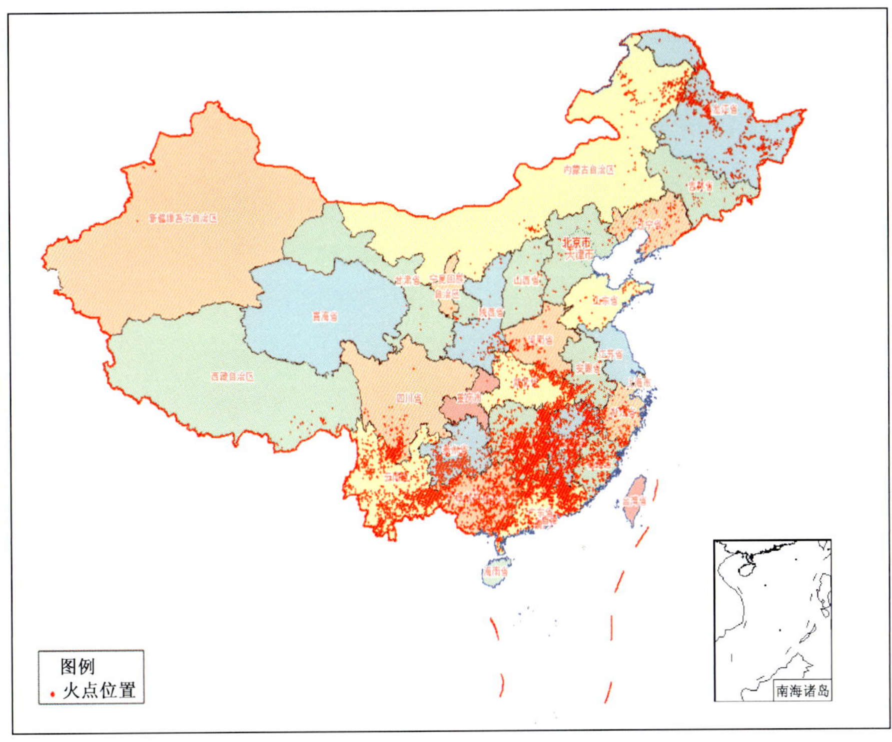

图 2.12.1　2014 年卫星监测全国林地火点分布示意图(按行政区划)

Fig. 2.12.1　Sketch of forest fire spots monitored by meteorological satellite in Chinese administrative region in 2014

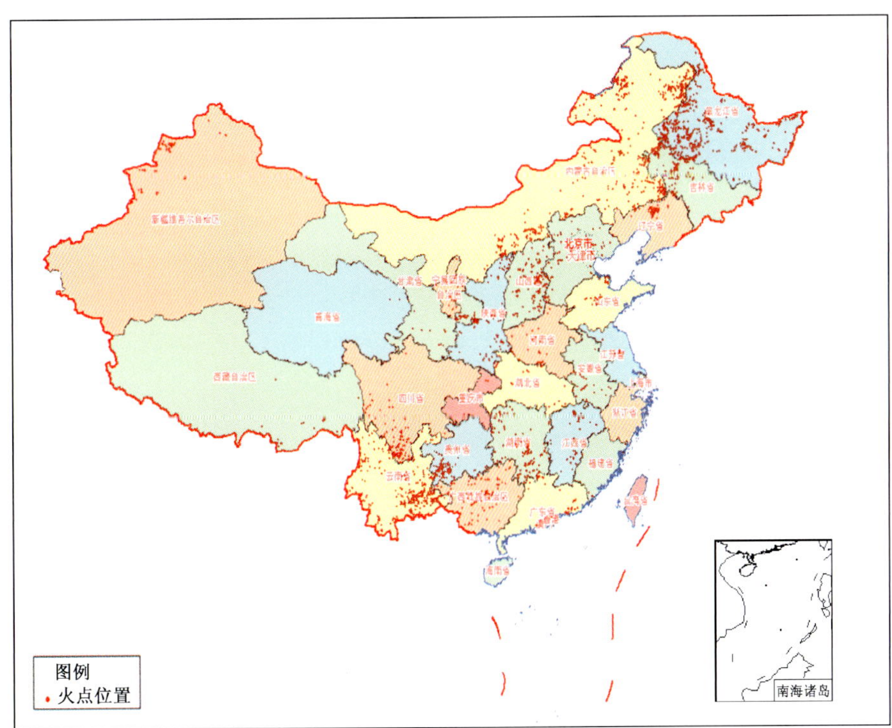

图 2.12.2　2014 年卫星监测全国草场火点分布示意图(按行政区划)

Fig. 2.12.2　Sketch of grassland fire spots monitored by meteorological satellite in Chinese administrative region in 2014

2.12.2 主要森林、草原火灾事件

1. 5月21日云南省昆明市安宁市发生森林火灾

5月21—26日云南省昆明市安宁市发生森林火灾，火灾蔓延至楚雄州禄丰县境内。扑火过程动用了3900余名扑火人员和20台挖掘机。过火面积约566公顷。

2. 3月底蒙古国草原火灾蔓延到我国边境

3月29日，蒙古国边境线靠近我国锡林郭勒盟东乌珠穆沁旗出现草原火灾，火线长达200多千米。经当地政府及公安边防军队、森林武警扑火人员扑救阻截，入境草原大火于3月30日傍晚被彻底扑灭，大火始终未突破我国防火隔离带。

2.13 病虫害

2.13.1 基本概况

2014年全国农业病虫害发生程度轻于2013年，其中小麦、油菜病虫害发生程度略重于2013年，玉米、水稻、棉花、马铃薯病虫害发生面积均较2013年偏少（图2.13.1、图2.13.2）。

2014年春季江淮、江汉等地出现阶段性阴雨寡照天气，适温高湿环境导致油菜菌核病、小麦赤霉病等病害发生程度偏重；春季后期华北中南部、黄淮东部等地温高雨少，导致小麦蚜虫在黄淮海大部麦区发生程度较重。夏季，北方大部降水偏少，部分地区旱情持续发展，其中东北地区西南部、黄淮西部等地部分农区遭遇近5年最重夏伏旱，粘虫、马铃薯晚疫病等喜湿性病虫害发生程度明显偏轻。汛期，南方强降雨天气频繁，5个登陆台风共计13次登陆我国东南沿海，利于“两迁”害虫迁

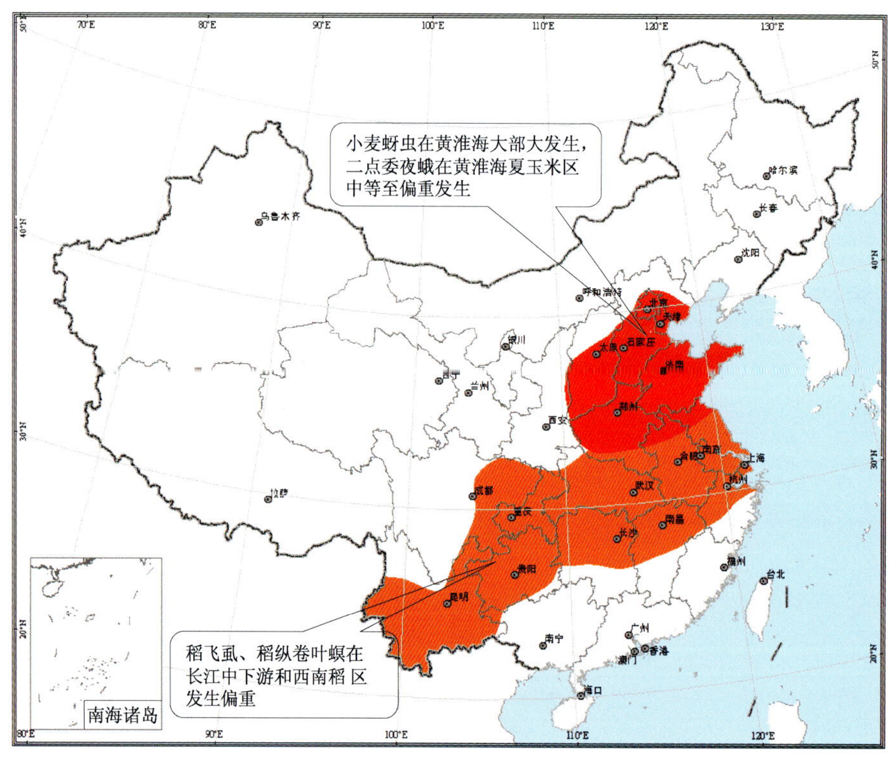

图2.13.1　2014年主要农业虫害分布区域

Fig. 2.13.1　Main agricultural insects and distribution regions in China in 2014

图 2.13.2　2014 年主要作物病害分布区域

Fig. 2.13.2　Main crop diseases and distribution regions in China in 2014

入，其中稻飞虱发生程度偏重、稻纵卷叶螟发生程度中等，但总体较 2013 年均偏轻；此外，长江中下游地区出现凉夏，稻瘟病、纹枯病发生程度重于 2013 年和常年。

2.13.2　主要病虫害事例

1. 水稻重大病虫害轻于 2013 年，“两迁”害虫仍为中等至偏重年份，稻瘟病等病害面积同比上升

2014 年全国水稻病虫害共发生约 9245 万公顷次，比 2013 年减少 4.5%，发生程度仍偏重，但为近 10 年来最轻年份，以稻飞虱、水稻螟虫、稻纵卷叶螟、稻瘟病、纹枯病等为主。其中，稻飞虱发生约 2429 万公顷次，较 2013 年减少约 10%，发生程度仍偏重，但仍为 2005 年以来最轻年份；稻纵卷叶螟发生约 1539 万公顷次，较 2013 年减少约 2.6%，发生程度为中等；稻瘟病和纹枯病发生面积分别约为 504 万公顷次、1811 万公顷次，较 2013 年增加约 37% 和 7%，发生程度偏重。

2014 年汛期（5—9 月）先后有“海贝思”、“威马逊”、“麦德姆”、“海鸥”、“凤凰”共 5 个台风、总计 13 次登陆我国东南沿海，初台风登陆时间偏早、台风登陆次数多（常年同期 9.3 次）、登陆强度大，且南方稻区累计出现 25 次暴雨天气过程，气象条件总体利于“两迁”害虫稻飞虱、稻纵卷叶螟的迁入和产生危害，长江中下游和西南稻区的稻飞虱、稻纵卷叶螟发生程度偏重；但华南部分稻区 7 月出现异常高温天气，其中广东省日最高气温≥35℃的天数达到 27.9 天，较常年偏多 11.8 天，异常高温天气加之 7 月为华南早稻与晚稻衔接时段，寄主条件也偏差，不利于“两迁”害虫繁殖生长，华南稻区“两迁”害虫发生程度总体轻于常年。此外，2014 年夏季长江中下游地区出现凉夏，气温偏低 1～2℃，日照偏少 100～300 小时，江淮、江南大部大雨及以上级别雨日有 6～15 天，江南东部有 11～15 天，比常年同期偏多 1～5 天；尤其长江中下游地区 8 月气温大部偏低 2～3℃、安徽、江苏平均气温为 1961 年以来最低，气温偏低且多雨寡照导致长江中下游地区稻瘟病和纹枯病等病害发生程度偏重。

2. 玉米病虫害发生程度较2013年和2012年偏轻，位列历史第三高；其中玉米螟、玉米大斑病发生程度均偏重，二点委夜蛾在黄淮海夏玉米区发生程度中等至偏重

2014年玉米病虫害发生约7430万公顷次，比2013年减少约9%，比2012年减少约3%，发生程度为近30年来第三高；造成的玉米实际产量损失较2013年减少129.2万吨。其中玉米螟发生面积约2287万公顷次，较近30年来发生程度最重的2013年减少近7%；玉米大小斑病发生约896万公顷次，较2013年增加约9%；粘虫发生约570万公顷次，较2013年减少约29%。从发生程度看，玉米螟、玉米大斑病偏重，粘虫害为中等程度，二点委夜蛾在黄淮海夏玉米区为中等至偏重程度。

6月至8月中旬，北方大部降雨偏少，其中西北地区东南部、黄淮西部、华北南部、东北地区西南部降水偏少3～8成，尤其河南6月1日至8月22日降水量、辽宁和吉林7月1日至8月22日降水量均为1951年来同期最少，旱情持续发展，河南西部、陕西关中、辽宁中西部、内蒙古东南部等地遭遇近5年最重夏伏旱，气象条件总体不利于二、三代粘虫在东北、华北和西北地区东部迁入和发生发展。2014年全国粘虫发生面积和发生程度均较2013年和2012年明显偏轻。但近年来玉米种植面积大且连年单一种植，抗病虫品种少，且秸秆还田、密植、免耕浅耕、轻简栽培等耕作栽培技术普遍推广，玉米长势好、群体郁闭度大；再加上内蒙古东北部、西南地区东部和西北部等地夏季降水偏多3～8成，气象条件、田间生态环境和寄主条件利于玉米大小斑病、玉米螟、二点委夜蛾等病虫害发生发展；其中二点委夜蛾虫口密度和危害程度总体重于2013年、2012年，但轻于2011年，河北南部、河南北部、山东北部和中部的局部田块发生程度较重；一代玉米螟在东北、华北、黄淮、西南等地发生程度中等。

3. 小麦病虫害发生面积同比上升，蚜虫、赤霉病、条锈病在部分地区偏重

2014年小麦病虫害发生约6170万公顷次，比2013年增加约4.6%，小麦实际产量损失比2013年增加80.7万吨、同比增加33.1%，其中蚜虫、赤霉病和锈病发生面积均较2013年上升。

2014年全国小麦蚜虫共发生约1690万公顷，较2013年增加8.0%，发生程度偏重；北方冬麦区春季大部气温偏高，5月26—31日，华北中南部、黄淮大部麦区出现干热风天气过程，其中河北中南部、山东中西部及半岛西部、河南北部等地最高气温达35～38℃，部分地区超过40℃，河北中南部、山东中西部及半岛西部、河南北部部分地区出现旱情，不利于小麦病害发生发展，但对小麦穗期蚜虫发生有明显促进作用。小麦蚜虫在黄淮海大部麦区发生程度偏重。2014年全国小麦赤霉病发生面积近470万公顷次，比2013年增加约10%，小麦实际损失比2013年增加54.4%；其中江淮、江汉地区4—5月出现阶段性阴雨寡照天气，适温高湿环境致使小麦赤霉病在江淮、江汉麦区发生程度偏重，其余麦区发生程度偏重为中度以下。2014年全国小麦条锈病发生约193万公顷次，比2013年增加44.2%，为近4年最重。

4. 油菜病虫害发生程度偏重，棉花病虫害和农牧交错区草原蝗虫发生程度偏轻

2014年全国油菜病虫害发生约855万公顷次，比2013年增加约6.2%，为近5年来仅次于2011年的第2高值年。其中油菜菌核病发生约313万公顷次，较2013年增加约45%。3月上半月和4月中下旬长江中下游产区出现阶段性阴雨寡照天气，导致油菜菌核病发生程度偏重。

2014年全国棉花病虫害发生近1565万公顷次，比2013年减少近17%，为20世纪80年代以来仅次于1980年和1981年的第3低值年，其中棉铃虫发生面积较2013年减少约21%、为1980年以来仅次于1980年的第2低值。

2014年全国蝗虫发生面积约298万公顷次，比2013年增加近11%，发生程度总体为中等。其中东亚飞蝗发生面积约132万公顷次，略高于2013年，夏蝗在安徽省淮北市烈山区化家湖出现高密度点片发生，秋蝗在河南省荥阳市黄河滩区出现高密度点片发生。亚洲飞蝗发生约5.5万公顷次，对农区危害较上年偏轻。西藏飞蝗约9.4万公顷次，较2013年略增，发生程度总体为中等。北方农牧交错区草原蝗虫发生面积约 152 万公顷次，发生程度偏轻。

5. 马铃薯晚疫病发生程度中等，且低于近 3 年平均值

2014 年马铃薯病虫害总体为中等程度，发生面积约 656 万公顷次，比 2013 年减少约 6%，低于近 3 年平均值，造成产量损失为近 3 年最低。其中马铃薯晚疫病发生约 217 万公顷次，发生程度为近 3 年来最轻。

第3章 每月气象灾害事记

3.1 1月主要气候特点及气象灾害

3.1.1 主要气候特点

1月，全国平均气温较常年同期明显偏高，平均降水量较常年同期明显偏少。月内，北方冬麦区降水偏少，气象干旱持续；中东部地区出现大范围雾、霾天气；南方地区出现低温雨雪天气。

月降水量与常年同期相比，全国大部地区偏少5～8成，其中西北大部、华北大部、黄淮北部、华南大部及江西南部、云南西部、内蒙古中西部、西藏中南部等地偏少8成以上(图3.1.1)。

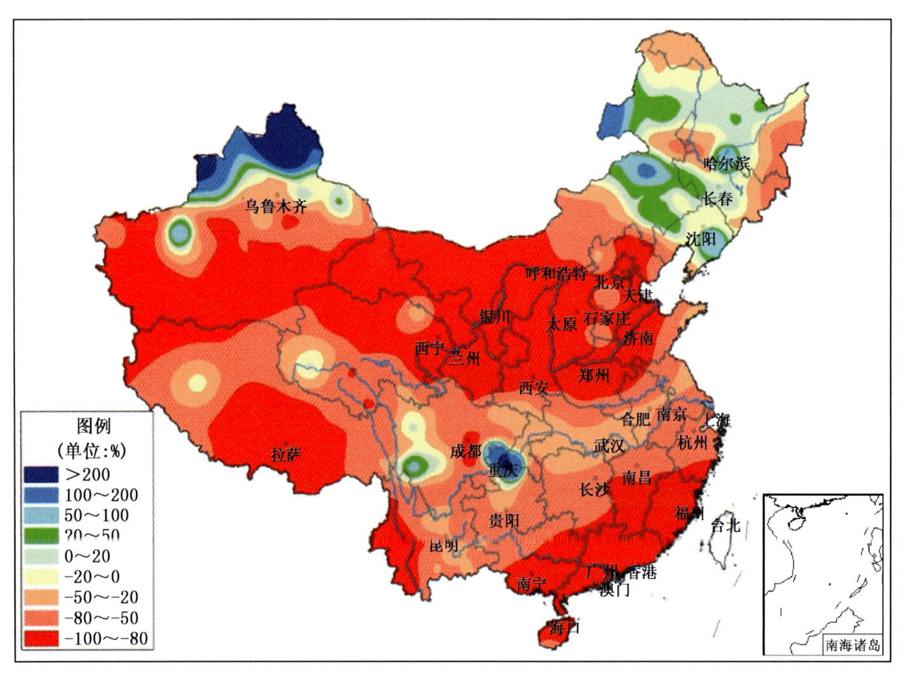

图3.1.1 2014年1月全国降水量距平百分率分布图(%)

Fig. 3.1.1 Precipitation anomalies over China in January 2014(unit:%)

1月，全国平均气温−3.4℃，较常年同期(−5.0℃)偏高1.6℃，仅低于2002年(−3.2℃)，是1961年以来历史同期第二高值。月平均气温与常年同期相比，除黑龙江大部、海南南部等地偏低1～2℃，局地偏低2℃以上外，全国大部地区接近常年或偏高，其中华北、东北地区南部、西北地区东北部、黄淮、江淮、江汉大部及内蒙古大部、湖南、江西西北部、贵州中东部等地偏高2～5℃，内蒙古局地偏高5℃以上(图3.1.2)。

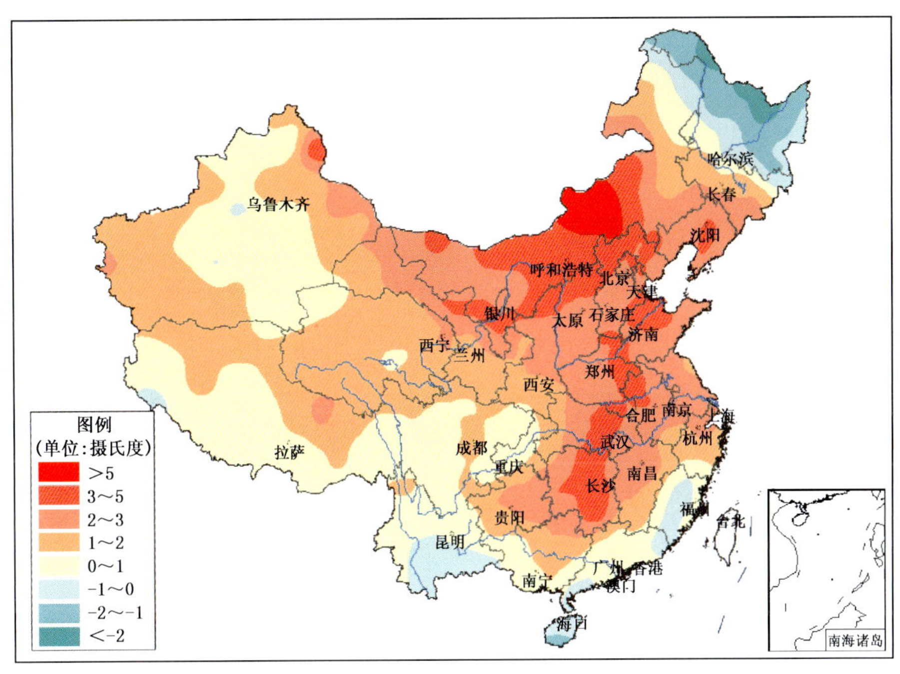

图 3.1.2 2014 年 1 月全国平均气温距平分布图(℃)

Fig. 3.1.2 Mean air temperature anomalies over China in January 2014(unit:℃)

3.1.2 主要气象灾害事记

2013 年 12 月至 2014 年 1 月,北方冬麦区平均降水量仅 9.7 毫米,较常年同期偏少 66.4%。其中,1 月冬麦区平均降水量 7.0 毫米,较常年同期偏少 55.7%,平均气温 2.4℃,较常年同期偏高 2.2℃。由于降水持续偏少,气温偏高,部分地区气象干旱露头并发展。气象干旱对大部地区冬小麦安全越冬影响不大,但持续干旱对部分缺墒严重且无灌溉条件的冬小麦安全越冬造成了一定不利影响。截至 1 月 29 日,陕西咸阳、渭南、商洛等 3 市 17 个县(区、市)发生干旱,造成 173 万人受灾,9.5 万人饮水困难;饮水困难大牲畜 700 头(只);农作物受灾面积 17.5 万公顷,绝收面积 2000 公顷;直接经济损失 4.5 亿元。

1 月,全国平均雾日 2.2 天,较常年同期(2.0 天)略偏多。与常年同期相比,黄淮大部、江淮大部以及重庆等地雾日数偏多 3~5 天,其中江淮东部以及重庆中部等地偏多 5 天以上。月内,全国平均霾日 11.7 天,较常年同期明显偏多。与常年同期相比,我国中东部大部地区霾日数偏多 10 天以上。

1 月 6—13 日,江淮、江汉、江南、华南北部和西南地区东部等地出现低温雨雪天气,大部地区累计降水量有 10~30 毫米,局地超过 30 毫米。10—13 日,四川南部、云南中东部、贵州西北部、湖北西北部等地出现降雪或雨夹雪。伴随雨雪天气,南方地区出现明显降温,降温幅度普遍在 5~8℃,其中广西大部、云南东部、贵州南部等地达 8~12℃,云南、贵州局地超过 12℃。云南曲靖、文山,四川攀枝花、凉山等地遭受低温冷冻害或雪灾,蚕豆、豌豆、小麦及甘蔗等农作物受灾面积 1.1 万公顷,绝收 2100 公顷,受灾人口 27.8 万人,直接经济损失 4100 万元。

3.2 2 月主要气候特点及气象灾害

3.2.1 主要气候特点

2 月,全国平均气温较常年同期偏低,平均降水量与常年同期基本持平。月内,北方冬麦区普降喜雨(雪),旱情缓解;南方雨雪过程较为频繁,多地遭受雪灾、低温冷冻害;中东部出现3次大范围雾或霾天气过程。

月降水量与常年同期相比,除新疆北部、青海东南部、西北地区东北部、内蒙古中部和东北部、黑龙江北部、华北、江淮东部、江南东北部及四川南部、云南北部等地偏多5成至2倍,部分地区偏多2倍以上外,全国大部地区接近常年或偏少,其中新疆、甘肃、内蒙古、吉林、西藏、云南等地的部分地区偏少8成以上(图3.2.1)。

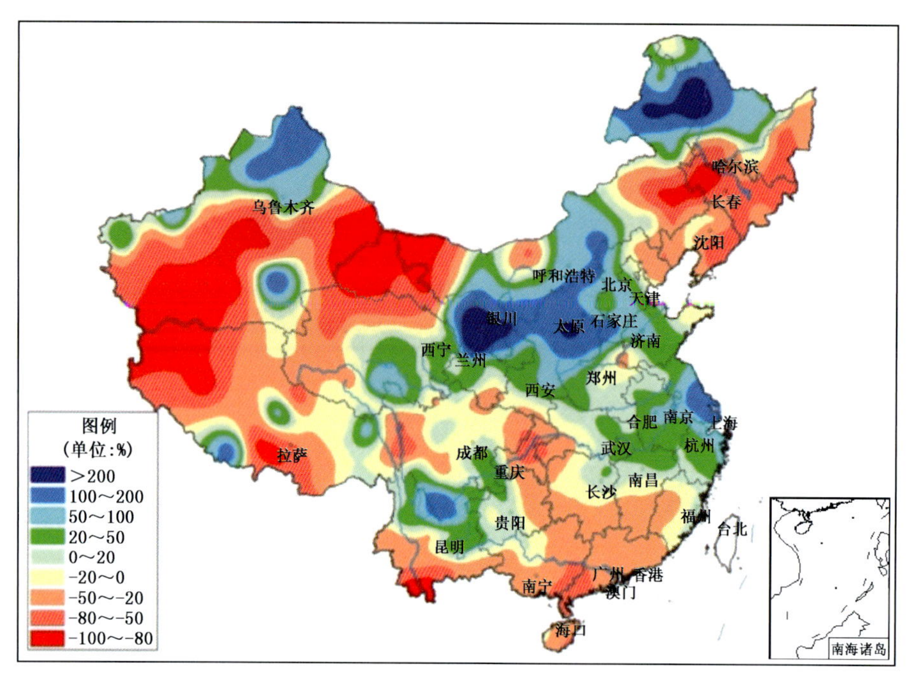

图3.2.1 2014年2月全国降水量距平百分率分布图(%)
Fig. 3.2.1 Precipitation anomalies over China in February 2014(unit:%)

月平均气温与常年同期相比,除青海、内蒙古中部、辽宁大部、西藏大部、云南大部、四川西部等地偏高0.5~2℃外,全国大部地区接近常年或偏低,其中新疆北部和东北地区北部偏低2℃以上(图3.2.2)。

3.2.2 主要气象灾害事记

2月4—7日,北方冬麦区出现大范围雨雪天气过程,累计降水量普遍在5毫米以上,陕西东北部、山西中南部、河北西南部、河南北部与东部、山东西南部等地积雪深度达10~15厘米,局部超过15厘米。此次大范围的雨雪天气,使得北方冬麦区前期旱情得到有效缓解。2月16—18日,北方冬麦区再次出现较大范围降水,进一步补充了麦田水分,对麦区北部冬小麦安全越冬和南部冬小麦适时返青均较为有利。

2月上中旬,我国南方出现大范围持续低温雨雪天气过程。降水时段主要出现在5—9日、12—13日、16—19日。累计降水量普遍在10毫米以上,其中江淮大部、江南中东部,华南东部有50~100毫米,局部地区超过100毫米。与雨雪天气过程相伴,南方大部地区出现明显降温,最大降温幅度普遍在10℃以上。23日以后,南方地区又出现大范围持续阴雨天气,江南等地普遍出现中到大雨。受2月上中旬低温雨雪天气影响,四川、重庆、湖南、湖北、江西、贵州、广西、广东、安徽、浙江等地部分地区发生不同程度的雪灾、低温冷冻等灾害。初步统计,共计212.8万人受灾,农作物受灾面积10.5万公顷,直接经济损失7.4亿元。

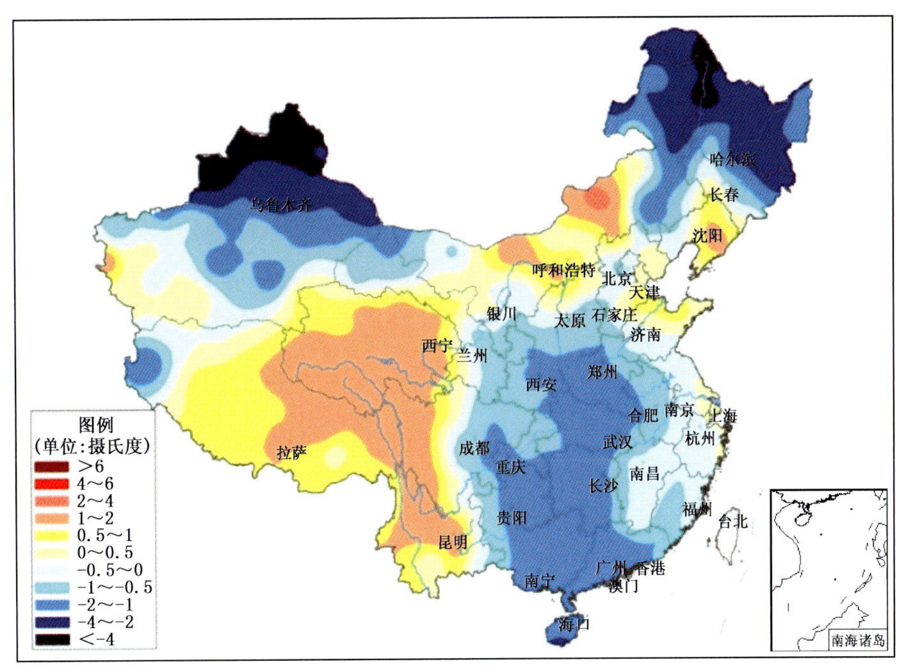

图 3.2.2　2014 年 2 月全国平均气温距平分布图(℃)

Fig. 3.2.2　Mean air temperature anomalies over China in February 2014(unit:℃)

2 月,全国平均雾日为 2.2 天,接近常年同期;全国平均霾日为 5.2 天,比常年同期明显偏多。2 月我国主要出现 3 次雾、霾天气过程:1 月 30 日至 2 月 2 日,中东部地区出现大范围的雾和霾;2 月 13—16 日,西北地区东南部、华北、黄淮、江淮、江汉、江南、华南等地部分地区出现雾或霾;20—26 日,华北、黄淮等地连续出现中或重度霾天气,京津冀及周边地区的空气污染尤为严重。

3.3　3 月主要气候特点及气象灾害

3.3.1　主要气候特点

3 月,我国平均气温较常年同期偏高,平均降水量与常年同期基本持平。月内,南方多阴雨天气;北方地区出现沙尘天气过程;中东部出现雾、霾天气过程;多省份出现雷雨大风、冰雹等强对流天气。

月降水量与常年同期相比,除江南中部、华南中部及贵州大部、四川东部、重庆大部、西藏中部、青海南部、吉林中部、内蒙古东南部等地偏多 2 成至 1 倍外,全国其余大部地区接近常年或偏少,其中东北地区北部和南部、华北大部、黄淮、西北大部、江汉大部以及云南西北部、四川西部、西藏东部和西部、海南、广东西南部、福建南部、浙江北部等地一般偏少 2～8 成,华北东南部及山东大部、河南中南部、黑龙江北部、内蒙古中部和西部、甘肃西部、青海西北部、新疆南部等地偏少 8 成以上(图 3.3.1)。

月平均气温与常年同期相比,全国大部地区接近常年或偏高,其中内蒙古、东北大部、西北地区东部和中部、华北、黄淮、江淮、江汉、江南大部以及云南东部等地偏高 1℃以上,内蒙古大部、华北、黄淮、江淮北部、江汉大部及陕西中部、宁夏、辽宁中北部、吉林中西部等地偏高 2～4℃(图 3.3.2)。

3.3.2　主要气象灾害事记

3 月,我国南方多阴雨天气。与常年同期相比,江南大部、华南大部及贵州大部、四川东部等地

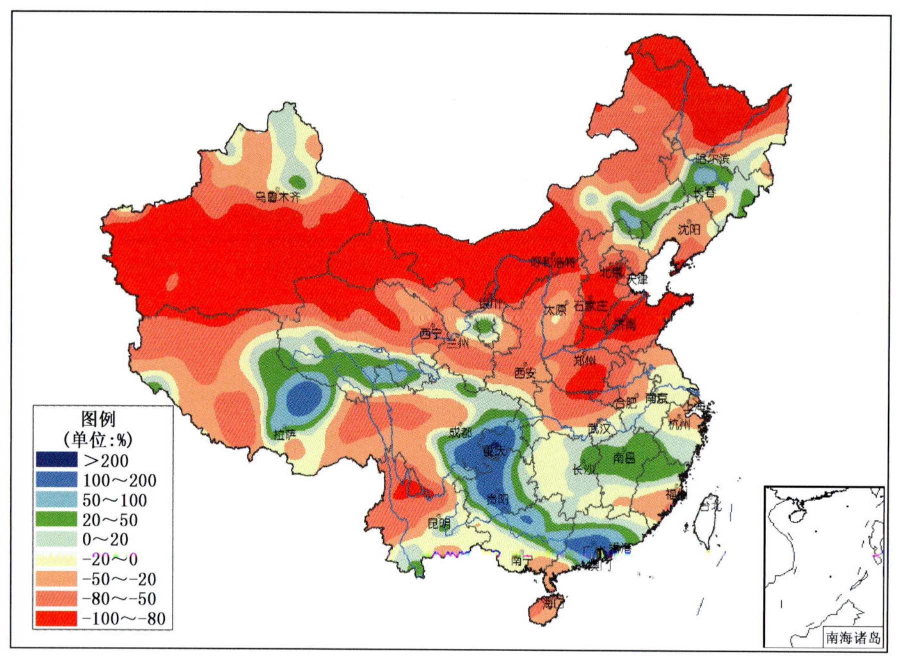

图 3.3.1 2014 年 3 月全国降水量距平百分率分布图(%)

Fig. 3.3.1 Precipitation anomalies over China in March 2014(unit:%)

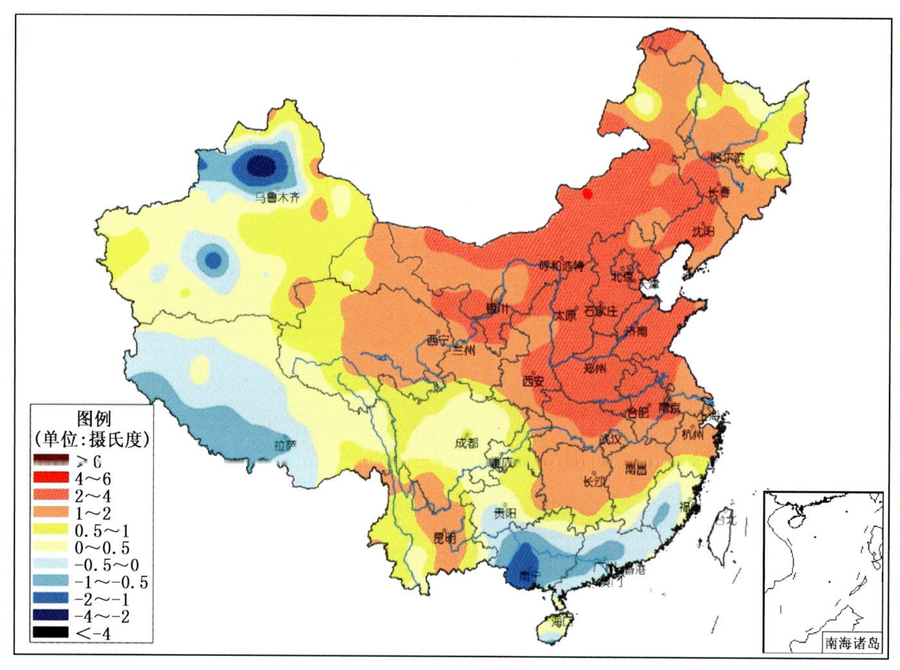

图 3.3.2 2014 年 3 月全国平均气温距平分布图(℃)

Fig. 3.3.2 Mean air temperature anomalies over China in March 2014(unit:℃)

降水日数偏多,其中贵州东南部、广西大部偏多 4～6 天,局部偏多 6 天以上。江淮南部、江汉东南部、江南、华南大部及贵州大部、重庆大部、四川东南部等地累计降水量在 50 毫米以上,其中江南大部及广东大部、广西东北部、重庆西部等地有 100～200 毫米,部分地区超过 200 毫米。阴雨寡照天气对江南油菜开花结荚、华南早稻播种育秧及旱地作物春播有不利影响。

月内，北方地区出现2次沙尘天气过程。19日，甘肃西北部、新疆东南部等地部分地区出现扬沙天气，其中敦煌出现沙尘暴。初步统计，甘肃有2900余人受灾，直接经济损失300余万元。26—27日，内蒙古中西部、甘肃西部、宁夏中北部、陕西北部、山西北部、河北西北部等地出现扬沙或浮尘天气，其中内蒙古乌审旗和甘肃永昌等地出现沙尘暴。

3月，全国平均雾日为1.7天，略高于常年同期；全国平均霾日为5.5天，比常年同期明显偏多。月内，我国共出现3次大范围霾天气过程：3—5日，华北南部、黄淮等地有中到重度霾；8—11日，华北、黄淮等地出现中到重度霾；23—27日，华北、黄淮、东北等地出现中或重度霾天气。其中23—27日的霾天气影响范围广，持续时间长，污染程度也最重。

3月19—20日，浙江、福建、贵州、云南、四川、重庆等地出现雷雨大风、冰雹等强对流天气，共计45.4万人受灾，农作物受灾面积1.5万公顷，直接经济损失约1.8亿元。26—31日，福建、江西、湖南、广东、广西、贵州等地出现短时强降水和雷雨大风、冰雹等强对流天气，共造成104.3万人受灾，农作物受灾面积约4万公顷，直接经济损失约5.8亿元。

3.4 4月主要气候特点及气象灾害

3.4.1 主要气候特点

4月，全国平均气温较常年同期偏高，平均降水量接近常年同期。月内，北方冬麦区气象干旱缓解，东北等地气象干旱发展；南方多阴雨天气；西北地区遭遇降温和大风沙尘天气；多省出现强对流天气；中东部出现雾、霾天气。

月降水量与常年同期相比，除新疆部分地区、内蒙古西部和中部、西北地区东部、华北西部、黄淮西部、江淮、江汉以及广西西北部和南部等地偏多2成至1倍，部分地区偏多1倍以上外，全国大部地区正常或偏少，其中内蒙古东部、东北、新疆大部、西藏中西部、四川西南部、云南大部、江南大部、华南东部等地降水偏少2～8成，内蒙古东部部分地区、东北地区西部、新疆南部、西藏西北部、云南中部等地偏少8成以上(图3.4.1)。

月平均气温与常年同期相比，全国大部偏高，其中内蒙古、东北、华北中北部及东部、黄淮东部、江淮东部、江南中部、西南地区东部等地偏高1～4℃，内蒙古局地偏高4℃以上(图3.4.2)。

3.4.2 主要气象灾害事记

4月9—11日，北方冬麦区出现明显降雨过程，之后又多次出现明显降雨。9—30日，北方冬麦区大部降水量在10毫米以上，致使气象干旱缓解。充沛的降水有效增加了土壤水分，对处于需水关键期的冬小麦生长非常有利。

2月11日至4月30日，东北大部及内蒙古东部地区累计降水量普遍在30毫米以下，较常年同期偏少2～8成，局地偏少8成以上。4月30日气象干旱监测显示，内蒙古东北部、东北大部存在中到重度气象干旱，局地出现特旱，对东北地区春耕工作产生不利影响。此外，4月中下旬云南西部持续高温少雨，出现中到重度气象干旱。

4月，我国南方多阴雨天气，降水日数一般有5～15天，其中重庆大部、湖北南部、湖南大部、贵州大部、广西中部及北部、江西中北部、安徽西南部、浙江西南部、福建东北部等地降水日数超过15天。月内，我国南方累计降水量一般有50～100毫米，其中广西东北部、广东中西部、江西中东部、福建北部、湖北东部及安徽南部等地达到150～200毫米，局地超过200毫米。阴雨寡照不利于农作物生长，且高湿的气象条件易导致农业病虫害的发生。

4月，北方地区出现3次沙尘天气过程。其中，22—26日，我国西北地区遭遇降温大风沙尘天气。

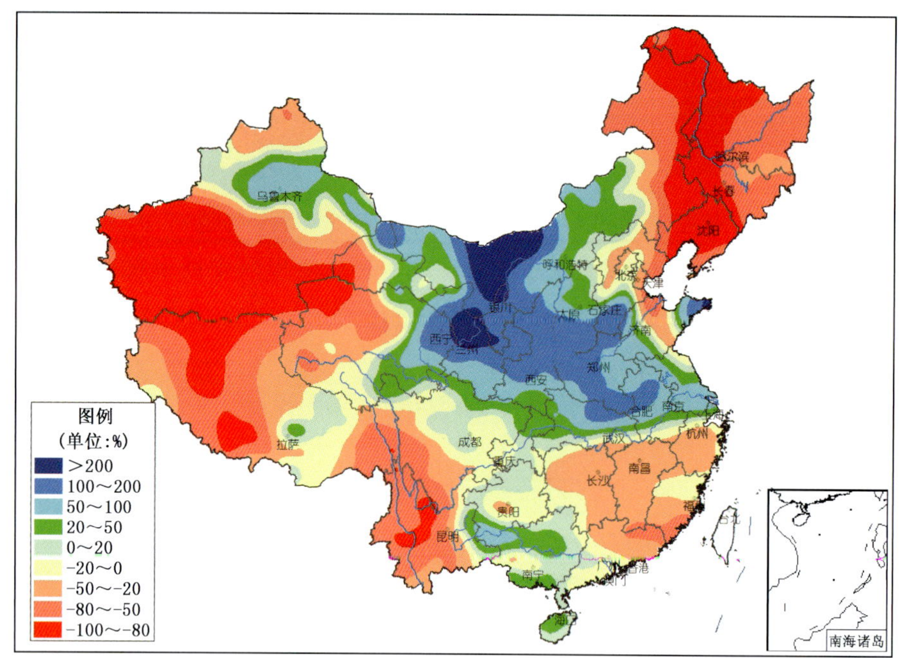

图 3.4.1　2014 年 4 月全国降水量距平百分率分布图(%)

Fig. 3.4.1　Precipitation anomalies over China in April 2014(unit:%)

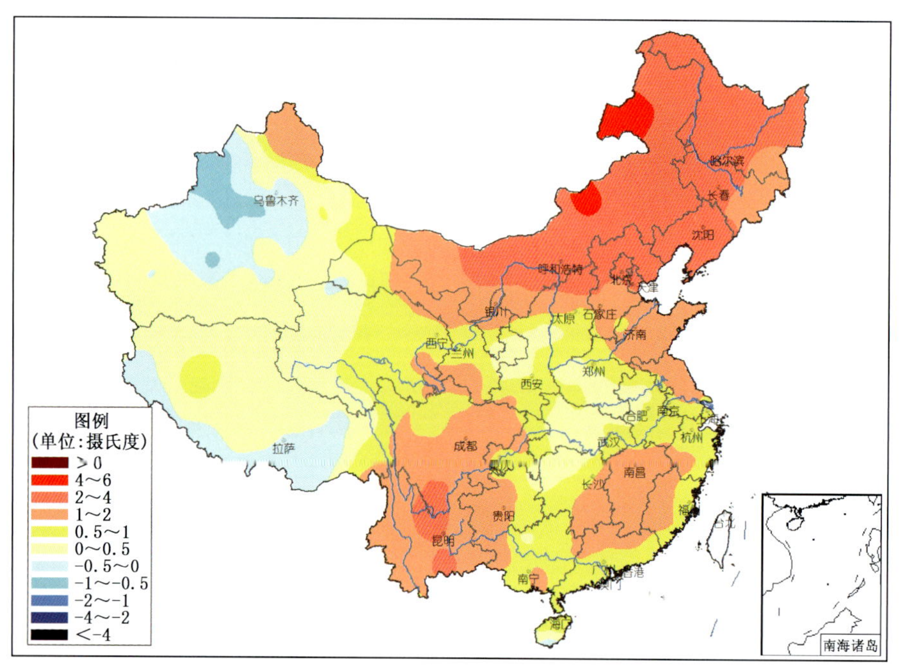

图 3.4.2　2014 年 4 月全国平均气温距平分布图(℃)

Fig. 3.4.2　Mean air temperature anomalies over China in April 2014(unit:℃)

新疆中北部、甘肃大部、宁夏、内蒙古中西部及东部部分地区、陕西西部及北部等地过程最大降温普遍有 8℃以上;新疆北部、甘肃中西部、内蒙古西部等地出现了 5～7 级风,局部风力达 10～12 级;新疆、甘肃中西部、内蒙古中西部、青海西北部、宁夏南部、陕西北部出现沙尘天气,新疆、甘肃的局地出现强沙尘暴。本次强降温、大风沙尘、霜冻天气造成新疆、甘肃和宁夏等地直接经济损失约 20 亿元。

月内，广东、广西、贵州、新疆、云南、甘肃、四川、重庆、安徽等地先后出现雷雨大风、冰雹等强对流天气。其中，18—19 日，四川、重庆遭受强降水、雷电、冰雹等强对流天气袭击，共计 76.7 万人受灾，农作物受灾面积 2.4 万公顷，直接经济损失 2.8 亿元。

4 月，全国平均雾日数为 1.5 天，接近常年值；全国平均霾日数为 4 天，比常年同期明显偏多。华北大部、黄淮大部、江南东北部等地霾日数普遍有 5～15 天，江苏大部分地区超过 15 天。

3.5 5月主要气候特点及气象灾害

3.5.1 主要气候特点

5 月，全国平均气温较常年同期偏高，平均降水量较常年同期偏多。月内，南方暴雨频发，部分地区洪涝灾害较重；北方地区遭遇大风降温天气；西北地区遭遇大风沙尘天气；华北黄淮等地出现大范围高温天气；东北地区及内蒙古东北部气象干旱缓解，云南大部、广西西南部等地气象干旱持续或发展。

月降水量与常年同期相比，西北地区大部、华北中南部、江淮、江汉大部、华南西南部以及西藏西北部、四川大部、云南大部、重庆北部、贵州西部、内蒙古西部、河南中部等地区偏少 2～8 成，局地偏少 8 成以上；全国其余大部地区正常或偏多，其中东北大部、内蒙古中部和东部、华北西部、江南大部、华南中部和东部等地偏多 2 成至 1 倍，其中黑龙江大部、吉林西部、内蒙古东部部分地区、广东东南部偏多 1 倍以上（图 3.5.1）。

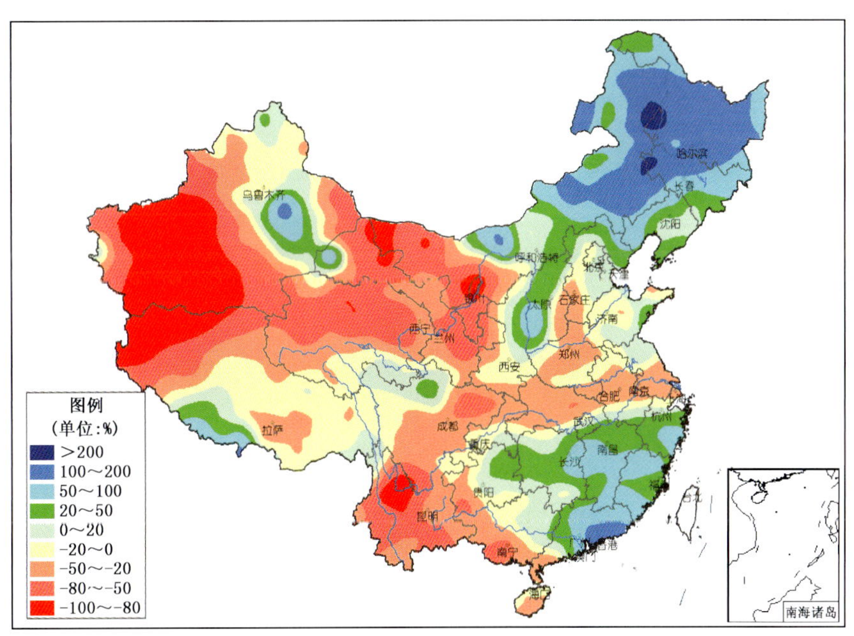

图 3.5.1　2014 年 5 月全国降水量距平百分率分布图(%)

Fig. 3.5.1　Precipitation anomalies over China in May 2014(unit:%)

月平均气温与常年同期相比，东北地区中西部、内蒙古中东部部分地区、新疆东南部、甘肃西部、青海西北部、陕西南部与中部部分地区、重庆、四川东部、贵州北部等地偏低 1～2℃；华北东南部、黄淮大部、江淮东部以及江苏南部、云南大部、广西西部、四川西南部、海南大部、西藏中部及新疆西北部局部等地偏高 1～2℃，其中西南地区东南部部分地区、华北东南部局部和黄淮中东部部分地区偏高 2～4℃（图 3.5.2）。

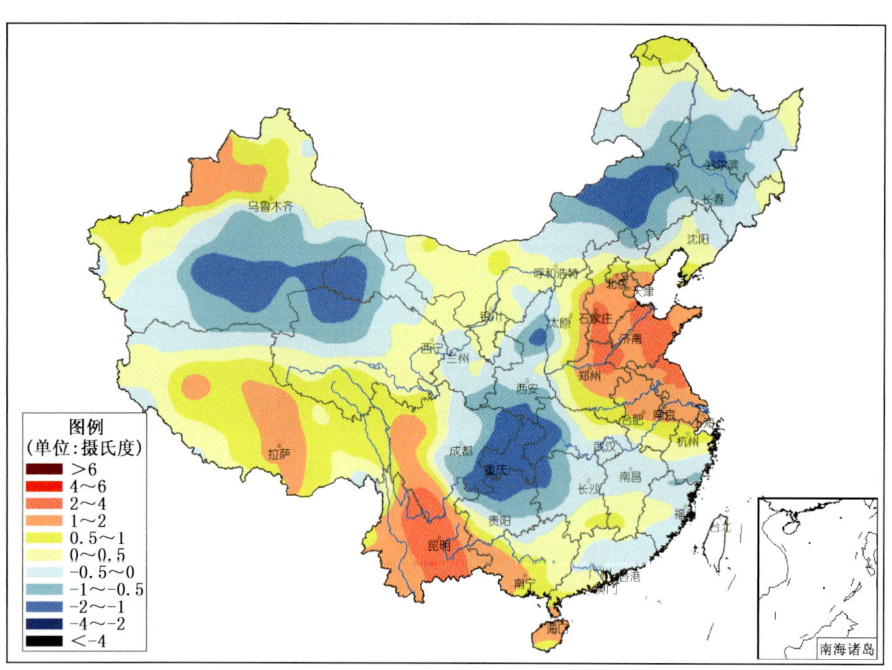

图 3.5.2　2014 年 5 月全国平均气温距平分布图(℃)

Fig. 3.5.2　Mean air temperature anomalies over China in May 2014(unit:℃)

3.5.2 主要气象灾害事记

5 月,南方地区遭遇 4 次大范围强降水天气过程。其中,21—26 日的强降水过程降雨量大、影响范围广、局地强度强、灾害损失重。初步统计,共造成福建、江西、湖南、广东、广西、贵州 6 省(区)547.7 万人受灾,42 人死亡或失踪;农作物受灾面积 32.5 万公顷,其中绝收 5.2 万公顷;直接经济损失 84 亿元。

5 月,我国北方地区分别于 1—4 日、8—11 日和 21—23 日遭受 3 次较强冷空气影响,大部地区出现大风、降温天气。1—4 日,东北地区、华北北部与东部以及内蒙古中部与东部、陕西北部、宁夏北部等地过程最大降温幅度一般有 8℃以上,其中东北大部、内蒙古中东部大部地区、河北北部部分地区、山西北部部分地区达 12~14℃,局部超过 14℃。受大风降温天气影响,河北、山西、内蒙古、陕西等地部分地区玉米、蔬菜、林果业等遭受严重低温冻害。初步统计,农作物受灾面积 22.8 万公顷,绝收 6.7 万公顷,直接经济损失超过 17 亿元。

5 月,北方地区出现 2 次沙尘天气过程。其中,23 日位于甘肃河西走廊西端的酒泉市出现沙尘暴天气,局地出现最小能见度 50 米的特强沙尘暴,最大风力达 9 级。

5 月 26—31 日,华北、黄淮等地出现大范围高温天气,北京、天津、河北中南部、山东、河南、安徽中北部等地连续 3 天以上出现超过 35℃高温天气。29 日,北京大部、天津西部、河北中南部等地气温达 40~42℃,其中,北京南郊观象台 41.1℃,天津 40.5℃,石家庄 42.8℃,均突破 1951 年以来 5 月份最高气温极值;北京、天津和河北共计 12 个站的日最高气温突破或与历史记录持平;华北、黄淮和江淮超过 35℃高温面积约 72 万平方千米。

5 月,东北地区及内蒙古东北部等地降水量一般在 50~100 毫米,部分地区达 100~200 毫米,普遍较常年同期偏多 2 成至 1 倍,使前期气象干旱得到缓解。月内,云南大部、广西西南部降水较常年同期偏少 5~8 成,气温偏高 1~4℃,高温少雨导致气象干旱持续或发展,局地出现重度气象干旱。

3.6 6月主要气候特点及气象灾害

3.6.1 主要气候特点

6月，全国平均气温较常年同期偏高，平均降水量较常年同期略偏多。月内，南方强降水天气较多，贵州、湖南、江西、浙江、广西、福建等省（区）部分地区遭受洪涝灾害；东北、华北等地多阵性降水；第7号台风“海贝思”在广东登陆；云南、四川南部气象干旱缓解；全国有22个省（区、市）遭受雷雨大风、冰雹袭击。

月降水量与常年同期相比，西北地区中西部大部以及内蒙古西部和中东部部分地区、吉林大部、辽宁北部、北京、河北北部和南部部分地区、四川西北部、重庆西部、云南中东部、浙江中部等地偏多2成至1倍，部分地区偏多1倍以上；黄淮大部、江淮大部、江南北部、江汉大部及陕西中部、新疆北部、黑龙江西北部、吉林东北部、西藏西南部和东南部、广东中南部等地偏少2～8成，部分地区偏少8成以上；全国其余大部地区接近常年（图3.6.1）。

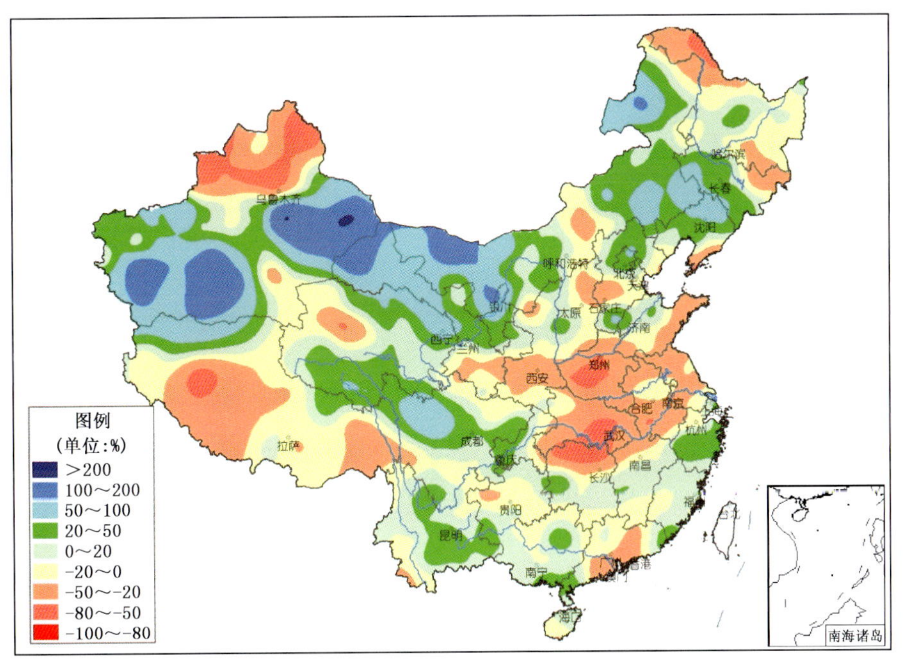

图3.6.1 2014年6月全国降水量距平百分率分布图（%）
Fig. 3.6.1 Precipitation anomalies over China in June 2014(unit:%)

月平均气温与常年同期相比，除重庆西部和南疆部分地区偏低1～2℃外，全国大部地区接近常年同期或偏高，其中东北地区北部及内蒙古东北部、西藏中东部大部、云南大部、广东中南部、江西南部等地偏高1～2℃，东北北部部分地区偏高2℃以上（图3.6.2）。

3.6.2 主要气象灾害事记

6月，我国南方强降水天气较多。有4次主要暴雨过程：5月31日至6月2日，湖南中部、湖北东部、江西北部、安徽大部、江苏大部、福建西北部等地出现大到暴雨，局地出现大暴雨；6月2—7日，四川盆地大部、贵州西南部和东北部、云南中东部、广西大部、广东西南部和北部等地出现暴雨，局地出现大暴雨；15—24日，福建、广东、广西、浙江、江西中北部、湖南中北部和西南部、贵州中南部、海南南部出现暴雨，局地出现大暴雨或特大暴雨；26—28日，湖北中部、江苏南部、浙江中部、江

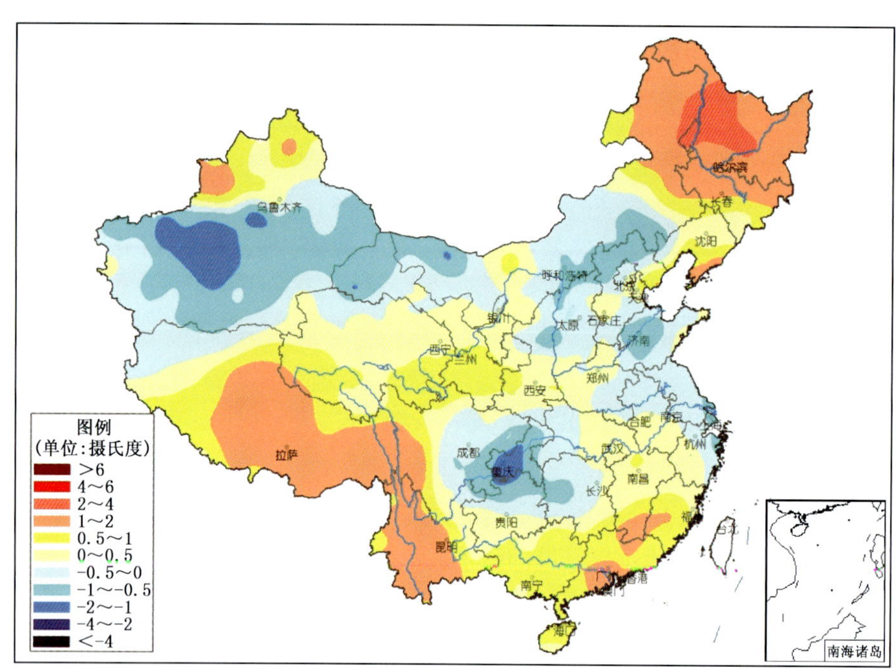

图 3.6.2 2014 年 6 月全国平均气温距平分布图(℃)

Fig. 3.6.2 Mean air temperature anomalies over China in June 2014(unit:℃)

西中部、贵州南部等地出现暴雨,局地出现大暴雨。受强降雨影响,湖南资水、沅水,江西抚河,福建闽江上游,广西蒙江、贺江,浙江钱塘江干流及支流金华江、浦阳江等一些中小河流一度发生超警戒水位洪水,贵州、湖南、江西、浙江、广西、福建等省(区)部分地区发生洪涝灾害。据民政部门初步统计,6 月南方因暴雨洪涝及其引起的滑坡泥石流等灾害共造成 89 人死亡,29 人失踪,直接经济损失超过 120 亿元。

6 月,我国北方多阵性降水,东北、华北大部、黄淮大部、西北地区东部及内蒙古东部等地降水量普遍在 50 毫米以上。其中,内蒙古东部部分地区、黑龙江中部部分地区、吉林大部、辽宁北部、北京、河北北部部分地区有 100~200 毫米,普遍比常年同期偏多 2 成至 1 倍,局地偏多 1 倍以上。据民政部门初步统计,月内北方因强对流天气或洪涝共造成 30 人死亡,直接经济损失超过 8 亿元。

第 7 号台风“海贝思”于 6 月 15 日 16 时在广东省汕头市濠江区沿海登陆,是 2014 年第一个登陆我国的台风,较常年初台登陆时间偏早 10 天。受“海贝思”影响,14—17 日,广东东部、福建中南部出现大到暴雨,局部出现大暴雨,过程降水量一般有 25~100 毫米,部分地区超过 100 毫米;粤东沿海市县普遍出现了 7~9 级大风,广东汕头市澄海区凤翔街 15 日 14 时出现最大阵风 28.2 米/秒。据统计,“海贝思”造成广东、福建 2 省 42 万人受灾,农作物受灾面积 3.7 万公顷,直接经济损失 11.8 亿元。

5 月 10 日至 6 月 4 日,云南、四川南部降水异常偏少,气温显著偏高。其中云南省平均降水量仅 27.1 毫米,为 1961 年以来历史同期最少;平均气温达 23.9℃,为 1961 年以来历史同期最高。少雨高温使得云南、四川南部气象干旱持续发展。6 月 4 日以后,云南及四川南部等地降雨增多,至 18 日,这些地区降水量普遍有 100~150 毫米,云南部分地区降水量超过 150 毫米。充沛的降水使得云南及四川南部气象干旱得到明显缓解。

6 月份,全国有 22 个省(区、市)遭受雷雨大风、冰雹袭击,其中新疆、辽宁、河北、山东、山西、陕西、甘肃、黑龙江等省(区)局部地区受灾较重。

3.7 7月主要气候特点及气象灾害

3.7.1 主要气候特点

7月，全国平均降水量略偏少，平均气温较常年同期偏高。月内，台风“威马逊”和“麦德姆”先后登陆我国，灾情严重；南方强降水天气多，贵州、四川、重庆、湖南、湖北、安徽等省（市）部分地区遭受洪涝灾害；华南、江南等地出现持续高温天气，华北、黄淮等地出现间断性高温天气；全国有23个省（区、市）遭受风雹灾害；黄淮大部、西北地区东部、湖北中部、河北大部、内蒙古中部部分地区出现较严重的气象干旱。

月降水量与常年同期相比，新疆西南部、甘肃中部、山西中部至陕西北部、内蒙古东北部至东北地区北部、江淮南部至江南大部、西藏中部和西部、贵州、云南部分地区、海南等地偏多2成至1倍；全国其余大部地区接近常年或偏少，其中新疆中南部、甘肃西北部、辽宁中西部、华北中东部、河南大部、陕西西南部、四川东部等地偏少5～8成，局部地区偏少8成以上（图3.7.1）。

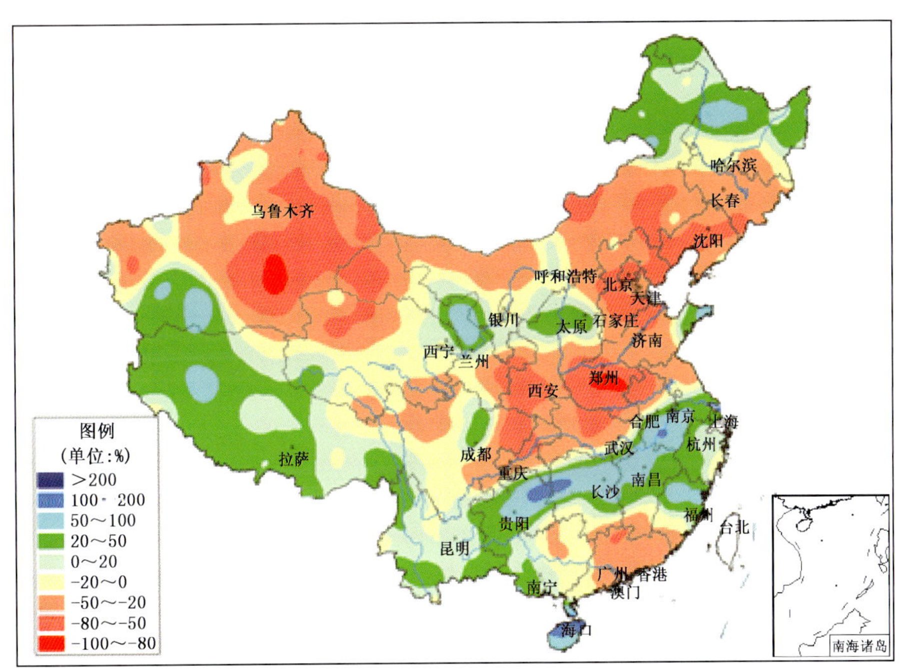

图3.7.1 2014年7月全国降水量距平百分率分布图（%）

Fig. 3.7.1 Precipitation anomalies over China in July 2014(unit:%)

月平均气温与常年同期相比，除湖北东南部、安徽南部等地局部地区偏低1～2℃外，全国大部接近常年或偏高，其中青海中西部、内蒙古中部、京津地区、陕西南部、河南中西部、福建南部等地偏高1～2℃（图3.7.2）。

3.7.2 主要气象灾害事记

7月，台风“威马逊”和“麦德姆”先后登陆我国，登陆个数与常年同期（1981—2010年平均登陆2.0个）持平。1409号台风“威马逊”18日15时30分在海南文昌翁田镇沿海登陆，登陆时中心附近最大风力17级（60米/秒），最低气压910百帕；19时30分在广东徐闻县南部沿海再次登陆，登陆时中心附近最大风力17级（60米/秒），最低气压910百帕；19日07时10分在广西防城港市光坡镇沿海第三次登陆，登陆时中心附近最大风力15级（48米/秒），最低气压988百帕。“威马逊”是1973

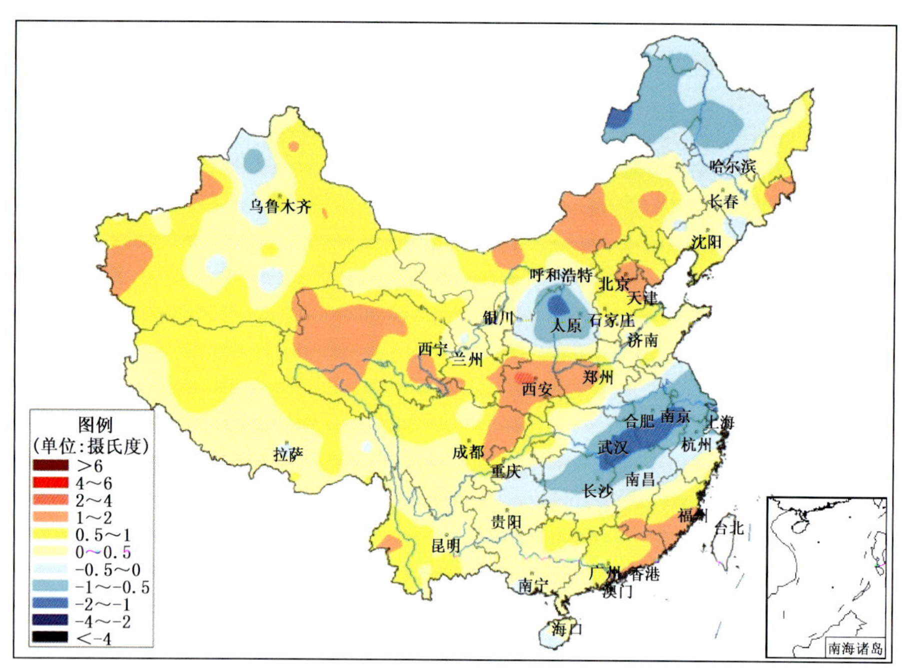

图 3.7.2 2014 年 7 月全国平均气温距平分布图(℃)

Fig. 3.7.2 Mean air temperature anomalies over China in July 2014(unit:℃)

年以来登陆华南地区的最强台风，也是 1949 年以来登陆广东、广西的最强台风。受“威马逊”影响，海南、广东西南部、广西西部和南部、云南南部普遍出现强降水，华南沿海出现大风。4 省(区)共计 1189.9 万人受灾，88 人死亡失踪；农作物受灾面积 126.4 万公顷；倒塌房屋 4.6 万间；直接经济损失 446.5 亿元。

月内，南方出现 4 次大范围强降水天气过程。其中，3—5 日，江淮、西南东部以及湖南北部、湖北东部、广西西北部等地出现强降水，降水量普遍有 50～100 毫米，湖南北部、安徽西南部部分地区达 100～150 毫米，局部超过 200 毫米。受强降水影响，贵州、广西、湖南、湖北、安徽、江苏、浙江等地遭受较为严重的暴雨洪涝灾害，部分地区还引发了山洪、泥石流、山体滑坡等地质灾害。

7 月，华南、江南等地出现长时间持续高温天气，华北、黄淮、陕西南部、四川东部和重庆等地出现间断性高温天气。受高温天气影响，江西南部、福建中部部分处于灌浆期的早稻出现轻度“高温逼熟”，对产量形成一定的不利影响。伴随气温持续走高，多省电网负荷快速攀升，给电网安全运行带来隐患。

月内，山东、河南、新疆、甘肃、贵州、内蒙古、山西等 23 省(区、市)遭受风雹灾害，其中山东、河南、新疆、甘肃、贵州、内蒙古、山西等省(区)局地受灾较重。

7 月，山东、河南、陕西南部、宁夏南部、甘肃东部、湖北中部、安徽西北部、华北中部和东部、四川盆地东部、辽宁西部、内蒙古中部部分地区出现了中到重度气象干旱，河南中东部部分地区达特旱。

3.8 8 月主要气候特点及气象灾害

3.8.1 主要气候特点

8 月，全国平均降水量接近常年同期，平均气温较常年同期略偏低。月内，台风生成和登陆个数之少为历史罕见；北方出现大范围气象干旱；江南、华南、西南东部部分地区遭受暴雨洪涝灾害；长江中下游地区出现持续低温寡照天气；全国有 22 个省（区、市）遭受风雹灾害。

月降水量与常年同期相比，西藏东部大部、四川大部、重庆、贵州东部和北部、华南北部、江南大部、江淮东部和北部、黄淮南部、山西西南部、陕西中东部局地、甘肃中西部、宁夏中部、青海南部和东北部部分地区、新疆西部等地偏多 2 成至 1 倍，江南东部和新疆西南部的部分地区偏多 1 倍以上；全国其余大部地区接近常年同期或偏少，其中西藏西部、新疆大部、内蒙古中部和东南部、东北大部、华北大部、黄淮北部等地偏少 2～8 成，部分地区偏少 8 成以上（图 3.8.1）。

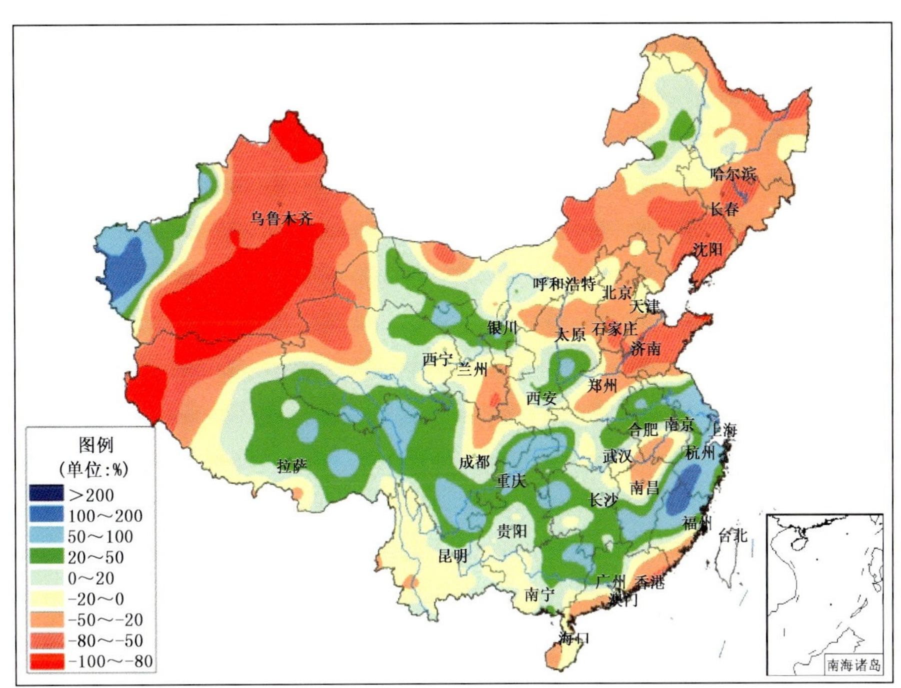

图 3.8.1　2014 年 8 月全国降水量距平百分率分布图（%）

Fig. 3.8.1　Precipitation anomalies over China in August 2014(unit：%)

月平均气温与常年同期相比，新疆东北部和黑龙江西北部部分地区偏高 1～2℃；新疆西部局地、内蒙古西南部部分地区、西北地区东北部、山西南部、黄淮南部、江汉、江淮、江南北部等地偏低 1～2℃；全国其余大部地区接近常年（图 3.8.2）。

3.8.2　主要气象灾害事记

8 月，在西北太平洋及南海无台风生成（仅出现一个从中太平洋移入的台风），也没有台风登陆我国，台风生成和登陆个数均比常年 8 月（5.8 个和 1.9 个）明显偏少，为历史同期罕见。

7 月至 8 月中旬，长江以北大部地区降水量比常年同期偏少 2～5 成，其中辽宁、吉林东南部、河南大部、河北中东部、山东西北部等地偏少 5～8 成。辽宁、吉林降水量均为 1951 年以来同期最少；河南降水量为 1951 年以来次少。降水持续偏少，使东北地区南部和中部、华北东部、黄淮西部以及湖北中北部、陕西西南部、内蒙古中东部部分地区出现中到重度气象干旱，局部出现特旱。

8 月，南方降水过程较多，大部地区降水日数有 10～25 天，华南、江南南部和东部、西南地区东部、江淮大部及湖北西部、湖南西北部等地累计降水量普遍有 150～350 毫米，其中浙江南部、福建东北部、广西南部的部分地区超过 350 毫米。强降水导致部分地区发生暴雨洪涝及滑坡泥石流灾害，使人民生命财产遭受严重损失。

8 月 7—31 日，长江中下游地区出现持续低温阴雨天气，大部地区气温较常年同期偏低 2～3℃，

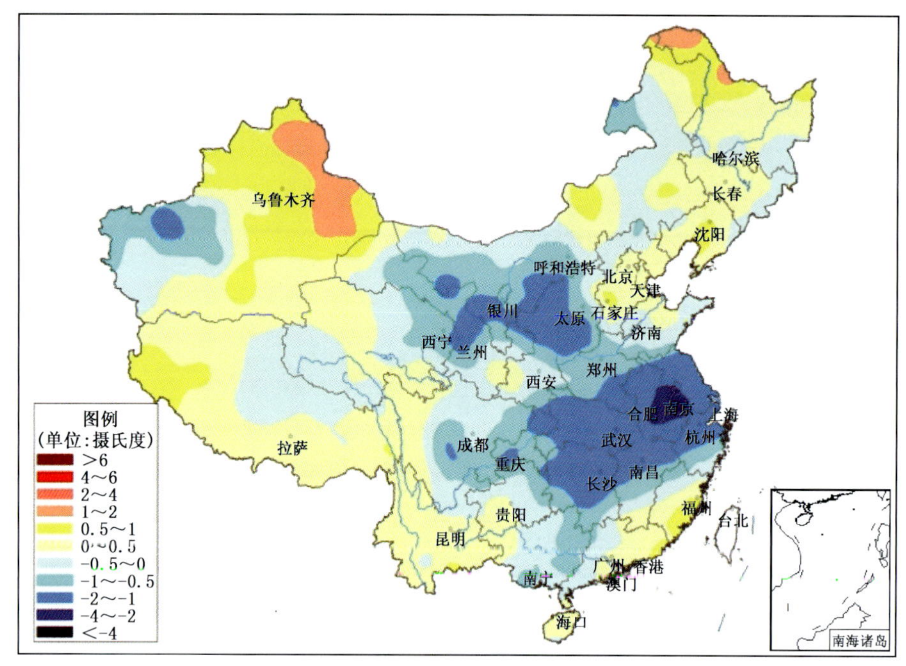

图 3.8.2　2014 年 8 月全国平均气温距平分布图(℃)

Fig. 3.8.2　Mean air temperature anomalies over China in August 2014(unit:℃)

部分地区偏低 3℃以上;安徽、江苏平均气温均为 1961 年以来历史同期最低值,湖北为次低值,湖南为第三低,上海为第四低。安徽、江苏中南部、浙江、上海、江西、湖北、重庆、湖南东南部等地降水日数比常年同期偏多 2~6 天,局地偏多 6 天以上;安徽、浙江 2 省平均降水日数均为 1961 年以来历史同期第三多。上述大部地区日照时数较常年同期偏少 60~80 小时,部分地区偏少 80 小时以上,其中江苏、浙江省日照时数为 1961 年以来历史同期最少。

月内,全国有 22 个省(区、市)遭受风雹灾害,其中贵州、吉林、内蒙古、陕西、甘肃、宁夏、新疆、江苏、山西等省(区)局地受灾较重。

3.9　9 月主要气候特点及气象灾害

3.9.1　主要气候特点

9 月,全国平均降水量较常年同期偏多,平均气温较常年同期偏高。月内,台风“海鸥”和“凤凰”先后登陆我国;华西地区、黄淮大部、华北西南部等地出现持续降雨过程;甘肃、陕西及河南等地前期气象干旱得到解除。

月降水量与常年同期相比,东北北部、内蒙古中东部大部分地区、华北大部、西北地区中东部大部和西部部分地区、黄淮大部、江淮、江汉、江南地区东北部和西北部,以及重庆大部、四川东部、贵州西部和南部、云南东部、广西西部、海南北部等地普遍偏多 2 成至 2 倍,河南局部地区偏多 2 倍以上;东北地区东南部、江南地区南部、华南地区中部和东部,以及内蒙古西部、新疆南部、甘肃西部、西藏西部和东南部、云南西北部、四川西南部等地偏少 2~8 成,部分地区偏少 8 成以上(图 3.9.1)。

月平均气温与常年同期相比,全国大部地区接近常年或偏高,其中江南大部、华南大部、云贵高原大部及四川西部等地偏高 1~2℃,部分地区偏高 2℃以上(图 3.9.2)。

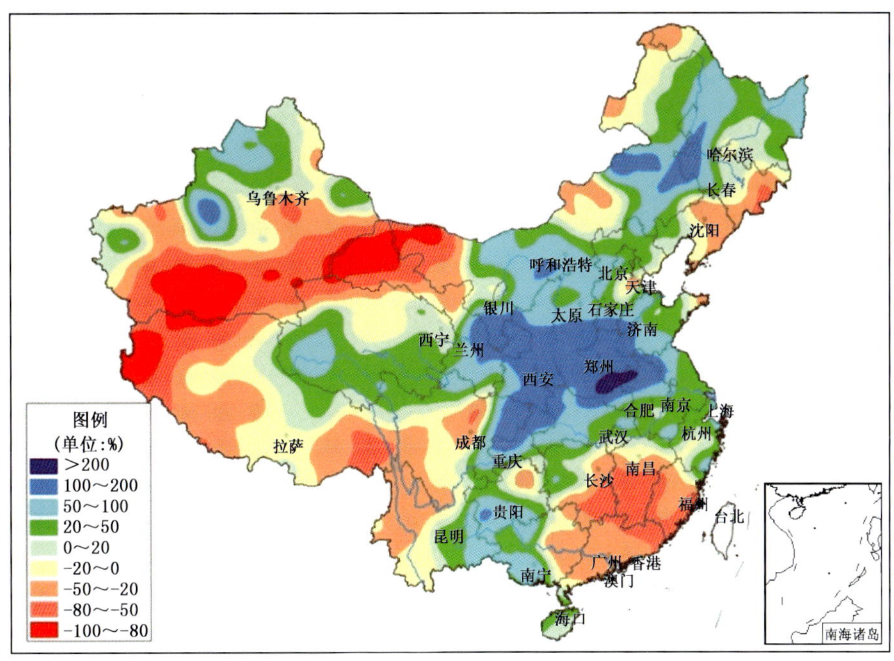

图 3.9.1　2014 年 9 月全国降水量距平百分率分布图(%)

Fig. 3.9.1　Precipitation anomalies over China in September 2014(unit:%)

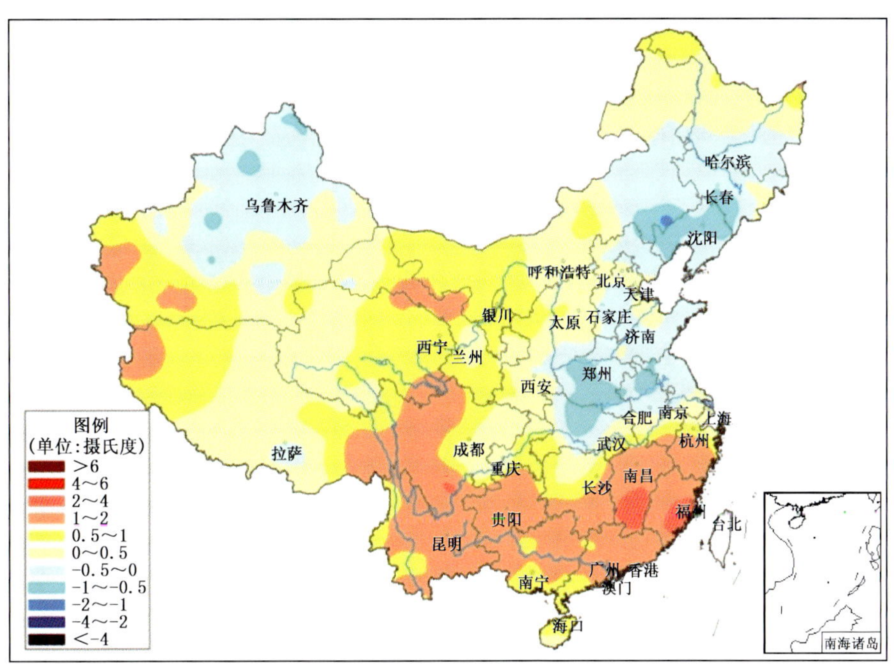

图 3.9.2　2014 年 9 月全国平均气温距平分布图(℃)

Fig. 3.9.2　Mean air temperature anomalies over China in September 2014(unit:℃)

3.9.2　主要气象灾害事记

9 月,西北太平洋和南海共生成 5 个台风(8 级以上),其中有 2 个在我国登陆,生成个数(1981—2010 年平均生成 4.9 个)和登陆个数(1981—2010 年平均登陆 1.8 个)均接近常年同期。1415 号台风"海鸥"于 9 月 16 日先后登陆我国海南文昌翁田镇沿海和广东徐闻南部沿海,受其影响,华南、西南部分地区出现强降水，部分中小河流发生超警洪水。1416 号台风“凤凰”于 9 月 21—23 日先后 4 次登陆我国，为上海近 25 年来首次登陆台风，也为 1949 年以来登陆我国次数最多的台风之一，受其影响，华东沿海出现大到暴雨，局部出现大暴雨和 9～12 级瞬时大风。

9 月 9—18 日，华西地区、黄淮大部、华北西南部等地出现持续降雨过程，部分地区出现大到暴雨，局地大暴雨甚至特大暴雨。其中，陕西和河南平均降水量分别为 155 毫米和 143 毫米，是常年同期的 4.2 倍和 4.8 倍，均为 1951 年以来最多；四川省平均降水量为 84.2 毫米，较常年偏多 98.6%；重庆市平均降水量为 83.9 毫米，较常年偏多 1.3 倍。持续阴雨寡照天气不利于华西地区玉米等作物后期产量形成及收晒。同时，持续强降水造成部分地区发生洪涝及滑坡、泥石流等灾害。

9 月，华西、黄淮等地秋雨使得部分地区水资源明显增加，陕西、河南及湖北西北部等地的大中型水库水位均出现上涨，陕西、甘肃、河南、山西等地前期气象干旱得到解除。

3.10 10 月主要气候特点及气象灾害

3.10.1 主要气候特点

10 月，全国平均降水量较常年同期偏少，平均气温较常年同期偏高。月内，中东部出现大范围雾霾天气；江南、华南降水偏少，部分地区旱情发展；海南及四川盆地、贵州至长江中下游一带出现强降水，局地发生暴雨洪涝；雪灾和低温冻害影响北方部分地区。

月降水量与常年同期相比，东北东部部分地区、内蒙古大部、新疆北部和南部部分地区、青海大部、甘肃中西部、四川东部、西藏西部、黄淮南部、江南西北部等地偏多 2 成至 1 倍，局部地区偏多 1 倍以上；新疆中部和东部、东北中部和南部、华北南部、黄淮北部、江南东部和南部、华南大部、西南大部降水偏少 2～8 成，江南南部和华南北部部分地区偏少 8 成以上(图 3.10.1)。

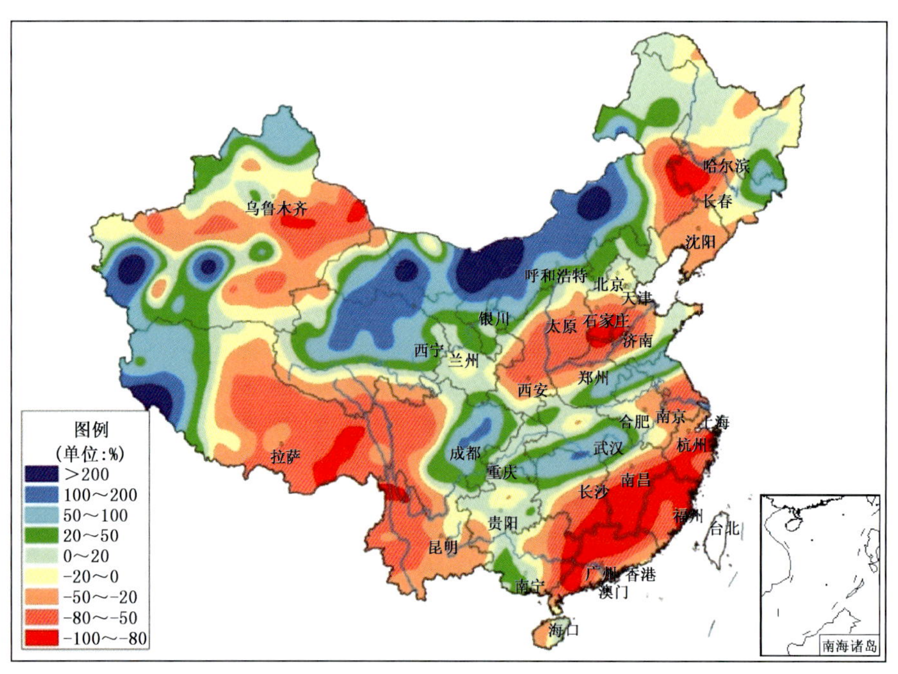

图 3.10.1 2014 年 10 月全国降水量距平百分率分布图(%)

Fig. 3.10.1 Precipitation anomalies over China in October 2014(unit:%)

月平均气温与常年同期相比，除黑龙江西北部、西藏南部部分地区偏低 1～2℃外，全国大部分地区接近常年或偏高，其中西北大部、华北大部、黄淮西部、江淮西部、江汉大部、江南、华南西部、西南地区东北部及内蒙古大部、辽宁东部、吉林东南部等地偏高 1～2℃，内蒙古西部和中部、山西北部、陕西北部、湖南大部偏高 2℃以上（图 3.10.2）。

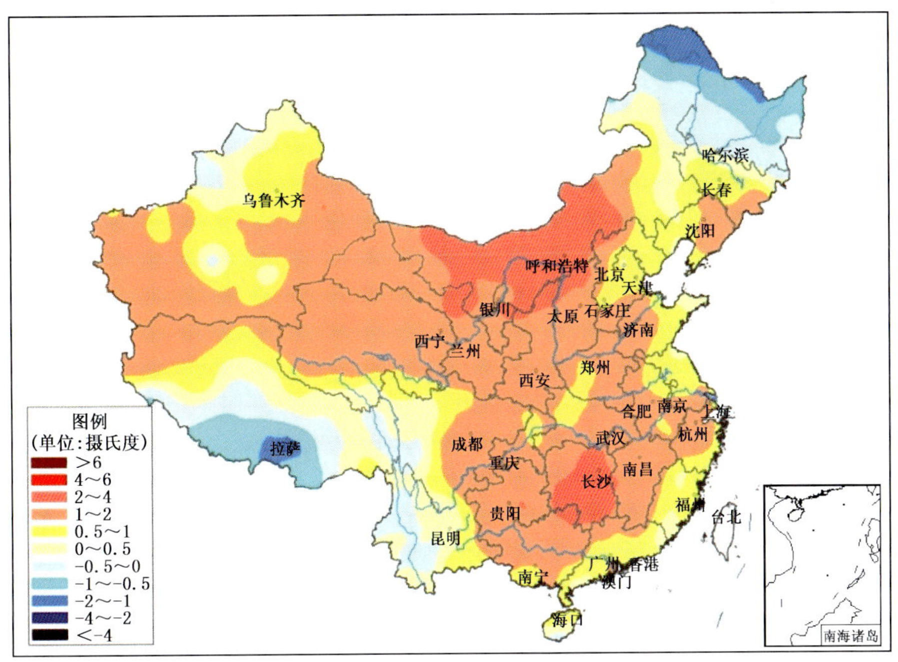

图 3.10.2　2014 年 10 月全国平均气温距平分布图（℃）

Fig. 3.10.2　Mean air temperature anomalies over China in October 2014(unit:℃)

3.10.2　主要气象灾害事记

10 月，我国中东部地区出现 4 次较大范围的雾霾天气过程（10 月 7—11 日、17—20 日、22—25 日和 10 月 29 日至 11 月 1 日），其中 7—11 日霾覆盖面积达到 151 万平方千米，北京、天津、河北大部、河南北部、山东西北部、山西东部、陕西关中等地出现重度污染，局地严重污染。

月内，江南、华南大部地区降水量在 50 毫米以下，普遍较常年同期偏少 5 成以上，其中江南大部及广东北部等地降水量不足 10 毫米，偏少 8 成以上。同时，南方大部地区气温较常年同期偏高，其中江南大部及广西北部等地偏高 1～2℃，湖南大部偏高 2℃以上。降水持续偏少，导致南方部分地区气象干旱持续发展，江西、湖南南部和东部、广东大部、福建南部和西部、广西东部等地出现中度到重度气象干旱。

10 月 24—30 日，海南及四川盆地、贵州至长江中下游一带出现强降雨天气过程，部分地区出现暴雨到特大暴雨，局地发生洪涝灾害。其中，24—27 日，海南 43 个乡镇过程雨量超过 300 毫米，有 13 个乡镇超过 400 毫米，有 3 个乡镇超过 500 毫米，最大为万宁万城镇 605.8 毫米；27—30 日，四川盆地、贵州至长江中下游一带出现持续性强降水，过程最大降水量出现在贵州务川（206.3 毫米），其次为湖南石门（186.4 毫米）和重庆酉阳（176.5 毫米）。

10 月份，北方冷空气活动频繁，黑龙江、新疆、甘肃、青海、山西等地出现低温冻害和雪灾，造成直接经济损失 10.5 亿元。

3.11 11月主要气候特点及气象灾害

3.11.1 主要气候特点

11月，全国平均降水量较常年同期偏多，平均气温较常年同期偏高。月内，中东部出现大范围雾霾天气；江南、华南部分地区出现明显降水，气象干旱缓解；南方出现阶段性阴雨寡照天气。

月降水量与常年同期相比，黑龙江北部、内蒙古东北部、西北大部、黄河下游及其以南大部地区偏多2成至2倍，西北部分地区偏多2倍以上；全国其余大部地区接近常年或偏少，其中东北大部、内蒙古大部、华北大部、西南大部及新疆西南部等地偏少2～8成，部分地区偏少8成以上(图3.11.1)。

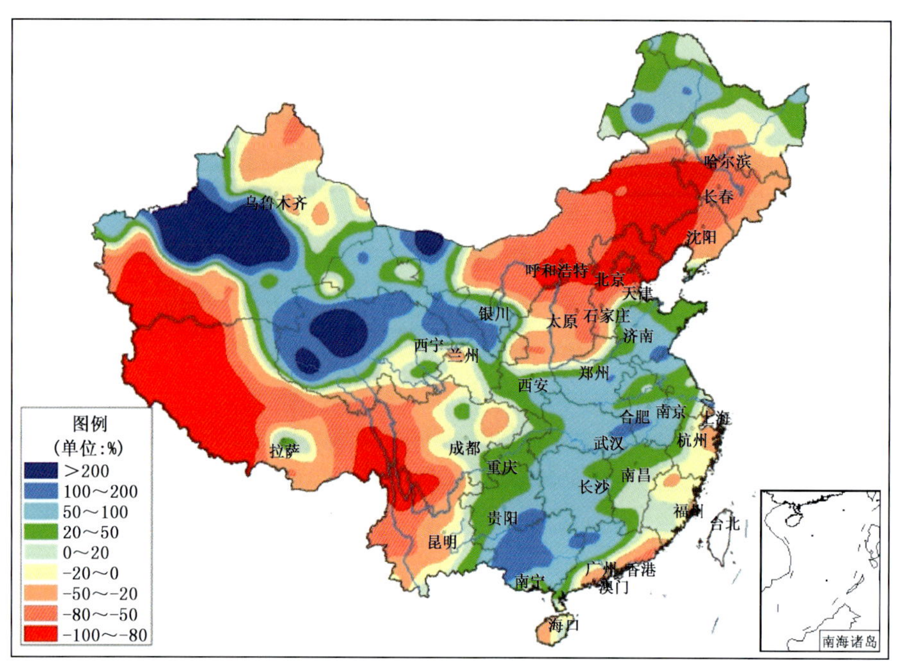

图3.11.1 2014年11月全国降水量距平百分率分布图(%)

Fig. 3.11.1 Precipitation anomalies over China in November 2014(unit:%)

月平均气温与常年同期相比，除新疆局部地区偏低1～2℃外，全国大部地区接近常年或偏高，其中内蒙古大部、华北大部、华东大部、华南东部和南部、青藏高原大部及云南中南部、陕西中北部等地偏高1～2℃，东北大部、内蒙古中东部、青海南部等地偏高2～4℃(图3.11.2)。

3.11.2 主要气象灾害事记

11月下半月，我国中东部雾霾天气十分频繁。其中15—16日，华北中南部、黄淮等地出现大范围雾或霾天气，北京城区一度出现中度到重度污染；18—21日，华北、黄淮、江淮出现持续性雾或霾天气。北京、天津、河北大部、河南北部、山东西北部和南部、山西东部等地出现重度至严重空气污染；25—26日和28—29日，北京、天津、河北、河南、山东、山西等20省(区、市)出现雾或霾，局地污染严重。

月内，江南大部、华南地区西部以及贵州、重庆等地出现明显降水，降水量普遍在50毫米以上，较常年同期偏多2成至1倍，部分地区降水量超过100毫米，偏多1倍以上，江南、华南部分地区前期气象干旱得到不同程度缓解。

11月，我国南方出现阶段性阴雨寡照天气。江南、江淮、江汉、华南、四川盆地及贵州等地月降水量有50～100毫米，部分地区超过100毫米；降水日数普遍有10～20天，日照时数不足100小时。

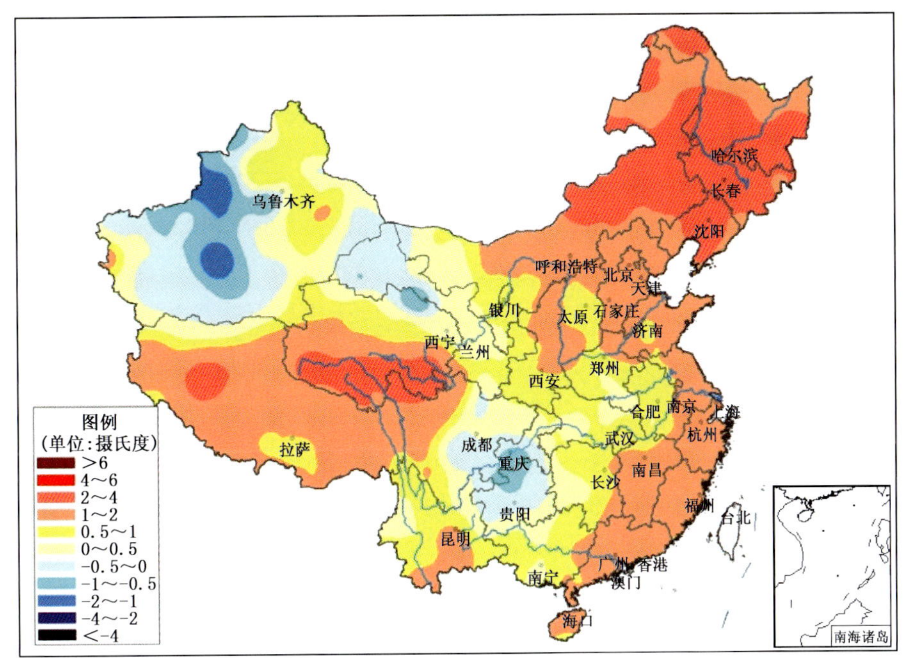

图 3.11.2　2014 年 11 月全国平均气温距平分布图(℃)

Fig. 3.11.2　Mean air temperature anomalies over China in November 2014(unit:℃)

多雨寡照天气导致部分地区土壤过湿，对冬小麦播种出苗、油菜移栽活棵等产生一定不利影响，但对增加库塘蓄水量、遏制秋冬季节性干旱等十分有利。

3.12　12 月主要气候特点及气象灾害

3.12.1　主要气候特点

12 月，全国平均降水量较常年同期偏少，平均气温较常年同期略偏低。月内，我国大部地区出现大风降温雨雪天气，北方部分地区发生雪灾；东北和西南部分地区气象干旱得到缓解；中东部部分地区出现雾霾天气。

月降水量与常年同期相比，黑龙江大部、吉林西部、内蒙古东南部、新疆中南部、青海南部、西藏中北部、广东西部、广西东部、海南大部、云南中西部等地偏多 2 成至 2 倍，局部地区偏多 2 倍以上；全国其余大部分地区接近常年或偏少，其中华北、黄淮大部、江汉、江淮等地偏少 8 成以上(图 3.12.1)。

月平均气温与常年同期相比，除青藏高原大部偏高 1～2℃外，全国大部地区接近常年或偏低，其中东北大部、华东沿海地区、华南大部及内蒙古西部、新疆大部、甘肃西部等地偏低 1～2℃，新疆中部、黑龙江东部、辽宁东部等地偏低 2℃以上(图 3.12.2)。

3.12.2　主要气象灾害事记

12 月，有 4 次冷空气活动影响我国。其中，1—2 日出现全国性寒潮，我国北方地区出现 6 级左右偏北风，气温下降 6～10℃，局部降温幅度达 12～14℃；江南东北部、江淮、黄淮及其以北地区的最低气温降至 0℃以下。月内的频繁冷空气使得我国大部地区出现大风降温雨雪天气。1—7 日，黑龙江大部、吉林中部和东部、内蒙古东北部持续出现降雪天气，部分地区降雪日数有 5～6 天，部分地区发生雪灾。

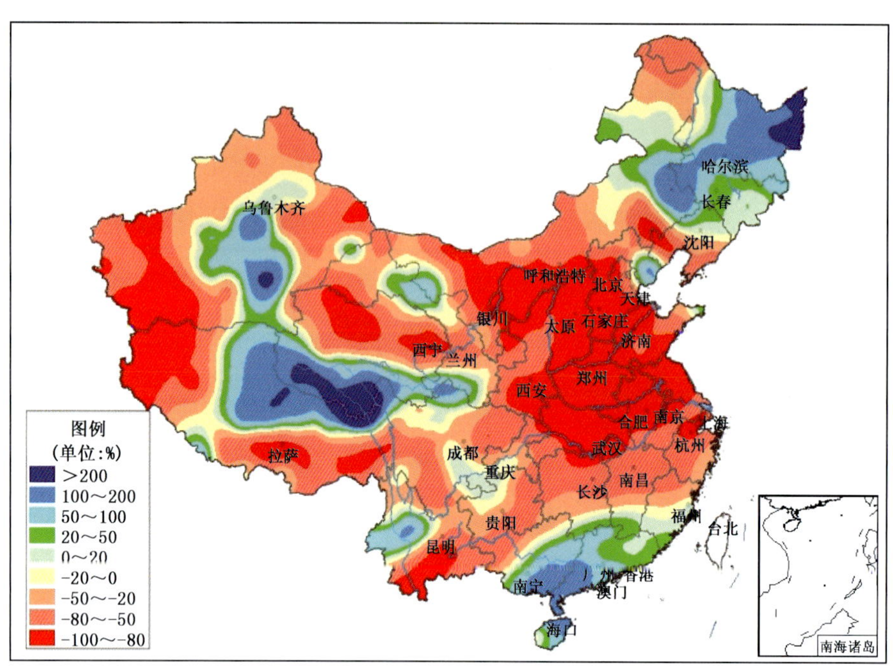

图 3.12.1　2014 年 12 月全国降水量距平百分率分布图(%)

Fig. 3.12.1　Precipitation anomalies over China in December 2014(unit:%)

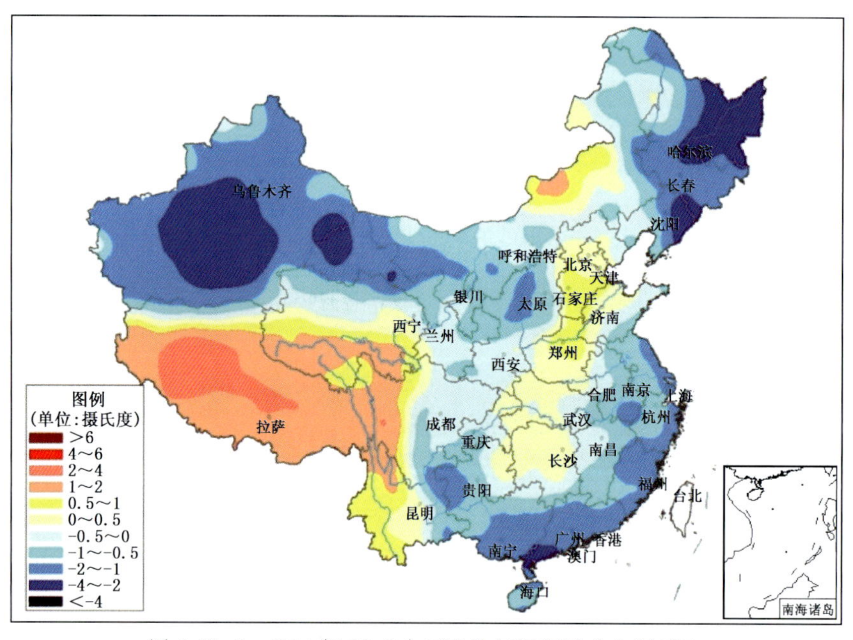

图 3.12.2　2014 年 12 月全国平均气温距平分布图(℃)

Fig. 3.12.2　Mean air temperature anomalies over China in December 2014(unit:℃)

月内，辽宁东北部、吉林东南部和东北部、云南西部等地降水量有 10～25 毫米，云南局部和广东东南部降水量超过 25 毫米，较常年同期偏多 5 成以上。受上述雨雪天气影响，吉林中部、辽宁东北部、广东东南部等地前期气象干旱得到缓解，云南西北部、西藏东部、四川西南部等地气象干旱也有所缓和。

12 月，我国中东部出现雾霾天气，霾日数一般有 5～10 天，部分地区达 10 天以上，江苏大部、浙江北部霾日数超过 15 天。

第4章 分省气象灾害概述

4.1 北京市主要气象灾害概述

4.1.1 主要气候特点及重大气候事件

2014年北京市平均气温为12.6℃，比常年偏高1.1℃，是1981年以来最暖的年份(图4.1.1)，5月下旬多个测站出现了极端高温事件，局部地区突破了历史极值；年降水量为420.9毫米，比常年偏少22.9%(图4.1.2)。年内，冬季(2013年12月至2014年2月)和春季气温偏高，夏、秋季气温接近常年同期；冬、春、夏季降水偏少，秋季降水略偏多。

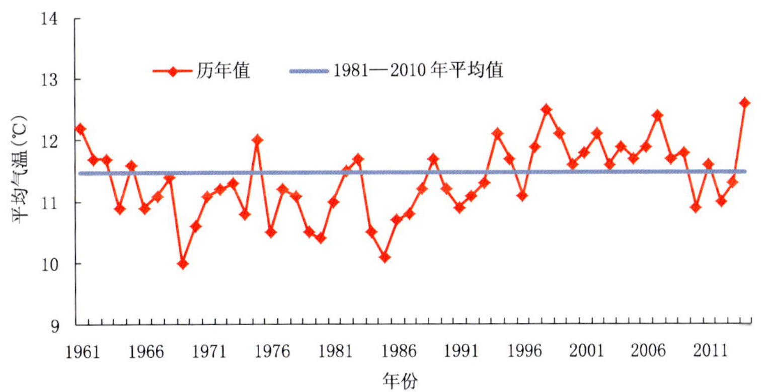

图4.1.1 1961—2014年北京市平均气温历年变化图(℃)

Fig. 4.1.1 Annual mean temperature in Beijing during 1961—2014(unit:℃)

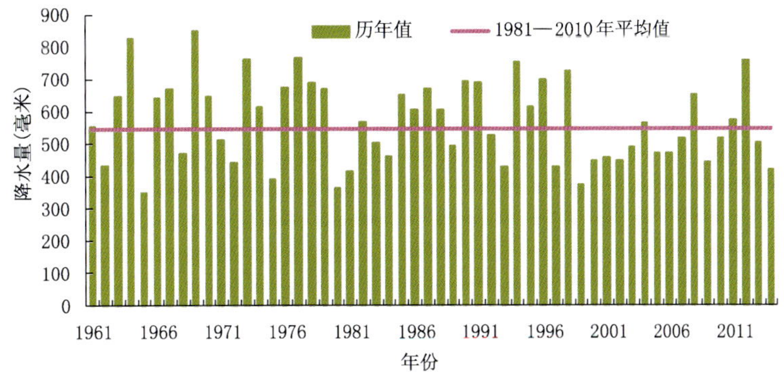

图4.1.2 1961—2014年北京市降水量变化图(毫米)

Fig. 4.1.2 Annual precipitation in Beijing during 1961—2014(unit:mm)

2014 年主要天气气候事件有：暴雨、大风、冰雹和干旱等。全年因气象灾害及其引发的次生灾害造成 5.3 万公顷农作物受灾，其中 1.1 万公顷绝收，受灾人口 32.1 万人次，死亡 3 人，直接经济损失 10.5 亿元。总的来看，属气象灾害较轻年景。

4.1.2 主要气象灾害及影响

1. 暴雨洪涝

2014 年 6、7 月份，北京市密云县、丰台区局部地区多次出现暴雨灾害，造成 466 公顷农作物受灾，直接经济损失 746 万元。

6 月 16—17 日，密云县古北口镇和太师屯镇出现暴雨，并伴有短时大风和冰雹，造成 1500 人受灾，粮食作物受灾 267 公顷，直接经济损失 385 万元。

7 月 1 日傍晚至 2 日凌晨，密云县河南寨镇出现暴雨并伴有大风，造成 181 人受灾，紧急转移 40 人，葡萄、玉米、蔬菜等农作物受灾 199 公顷，直接经济损失 303 万元。

2. 局地强对流和大风

2014 年 6—9 月，北京市局地强对流天气频繁发生，共造成 2.7 万公顷农作物受灾，其中绝收 0.5 万公顷，受灾人口 13.7 万人次，死亡 3 人，直接经济损失 6.8 亿元。

2014 年 5 月 31 日，大兴区出现雷雨天气，短时雨强较大，并伴有短时大风，造成 9 个镇和一个街道近 2 万人受灾，倒塌房屋 750 间，4000 公顷小麦、蔬菜、水果等农作物受灾，乔木倒伏 13237 株，直接经济损失 1.3 亿元。

6 月 10 日，大兴区出现雷雨天气，伴有短时大风，局地出现了冰雹，造成魏善庄等 6 个镇 126 个村 27813 人受灾，损坏房屋 157 间，小麦倒伏严重，果树落果，设施大棚受损，受灾面积 6045 公顷，乔木倒伏 10655 株，直接经济损失 1.7 亿元。

6 月 17 日，平谷区大华山镇等 6 个乡镇 51 个村出现大风和冰雹，造成 4000 公顷农作物受灾，直接经济损失 1.5 亿元。

6 月 22 日，平谷区大华山镇、镇罗营镇、北寨、熊儿寨乡等地出现冰雹，造成 1447.4 公顷粮食、果树受灾，直接经济损失 4640 万元。

7 月 16 日，昌平区南口等 4 个镇 38 个村遭受冰雹、大风袭击，造成粮食作物受灾面积 298.4 公顷，绝收 168.0 公顷；蔬菜受灾面积 16.1 公顷，绝收 15.8 公顷；果树受灾面积 782.4 公顷，绝收 598.7 公顷，直接经济损失 6700 万元。

7 月 16 日，门头沟区军庄镇出现冰雹，最大直径约 2 厘米左右，持续 15 分钟，造成 178 公顷果树、蔬菜、粮食作物受灾，直接经济损失合计 1550 万元。

9 月 1 日，延庆县滨河北路连家营村南十字路口附近，1 人突遭雷击死亡。

11 月 30 日，北京市出现大风降温天气，大风吹落物体，造成 2 人死亡，1 人受伤。

3. 干旱

2014 年 7、8 月北京市降水量明显偏少，昌平、延庆等区县出现旱情，造成 2.6 万公顷农作物受灾，其中 0.7 万公顷绝收，受灾人口 18.4 万人次，直接经济损失 3.7 亿元。

4.2 天津市主要气象灾害概述

4.2.1 主要气候特点及重大气候事件

2014 年，天津市年平均气温 14.1℃，较常年(12.6℃)偏高 1.5℃(图 4.2.1)，为 1961 年以来最高，平均降水量 442.2 毫米，较常年(553.2 毫米)偏少 18%(图 4.2.2)。全年各季平均气温均较常年不同程度偏高，春季偏高最为显著。全年各季降水均较常年不同程度偏少，其中夏季偏少15%。

年内主要出现了雾霾、大风、高温、冰雹和干旱等灾害性天气气候事件。因气象灾害造成农作物受灾面积1.0万公顷，绝收面积0.4万公顷；受灾人口达3.7万人次；直接经济损失1.3亿元。总体上，2014年天津市气象灾害较轻，冰雹造成经济损失较大，农业为主要受损行业。

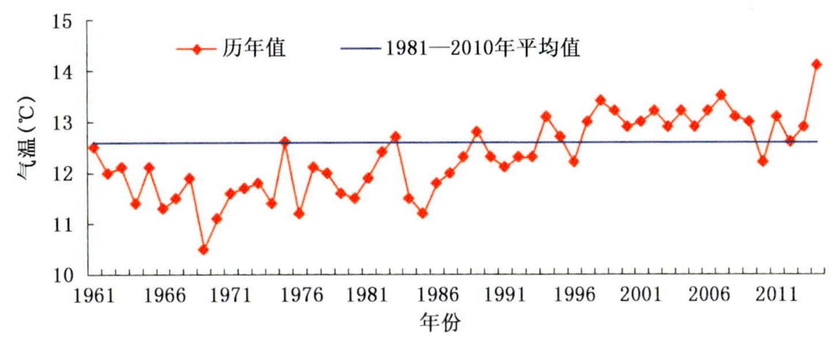

图4.2.1 1961—2014年天津市平均气温历年变化图（℃）
Fig. 4.2.1 Annual mean temperature in Tianjin during 1961—2014(unit:℃)

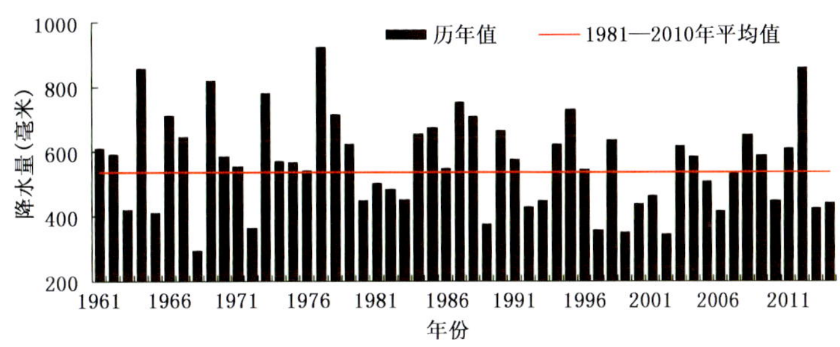

图4.2.2 1961—2014年天津市降水量历年变化图（毫米）
Fig. 4.2.2 Annual precipitation in Tianjin during 1961—2014(unit:mm)

4.2.2 主要气象灾害及影响

1. 雾霾

2013/2014年冬季雾霾天气严重，寡照给设施农业生产带来了很多不利影响，空气质量较差导致呼吸道疾病患者人数明显增多，低能见度同时造成公路和航空交通运输不同程度受阻。2014年全市平均霾日数208.3天，较2013年多82.5天，为近60年来最多。2014年全市平均雾日数30.5天，为2008年以来最多，其中，秋季全市平均雾日数达15.5天，为常年平均值的近2倍，亦为近60年来最多，公路和航空严重受阻的大雾事件发生数起，对交通运输造成显著不利影响。

2. 大风

2014年春季全市平均大风日数2.6天，为近10年以来最多。5月3—4日受较强冷空气影响，全市出现6级以上大风，瞬时最大风速达8～9级，武清、大港等地设施农业受损严重，成灾面积超过75公顷。夏季强对流天气伴随的大风也造成了不同程度的灾害性事件。8月23日晚大港太平镇出现强降雨天气并伴随6～7级大风，阵风8～10级，使冬枣树、设施大棚及畜禽棚舍受灾。受寒潮天气影响，11月30日至12月1日宝坻区出现大风，最大风力出现在夜间，达8级，方家庄镇设施农业受灾面积3.4公顷。

3. 高温

2014年全市平均高温日数（日最高气温≥35℃）为12.7天，为2002年以来最多。5月全市平均高温日数达 4 天，为 1951 年以来历史同期第二位，仅次于 2001 年(4.4 天)。5 月 28 日，蓟县、宁河、汉沽等 3 站最高气温刷新 5 月历史最高纪录。29 日，全市 13 站最高气温同时刷新 5 月历史最高纪录，当日全市平均最高气温达 39.7℃，其中，蓟县、静海、西青、东丽、津南和市区等 6 站最高气温≥40.0℃，最高值达 40.5℃。

4. 冰雹

2014 年天津市范围内较为严重的冰雹灾害共有 5 次，其中损失最严重的 3 次均出现在 6 月，造成农业经济损失总和超过 1.3 亿元。6 月 10 日 14 时 40 分至 14 时 52 分，宁河东棘坨镇出现冰雹，最大冰雹直径约 4 厘米，造成 1 人死亡，农作物受灾面积 5172 公顷，绝收面积 3182 公顷，农业直接经济损失近 5000 万元；22 日 16 时许，滨海新区茶淀街出现冰雹灾害，最大直径接近 1.5 厘米，持续 20 分钟，农作物受灾面积 1154 公顷，农业直接经济损失 2660 万元；26 日傍晚，武清出现冰雹灾害，持续约半个小时，农作物受灾面积 4006 公顷，绝收面积 1141 公顷，农业直接经济损失约 5560 万元(图 4.2.3)。

图 4.2.3　2014 年 6 月宁河与武清遭受雹灾(宁河气象局、武清气象局提供)
Fig. 4.2.3　Hail occurred in Ninghe and Wuqing in June 2014 (By Ninghe and Wuqing Meteorological Services)

5. 干旱

2014 年 6 月下旬至 8 月中旬，降水量持续偏少，全市平均降水量仅为 163.1 毫米，为 1998 年以来历史同期最少。蓟县、宁河降水量仅为 103.2 毫米、102.2 毫米，为建站以来历史同期最少。降水量持续偏少导致旱情凸显并发展。据全市 8 个土壤墒情自动监测站数据，6 月下旬以来土壤含水量呈明显下降趋势，到 7 月底，有 5 个测点出现干旱，其中蓟县和武清出现中度干旱，宝坻出现重度干旱，且呈加重趋势。至 8 月中旬，超过一半的田地出现了旱情，尤以南部最为突出。8 月下旬降水偏多，旱情基本解除。

4.3 河北省主要气象灾害概述

4.3.1 主要气候特点及重大气候事件

2014 年河北省年平均气温为 13.0℃，较常年(11.8℃)偏高 1.2℃，为 1961 年以来最高(图 4.3.1)，春季气温异常偏高，冬季显著偏高，夏秋季接近常年。全省平均年降水量 393.3 毫米，较常年(503.4 毫米)偏少 22%，为 2003 年以来最少(图 4.3.2)，冬、夏季降水偏少，春、秋季接近常年，汛期大范围降雨过程少，汛期降水量比常年偏少35%。

年内，河北省夏旱影响大、灾情重；部分地区出现洪涝灾害；高温、干热风日数多于常年；风雹、沙尘、寒潮降温、连阴雨较常年偏少；中南部和东部平原地区持续性雾霾天气多，社会影响大。全年因气象灾害造成农作物受灾面积143.6万公顷，绝收面积17.7万公顷，受灾人口1716万人次，死亡22人；因灾造成直接经济损失135.1亿元。2014年河北省气象灾害发生的频率和损失程度接近10年来的平均水平，损失程度属于中等偏重年份。

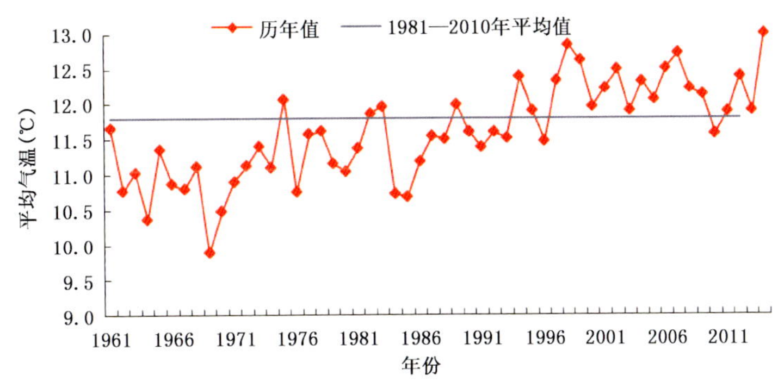

图4.3.1　1961—2014年河北省年平均气温历年变化图(℃)

Fig. 4.3.1　Annual mean temperature in Hebei during 1961—2014(unit:℃)

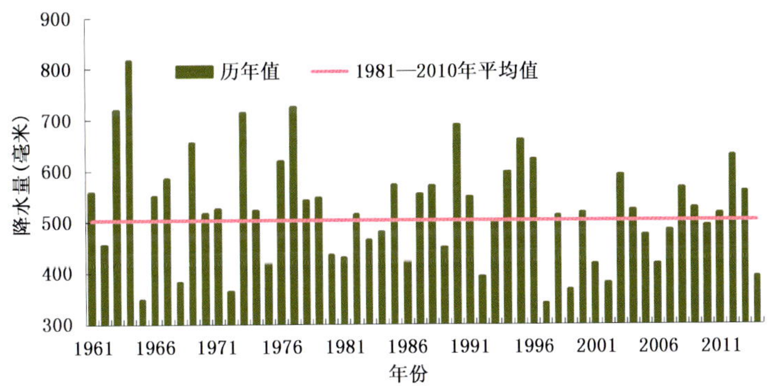

图4.3.2　1961—2014年河北省年降水量历年变化图(毫米)

Fig. 4.3.2　Annual precipitation in Hebei during 1961—2014(unit:mm)

4.3.2　主要气象灾害及影响

1. 干旱

2014年，河北省干旱强度较重，年内主要出现冬旱以及夏旱，夏旱影响大，为2000年以来干旱强度最强的年份。受灾面积大，持续时间长；大秋作物在需水需肥高峰期严重缺水；受灾较重主要在一季作物区；部分地区出现春夏连旱现象。全省不同程度遭受旱灾，因旱累计受灾人口1275.4万人次；累计因旱发生临时性饮水困难人数35.3万人次，大牲畜15.2万头；农作物累计受灾面积102.8万公顷，其中绝收10.8万公顷；因灾造成直接经济损失102.1亿元。

2. 暴雨洪涝

2014年河北省暴雨日数显著偏少，汛期暴雨过程较少，主要的暴雨过程出现在6月19—20日、7月1—2日、8月4—5日、9月1—2日。受暴雨洪涝影响，造成9人死亡；农作物累计受灾面积4.8

万公顷，其中绝收 0.5 万公顷；直接经济损失 3.5 亿元。

3. 局地强对流

2014 年，河北省频发短时强对流天气，尤其是入汛后部分地区遭受风雹洪涝灾害。全年全省共发生 27 次风雹灾害，风雹灾害较重的时段主要有：6 月 8 日、22 日和 8 月 17 日。因强对流天气共造成全省累计 296.7 万人次受灾，其中因灾死亡 13 人；农作物累计受灾面积 25.4 万公顷，其中绝收 2.6 万公顷；直接经济损失 20.5 亿元（图 4.3.3）。

图 4.3.3 2014 年 6 月 10 日河北省泊头市遭短时大风、冰雹等强对流袭击（泊头市气象局提供）
Fig. 4.3.3 Hail and gale stroke the Botou in Hebei Province on June 10, 2014 (By Botou Meteorological Service)

4. 低温冻害

2014 年，河北省北部地区春季发生低温冷冻灾害，受灾范围小于常年，共造成全省 82.8 万人受灾，农作物受灾面积 10.5 万公顷，绝收面积 3.8 万公顷，直接经济损失 9.0 亿元。

2014 年 5 月 4—6 日，河北省出现较强的低温冻害过程，全省绝大部分地区最低气温突破 1951 年以来 5 月最低值，8 个县（市）最低气温降至 0℃以下，康保、沽源低于－4℃，张家口、承德、秦皇岛、保定等地市陆续发生低温冷冻灾害，损失严重。

5. 雾霾

2014 年，河北省雾霾日数比常年偏多 10%，冬、春、秋三季雾霾偏多，冬季偏多 28.1%，夏季偏少。大范围雾霾天气主要出现在 2 月、10 月和 11 月。2 月 22—26 日连续 5 天雾霾范围超过全省的 85%区域，24 日达 97%。

4.4 山西省主要气象灾害概述

4.4.1 主要气候特点及重大气候事件

2014 年，山西省年平均气温为 10.5℃，较常年（9.9℃）偏高 0.6℃，为 1961 年以来第六高值（图 4.4.1）。全省年平均降水量为 532.3 毫米，较常年（468.3 毫米）偏多 14%（图 4.4.2）。

2014 年山西省主要气象灾害及气候事件有暴雨、冰雹、霜冻、连阴雨、干旱、大风、高温、寒潮等，灾害性天气给工农业生产及人民生活造成了一定的影响，其中低温冷冻害、冰雹、大风、干旱、暴雨等造成的影响较为严重。全年因气象灾害造成农作物受灾面积 117.4 万公顷，绝收面积 11.4 万公顷，受灾人口 476 万人，死亡 9 人，直接经济损失 50.8 亿元。

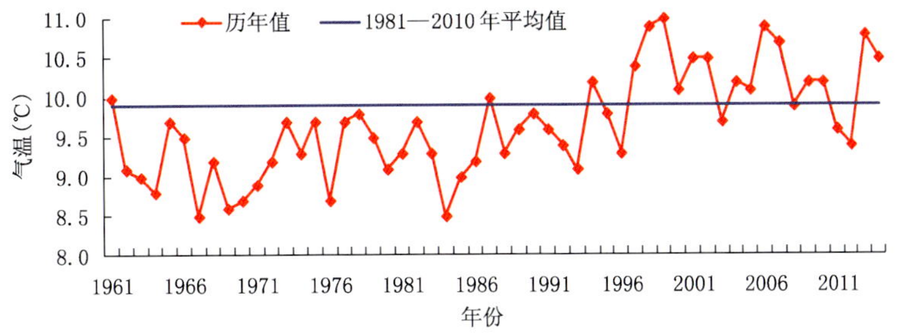

图 4.4.1 1961—2014 年山西省年平均气温历年变化图(℃)

Fig. 4.4.1 Annual mean temperature in Shanxi during 1961—2014(unit:℃)

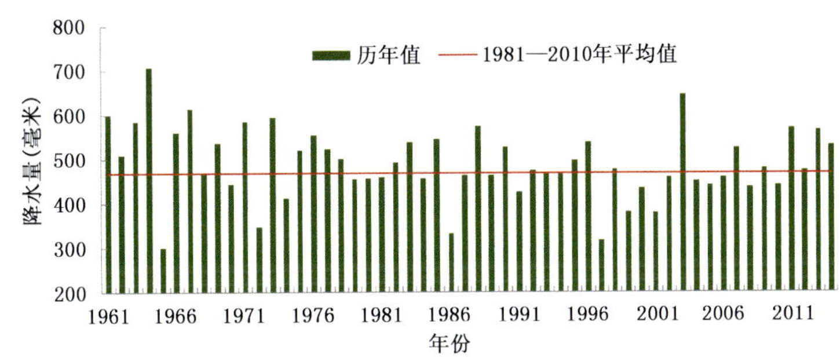

图 4.4.2 1961—2014 年山西省年降水量历年变化图(毫米)

Fig. 4.4.2 Annual precipitation in Shanxi during 1961—2014(unit:mm)

4.4.2 主要气象灾害及影响

1. 低温冷冻害

2014 年，山西省因低温冷冻害造成 149.7 万人受灾，农作物受灾面积 20.8 万公顷，绝收面积 3.9 万公顷，直接经济损失 20.9 亿元。

5 月 1—5 日，大同市出现强降温天气，降温幅度达 10℃左右，并伴有 4～6 级短时 7 级以上大风，大部地区连续出现霜冻、轻霜冻，共造成 7 个农业县区 32.6 万人受灾，农作物受灾面积 6.4 万公顷(其中杏林受灾面积 1.1 万公顷，葡萄受灾面积 236 公顷)，直接经济损失 6.2 亿元(图 4.4.3)。

5 月 3—6 日，吕梁市岚县出现了罕见的连续 4 天的冻害天气，致使仁用杏幼果全部受冻绝收，部分早播植物的幼苗受冻。中阳 4 日夜间到 5 日早晨，气温急剧下降，出现霜冻，造成受灾人口 5.2 万人，农作物受灾面积 0.5 万公顷，绝收面积 0.1 万公顷，直接经济损失 0.7 亿元。

2. 局地强对流

2014 年，山西省局地强对流天气共造成 15.4 万公顷农作物受灾，其中绝收面积 2 万公顷，受灾人口 106.2 万人，死亡 1 人，损坏房屋 0.5 万间，直接经济损失 12.7 亿元。尤其夏季，频繁出现的局地大风、冰雹等灾害性天气，给工农业生产及人民生活财产等造成较大损失。

3. 干旱

2014 年，山西省因旱造成 155 万人受灾，3.8 万人饮水困难，农作物受灾面积 72.2 万公顷，绝收面积 4.1 万公顷，直接经济损失 11 亿元。

4. 暴雨洪涝

2014 年，山西省因暴雨洪涝造成 65.1 万人受灾，死亡 8 人，紧急转移安置 0.4 万人，倒塌房屋

图 4.4.3 2014 年 5 月 5 日灵丘县遭受霜冻灾害(灵丘县气象局提供)
Fig. 4.4.3 Frost occurred in Lingqiu County on May 5, 2014 (from Lingqiu Meteorological Service)

0.2 万间,损坏房屋 0.8 万间,农作物受灾面积 9 万公顷,绝收面积 1.4 万公顷,直接经济损失 6.2 亿元。

8 月 5—9 日,运城市出现局地大暴雨天气过程,全市总雨量平均 101.1 毫米,最大降水量出现在河津市下化乡周家湾站(267.8 毫米)。此次暴雨过程使得全市受灾人口约 1.8 万人,紧急转移安置 34 人;玉米等农作物受灾 1293 公顷,成灾面积 620 公顷;倒塌房屋 29 间,损坏 53 间;直接经济损失 590 万元。其中,河津市受灾最重,主要受灾作物为玉米。

4.5 内蒙古自治区主要气象灾害概述

4.5.1 主要气候特点及重大气候事件

2014 年,内蒙古年平均气温 6.1℃,较常年(5.1℃)偏高 1.0℃,为 1961 年以来第三高(图 4.5.1);年降水量 336 毫米,较常年(319 毫米)偏多 5%(图 4.5.2)。春季全区大范围沙尘天气过程少且首发晚;夏季中部和东部偏南地区发生近 3 年最严重干旱,农牧业遭受损失;暴雨、洪涝、冰雹、雷暴灾害较往年偏轻,共发生 12 站次极端强降水事件,1 站次突破历史极值;部分地区出现雪灾,交通运输受到一定程度影响。综合分析,2014 年内蒙古自治区气候影响有利有弊,农牧业气象年景正常。

2014 年内蒙古出现了干旱、暴雨洪涝、大风冰雹、霜冻、低温冻害、病虫害等气象灾害和衍生灾害,共造成 644.5 万人受灾,死亡 17 人,紧急转移安置 0.8 万人;农作物受灾面积 187.8 万公顷,绝收 25.9 万公顷,倒塌和损坏房屋 1.2 万间,直接经济损失 113.1 亿元,其中农业损失 97 亿元。干旱和风雹灾害造成的损失最为严重。

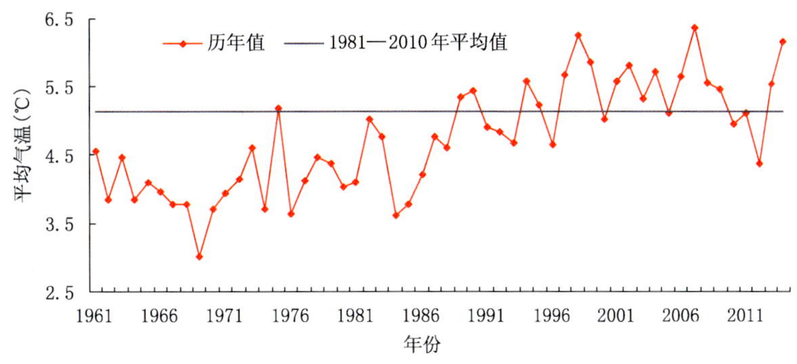

图 4.5.1　1961—2014 年内蒙古年平均气温历年变化图(℃)

Fig. 4.5.1 Annual mean temperature in Inner Mongolia during 1961－2014(unit:℃)

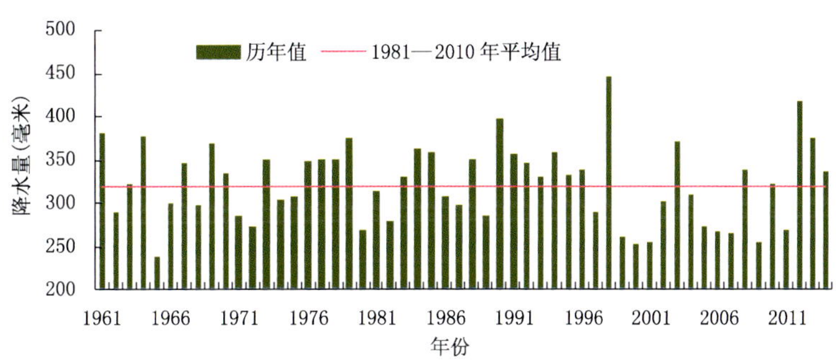

图 4.5.2　1961—2014 年内蒙古年降水量历年变化图(毫米)

Fig. 4.5.2　Annual precipitation in Inner Mongolia during 1961－2014(unit:mm)

4.5.2　主要气象灾害及影响

1. 干旱

2014 年夏季内蒙古发生近 3 年最严重干旱。进入 6 月后,内蒙古大部降水普遍偏少,尤其是 7 月中下旬温高雨少,致使干旱发生并迅速发展,主要影响了阿拉善盟大部、鄂尔多斯市西部、巴彦淖尔市西北部、包头市西北部、乌兰察布市中部、锡林郭勒盟西北部及赤峰市大部地区(图 4.5.3)。旱灾造成全区除呼伦贝尔市、呼和浩特市外的 10 个盟(市)54 个旗(县)482 万人受灾,旱灾饮水困难人口 126 万人;农作物受灾面积 131.4 万公顷,草场受灾面积 3384.7 万公顷,旱灾造成人畜饮水困难,农牧民生活成本增加,直接经济损失达 86 亿元,其中农业损失 72 亿元。

2. 局地强对流天气

2014 年内蒙古先后发生 64 次风雹灾害天气过程。风雹灾害共造成 118 万人受灾,紧急转移安置 0.4 万人,因灾死亡 12 人;农作物受灾面积 43.9 万公顷,其中绝收 5.1 万公顷;因灾倒塌房屋 0.1 万间,损坏房屋 0.8 万间,直接经济损失 22.5 亿元,其中农业损失 17.5 亿元。

8 月 18—24 日,内蒙古锡林郭勒盟、呼和浩特市、巴彦淖尔市、赤峰市、呼伦贝尔市、通辽市、鄂尔多斯市 7 盟(市)9 个旗(县)先后遭受风雹灾害,造成小麦、玉米等农作物受灾,共造成 3.6 万人受灾,1.4 万公顷农作物受灾,倒塌房屋 60 间,损坏房屋 74 间,死亡羊 118 只。直接经济损失 8655 万元,其中农业损失 8469 万元。

图 4.5.3 2014 年 8 月 7 日内蒙古乌兰察布市卓资县玉米田地干旱情况(内蒙古气候中心提供)
Fig. 4.5.3 Maize damaged by droughts in Zhuozi County on August 7, 2014 (from Inner Mongolia Climate center)

3. 暴雨洪涝

2014 年内蒙古因暴雨洪涝共造成 13 万人受灾,5 人死亡,紧急转移安置 0.5 万人;农作物受灾面积 7.8 万公顷,绝收 2.4 万公顷;损坏房屋 0.3 万间;直接经济损失 3.1 亿元。

4. 低温冷冻

2014 年内蒙古主要遭受 3 次大范围低温冷冻灾害,发生时间集中在 4 月下旬至 5 月上旬,先后有 57 个乡镇遭受低温冷冻灾害,受灾人口 32 万人;农作物受灾面积 4.8 万公顷,绝收 0.02 万公顷;直接经济损失 1.6 亿元,其中农业损失 1.4 亿元。

5. 病虫害

2014 年夏季内蒙古乌兰察布市、赤峰市和锡林郭勒盟发生病虫害,造成 22.6 万人受灾;农作物受灾面积 7.6 万公顷,其中绝收 0.04 万公顷;直接经济损失 2.2 亿元,其中农业损失 1.3 亿元。

6. 沙尘暴

2014 年春季内蒙古仅发生 2 次大范围沙尘天气过程,与 2013 年并列为 2000 年以来历史同期最少。沙尘首发时间为 3 月 27 日,是 2000 年以来最晚的一年。沙尘灾害共造成 0.1 万人受灾,农作物受灾面积 0.05 万公顷,直接经济损失 818 万元。

4.6 辽宁省主要气象灾害概述

4.6.1 主要气候特点及重大气候事件

2014 年,辽宁省年平均气温 9.6℃,较常年(8.5℃)偏高 1.1℃(图 4.6.1);年降水量 430.6 毫米,较常年(662 毫米)偏少 34.9%(图 4.6.2);年日照时数 2566 小时,比常年(2520 小时)偏多 46 小时。

2014 年辽宁省主要气象灾害有干旱、暴雨、台风、大风、冰雹、雷电、大雾和沙尘等。气象灾害造成农作物受灾面积约 193.1 万公顷,受灾人口 746.7 万人,直接经济损失 169.4 亿元。

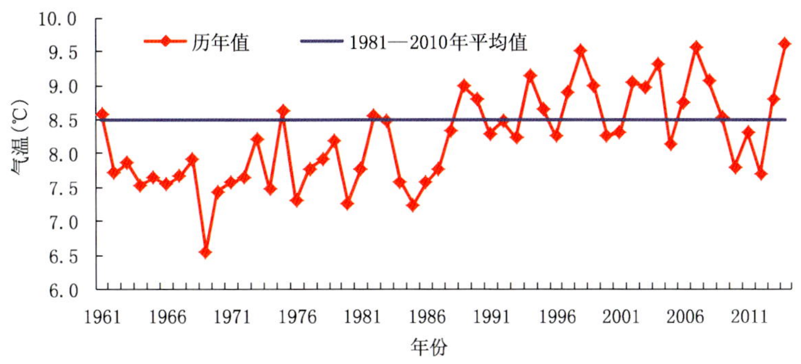

图 4.6.1 1961—2014 年辽宁年平均气温历年变化图(℃)

Fig. 4.6.1 Annual mean temperature in Liaoning during 1961—2014(unit:℃)

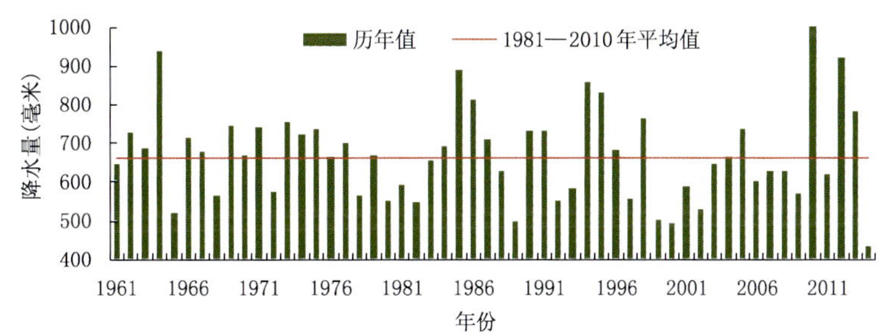

图 4.6.2 1961—2014 年辽宁平均年降水量历年变化图(毫米)

Fig. 4.6.2 Annual precipitation in Liaoning during 1961—2014(unit:mm)

4.6.2 主要气象灾害及影响

1. 干旱

2014 年辽宁省发生了 1951 年以来最为严重的夏秋连旱,农作物受灾面积 181.1 万公顷,受灾人口 659.7 万人,直接经济损失 162.8 亿元。

6 月 21 日至 9 月 10 日,辽宁省平均降水量 195.7 毫米,较常年同期(378.6 毫米)偏少 48.3%,比大旱的 2009 年同期(225.8 毫米)偏少 13.3%,为 1951 年以来同期最少值。

7 月初,辽西地区首先出现气象干旱,之后迅速发展。7 月 21 日,全省出现轻到中度干旱,大连、辽阳、葫芦岛局部出现重度干旱。8 月 13 日,辽宁省大部分地区发展为中度到重度气象干旱,锦州、辽阳、葫芦岛地区出现了特旱(图 4.6.3)。8 月 22 日,全省气象干旱最为严重,大部分地区发展为重度气象干旱,沈阳、大连和鞍山等 11 个市的大部分地区均出现了特旱。

2. 暴雨洪涝

2014 年,辽宁省共出现区域性暴雨灾害 4 次,农作物受灾面积 1.4 万公顷,受灾人口 5.2 万人,直接经济损失 0.8 亿元。7 月 21—22 日,受蒙古气旋冷锋影响,全省出现大雨到暴雨局部大暴雨天气,雨量分布不均。

3. 台风

2014 年辽宁省受 1 次台风影响,农作物受灾面积 0.9 万公顷,受灾人口 9.4 万人,直接经济损失 0.9 亿元。

7 月 24—25 日,受 10 号台风“麦德姆”影响,大连出现风雨天气,普降大雨,登沙河降水量 33.4

图 4.6.3　2014 年 8 月 20 日，葫芦岛上边村玉米干枯情况(沈阳区域气候中心提供)
Fig. 4.6.3　Maize affected by drought on August 20,2014 in Huludao City, Liaoning Province
(By Shenyang Region of Climate Center)

毫米。陆地出现 7～8 级大风、阵风 9 级，海面风力 8～9 级、阵风 10 级，极大风速达 22.4 米/秒。

4. 局地强对流

2014 年辽宁省共发生大风灾害 9 次、冰雹灾害 18 次、雷电灾害 9 次。局地强对流灾害造成农作物受灾面积 2.4 万公顷，受灾人口 19.4 万人，直接经济损失 4.1 亿元。

4 月 24—25 日，葫芦岛市兴城市发生大风灾害，受灾人口 123 人，损坏房屋 124 间，直接经济损失 115 万元。

6 月 16—17 日，大连受强对流云团影响，庄河市沿海乡镇出现雷雨大风，短时强降雨，雨量分布不均。

6 月 17 日，朝阳市北票地区受倒槽形势影响，三宝营、巴图营、章吉营、大板、凉水河等乡镇先后出现冰雹灾害天气。

6 月 17 日，辽中县发生雷阵雨天气，13 时 18 分至 14 时 10 分，15 时 40 分至 17 时 10 分发生两次强降水天气过程，并伴有雷电。

5. 大雾

2014 年辽宁省共出现 12 次大雾天气。

2 月 25 日，葫芦岛连山区出现能见度小于 100 米的浓雾天气。11 月 21 日，除阜新、朝阳、葫芦岛外，全省均出现不同程度大雾天气，其中，沈阳、营口、辽阳、盘锦部分地区及大连的瓦房店、普兰店、旅顺及周边海域出现能见度小于 50 米的浓雾(图 4.6.4)。

图 4.6.4　2014 年 11 月 21 日，大雾导致沈阳市如处仙境（沈阳区域气候中心提供）
Fig. 4.6.4　Heavy fog in Shenyang City on November 21, 2014
(By Shenyang Region of Climate Center)

4.7　吉林省主要气象灾害概述

4.7.1　主要气候特点及重大气候事件

2014 年，吉林省年平均气温 6.1℃，较常年偏高 0.7℃（图 4.7.1）；年平均降水量 514.6 毫米，比常年偏少 16%（图 4.7.2）。春季气温和降水阶段性变化明显，气温比常年同期高 1.4℃，降水略多。夏季气温略高，降水较常年同期少 64%，为 1949 年以来历史同期最少。秋季气温略偏高，降水偏少，初霜接近常年，对贪青晚熟作物有一定的影响。2014 年气象灾害造成吉林省受灾人口 545.2 万人，农作物受灾面积 68.9 万公顷，其中绝收面积 11.8 万公顷；直接经济损失 117.2 亿元。2014 年为气象灾害偏重年。

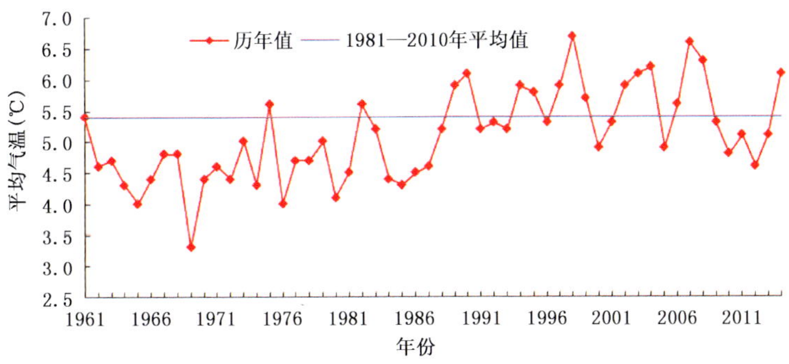

图 4.7.1　1961—2014 年吉林省年平均气温历年变化图(℃)
Fig. 4.7.1　Annual mean temperature in Jilin during 1961—2014(unit:℃)

4.7.2　主要气象灾害及影响

1. 干旱

2014 年 7 月 1 日至 8 月 25 日，吉林省平均降水量 157.8 毫米，较常年同期偏少 43%，其中通化市、白山市及长岭县等 13 县(市)突破历史同期少雨极值。受长时间少雨天气影响，全省 9 个市(州)

出现旱情，40 个县(市)出现旱灾(图 4.7.3)。据统计，2014 年干旱造成吉林省受灾人口 506.3 万人，农作物受灾面积 56.8 万公顷，绝收面积 9.7 万公顷，直接经济损失 104.8 亿元。

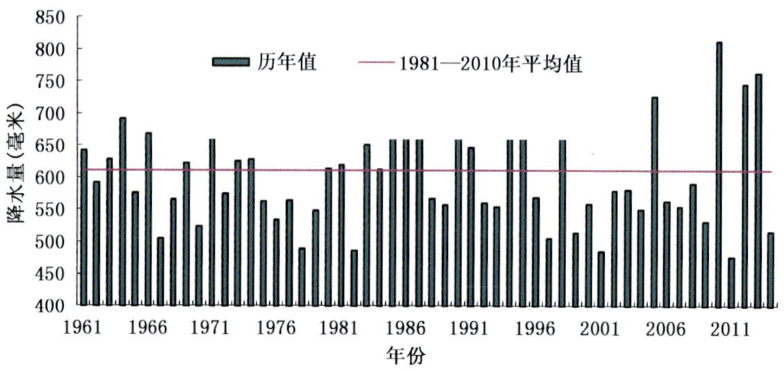

图 4.7.2 1961—2014 年吉林省年降水量历年变化图(毫米)
Fig. 4.7.2 Annual precipitation in Jilin during 1961－2014(unit:mm)

图 4.7.3 2014 年 8 月 11 日吉林省磐石县干旱灾害(磐石县气象局提供)
Fig. 4.7.3 Drought situation in Panshi County, Jilin Province on August 11, 2014 (By Panshi Meteorological Service)

2. 暴雨洪涝

2014 年受暴雨洪涝灾害影响，吉林省有 12 县市(次)受灾，受灾人口 9.4 万人，倒塌房屋 0.3 万间，损坏房屋 1.1 万间，农作物受灾面积 2.4 万公顷，绝收面积 0.6 万公顷，直接经济损失 5.5 亿元。

6 月 1—28 日和 7 月 11—18 日吉林省降水过程频繁，暴雨天气多发，导致部分地区遭受洪涝灾害。7 月 8 日，从内蒙古方向泄下两股山洪水至白城，造成 2.2 万人受灾，直接经济损失 4.0 亿元(图 4.7.4)。

图 4.7.4　2014 年 7 月 8 日吉林省白城市洪涝灾害(白城气象局提供)
Fig. 4.7.4　Floods on July 8, 2014 in Baicheng City, Jilin Province
(By Baicheng Meteorological Service)

3. 局地强对流

2014 年吉林省局地强对流天气造成 19 县市(次)受灾，受灾人口 24.9 万人，损坏房屋 0.3 万间，农作物受灾面积 8.9 万公顷，绝收面积为 1.4 万公顷，直接经济损失 6.3 亿元。

7 月 23 日 13 时 05 分至 13 时 30 分，德惠市出现冰雹，持续 25 分钟。据统计，此次灾害导致受灾人口 8582 人，直接经济损失 867 万元，受灾车辆近百台(图 4.7.5)。

图 4.7.5　2014 年 7 月 23 日吉林省德惠市遭受冰雹袭击(德惠气象局提供)
Fig. 4.7.5　Hail on July 23, 2014 in Dehui City, Jilin Province
(By Dehui Meteorological Service)

4. 低温冻害和雪灾

2014 年 3 月及 5 月吉林省出现暴雪和雨夹雪天气，并造成集安出现雪灾，辉南出现低温冻害。吉林省因低温冻害及雪灾影响导致 4.6 万人受灾，农作物受灾面积 0.8 万公顷，直接经济损失 0.6 亿元。客运公司有 51 个班次停运。

4.8 黑龙江省主要气象灾害概述

4.8.1 主要气候特点及重大气候事件

2014 年黑龙江省年平均气温 3.2℃，比常年偏高 0.2℃（图 4.8.1）；年降水量 568.2 毫米，比常年偏多 8%（图 4.8.2）。黑龙江省 2014 年 4 月降水偏少，为 1961 年以来历史同期最少，气温偏高，为 1961 年以来历史同期第 2 高；5 月降水偏多，为 1961 年以来历史最多；6 月气温偏高，为 1961 年以来历史第 2 高；12 月降水偏多，为 1961 年以来历史第 2 多。全年气象灾害共造成 257.4 万人受灾，死亡 11 人，农作物受灾面积 81 万公顷，绝收面积 11.4 万公顷，直接经济损失 55.8 亿元。总体评价，2014 年属气象灾害较轻年份。

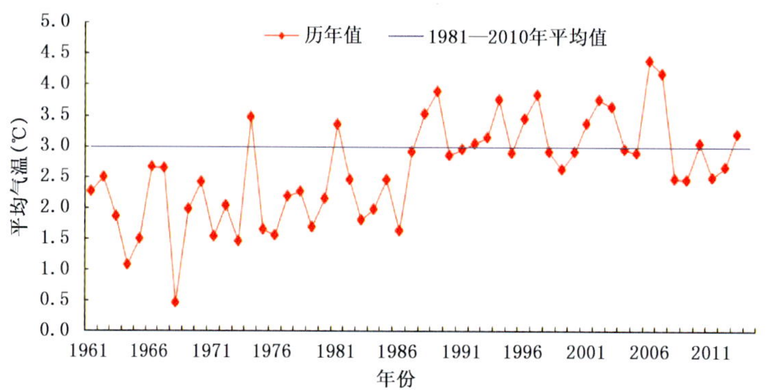

图 4.8.1 1961—2014 年黑龙江省年平均气温历年变化图(℃)

Fig. 4.8.1 Annual mean temperature in Heilongjiang during 1961—2014(unit:℃)

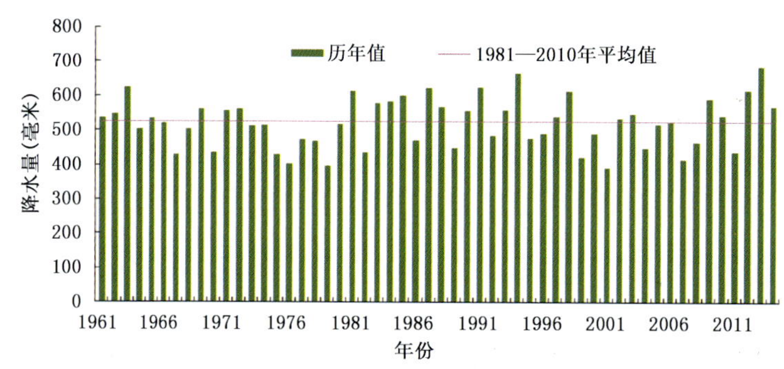

图 4.8.2 1961—2014 年黑龙江省年降水量历年变化图(毫米)

Fig. 4.8.2 Annual precipitation in Heilongjiang during 1961—2014(unit:mm)

4.8.2 主要气象灾害及影响

1. 暴雨洪涝

2014 年黑龙江省暴雨洪涝频发，全省有 13 个市(地)的 85 个县(市、区)发生洪涝灾害，造成受灾人口 139.9 万人，死亡 7 人，农作物受灾面积 51.3 万公顷，损坏房屋 2.7 万间，直接经济损失 38.9 亿元。2014 年夏季各月均出现多次强降雨过程，降水过程持续时间短、局地性强、强度大。6 月 27 日 16 时，七台河市勃利县 10 个乡镇遭受大雨袭击，降雨过程持续 2 小时，累计降雨量达 103 毫米，造成 2.6 万人受灾，死亡 3 人，农作物受灾面积 1.6 万公顷，直接经济损失 8036 万元(图 4.8.3)。

图 4.8.3　2014 年 6 月 27 日，暴雨洪涝导致黑龙江省勃利县农田、道路被淹
(黑龙江省勃利县气象局提供)
Fig. 4.8.3　Floods on June 27, 2014 in Boli County, Heilongjiang Province
(By Boli Meteorological Service)

2. 局地强对流

2014 年黑龙江省 12 个市(地)的 63 个县(市、区)发生局地强对流天气，造成受灾人口 49.8 万人，死亡 4 人，农作物受灾面积 23.5 万公顷，直接经济损失 8.5 亿元。2014 年风雹集中在 6 月和 7 月，发生频率高、影响范围广、灾害损失重。6 月 25 日 12 时，佳木斯富锦市 3 个乡镇的 22 个村遭受风雹袭击，风雹过程持续 30 分钟，最大冰雹直径 3 厘米，瞬时最大风力 10 级。

3. 雾霾

2014 年 10 月中下旬哈尔滨市区频繁出现雾霾天气，达到中度霾和重污染程度，部分区域的空气质量指数(AQI)峰值多日“爆表”。持续的雾霾天气给市民的工作和生活带来了影响，多个主要路段能见度低，高速公路封闭、航班延误、学校停课、呼吸道疾病患者增加。

4. 低温冷冻害和雪灾

2014 年黑龙江省 9 个市(地)的 27 个县(市、区)发生低温冷冻灾害，造成受灾人口 55.4 万人，直接经济损失 5.4 亿元。

2014 年 12 月黑龙江省降水偏多，为 1961 年以来历史同期第 2 多。11 月 30 日至 12 月 3 日，黑龙江出现寒潮天气，全省连续多日遭遇强降雪、大风袭击，鹤岗、鸡西、抚远、绥芬河、农垦宝泉岭、建三江管理局等多地发生灾情，大部地区累积雪量超过 10 厘米，抚远雪深超过 90 厘米。12 月 1 日 08 时至 12 月 2 日 08 时，伊春北部、三江平原中部和东部降暴雪，虎林降雪量达 29.1 毫米，抚远降雪量达 22.8 毫米。此次降雪天气造成受灾人口 1600 余人，直接经济损失 828 万元。暴雪天气还导致高速公路封闭、机场关闭、10 万学生停课(图 4.8.4)。

图 4.8.4　2014 年 12 月 1 日，黑龙江省抚远县发生特大暴雪
（黑龙江省抚远县气象局提供）
Fig. 4.8.4　Snow hazard on December 1, 2014 in Fuyuan County, Heilongjiang Province
(By Fuyuan Meteorological Service)

4.9　上海市主要气象灾害概述

4.9.1　主要气候特点及重大气候事件

2014 年上海市年平均气温为 16.8 ℃，比常年偏高 0.5 ℃，是 1961 年以来第 11 个最暖年，并已连续第 15 年高于常年平均值（图 4.9.1）；中心城区气温最高，年平均气温 17.4℃，比常年偏高 0.5℃，是有气象记录 142 年以来的第 14 个高值年；郊区在 15.7～17.1℃，崇明最低。冬季气温略高，春季和秋季气温偏高，夏季气温偏低。全市平均年降水量 1356 毫米，比常年偏多 14.8%（图 4.9.2）；各区县年降水量在 1253～1541 毫米，浦东最多，崇明、嘉定和宝山相对较少；冬季和夏季降水偏多，秋季降水略多，春季降水略少。2014 年上海市主要气象灾害有暴雨洪涝、台风、局地强对流和大雾。总体评价，上海市 2014 年属气象灾害很轻年份。

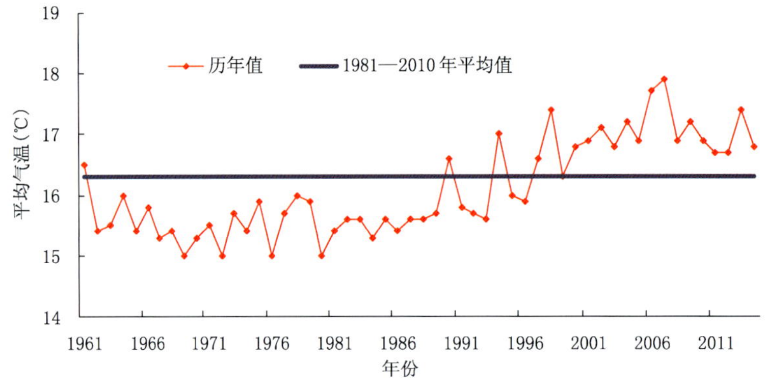

图 4.9.1　1961—2014 年上海市年平均气温变化图（℃）
Fig. 4.9.1　Annual mean temperature in Shanghai during 1961－2014 (unit: ℃)

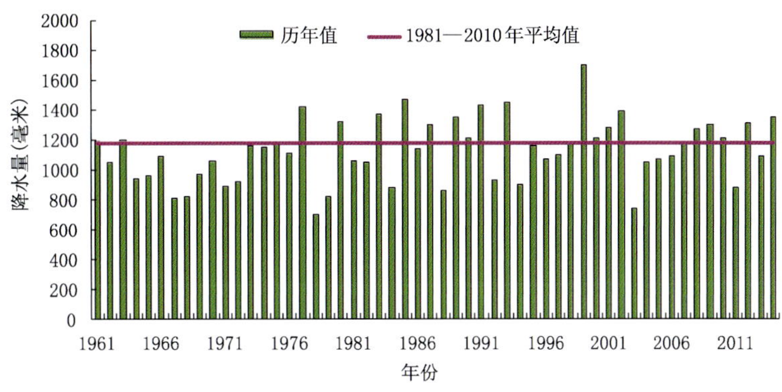

图 4.9.2 1961—2014 年上海市年降水量变化图(毫米)

Fig. 4.9.2 Annual precipitation in Shanghai during 1961—2014 (unit: mm)

4.9.2 主要气象灾害及影响

1. 暴雨洪涝

2014 年上海市平均暴雨日数(11 站平均)4 天,比常年偏多 1 天。暴雨洪涝主要出现在 6—9 月,以局地性强降水为主。暴雨造成近 50 户居民和一些企业及一些下立交积水,农田一度受淹,强降水还使上海虹桥和浦东两大机场 200 多个航班延误或备降其他机场。

2. 热带气旋

台风“凤凰”于 9 月 23 日上午 10 时 45 分在上海市奉贤区海湾镇沿海登陆。受其影响,22 日 20 时至 23 日 11 时,上海普降大雨到暴雨,降水主要集中在浦东新区和市区。台风“凤凰”造成浦东机场国际进出港航班延误 319 架次,取消航班 31 架次,改降虹桥等周边机场 3 架次。

10 月 12—13 日,受冷空气和台风“黄蜂”共同影响,上海长江口水域出现 8 级以上偏北大风,造成上海港全港 30 余艘船舶出入境(港)受阻。

3. 局地强对流

受强对流雷暴云团影响,2014 年上海市发生雷雨大风(并伴有龙卷风、冰雹)致灾 3 起,分别发生在宝山、崇明、奉贤。7 月 12 日,奉贤区出现雷雨大风,强风导致房屋轻微受损 234 户(图 4.9.3),21 条电线线路吹坏,一些行道树、交通信号灯被吹倒或吹歪(图 4.9.4),大风还使高空坠物造成 22 辆车辆受损。

2014 年上海市发生雷击致灾事件 4 起。7 月 12 日奉贤区气象局因遭雷击出现跳闸断电的情况,区域站探测设备部分因雷击损坏中断。8 月 8 日清晨金山区一下立交因雷击断电影响排水。8 月 24 日傍晚,市区、松江、嘉定等部分泵站遭雷击失电造成 3 个立交积水。9 月 1 日凌晨雷电造成崇明县绿化镇华新村城北 817 号的屋顶被击坏。

4. 大雾

2014 年 1—3 月及 11 月,上海市共出现 4 次大雾,造成上海虹桥机场、浦东机场至少 650 个航班延误或取消或备降其他机场,长江上海段近 160 艘船舶改变航行计划,水上轮渡一度停驶,多条高速公路一度临时封闭。

图 4.9.3 2014 年 7 月 12 日雷雨大风造成上海市奉贤区一旧厂房受损(上海市奉贤区气象局提供)

Fig. 4.9.3 A old factory building was damaged by thunderstorm in fengxian area of Shanghai on July 12, 2014(from Shanghai Fengxian Meteorological Service)

图 4.9.4 2014 年 7 月 12 日雷雨大风造成上海市奉贤区一交通信号灯被吹倒(上海市奉贤区气象局提供)

Fig. 4.9.4 A Traffic light was falled down by thunderstorm in fengxian area of Shanghai on July 12, 2014(from Shanghai Fengxian Meteorological Service)

4.10 江苏省主要气象灾害概述

4.10.1 主要气候特点及重大气候事件

2014 年，江苏省年平均气温 15.8℃，较常年偏高 0.5℃（图 4.10.1）；平均年降水量 1112.7 毫米，较常年略偏多（图 4.10.2）。年降水时空分布不均，除滨海偏少 2 成外，其他大部分地区接近常年或偏多 2～3 成。冬春季降水接近常年同期，夏季略偏多，秋季偏多，12 月降水显著偏少。

2014 年主要气象灾害有低温雨雪、大雾、台风、强对流、暴雨、低温连阴雨、干旱等。气象灾害造成全省 548.4 万人次不同程度受灾，农作物受灾面积约 55.4 万公顷，直接经济损失 14 亿元。2014 年，江苏省主要农作物及特色农业、旅游为较好的气候年景，水资源、海盐生产及交通等行业气候年景正常或正常略差。

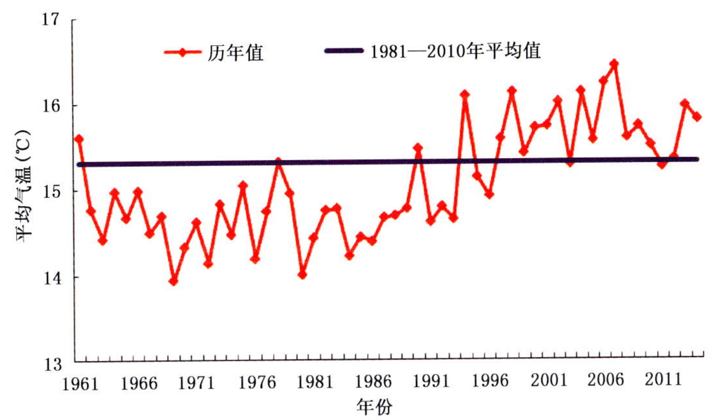

图 4.10.1　1961—2014 年江苏年平均气温历年变化图(℃)

Fig. 4.10.1　Annual mean temperature in Jiangsu during 1961－2014 (unit:℃)

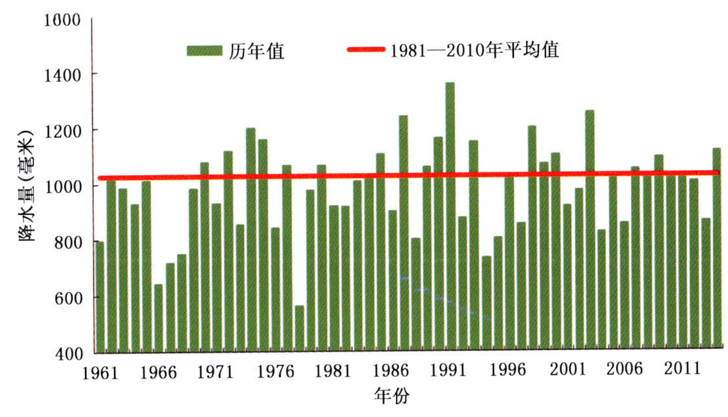

图 4.10.2　1961—2014 年江苏年降水量变化图(毫米)

Fig. 4.10.2　Annual precipitation in Jiangsu during 1961－2014 (unit:mm)

4.10.2 主要气象灾害及影响

1. 大雾

1 月，全省雾霾天气频繁出现，其中最为严重的是 18—19 日、25 日以及 29—30 日。受雾霾天气影响，高速公路封闭，公路班车晚点，航班延误。2月26日夜间至27日南通市出现区域性浓雾天气，高速公路G40和G15南通段27日凌晨关闭；皋张汽渡、通沙汽渡停航。4月9日05—06时，京沪高速宝应段出现团雾，发生多起车辆相撞事故。

2. 暴雨洪涝

暴雨洪涝共造成江苏省4.8万人受灾，农作物受灾面积0.2万公顷，直接经济损失0.2亿元。

8月7—8日，盐城东台、大丰、泰兴、南通出现暴雨到大暴雨，并伴有雷暴和短时大风天气，东台降雨量140.4毫米，大丰城区降雨量84.4毫米，其中大桥镇降雨量达221.2毫米，全镇农作物受淹。8月13日，盐城大丰和泰州姜堰、兴化普降暴雨至大暴雨、局部特大暴雨，造成部分农田短时积水，三龙镇、港区农作物受淹，直接经济损失约718万元。8月12—14日，兴化降水量达181毫米，14日凌晨出现短时强降水，造成直接经济损失2299万元。

3. 台风

受“麦德姆”台风影响，7月24—25日，全省各站降水量为1.7～236.7毫米，日降水量有8站达到大暴雨级别，16站达到暴雨及以上级别。全省各站极大风速为9.1～24.4米/秒。其中1站风力达到9级，2站风力达到8级及以上级别，25站风力达到7级及以上级别。台风造成江苏省16.2万人受灾，农作物受灾面积2.1万公顷，直接经济损失0.7亿元。

受台风“黄蜂”影响，10月12—13日，南通市普遍出现7级以上大风天气，最大风速出现在如东太阳沙达26.1米/秒。12日上午，大风造成苏州市相城区阳澄湖东路与相城大道口一块近百斤重的交通指示牌倒下，1人受伤。大风还造成通常汽渡临时停航，苏州2000名游客被滞留太湖三山岛。

4. 低温连阴雨

8月6日至9月18日，江苏省出现持续阴雨寡照天气，气温低、雨量多、日照少，为近年来罕见。期间，全省平均气温24.0℃，较常年同期偏低1.5℃，为1981年以来历史同期最低；全省平均降水量310.7毫米，比常年同期偏多6成，为1961年以来历史同期次多；全省平均日照时数比常年同期偏少5成，为1961年以来历史同期最少。持续阴雨寡照天气致使水稻生育进程延缓，对水稻丰产构成威胁，同时，还加重了水稻病虫害的发生。大面积发病以谷粒瘟为主，苏南、沿江、沿海地区部分田块褐飞虱虫量较高。泰州市因连阴雨共造成直接经济损失约2.4万元。

5. 干旱

6月中旬至7月中旬，淮北地区降水持续偏少，平均降水量56.8毫米，为1961年来历史同期最少。淮北大部分地区出现了中度以上气象干旱。干旱共造成江苏省475.1万人受灾，农作物受灾面积47.4万公顷，绝收约3.5万公顷，直接经济损失约10.2亿元。

4.11 浙江省主要气象灾害概述

4.11.1 主要气候特点及重大气候事件

2014年，浙江省平均气温17.6℃，比常年偏高0.4℃（图4.11.1）；年降水量1635.5毫米，比常年偏多1成（图4.11.2）。

全年气候异常多变。1月多雾霾天气；2月冷空气次数多，强度偏强，出现连阴雨雪过程，对人民生活生产等造成一定影响；3月19日出现大范围雷雨天气，台州、温州等地还出现冰雹，冰雹数量之多、雹体之密集均为近十几年来所少见；6月17日入梅，7月7日出梅，梅期20天，梅雨特征较明显，造成损失较大；8月出现了近半月之久的多雨寡照凉爽天气，历史罕见；8月18—20日出现大范围强降雨，瓯江发生了流域性洪水；9月台风"凤凰"路径怪异，登陆浙江省，造成一定损失；10月3日入秋后，气温异常偏高，气候燥热异常。全年浙江省累计受灾人口457.6万人，因灾死亡16人，紧急转移安置人口50.4万人；农作物受灾面积20.4万公顷，绝收面积1.4万公顷；房屋倒塌0.4万间，严重损坏房屋1.1万间；因灾造成直接经济损失58.0亿元。气象灾害总体偏轻。

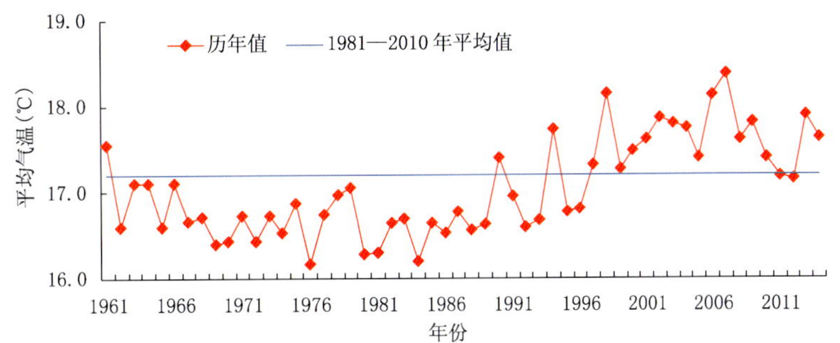

图4.11.1 1961—2014年浙江省年平均气温历年变化图(℃)

Fig. 4.11.1 Annual mean temperature in Zhejiang Province during 1961－2014(unit：℃)

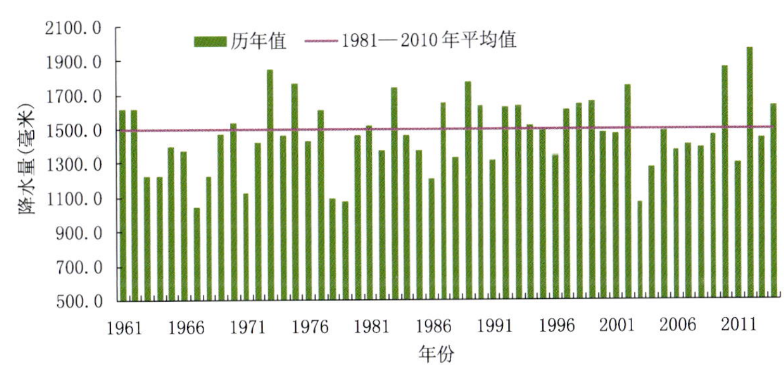

图4.11.2 1961—2014年浙江省年降水量历年变化图(毫米)

Fig. 4.11.2 Annual precipitation in Zhejiang Province during 1961－2014 (unit：mm)

4.11.2 主要气象灾害及影响

1. 暴雨洪涝

2014年，暴雨洪涝造成浙江省271.8万人受灾，因灾死亡5人，紧急转移安置12.7万人；农作物受灾面积13.5万公顷，绝收1.1万公顷；倒塌房屋0.3万间；直接经济损失45.0亿元，其中农业损失18.8亿元。

浙江省于6月17日入梅，入梅时间较常年推迟7天，7月7日出梅，出梅时间较常年提前3天。梅雨特征较明显，中南部雨量大于北部，中部雨量最大；短时雨强强、局地强对流天气多。

8月1—20日，浙江省各地区陆续出现连续阴雨天气，大范围的连阴雨过程主要从7日开始，持续到20日结束。降水集中区域为温州平阳和丽水云和地区，降水量均超过300毫米。多雨寡照凉爽天气为近60年来同期罕见。

2. 热带气旋

2014年，对浙江省造成影响的台风有三个，共造成浙江省受灾人口158.5万人，紧急转移安置32.9万人；农作物受灾面积5.7万公顷，绝收面积0.3万公顷；倒塌房屋200间，严重损坏200间；直接经济损失10.8亿元，其中农业损失7.2亿元。

第 16 号台风"凤凰"于 9 月 22 日 19 时 35 分登陆浙江省象山县鹤浦镇，登陆时近中心最大风力 28 米/秒(10 级)，中心气压 985 百帕。大风和暴雨对浙江省的农渔业造成较重影响，局部基础设施受损。台州、宁波、舟山等市局部地区发生小流域山洪和山体滑坡等灾害。

3. 低温冷冻害和雪灾

2014 年，浙江省因低温冷冻害和雪灾造成 10 人死亡，农作物受灾面积 0.7 万公顷，成灾面积 0.3 万公顷，直接经济损失 0.7 亿元。

2 月，影响浙江省的冷空气次数多，强度偏强，同时西南暖湿气流也偏强，冷暖气流的频繁交汇致使天气呈现显著的低温多雨寡照特征。连阴雨雪过程主要分为两个阶段：2 月 8—19 日、24—28 日。其中最长连阴雨过程发生在定海、石浦，为 19 天，从区域上看，浙中、浙南地区连阴雨雪天气较为严重。

4. 霾

2014 年，浙江省平均霾日数 69.7 天，比 2013 年少 14.2 天。多发区主要集中在杭州、嘉兴、宁波、金华部分地区，舟山、丽水、台州霾天气较少。轻微、轻度影响霾天气占霾日数的 78.3% 和 16.6%，中度和重度霾分别为 4.0% 和 1.1%，无严重霾。1 月是霾的多发期，也是中度以上霾的高发期，5—7 月未出现中度以上霾(图 4.11.3)。

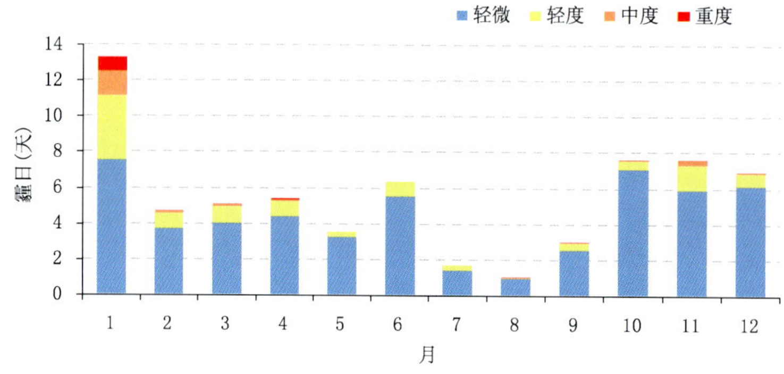

图 4.11.3 2014 年浙江省逐月霾日统计(天)

Fig. 4.11.3 Monthly haze days of Zhejiang Province in 2014(unit:d)

5. 寒潮

受强冷空气南下影响，浙江省 2 月 3—4 日发生一次明显的寒潮过程。大部分地区 48 小时平均气温下降 8～10℃，72 小时平均气温下降 11～14℃。这次寒潮主要影响范围为浙中北地区，其中绍兴、德清、萧山达到强寒潮标准。

6. 局地强对流

2014 年，浙江省因局地强对流造成 22.4 万人受灾，因灾死亡 1 人，因灾伤病 6 人，农作物受灾面积 0.5 万公顷，直接经济损失 1.5 亿元。

3 月 19 日，受冷暖气流共同影响，浙江出现大范围雷雨大风天气，台州、温州等地还出现了冰雹，洪家冰雹直径达 3.3 厘米；冰雹数量之多、雹体之密集均为近十几年来所少见。

4.12 安徽省主要气象灾害概述

4.12.1 主要气候特点及重大气候事件

2014 年，安徽省年平均气温 16.2℃，较常年偏高 0.3℃(图 4.12.1)。冬、春、秋三季气温偏高，其中春季气温偏高 1.3℃，为 1961 年以来历史同期第三高；而夏季偏低 0.9℃，为 2000 年以来历史同期最低。

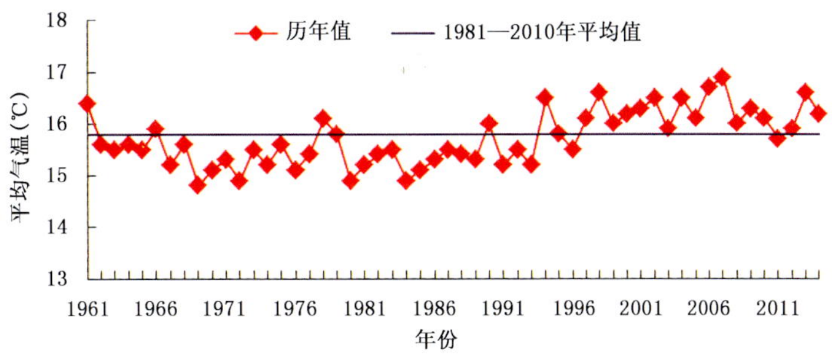

图 4.12.1　1961—2014 年安徽省年平均气温历年变化图(℃)
Fig. 4.12.1　Annual mean temperature in Anhui Province during 1961—2014(unit: ℃)

2014 年，安徽省平均年降水量 1285 毫米，较常年偏多近 1 成(图 4.12.2)。年内冬、春、夏三季降水量接近常年同期，秋季偏多 5 成，为 1986 年以来历史同期最多。江淮之间梅雨期偏短、梅雨量偏少，沿江江南梅雨期正常、梅雨量偏多。

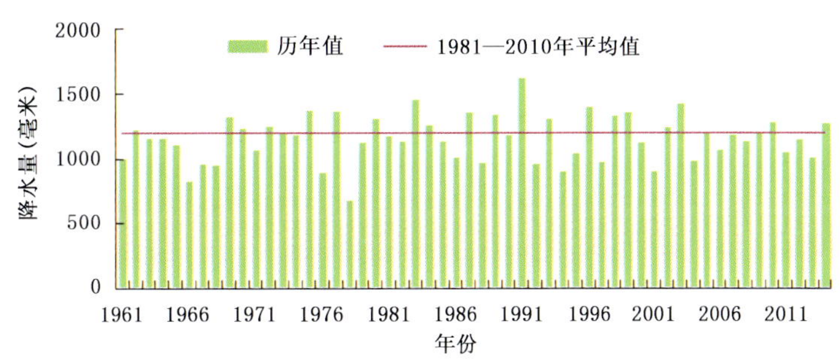

图 4.12.2　1961—2014 年安徽省年降水量历年变化图(毫米)
Fig. 4.12.2　Annual precipitation in Anhui Province during 1961—2014 (unit:mm)

2014 年，安徽省遭遇暴雨洪涝、干旱、低温雨雪、连阴雨、局地强对流、雾霾等灾害性天气气候事件。全省因气象灾害造成农作物受灾面积 64.1 万公顷，其中绝收面积 2.2 万公顷；受灾人口 1201.5 万人，因灾死亡 10 人；直接经济损失 29.4 亿元。全年灾损为 1996 年以来最轻。根据气候年景等级评估，2014 年安徽省属较好气候年景。

4.12.2　主要气象灾害及影响

1. 暴雨洪涝

梅雨期雨带集中在合肥以南，其间出现五次较强的降水过程(图 4.12.3)，7 月 4—5 日的降水过程最强，沿淮至江南中部 704 个乡镇累计降水量超过 100 毫米，30 个乡镇超过 250 毫米，最大降水量出现在桐城铜锣，达 326.9 毫米；5 日 34 个市县出现暴雨，范围之大居历史同期(7 月)第 3 位。强降水导致长江安徽段干、支流及流域主要湖泊水位全线上涨，多条河流超警戒水位。2014 年安徽省洪涝灾害总体偏轻，造成农作物受灾面积 26.9 万公顷，绝收面积 0.5 万公顷；受灾人口 470.4 万人，死亡人口 1 人；倒塌房屋 0.1 万间，损坏房屋 0.4 万间；直接经济损失 14.6 亿元。

图 4.12.3 2014 年 7 月 11 日，安徽省宿松县暴雨导致城区严重内涝（安徽省气象局提供）
Fig. 4.12.3 The severe waterlogging in Susong County of Anhui Province on July 11, 2014(By Anhui Meteorological Service)

2. 干旱

年内，沿淮淮北夏旱较为严重。6 月起沿淮淮北降水持续偏少，其中 6 月 2 日至 8 月 4 日平均降水量 140 毫米，为 1961 年以来历史同期最少；无降水日数 42～54 天，亳州、淮北和宿州为历史同期最多。受高温、少雨、蒸发量大的叠加影响，7 月初沿淮淮北气象干旱露头并发展，至 7 月 24 日程度最重。2014 年全省因干旱造成农作物受灾面积 28.3 万公顷，绝收面积 1.7 万公顷；受灾人口 593.6 万人，饮水困难人口 5.8 万人；直接经济损失 10.0 亿元，全部为农业损失。

3. 热带气旋

2014 年，影响安徽省的台风有"麦德姆"和"凤凰"，其中"麦德姆"影响较重。受其影响，7 月 23—25 日江淮中东部及沿江西部 197 个乡镇累计降水量超过 100 毫米，最大出现在全椒黄栗树水库，达 268.2 毫米；淮北东部和沿淮淮南大部有 7～8 级阵风，最大风速出现在石台（27 米/秒）。2014 年安徽省因台风风雨影响造成农作物受灾面积 3.8 万公顷，绝收面积 0.1 万公顷；受灾人口 68.9 万人，紧急转移安置人口 2.5 万人；倒塌房屋 0.1 万间；直接经济损失 2.8 亿元。

4. 低温雨雪

冬季多低温雨雪天气，气温起伏大。2 月出现四次雨雪过程，淮北中北部、大别山区及江南中部最大积雪深度超过 10 厘米；16—18 日积雪范围为全年最广，全省 72 个市县出现积雪，江淮及江南中部最大积雪深度超过 6 厘米，9 个市县达 10 厘米以上。2014 年全省因低温雨雪灾害造成农作物受灾面积 4.1 万公顷，绝收面积 100 公顷；受灾人口 62.5 万人；直接经济损失 1.6 亿元。

5. 连阴雨

春季及夏末秋初多连阴雨天气。4 月 11—27 日阴雨过程，全省平均累计降水量 139 毫米，为 1961 年以来历史同期最多；5 月 9—26 日江南累计降水量 100～282 毫米，大部分地区偏多 3 成至 1.3 倍。8 月 1 日至 9 月 30 日全省平均降水日数 32 天，较常年同期偏多 11 天，为 1961 年以来历史同期最多；全省平均降水量 302 毫米，较常年同期偏多 35%，尤其是沿淮淮北偏多 1～2 倍，以 8 月 31 日降水最强，江北 21 个市县超过 50 毫米，怀远（117.8 毫米）日降水量创本站 8 月历史极值。

连阴雨天气导致土壤持续过湿，农作物生育期推迟，部分减产，适温高湿环境导致病虫害发生发展。

6. 局地强对流

春夏季雷雨大风、冰雹等强对流时有发生。4 月 29 日和 7 月 17 日，砀山县和黄山市分别出现直径 9 毫米和 5 毫米的冰雹。7 月 11—12 日、8 月 5—7 日及 9 月 2 日淮河以南多雷雨大风天气，最大出现在潜山和石台(20 米/秒，7 月 12 日)。

年内雷击事故集中在 7 月上旬和 8 月下旬，共造成 7 人死死，1 人受伤。

2014 年，全省因强对流天气造成农作物受灾面积 0.98 万公顷；受灾人口 6.1 万人，因灾死亡 9 人(其中雷击死亡 7 人)；直接经济损失 0.4 亿元，受灾程度为近年来最轻。

7. 雾霾

2014 年，全省平均霾日数 76 天，为 1961 年以来最多。秋冬气候干燥，雾霾频发，以 1—3 月、6 月和 10—12 月持续时间长、影响范围广，对交通运输和人民生活造成不利影响。11 月 16—20 日，安徽省多雾霾天气，20 日灵璧最低能见度仅 20 米，合淮阜高速公路大雾诱发 70 多辆车连环追尾事故，2 人死亡，10 余人受伤。

4.13 福建省主要气象灾害概述

4.13.1 主要气候特点及重大气候事件

2014 年，福建省年平均气温 20.0℃，较常年偏高 0.5℃(图 4.13.1)；年平均降水 1672.7 毫米，较常年偏多 112.6 毫米(图 4.13.2)。冬季气温较常年偏低 0.6℃，出现 21 世纪第 3 个冷冬；雨季起止时间均偏早，历时偏长，降水偏多，降水强度位居 1961 年以来第 6 位；6 个台风登陆或影响福建，较常年略偏少；8 月无台风登陆或影响，且出现非台风引起的持续性强降水，均属历史少见；夏季气温两头高中间低，9 月气温较常年同期偏高 2.0℃，达历史极值；秋季气温异常偏高，温高雨少，中南部沿海夏秋连旱较重。

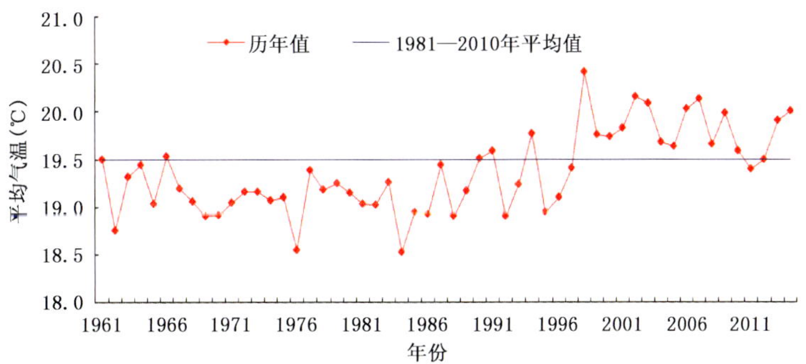

图 4.13.1　1961—2014 年福建省年平均气温历年变化图(℃)

Fig. 4.13.1　Annual mean temperature in Fujian Province during 1961—2014(unit: ℃)

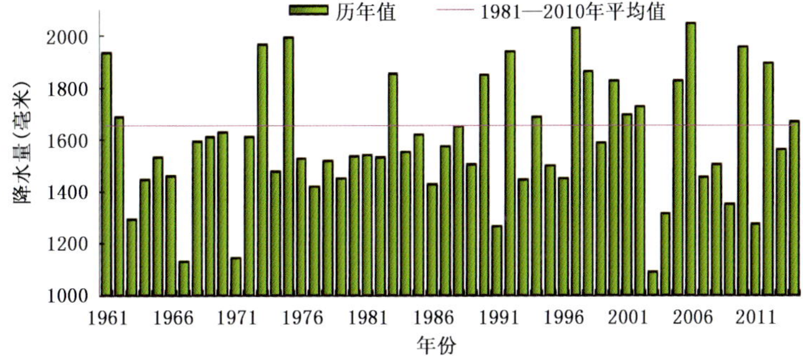

图 4.13.2　1961—2014 年福建平均年降水量历年变化图(毫米)

Fig. 4.13.2　Annual precipitation in Fujian Province during 1961—2014 (unit:mm)

年内气象灾害总体偏轻，以暴雨洪涝和台风灾害为主。暴雨洪涝灾害造成福建直接经济损失27.4亿元，南平、三明、宁德3市灾情较重；台风灾害主要由“麦德姆”和“海贝思”造成，直接经济损失16.5亿元，主要受灾地区为宁德、福州和漳州。全年主要气象灾害共造成福建155.8万人受灾，因灾死亡15人，失踪1人，直接经济损失44.7亿元。

4.13.2 主要气象灾害及影响

1. 暴雨洪涝

2014年，暴雨洪涝共造成福建省77.8万人受灾，15人死亡，1人失踪，直接经济损失27.4亿元。暴雨致灾直接经济损失占全年气象灾害总损失的61.3%。年内共出现22次暴雨过程，其中4次为持续性强降水过程，分别出现在4月22—26日、5月11—23日、6月15—24日和8月8—20日。

8月8—20日，福建出现罕见非台风引起的持续性强降水过程，降水持续时间长、影响范围广、局地雨强大，全省共有18个县(市)过程雨量大于250毫米，大部分县(市)过程雨量较历史同期偏多5成以上，沿海及内陆部分县(市)偏多2倍以上；闽江支流富屯溪、九龙江支流北溪出现超警戒水位洪水，内陆多地出现内涝，局部突发山洪和滑坡泥石流等地质灾害。暴雨导致全省20.1万人受灾，直接经济总损失6.3亿元。

2. 热带气旋

2014年，台风造成福建70.9万人受灾，直接经济损失16.5亿元；宁德、福州、漳州3市受灾相对较重；台风造成直接经济损失占全年气象灾害总损失的36.9%。

年内共有6个台风登陆或影响福建，其中台风“麦德姆”登陆。台风灾害主要由“海贝思”和“麦德姆”造成，台风“海贝思”(热带风暴级)给福建中南部造成严重洪涝灾害；登陆台风“麦德姆”(强台风级)强度强，造成的风雨大、影响范围广，福建多地江河城市出现洪涝，受灾严重(图4.13.3)。

图4.13.3 “麦德姆”致连江洪灾严重(连江县气象局提供)

Fig. 4.13.3 Lianjiang County submerged by rainstorm from typhoon “Matmo” (By Lianjiang Meteorological Service)

3. 局地强对流

2014年，共出现5次强对流天气过程，造成6.7万人受灾，农作物受灾面积2700公顷，直接经济损失8000万元。

3月26—31日，福建连续多日出现大范围强雷电、雷雨大风和短时强降水等强对流天气，全省共6.23万人受灾，直接经济损失7529.6万元。26—29日中北部部分乡镇遭受雹灾，内陆多地出现冰雹，建瓯玉山最大冰雹直径达5～6厘米；28日午后至夜间，内陆及其他地区出现8级、局部11～12级的雷雨大风，清流局地出现强龙卷风。

4. 低温冷害

2014年，共出现9次强冷空气过程，其中6次为寒潮过程。2月7—10日全省出现大范围低温阴雨(雪)天气过程，最低气温过程降温幅度在西部和北部地区达9～12℃，部分县(市)超过12℃，28个县(市)出现寒潮天气；9日下午至11日上午，南平、宁德、三明、龙岩有23个县(市)的气象站观测到雨夹雪或雪，部分县(市)出现积雪；雪灾造成建宁县4300人受灾、农作物受灾面积1231公顷，直接经济损失约93万元。

4.14 江西省主要气象灾害概述

4.14.1 主要气候特点及重大气候事件

2014年，江西省平均气温18.8℃，较常年偏高0.7℃，居历史第4高位(图4.14.1)，中南部有12个县(市)平均气温创新高；全省年降水量为1697.6毫米，接近常年(1675毫米)略偏多(图4.14.2)。年内冬、春、秋季气温偏高，其中秋季为历史同期第2高位，夏季气温略偏低。降水量在春、夏季偏多，秋季偏少，冬季正常。

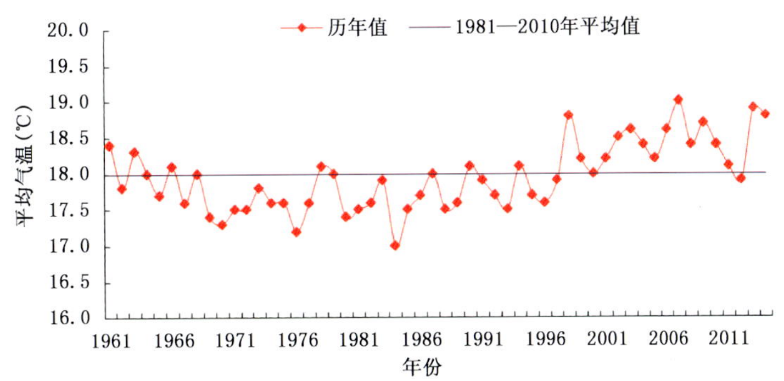

图4.14.1　1961—2014年江西省年平均气温历年变化图(℃)
Fig. 4.14.1　Annual mean temperature in Jiangxi Province during 1961—2014(unit: ℃)

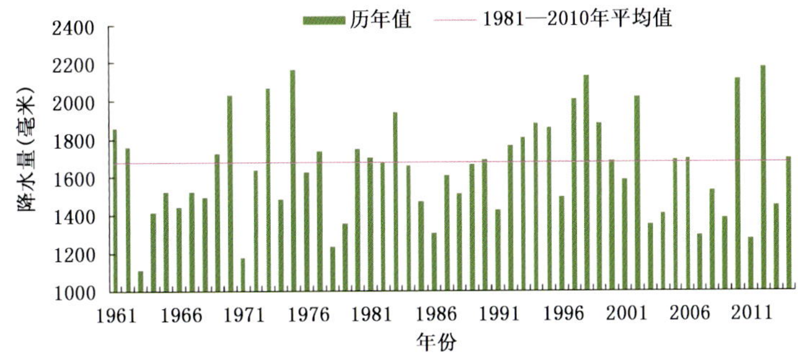

图4.14.2　1961—2014年江西省年降水量历年变化图(毫米)
Fig. 4.14.2 Annual precipitation in Jiangxi Province during 1961—2014 (unit:mm)

年内，江西主要气象灾害有暴雨洪涝、风雹、雷电、热带气旋、雨雪冰冻、大雾、霾等，其中暴雨洪涝及其引发的山体滑坡、泥石流等次生灾害最为严重，造成的直接经济损失占全部气象灾害直接经济损失的 77 %，但没有出现流域性的洪涝灾害。年内灾害性天气过程呈阶段性、局地性特征，且短时雨强特别大，局部洪涝、山洪地质灾害伤亡严重；7—8 月份全省雷电灾害频发，伤亡人员多。

全年各种气象灾害或因气象灾害而引发的次生灾害导致全省 634.2 万人受灾，因灾死亡 57 人；紧急转移安置 47.0 万人，需救助 21.4 万人；农作物受灾面积 48.7 万公顷，其中成灾 32.8 万公顷，绝收 4.7 万公顷；倒塌房屋 1.8 万间，损坏房屋 7.3 万间；直接经济损失 72.8 亿元，其中农业损失 38.2 亿元。总体来看，2014 年气象灾害属于偏轻年份，农业气象年景总体为丰产年景。

4.14.2 主要气象灾害及影响

1. 暴雨洪涝

江西省春、夏季暴雨过程频繁，先后出现了 16 次不同程度的暴雨、强降水过程，其中主汛期（4—6 月）出现 10 次。据统计，全年洪涝灾害（含山体崩塌、滑坡、泥石流）共造成全省 511.1 万人受灾，死亡 18 人，紧急转移安置 42.2 万人；农作物受灾面积 38.1 万公顷，绝收面积 3.5 万公顷；倒塌房屋 1.5 万间，损坏房屋 5.5 万间；直接经济损失 54.9 亿元。

2. 热带气旋

2014 年对江西影响大的热带气旋主要是 7 月下旬的台风“麦德姆”。受“麦德姆”及其外围影响，从 23 日夜间开始江西中北部部分地区出现了暴雨和大暴雨，德安县局部乡镇还出现了特大暴雨（图 4.14.3）。受此影响，南昌、九江、鹰潭等 7 市 38 个县（区、市）52.0 万人受灾，6 人死亡，4.1 万人紧急转移安置，2.8 万人需紧急生活救助；近 1000 间房屋倒塌，近 7000 间不同程度损坏；农作物受灾面积 3.5 万公顷，其中绝收 6800 公顷；直接经济损失 12.2 亿元。灾情以九江市德安县最为严重。

图 4.14.3 2014 年 7 月 24 日，台风麦德姆导致德安县丰林镇遭受洪涝灾害（德安县气象局提供）
Fig. 4.14.3 De'an County in Jiangxi Province suffered flood disaster on July 24, 2014 (By De'an Meteorological Service)

3. 局地强对流

年内，出现强对流灾害的时段主要在 3 月和 7—8 月，全年因风雹灾害造成全省 34.2 万人受灾，1 人死亡，紧急转移安置 6777 人，需紧急生活救助近 4000 人；农作物受灾面积 4.2 万公顷，绝收面积 4400 公顷；倒塌房屋 1137 间，损坏房屋 1.1 万间；直接经济损失 4.6 亿元。

2014 年，江西省共发生雷灾事故 3960 起，死亡 32 人，受伤 13 人，其中农村死亡 29 人，直接经济损失 10 多亿元。7—8 月，江西大部地区有 40～50 天的雷电发生，雷电灾害较常年同期明显偏多。

4. 低温冷冻害和雪灾

2014 年，江西共出现 3 次雨雪冰冻过程，均发生在 2 月。其中 2 月上旬末出现的年内首场降雪天气过程最为严重，带来的大风、雨雪、冰冻等天气给全省农业、春运交通、居民生活等造成了一定影响。全省低温冷冻和雪灾造成 36.9 万人受灾，农作物受灾面积 2.8 万公顷，直接经济损失 1.1 亿元。

5. 高温热浪

2014 年，江西省年均高温日数为 31.6 天，较常年偏多 2.7 天，是 2005 年以来高温日数最少的一年。高温日数分布不均，南多北少，赣南有 9 个县(市)高温日数创新高，而赣北则出现少有的凉夏。

6. 干旱

2014 年，江西省干旱受灾面积较常年偏少，但区域性和阶段性干旱依然严重。各地达到中旱以上的日数大多为 10～30 天，北少南多。年内干旱主要出现在中南部，干旱时间出现在 9 月中旬至 11 月上旬。

4.15 山东省主要气象灾害概述

4.15.1 主要气候特点及重大气候事件

2014 年，山东省年平均气温 14.4℃，较常年偏高 1.0℃，为 1951 年以来历史最高值(图 4.15.1)；平均年降水量 516.8 毫米，较常年偏少 19.4%(图 4.15.2)。冬、春、秋季气温偏高，夏季气温略偏低；冬、春、夏季降水量均偏少，秋季偏多。主要天气气候事件包括：上半年气温偏高明显，夏季旱情较重；台风“麦德姆”登陆半岛，部分缓解旱情；春季高温干燥，森林火灾多发，春末局部地区遭受干热风灾害；半岛春季出现暴雨，多地降水突破极值；9 月日照时数历史最少，连阴雨影响作物生长；冬春季雾、霾较多；12 月半岛出现多次降雪。总体来看，2014 年山东省气象灾害影响程度一般，气候年景属中等偏好年份。

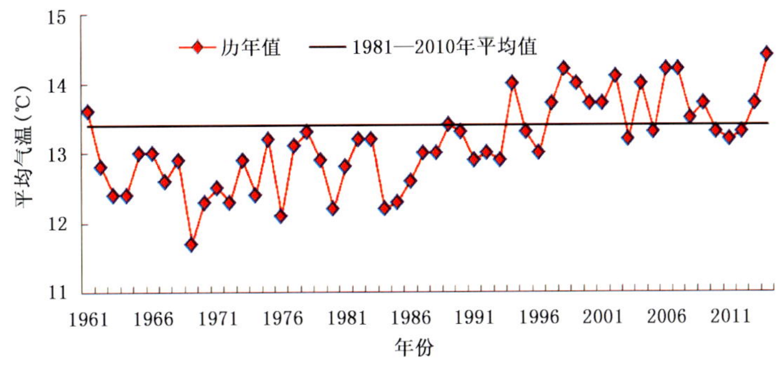

图 4.15.1 1961—2014 年山东省年平均气温历年变化图(℃)

Fig. 4.15.1 Annual mean temperature in Shandong Province during 1961—2014(unit: ℃)

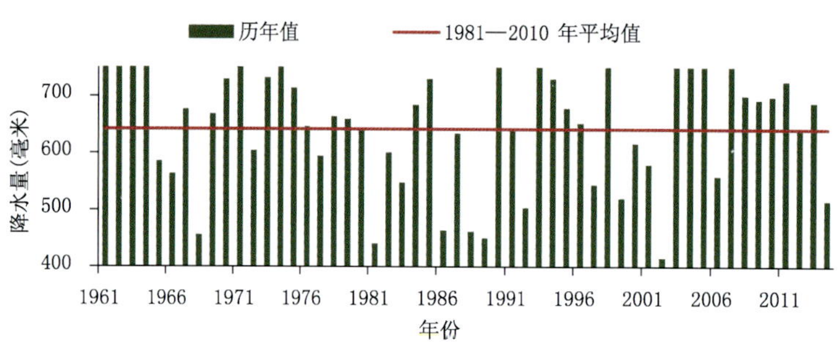

图 4.15.2 1961—2014 年山东省平均年降水量历年变化图(毫米)
Fig. 4.15.2 Annual precipitation in Shandong Province during 1961－2014(unit:mm)

2014 年,山东省先后发生干旱、风雹、暴雨洪涝、台风等多种气象灾害,全年受灾人口 958.5 万人,因灾死亡 5 人、伤病 1835 人,紧急转移安置 1.5 万人,因旱饮水困难需救助人口 26.1 万;农作物受灾面积 88.6 万公顷,成灾面积 59.8 万公顷,绝收面积 7.7 万公顷;倒塌房屋 911 间,严重损坏房屋 1169 间,一般损坏房屋 7582 间;直接经济损失 82.1 亿元,其中农业损失 78.6 亿元。

4.15.2 主要气象灾害及影响

1. 干旱

夏季,山东省平均降水量较常年同期偏少 34.6%,6 月 21 日至 7 月 23 日,山东省平均降水量仅 66.6 毫米,较常年同期偏少 58%,为历史同期最少值;8 月降水量 64.6 毫米,较常年同期偏少 57%。持续干旱少雨导致山东半岛、鲁中和鲁东南等部分地区人畜饮水困难,农作物严重减产(图 4.15.3)。全省共有 12 市 26 个县(市、区)的 435 个乡镇(街道)不同程度受灾,受灾人口 751.9 万;农作物受灾面积 68.9 万公顷,成灾面积 48.3 万公顷,绝收面积 6.0 万公顷;直接经济损失 51.0 亿元,其中农业损失 50.6 亿元。

图 4.15.3 2014 年 8 月 20 日滨州干旱(滨州市气象局提供)
Fig. 4.15.3 The drought attacked Binzhou on August 20,2014
(by Binzhou Meteorological Service)

2. 强对流天气

5—8 月，山东省共发生风雹灾害过程 8 次，涉及 14 个市 32 个县(市、区)的 98 个乡镇(街道)，大风冰雹造成农作物大面积倒伏、减产，部分房屋和电力设施受损，局部损失严重。山东省风雹灾害受灾人口 64.4 万，因灾死亡 5 人，紧急转移安置 314 人；农作物受灾面积 5.8 万公顷，成灾面积 4.0 万公顷，绝收面积 1.4 万公顷；倒塌房屋 102 间，严重损坏房屋 696 间；直接经济损失 22.5 亿元，其中农业损失 21.6 亿元。

3. 热带气旋

7 月 25 日，第 10 号台风"麦德姆"于荣成市虎山镇登陆，胶州过程降水量最大为 252.8 毫米，福山、烟台、牟平、莱西的降水量突破当地历史极值。台风降水解除了山东半岛、鲁东南部分地区的持续旱情，同时也使大量农作物受灾，部分房屋和道路等基础设施受损。全省 54.2 万人受灾，因灾伤病 1830 人，紧急转移安置 7444 人；农作物受灾面积 7.4 万公顷，成灾面积 4.5 万公顷，绝收面积 2430 公顷；倒塌房屋 632 间，严重损坏房屋 292 间；直接经济损失 6.1 亿元，其中农业损失 4.2 亿元。

4. 暴雨洪涝

汛期，山东共出现 16 次区域性暴雨天气过程，洪涝灾害损失总体较往年偏轻。全省共有 5 市 12 个县(市、区)的 93 个乡镇(街道)不同程度受灾，受灾人口 85.6 万，紧急转移 6894 人；农作物受灾面积 6.6 万公顷，成灾面积 2.5 万公顷，绝收面积 500 公顷；倒塌房屋 177 间，严重损坏房屋 181 间；直接经济损失 2.4 亿元，其中农业损失 1.6 亿元。

4.16 河南省主要气象灾害概述

4.16.1 主要气候特点及重大气候事件

2014 年，河南省年平均气温 15.4℃，较常年偏高 0.7℃，为 1961 年以来次暖年份，仅次于 1998 年，与 1961、1999、2006 和 2013 年并列(图 4.16.1)。年内各月平均气温除 2、8、9 月较常年偏低，其余各月均偏高，其中 3 月份异常偏高 3.4℃。

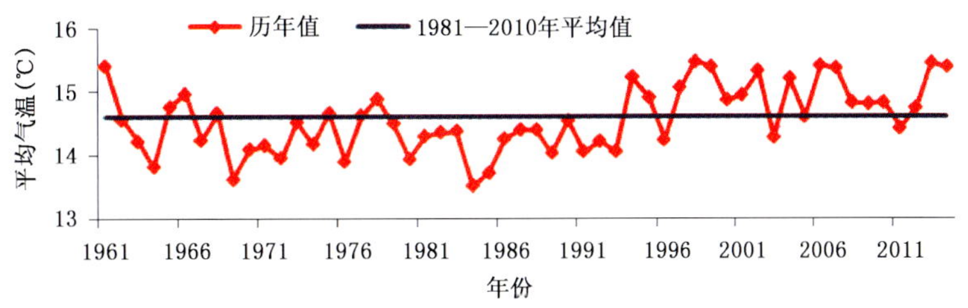

图 4.16.1 1961—2014 年河南省年平均气温历年变化图(℃)
Fig. 4.16.1 Annual mean temperature in Henan Province duing 1961—2014(unit: ℃)

2014 年，河南省平均年降水量 696.1 毫米，较常年偏少 5%(图 4.16.2)，为降水正常年份。年内 2、4、9、11 月降水量较常年偏多，其余各月偏少。

2014 年，河南省平均年日照时数 1786.0 小时，较常年偏少 211.6 小时，已连续 10 年少于常年值(图 4.16.3)。年内 3、5、7、12 月日照时数较常年偏多，其余各月均偏少。

2014 年河南省主要气候事件有：春、夏两季出现了不同程度的阶段性干旱，其中夏旱为 1951 年以来最严重；春运期间出现强降雪；春、夏出现阶段性大范围高温天气；春、夏局地遭遇大风、冰雹等强对流天气袭击；夏、秋局地发生暴雨洪涝灾害；9 月出现大范围连阴雨；雾霾天气频现。年内除夏

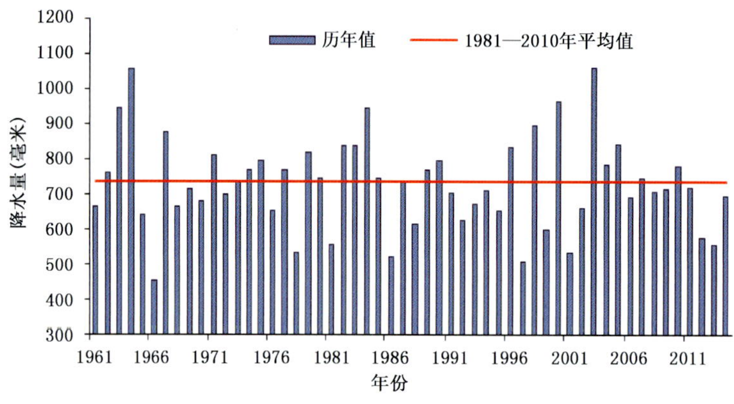

图 4.16.2　1961—2014 年河南省平均年降水量历年变化图(毫米)
Fig. 4.16.2　Annual precipitation in Henan Province during 1961—2014(unit:mm)

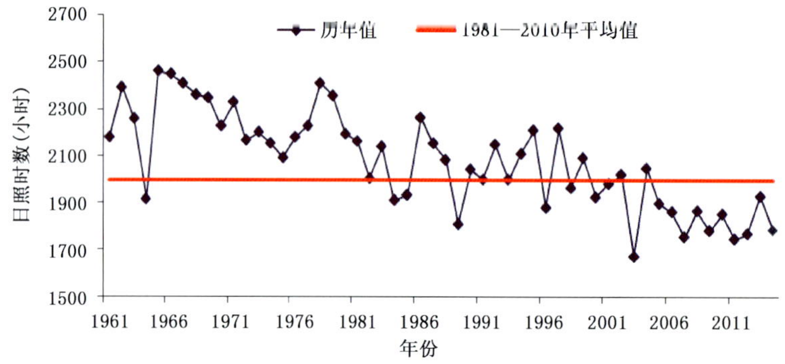

图 4.16.3　1961—2014 年河南省平均年日照时数历年变化图(小时)
Fig. 4.16.3　Annual mean sunshine hours in Henan Province during 1961—2014(unit: h)

季发生严重干旱外,未出现其他大范围严重气象灾害,但区域性、阶段性气象灾害时有发生。冬小麦生长关键期未出现严重的气象灾害,获得了丰收,而夏玉米及棉花由于生育期内出现干旱及连阴雨灾害,产量有所减少。

4.16.2　主要气象灾害及影响

2014 年,河南省因气象灾害造成农作物受灾面积 190.5 万公顷,绝收面积 21.0 万公顷,受灾人口 2491 万人次,因灾死亡人口 7 人,直接经济损失 118.7 亿元。总体来看,2014 年河南省气象灾害造成的影响较常年偏轻。

1. 干旱

2014 年春季和夏季出现了不同程度的阶段性气象干旱,干旱时段主要出现在 3 月至 4 月上旬、6 月至 8 月,其中 6 月至 8 月中旬,河南省平均降水量仅 166 毫米,较常年偏少 54%,为 1951 年以来最少,为近 63 年来最严重夏旱(图 4.16.4)。2014 年河南省农作物因旱受灾面积 180.9 万公顷,其中绝收面积 20.4 万公顷,受灾人口 2365.3 万人次,饮水困难人口 147.4 万人次,直接经济损失 110.6 亿元。与常年相比,干旱灾害为偏重年份。

2. 强降雪

2 月 4—7 日,河南省出现一次强降雪过程,大部分县(市)降雪量在 10 毫米以上。河南省共有 12 站的最大积雪深度达到或突破 2 月历史极值,其中焦作站积雪深度达 20 厘米为河南省最大。此时正值春节假期返程高峰,对春运期间的交通运输造成了严重影响。2014 年河南省农作物因雪灾

图 4.16.4 2014 年 7 月新野县受干旱影响的玉米(新野气象局提供)
Fig. 4.16.4 The drought-affected corn of Xinye County in July 2014(By Xinye Meteorological Service)

和低温冻害受灾面积 0.99 万公顷,受灾人口 10.5 万人次,直接经济损失 0.3 亿元。与常年相比,雪灾和低温冷冻灾害为偏轻年份。

3. 高温

7 月,河南省平均高温日数 8.5 天,较常年同期偏多 3.5 天。7 月 21 日,河南省 111 个监测站最高气温均在 35℃以上,95 站在 37℃以上,25 站在 40℃以上,高温天气导致空调等大功率电器使用率高,开机时间长,用电量增加,当日河南电网最高用电负荷首次突破 5000 万千瓦,达到 5007 万千瓦,刷新历史纪录。8 月初河南省气温持续升高,8 月 4 日,河南省 109 个站出现 35℃以上高温天气,卢氏、偃师、宝丰 3 个站的日最高气温突破 8 月历史极值,此次极端高温天气加速了地面蒸散及土壤失墒,使得河南省旱情更为严峻。

4. 大风、冰雹

年内,河南省因风雹造成农作物受灾面积 3.8 万公顷,其中绝收面积 0.3 万公顷,受灾人口 51.4 万人次,5 人因灾死亡,直接经济损失 3.8 亿元(图 4.16.5 和图 4.16.6)。与常年相比,风雹灾害为偏轻年份。

5. 暴雨洪涝

8 月 31 日至 9 月 1 日,河南省南部、东南部出现暴雨过程,局部降水量超过 100 毫米,强降水造成信阳市郊区、光山、新县等局部地区发生山洪泥石流,导致道路、桥梁损毁、房屋倒塌、农作物受灾。年内,河南省因洪涝造成农作物受灾面积 4.8 万公顷,其中绝收面积 0.4 万公顷,造成直接经济损失 4 亿元。与常年相比,洪涝灾害为偏轻年份。

5. 连阴雨

9 月河南省共有 105 个站出现连阴雨过程,黄淮之间大部地区连阴雨日数超过 10 天,局部达 15 天,其中武陟、新安等 12 个站连阴雨日数达到或突破历史极值(图 4.16.7)。持续阴雨寡照的天气对夏玉米、淮南一季稻的灌浆攻籽、大豆结荚鼓粒及棉花的裂铃吐絮产生不利影响。

7. 雾霾

2014 年河南省平均雾日数 19.5 天,比常年偏少 2.5 天,比 2013 年偏多 1.9 天;霾日数 41.3 天,比 2013 年偏多 9.6 天,比 2013 年偏少 4.8 天(图 4.16.8)。1 月份为河南省雾霾最严重的月份,持续雾霾天气导致河南高速公路多次封闭,交通事故频发。

图 4.16.5　7 月 14 日风雹(西峡气象局提供)
Fig. 4.16.5　Hail disasters 0n July 14 (By Xixia Meteorological Service)

图 4.16.6　7 月 29 日风雹(固始气象局提供)
Fig. 4.16.6　Hail disasters 0n July 29 (By Gushi Meteorological Service)

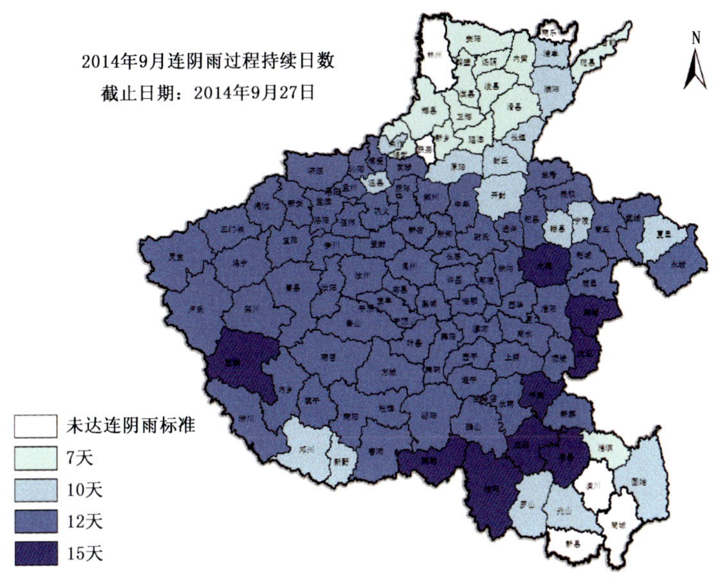

图 4.16.7　9 月连阴雨过程持续日数分布

Fig. 4.16.7　Distribution of the continuous rainy days in September

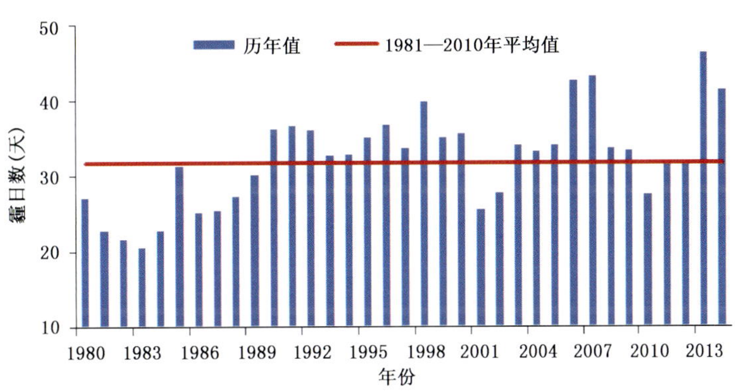

图 4.16.8　1980—2014 年河南省平均霾日数历年变化图(天)

Fig. 4.16.8　The interannual variability of Haze days of Henan Province from 1980 to 2014 (unit: d)

4.17　湖北省主要气象灾害概述

4.17.1　主要气候特点及重大气候事件

2014 年湖北省年平均气温 16.7℃，较常年略偏高(图 4.17.1)，年平均降水 1163 毫米，较常年偏少(图 4.17.2)。入春早，入秋迟。入梅(6 月 25 日)、出梅(7 月 20 日)偏晚，梅雨强度基本正常。年内主要气候事件有：冬季为弱暖冬，1 月气温异常偏高，2 月出现明显低温雨雪冰冻，初雪日(2 月 4 日)为 1961 年来最晚；春季气温偏高，冷暖起伏大，3 月气温异常偏高，4 月发生重度低温连阴雨；夏季气温较常年同期偏低 0.8℃，鄂东大部显著偏低，出现历史少见凉夏。主汛期降水总体偏少，洪涝灾害较轻，鄂北、鄂中出现伏旱；秋季 3 段连阴雨，出现同期少见区域性暴雨。

年内干旱、暴雨及气象地质灾害、强对流、雪灾及低温冷冻、连阴雨灾害突出，共造成 982.8 万人受灾，23 人死亡，1 人失踪；农作物受灾 105.9 万公顷，绝收 7.3 万公顷；直接经济损失 67.9 亿元，受灾为 2008 年以来最轻，总体评价属气象灾害偏轻年份。

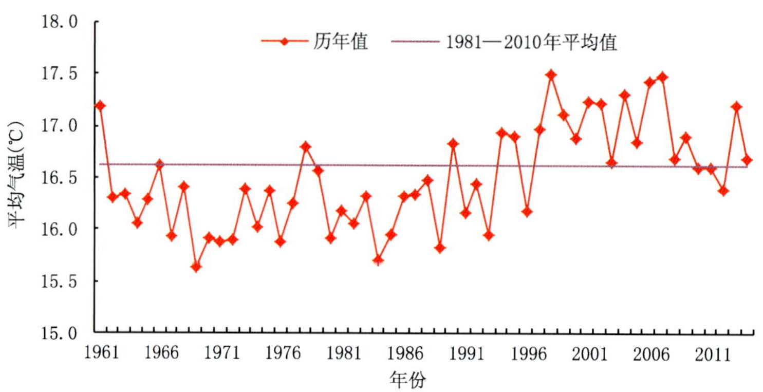

图 4.17.1　1961—2014 年湖北省年平均气温历年变化图(℃)

Fig. 4.17.1　Annual mean temperature in Hubei Province during 1961—2014(unit: ℃)

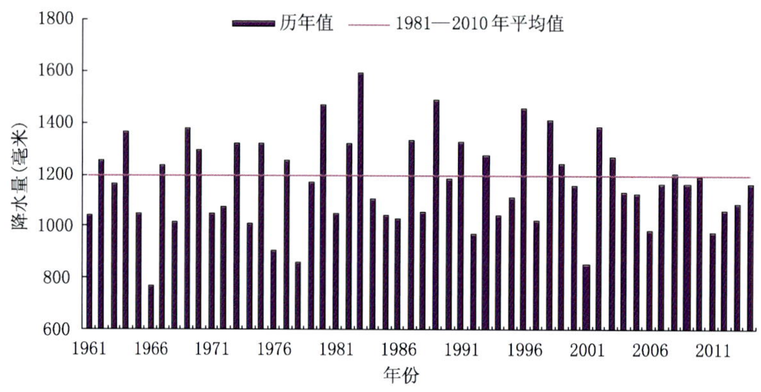

图 4.17.2　1961—2014 年湖北省年降水量历年变化图(毫米)

Fig. 4.17.2　Annual precipitation in Hubei Province during 1961—2014 (unit:mm)

4.17.2　主要气象灾害及影响

1. 干旱

2014 年 5—7 月鄂北岗地、鄂中丘陵等地降水持续偏少 3～8 成，旱象呈现；出梅后天气晴热，伏旱发展较快；8 月 9 日鄂北岗地、鄂中丘陵出现重度及以上气象干旱，其中重特旱达 13 站，1356 座水库死水位以下。湖北因干旱造成 522.5 万人受灾，97.5 万人饮水困难，农作物 63.4 万公顷受灾、2.2 万公顷绝收，直接经济损失 23.1 亿元。

2. 暴雨洪涝及气象地质灾害

2014 年，湖北省共出现 11 次区域性暴雨过程，其中 10 月 28—30 日出现的暴雨过程共影响 55 县市，范围为年内最广。8 月 31 日—9 月 2 日、7 月 2—5 日暴雨过程强度强、灾害重(图 4.17.3)，直接经济损失分别达 7.86 亿和 4.24 亿元。此外，鄂西山区地质灾害频发，灾情严重。9 月 27 日宣恩县珠山镇园艺村 2 组突发地质滑坡致 7 人死亡。全年湖北省因暴雨洪涝及地质灾害等造成 338.3 万人受灾，农作物 29.4 万公顷受灾、3.6 万公顷绝收，死亡 13 人(其中气象地质灾害 9 人，未包括 9 月 27 日宣恩滑坡死亡 7 人)，失踪 1 人，直接经济损失 38.5 亿元。

图 4.17.3　2014 年 7 月 4 日湖北省通城县遭受暴雨洪涝灾害(湖北省气象局提供)
Fig. 4.17.3　Tongcheng County in Hubei Province suffered flood disaster on July 4, 2014
(By Hubei Meteorological Bureau)

3. 局地强对流

2014 年全省强对流灾害出现频次较高,以雷雨大风为主。5 月 1 日晚,襄阳市襄州区、宜城市等地遭遇大风天气,并伴有冰雹和雷电,致 2 人死亡。7 月 18 日、7 月 23—24 日,湖北中南部、西部分别出现范围广、强度大的雷雨大风天气,直接经济损失 0.89 亿元。强对流灾害共造成湖北 35.8 万人受灾、10 人死亡(含雷击 7 人),农作物 4.9 万公顷受灾、0.4 万公顷绝收,直接经济损失 2.8 亿元。

4. 雪灾和低温冷冻害

2014 年湖北省冬季 4 次大范围雨雪冰冻过程均出现在 2 月,共 71 站积雪,9 站超过 5 厘米,最大积雪深度 9 厘米。据统计,2014 年全省因低温冷冻和雪灾造成 86.2 万人受灾,农作物 8.3 万公顷受灾、1.1 万公顷绝收,直接经济损失 3.5 亿元。

5. 连阴雨

4 月中旬至 5 月中旬湖北大部中至重度连阴雨,为历史 4 月同期最重。秋季 3 次阶段性连阴雨与区域性强降水并发。9 月 8—19 日省内大部连阴雨,10 月 16—21 日鄂西连阴雨,11 月 22—30 日全省性连阴雨,对在田作物生长带来不利影响。连阴雨灾害共造成 4.34 万人受灾,直接经济损失 0.24 亿元。

4.18　湖南省主要气象灾害概述

4.18.1　主要气候特点及重大气候事件

2014 年湖南省年平均气温 17.9℃,较常年偏高 0.5℃,为 1951 年以来第 6 高位(图 4.18.1);2014 年湖南省年平均降水量 1411.9 毫米,与常年基本持平(偏多 0.6%)(图 4.18.2)。年内湖南省出现了冬春季低温冷冻害、汛期多次强降水过程、8 月阴雨寡照、阶段性严重干旱等气象灾害,给人民群众生产生活造成一定影响。据民政部门统计,2014 年,全省各类气象灾害共造成 1704.9 万人次受灾,因灾死亡(失踪)67 人,农作物受灾面积 113.6 万公顷,因灾倒塌房屋 4 万间,直接经济损失 206.5 亿元。2014 年全省受洪涝灾害影响最为严重,强降水突出,多地出现突破历史极值的极端降水事件，其他气象灾害相对往年较轻，但湘西、湘中部分地区受灾严重，且受灾重的地区大多是贫困地区。

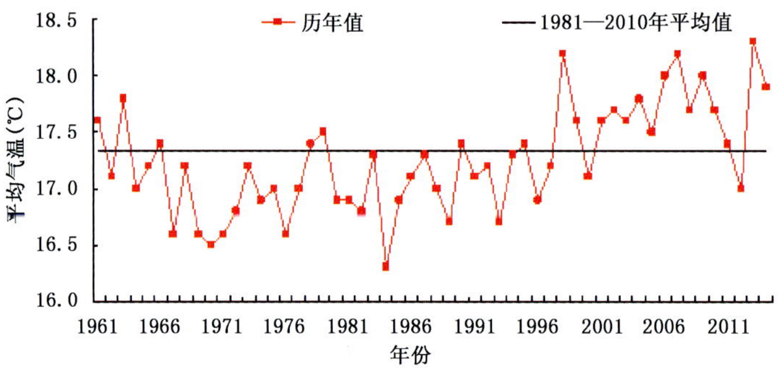

图 4.18.1　1961—2014 年湖南省年平均气温历年变化图(℃)
Fig. 4.18.1　Annual mean temperature in Hunan Province during 1961—2014(unit: ℃)

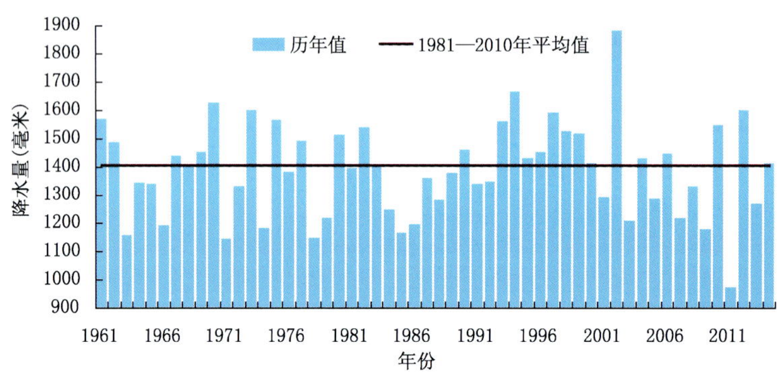

图 4.18.2　1961—2014 年湖南省年降水量历年变化图(毫米)
Fig. 4.18.2　Annual precipitation in Hunan Province during 1961—2014(unit:mm)

4.18.2　主要气象灾害及影响

1. 暴雨洪涝

2014 年影响县市数超过 20 个的强降水过程 7 次，67 县市(共 128 站次)出现极端强降水事件。最强降水过程出现在 7 月 12—17 日，凤凰、吉首、辰溪 3 县市多个降水指标突破历史极值。主汛期多轮强降雨落区重叠，造成多地重复受灾，其中麻阳县、辰溪县、吉首市、湘潭县先后受灾 7 次，凤凰县、泸溪县、芷江县等 8 个县(市)受灾 6 次，累计淹没面积达 29.19 平方千米。汛期，湘江、资江、沅江和洞庭湖均出现超警戒水位洪水，其中沅江干流、沅江二级支流沱江、湘江二级支流南川水均发生了超历史水位的洪水(图 4.18.3)。隆回、安化、邵东、辰溪、麻阳等县市山洪地质灾害特别严重，并造成较大人员伤亡。

据民政部门统计，年内强降水天气引发的洪涝、山体崩塌、滑坡等灾害共造成全省 1543 万人受灾，死亡 54 人，倒塌房屋 3.9 万间，农作物受灾面积 104.2 万公顷，绝收面积 18.3 万公顷，直接经济损失 200.2 亿元。

图 4.18.3　2014 年 7 月 15 日，凤凰沱江发生超历史洪水（凤凰县气象局提供）
Fig. 4.18.3　Floods of Tuo River in Fenghuang, July 15, 2014(by Fenghuang Meteorological Service)

2. 低温冷冻害

2014 年全省冬季共出现 3 次低温雨雪冰冻天气过程，分别为 2 月 6—10 日、12—14 日、17—18 日。其中 6—10 日、12—14 日的低温雨雪冰冻过程造成全省 71 县（市）出现积雪，26 县（市）出现冰冻；17—18 日怀化等 9 县（市）出现暴雪。2 月雨雪冰冻灾害造成湘西、湘北部分耐寒能力较弱的农作物被冻死冻伤，据不完全统计，全省约有 5.3 万公顷农作物受灾，其中有 2.2 万公顷油菜受灾。

4 月下旬全省平均气温 17.1℃，较常年偏低 2.2℃，共有 69 县（市）达到春寒（倒春寒）标准，其中新宁达到中度倒春寒标准；5 月上、中旬出现阶段性低温时段，期间共有 29 县（市）出现"五月低温"，主要位于湘西地区，其中花垣、保靖达到重度"五月低温"标准；春季前后有 28 县（市）出现连阴雨天气，主要位于湘南，其中郴州、临武、资兴达到重度连阴雨标准。

3. 高温热浪

2014 年全省年平均高温日数 21.3 天，较常年偏少 1.3 天。年内共出现 5 段高温热浪天气，分别在 7 月 7—12 日、7 月 15—25 日、7 月 27 至 8 月 8 日、8 月 28 日至 9 月 2 日、9 月 7—11 日；其中 7 月 27 日至 8 月 8 日，出现年内范围最广、强度最强的高温天气过程，共 39 县市达到高温热浪标准（日最高气温≥35℃持续 5～10 天），其中 8 县（市）达到中度高温热浪标准（日最高气温≥35℃持续 11～15 天）；全省年极端最高气温 40.1℃（7 月 22 日，慈利县）。根据湖南省卫生厅卫生应急办公室的评估报告，大面积持续高温干旱天气，导致肠道传染病、食物中毒、高温中暑等公共卫生风险增加。

4. 干旱

年内共出现 3 段较明显气象干旱，分别在 2 月上中旬、6 月中旬至 7 月初、9 月中旬至 10 月下旬；其中以 9 月中旬开始的干旱过程影响最为严重，受气温偏高、降水偏少影响，湖南省气象干旱快速发展，至 10 月 20 日，气象干旱发展至顶峰，全省共有 90 县（市）出现气象干旱，其中重旱 29 县（市），特旱 12 县（市），至 11 月 7 日，气象干旱才全部解除。

4.19 广东省主要气象灾害概述

4.19.1 主要气候特点及重大气候事件

2014 年广东省年平均气温 22.1℃,较常年偏高 0.2℃(图 4.19.1);气温除 2 月和 12 月显著偏低外,其余各月接近常年或偏高,其中夏秋季平均气温为有气象记录以来同期最高。年平均高温日数为 31.5 天,较常年偏多 14 天,为有气象记录以来最多。年平均降水量 1652.5 毫米,较常年偏少 7.6%(图 4.19.2)。降水前汛期多后汛期少,其中 5 月强降水异常频繁,灾损重;3 月 30 日开汛,较常年偏早 7 天,开汛早而急。年内共有 4 个热带气旋登陆广东,接近常年登陆数;初台"海贝思"于 6 月 15 日登陆汕头,较常年偏早 12 天;1949 年以来最强台风"威马逊"以及第 15 号台风"海鸥"均登陆徐闻,重创粤西。春夏季强对流天气频繁发生,雷击伤亡重。据统计,2014 年广东各种气象灾害共造成农作物受灾面积 84.2 万公顷,其中绝收面积 16.0 万公顷;受灾人口 742.8 万人次,其中 54 人死亡、3 人失踪,直接经济损失 337.1 亿元。综合来看,2014 年广东属于一般偏差气候年景。

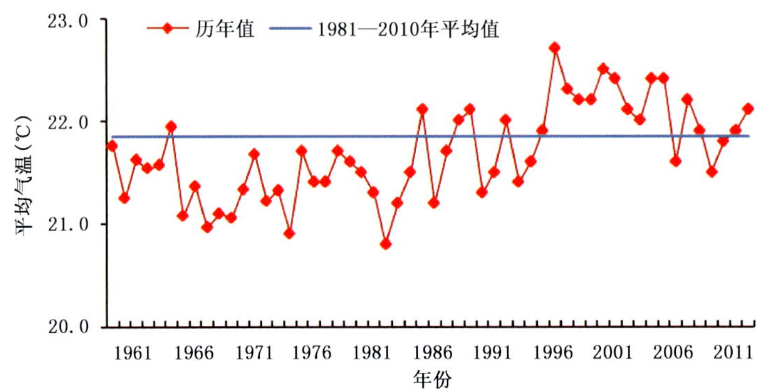

图 4.19.1 1961—2014 年广东省年平均气温历年变化图(℃)

Fig. 4.19.1 Annual mean temperature in Guangdong Province during 1961—2014 (unit:℃)

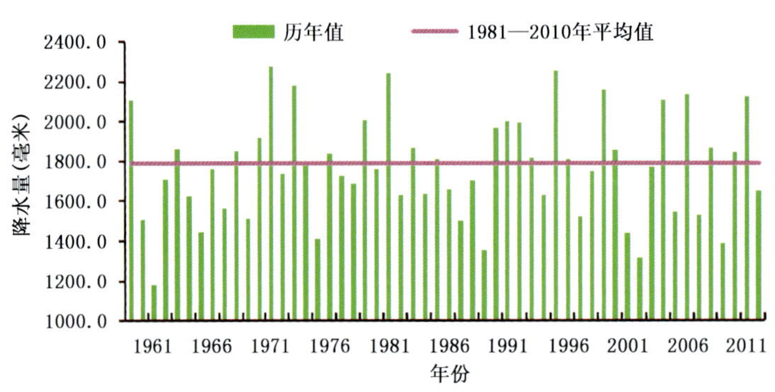

图 4.19.2 1961—2014 年广东省年平均降水量历年变化(毫米)

Fig. 4.19.2 Annual precipitation in Guangdong Province during 1961—2014 (unit:mm)

4.19.2 主要气象灾害及影响

1. 热带气旋

2014 年共有 4 个热带气旋(热带风暴"海贝思"、超强台风"威马逊"、台风"海鸥"和 1 个热带低压)登陆广东(图 4.19.3),接近常年登陆数(3.7 个)。第 9 号台风"威马逊"(超强台风级)7 月 18 日在徐闻沿海登陆，登陆时中心附近最大风力超过 17 级（62 米/秒），中心最低气压 910 百帕，是新中国成立以来登陆广东最强台风。据统计，“威马逊”造成广东省直接经济损失达 158.6 亿元，其中粤西直接经济损失 130.19 亿元。9 月 16 日第 15 号台风“海鸥”再次登陆徐闻，给粤西带来狂风暴雨和巨浪，造成广东直接经济损失达 87.46 亿元。初台“海贝思”于 6 月 15 日登陆汕头，造成粤东直接经济损失 9.03 亿元。据统计，2014 年热带气旋导致广东省农作物受灾面积 70.0 万公顷，其中绝收面积 14.8 万公顷；受灾人口 554.5 万人次，紧急转移安置人口 35 万人次，倒塌房屋 0.7 万间；直接经济损失 255.3 亿元，台风灾害零死亡。

图 4.19.3　2014 年 7 月 18 日，“威马逊”导致 220 千伏雷闻线倒塔（广东省气候中心提供）
Fig. 4.19.3　Collapses of 220 kV Leiwen Line tower by severe typhoon RAMMASUN on July 18, 2014 (By Guangdong Climate Center)

2. 暴雨洪涝

2014 年广东暴雨具有“时空分布不均，前汛期暴雨多灾害重”的特点。汛期共出现 12 次强降水天气过程，有 8 次出现在前汛期。3 月 28—31 日，广东出现大范围持续性强降水并伴有雷雨大风和冰雹等强对流天气，造成 17 人死亡，1 人失踪，直接经济损失达 4.03 亿元。5 月降水异常频繁，在 5 月 8—11 日、15—19 日和 21—23 日出现了 3 次暴雨到大暴雨、局地特大暴雨降水过程，灾害损失严重。据统计，2014 年暴雨洪涝共造成农作物受灾面积 12.2 万公顷；受灾人口 173.8 万人，其中 33 人死亡，2 人失踪；直接经济损失 77.1 亿元。

3. 局地强对流

2014 年春夏季广东冰雹、雷雨、大风、短时强降水、龙卷等强对流天气频繁发生，共造成 21 人死亡，1 人失踪，直接经济损失 4.1 亿元。强对流天气主要出现在 3 月 29 日至 4 月 3 日、6 月 21—23 日、7 月 21—24 日、8 月 1 日、5 日。其中，在 7 月 21—24 日发生的 4 次雷击事故造成惠州、云浮、河源 6 人死亡。

4. 低温冷冻害

2014 年广东省平均低温日数（日最低气温≤5℃）为 14.3 天，较常年偏多 5.0 天。广东省年内最低气温 −3.8℃，出现在仁化（1 月 22 日）。1—2 月冷空气活动频繁，特别是 2 月 8—14 日，粤北山区持续 6 天出现雨夹雪和冰冻天气，造成直接经济损失 0.62 亿元。2 月 19—20 日粤北山区再次出现雨夹雪和冰冻天气。

4.20 广西壮族自治区主要气象灾害概述

4.20.1 主要气候特点及重大气候事件

2014 年广西年平均气温 21.0℃，比常年偏高 0.3℃(图 4.20.1)；年平均降水量 1638.8 毫米，比常年偏多 6%(图 4.20.2)。年内主要气象灾害有低温雨雪霜(冰)冻、暴雨洪涝、台风、高温、局地强对流、雾、霾等。其中 2—3 月春播期阴雨连绵，大部地区日照为 1961 年以来同期最少；5 月、7 月暴雨过程频繁，洪涝灾害损失严重；年内共有 2 个台风和 2 个热带低压影响广西，个数偏少但影响严重，其中 7 月份强台风"威马逊"给桂南沿海造成惨重损失；此外，高温、干旱、寒露风、雾、霾等气象灾害也给广西造成不同程度的影响。

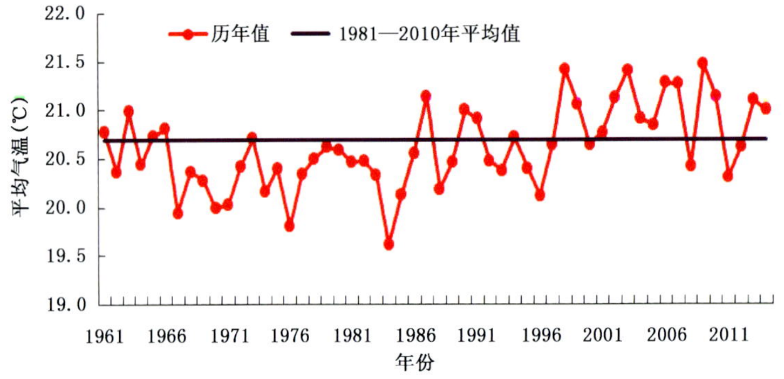

图 4.20.1 1961—2014 年广西年平均气温历年变化图(℃)

Fig. 4.20.1 Annual mean temperature in the Guangxi Zhuang Autonomous Region during 1961—2014(unit: ℃)

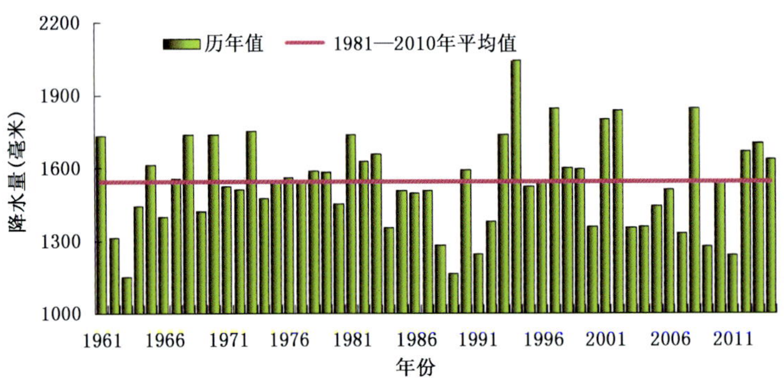

图 4.20.2 1961—2014 年广西年降水量历年变化图(毫米)

Fig. 4.20.2 Annual precipitation in the Guangxi Zhuang Autonomous Region during 1961—2014 (unit:mm)

广西全年因气象灾害共造成农作物 121.3 万公顷受灾，6.1 万公顷绝收，1100.5 万人次受灾，56 人死亡，1 人失踪，直接经济损失 191.7 亿元。与 2013 年相比，农作物受灾面积增多 51.8 万公顷，死亡人数减少 32 人，受灾人口增加 336.5 万人，直接经济损失增多 129.3 亿元。

4.20.2 主要气象灾害及影响

1. 热带气旋

2014 年，进入广西影响区(19°N 以北，112°E 以西地区)的热带气旋有 4 个(2 个台风和 2 个热带低压)，比常年偏少；初台时间偏晚，终台时间偏早。其中，超强台风"威马逊"于 7 月 19 日影响广西

(图 4.20.3)，是自 1949 年有台风记录以来进入广西的最强台风，影响时间比常年平均偏晚 26 天；8 月底热带低压影响沿海和西部；9 月上旬热带低压影响桂南，中旬 16—18 日台风“海鸥”给大部地区带来较严重的风雨影响。全年热带气旋灾害共造成广西 766 万人受灾，15 人死亡，倒塌房屋 1.3 万间，105.1 万公顷农作物受灾，4.8 万公顷绝收，直接经济损失 170.1 亿元。

图 4.20.3　2014 年 7 月 19 日广西北海遭台风“威马逊”袭击(北海市气象局提供)

Fig. 4.20.3　Beihai City submerged by rainstorm from typhoon “Rammasun”, July 19, 2014 (By Beihai Meteorological Service)

2. 暴雨洪涝

2014 年广西暴雨总站日为 633 站日，比常年偏多 114 站日，为 1951 年以来第 5 多。除热带气旋引起的暴雨洪涝外，由其他天气系统引起的暴雨洪涝主要出现在 3 月末和 5—7 月，11 月上旬出现罕见强秋雨，其中以 5—7 月强降雨过程引发的洪涝和地质灾害造成的经济损失和人员伤亡最严重。全年暴雨洪涝共造成 245 万人受灾，28 人死亡，7658 间房屋倒塌，2.3 万间房屋损坏，11.6 万公顷农作物受灾，1.1 万公顷绝收，直接经济损失 18.2 亿元。

3. 低温雨雪霜(冰)冻

2014 年 1 月中下旬、2 月中旬及 12 月下旬广西共出现 7 次低温雨雪冰冻过程，给广西造成了不同程度的影响。全年低温雨雪霜(冰)冻共造成 21.9 万人受灾，农作物受灾面积 1.5 万公顷，绝收面积 0.1 万公顷，直接经济损失 1.1 亿元。

4. 局地强对流

2014 年 3—8 月，广西共出现 7 次较明显的强对流天气过程，以 3 月 29—31 日发生的冰雹、大风等强对流天气较为严重。全年大风、冰雹、雷电等局地强对流天气共造成 39.5 万人受灾，13 人死亡，979 间房屋倒塌，1.9 万间房屋损坏，农作物受灾面积 1.5 万公顷，绝收面积 1119 公顷，造成直接经济损失 1.8 亿元。

4.21　海南省主要气象灾害概述

4.21.1　主要气候特点及重大气候事件

2014 年海南省年平均气温 24.9℃，较常年偏高 0.3℃，为 1961 年以来第 10 位高值(图 4.21.1)。冬季平均气温偏低；春、夏和秋季平均气温偏高。全省平均年降水量 1885.4 毫米，较常年偏多4.6%(图4.21.2)。冬季和夏季降水偏多,春季和秋季降水接近常年。年内有6个热带气旋影响海南省,影响个数较常年偏少4个,为1949年以来第四少;登陆海南的热带气旋个数为2个,接近常年;热带气旋的活动时间偏短,开始影响时间较常年偏晚6旬,结束时间偏晚1旬,造成的灾害重于常年。年内还发生多起雷击、大雾和强对流等气象灾害事件。全年因气象灾害造成621.4万人次受灾,死亡29人,失踪7人;农作物受灾面积30.9万公顷,绝收面积11.1万公顷;直接经济损失177.4亿元。总体评价,气象灾害属于偏重年景。

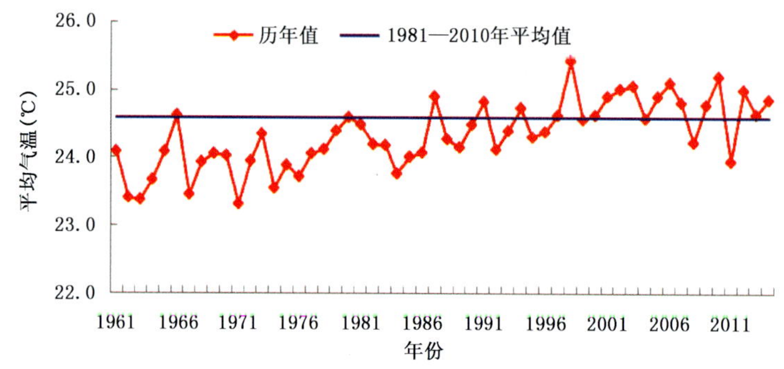

图4.21.1 1961—2014年海南省年平均气温历年变化图(℃)
Fig.4.21.1 Annual mean temperature in Hainan during 1961—2014 (unit:℃)

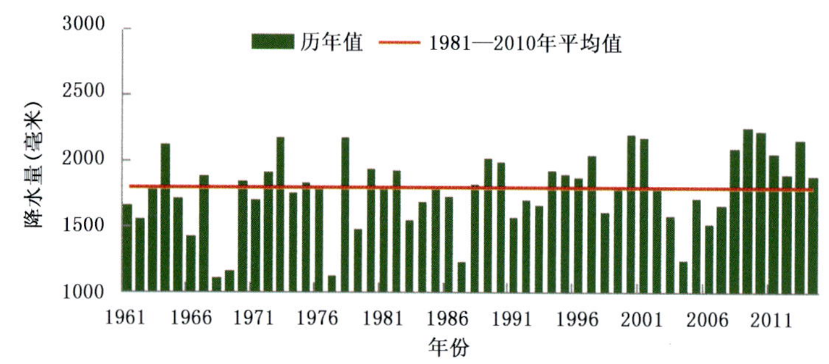

图4.21.2 1961—2014年海南省年降水量历史变化图(毫米)
Fig.4.21.2 Annual Precipitation in Hainan during 1961—2014 (unit:mm)

4.21.2 主要气象灾害及影响

1. 热带气旋

2014年海南省(含陆地和所辖海域)先后受6个热带气旋影响,影响个数较常年偏少4个,为1949年以来第四少。登陆气旋个数为2个,接近常年。热带气旋的活动时间偏短,开始影响时间较常年偏晚6旬,结束时间偏晚1旬,造成的灾害重于常年。1409号台风"威马逊"影响最重(图4.21.3),登陆时中心附近最大风力17级(70米/秒),中心最低气压890百帕。受"威马逊"影响,7月17日08时—19日14时,海南省普降暴雨和大暴雨,不少地区出现特大暴雨,海南岛共有51个乡镇雨量超过300毫米,21个乡镇雨量超过400毫米,9个乡镇雨量超过500毫米,昌江有2个乡镇雨量达到600毫米以上。海南岛东北部陆地普遍出现平均风10~12级、阵风13~16级的大风,最大风力出现在文昌翁田镇,测得阵风17级(58.8米/秒),平均风12级(36.2米/秒)。全年因热带气旋影响造成海南省19个市(县)612.4万人次受灾,死亡27人,失踪7人,紧急转移安置人口28.6万人次,倒塌房屋2.5万间;农作物受灾面积30.8万公顷,绝收面积11.1万公顷;直接经济损失176.9亿元。

图 4.21.3　2014 年 7 月 25 日"威马逊"过后文昌翁田镇树林大片被毁(海南省气候中心提供)

Fig. 4.21.3　The forest damaged by typhoon Rammasun in Wengtian town on July 25, 2014 (By Hainan Climate Center)

2. 暴雨洪涝

2014 年,海南省出现的暴雨洪涝灾害相对较少,全年有 1 个县 9.0 万人次受灾,紧急转移安置 0.4 万人;农作物受灾面积 1600 公顷,绝收面积 100 公顷;直接经济损失 0.5 亿元。暴雨洪涝灾害属偏轻影响年份。10 月下旬中期,受偏东气流影响,海南省出现大范围强降水天气过程,引发部分市县暴雨洪涝灾害(图 4.21.4)。10 月 24—27 日,全省有 11 个市县过程雨量超过 100 毫米,5 个市县过程雨量超过 200 毫米,最大为琼海市 387.2 毫米;其中,26 日琼海降水量达 237.5 毫米,居历史同期(10 月)第 5 位。强降水造成万宁、琼海、定安和文昌遭受严重洪涝灾害。

图 4.21.4　2014 年 10 月 25 日强降雨造成琼海市道路被淹(琼海市气象局提供)

Fig. 4.21.4　The road flooded by heavy rain in Qionghai City on October 25, 2014 (By Qionghai Meteorological Service)

3. 局地强对流

2014 年，海南省共发生局地强对流天气（雷雨大风、冰雹、雷电等）过程 13 次（图 4.21.5），造成 2 人死亡。4 月 2 日下午，海口、琼中、屯昌、定安和澄迈等市县出现局地雷雨大风和冰雹等强对流天气，其中琼中县中平镇上水村当天 16 时左右所降冰雹最大直径约 10 毫米，持续时间约 40 分钟。4 月 2 日 16 时 20 分左右，文昌市会文镇冠南村委会发生一起严重雷击事件，导致 1 人死亡和 1 人受伤。5 月 8 日上午 9 时 50 分许，东方某盐场位于八所镇墩头村的墩头工区发生一起雷击事件，导致 1 人死亡和 1 人受伤。5 月 20 日，澄迈县仁兴镇西达农场三千队和严敢村一带发生龙卷风天气，龙卷风半径约 100 米，强度大，破坏力强，同时伴有冰雹、雷雨大风等。

图 4.21.5　2014 年 5 月 21 日澄迈县龙卷风造成橡胶树折断（海南省气象台提供）
Fig. 4.21.5　Rubber trees broken by tornado in Chenmai County on May 21, 2014 (By Hainan Meteorological Service)

4. 大雾

2014 年 1—2 月海南省发生 4 起大雾影响交通事件，造成多个航班延误，琼州海峡数次停航。1 月 7 日清晨，海南岛北部地区出现浓雾。受此影响，海口美兰国际机场 29 架次进出港航班延误（出港航班 26 架次，进港航班 3 架次），直至 9 时 30 分左右天气全面好转，海口美兰国际机场起降正常。

5. 高温

2014 年海南省共发生 6 次高温天气过程，影响程度重于常年。其中，5 月 9 日至 6 月 11 日期间，海南省出现最严重的一次大范围、长时间的异常高温天气过程。全省除三沙和三亚外，其余 17 个市县均出现了高温天气，12 个市县高温日数高达 19～28 天，11 个市县高温日数居当地历史同期第 1 位。9 个市县连续高温日数超过 10 天，其中定安（19 天）、澄迈（17 天）、琼海（20 天）、屯昌（27 天）和白沙（17 天）等市县连续高温日数均突破当地历史同期极值，琼海、屯昌的连续高温日数甚至突破全年最长连续高温日数历史极值。

4.22 重庆市主要气象灾害概述

4.22.1 主要气候特点及重大气候事件

2014 年，重庆市年平均气温 17.5℃，与常年持平（图 4.22.1），但各月波动大；年降水量 1327.2 毫米，较常年偏多 2 成（图 4.22.2），尤其秋季降水偏多近 6 成，为 1951 年以来同期最多。2014 年重庆市暴雨洪涝灾害严重，出现 12 次区域性暴雨天气过程，其中“3・20”暴雨为有历史记录以来最早出现的暴雨，“10・28”暴雨为历史第三晚；大风冰雹出现在春季 3—4 月及 8 月，风雹灾害偏轻；夏季出现两段连晴高温，干旱总体程度较轻；冬季有一次强降温天气，局地遭受低温冻害、雪灾。

2014 年重庆市气象灾害导致全市 649.7 万人次受灾，其中死亡 111 人、失踪 18 人；农作物受灾面积 28.1 万公顷，绝收 3.4 万公顷；直接经济损失 98.5 亿元。总体来看，2014 年气象灾害属于偏重年份。

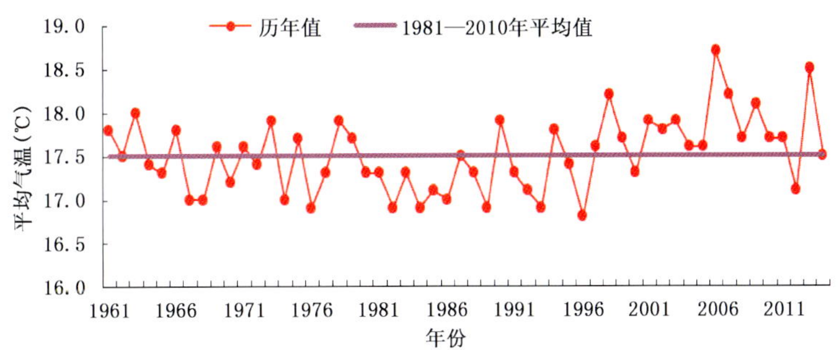

图 4.22.1 1961—2014 年重庆市年平均气温历年变化图(℃)

Fig. 4.22.1 Annual mean temperature in Chongqing during 1961—2014 (unit:℃)

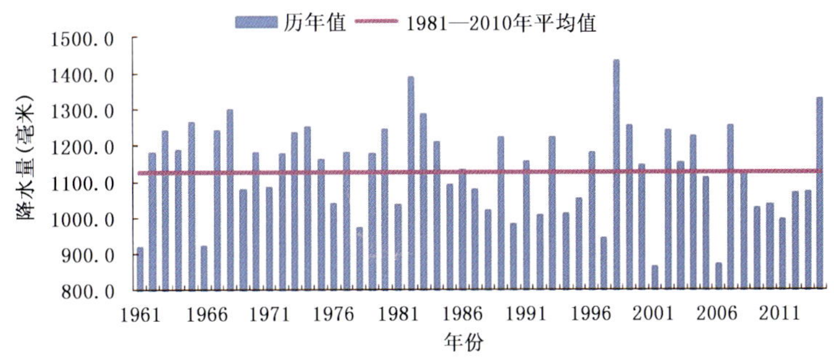

图 4.22.2 1961—2014 年重庆市年降水量历年变化图(毫米)

Fig. 4.22.2 Annual precipitation in Chongqing during 1961—2014 (unit:mm)

4.22.2 主要气象灾害及影响

1. 暴雨洪涝

2014 年重庆市暴雨频繁，先后出现了 12 次区域暴雨天气过程，暴雨出现早，结束晚；“3・20”暴雨为有历史记录以来出现最早的暴雨，“10・28”暴雨为历史第三晚。频繁出现的暴雨、强降水天气造成全市 37 个区县发生暴雨洪涝灾害，人员伤亡大、经济损失重（图 4.22.3）。全年暴雨洪涝灾害共造成 545.1 万人次受灾，死亡 106 人、失踪 18 人；农作物受灾面积 25.1 万公顷，绝收 3.1 万公顷；房屋损坏 15.3 万间，倒塌 6.0 万间；直接经济损失 95.7 亿元。

图 4.22.3 2014 年 9 月 13 日重庆市长寿区遭受暴雨洪涝灾害(长寿区气象局提供)
Fig. 4.22.3 Flood disaster by rainstorm in Changshou District of Chongqing City on September 13, 2014(By Changshou Meteorological Service)

2. 大风冰雹

2014 年重庆市的强对流天气过程不多,造成的灾害较轻,主要出现 4 月 8 日、8 月 1 日、8 月 4 日等几次局地风雹天气。年内风雹灾害共造成 63.4 万人次受灾,死亡 5 人;农作物受灾面积 2.1 万公顷,绝收 0.2 万公顷;房屋损坏 1.7 万间,倒塌 0.1 万间;直接经济损失 2.1 亿元。

3. 干旱

2014 年重庆市的干旱灾害总体偏轻,主要为冬季东南部局地的冬干和夏季东北部局地的伏旱。干旱灾害共造成全市 31.1 万人次受灾,2.6 万人饮水困难;农作物受灾面积 0.8 万公顷,绝收面积 0.1 万公顷;直接经济损失 0.3 亿元。

4. 低温冻害、雪灾

2014 年 2 月下旬重庆市出现一次强降温天气,中东部局部地区遭遇低温冻害、雪灾。灾害造成 4 个区县的 10.1 万人受灾,农作物受灾面积 0.2 万公顷,绝收面积 0.03 万公顷,直接经济损失 0.4 亿元。

4.23 四川省主要气象灾害概述

4.23.1 主要气候特点及重大气候事件

2014 年四川省平均气温 15.3℃，较常年偏高 0.4℃，位列 1961 年以来第 6 高位(图 4.23.1)；年降水量 992.1 毫米，较常年偏多 34.9 毫米，偏多 4%(图 4.23.2)。四川省冬季气温偏低，春秋两季气温偏高，夏季气温与常年持平；降水冬春两季偏少，夏秋两季偏多。汛期暴雨范围广、频次多、局地强度大，属暴雨一般年份；四川省气象干旱总体不明显；攀西地区夏季出现异常高温天气；四川盆地秋绵雨偏强；川西高原和攀西地区出现较强低温冷冻和雪灾；大风冰雹灾害性天气影响范围小；汛期和秋季气象地质灾害较多。2014 年四川省因气象灾害共造成 1590.9 万人次不同程度受灾，因灾死亡 50 人、失踪 6 人，紧急转移安置 33.2 万人；农作物受灾面积 91.7 万公顷，绝收 8.1 万公顷；直接经济损失 166.6 亿元。2014 年四川省农业气象条件总体利大于弊；洪涝、大雾和冷冻雪灾等气象灾害对交通运输造成一定影响；森林火灾总体偏重。综合分析，2014 年四川省气候年景为正常偏好。

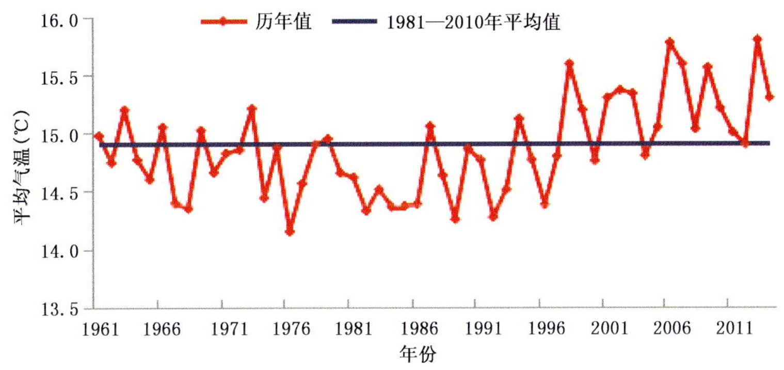

图 4.23.1 1961—2014 年四川省年平均气温历年变化图(℃)

Fig. 4.23.1 Annual mean temperature in Sichuan during 1961—2014 (unit:℃)

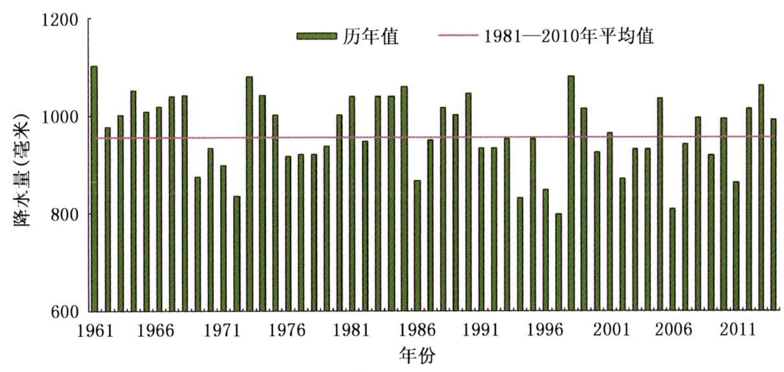

图 4.23.2 1961—2014 年四川省年降水量历年变化图(毫米)

Fig. 4.23.2 Annual precipitation in Sichuan during 1961—2014 (unit:mm)

4.23.2 主要气象灾害及影响

1. 暴雨洪涝

2014 年四川省区域性暴雨次数偏少、强度偏弱，开始和结束时间偏晚，属暴雨一般发生年份(图

4.23.3)。年内因暴雨洪涝共造成902.2万人次不同程度受灾，49人死亡；农作物受灾面积29.3万公顷，绝收面积5.2万公顷；倒塌房屋3.8万间，损坏房屋19.6万间；直接经济损失142.6亿元。

9月17—18日四川省出现大范围暴雨天气过程，有15个市(州)379.3万人次受灾，6人死亡，12人失踪；农作物受灾面积9.4万公顷；直接经济损失57.5亿元。

图4.23.3 2014年7月7日内江市田家镇暴雨导致内涝(内江市气象局提供)
Fig. 4.23.3 Flood disaster induced by rainstorm in Tianjia town of Neijiang City on July 7, 2014(By Neijiang Meteorological Service)

2. 干旱

2014年四川省春旱发生范围小、程度轻；夏旱发生范围较大，局部程度重；伏旱影响范围主要集中在盆东北、盆中及盆南部分地区。全省因干旱造成593.8万人次受灾；农作物受灾面积57.7万公顷，绝收2.1万公顷；直接经济损失17.4亿元。

7月12日至8月8日广安市出现旱情，全市有26.4万人次受灾，直接经济损失0.8亿元，死亡牲畜217头。

3. 局地强对流(雷电)

2014年四川省大风、冰雹灾害主要发生在春季，总体发生范围较小、灾情较轻，属于大风、冰雹灾害偏轻年份。年内四川省雷电日数为267天，雷电活动明显集中在6—9月。2014年全省因风雹灾害共造成62.6万人次受灾，因灾死亡1人；农作物受灾面积3.0万公顷，绝收0.5万公顷；倒塌房屋0.1万间，损坏房屋1.4万间，直接经济损失4亿元。

4月17—19日，四川省有11市遭受风雹灾害，35万人受灾，1人死亡；农作物受灾面积1.1万公顷；直接经济损失1.5亿元。

4. 低温冷冻和雪灾

2014年1—3月，川西高原和攀西地区日最低气温小于0℃的日数为46天。四川省因低温冷冻和雪灾，共造成32.3万人次受灾；农作物受灾面积1.8万公顷，绝收0.3万公顷；直接经济损失2.6亿元。

2月17—21日，攀枝花、阿坝、凉山3市(州)出现低温雨雪天气，灾害导致13.9万人受灾；农作物受灾面积0.9万公顷；直接经济损失1.3亿元。

5. 高温热浪

2014年四川省高温日数多，分布范围广。四川盆地东北部、南部和攀西地区尤为突出。全省

156 个县级站高温日数（日最高气温大于等于 35.0℃）为 9.1 天，为 1961 年以来第 12 多。

6. 大雾

2014 年四川省平均雾日数为 13.3 天，比常年偏少 16.5 天；年雾日数分布呈现东部盆地多、西部高原山地少的特征。

1 月 3 日，四川境内多条高速公路遭遇大雾袭击。内宜高速公路宜宾往内江方向发生连环追尾交通事故，导致 2 人死亡，10 余人受伤。

7. 森林火灾

2014 年初四川省温高雨少，川西高原南部和攀西地区的森林火险等级较高。年内全省共处置森林火灾 438 起，较 2013 年有所下降，无重、特大森林火灾发生。

4 月 18 日，康定县沙德乡俄巴绒一村发生森林火灾，过火面积 89 公顷。

4.24 贵州省主要气象灾害概述

4.24.1 主要气候特点及重大气候事件

2014 年贵州省年平均气温 15.9℃，较常年偏高 0.4℃（图 4.24.1）；年降水量为 1384.1 毫米，较常年偏多 17.7%（图 4.24.2），年降水量时空分布不均，在 972.4～1958.2 毫米之间；全省年平均日照时数为 1071.7 小时，较常年偏少 9.7%。2014 年，贵州部分地区遭受低温雨雪冰冻、暴雨洪涝、干旱、大风冰雹和雷击等灾害影响。其中，主汛期暴雨洪涝灾害最重，总降水量达 1000.2 毫米，是贵州省有气象记录以来的第三高位，为 20 世纪 80 年代以来汛期降雨量最多的一年，给全省经济社会发展和人民生活生产造成不利影响。2014 年全省因气象灾害共造成 1492.2 万人次受灾，因灾死亡 120 人、失踪 20 人；农作物受灾面积 62.6 万公顷，其中，绝收 9.7 万公顷；直接经济损失 195.2 亿元。全年农业气象条件属于一般年景。

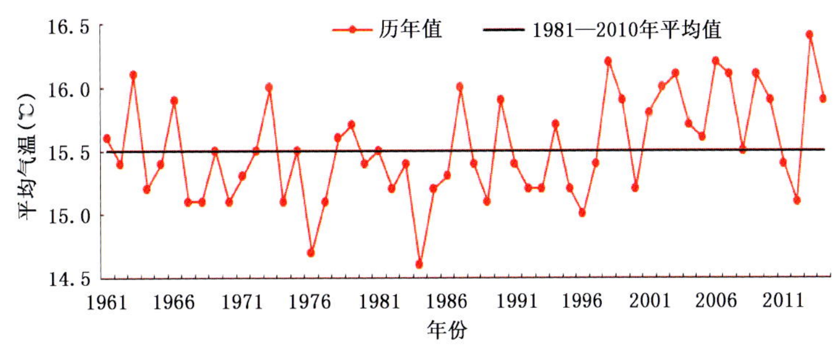

图 4.24.1 1961—2014 年贵州省年平均气温历年变化图（℃）

Fig. 4.24.1 Annual mean temperature in Guizhou during 1961—2014 (unit: ℃)

4.24.2 主要气象灾害及影响

1. 暴雨洪涝

2014 年贵州省先后出现多轮强降雨灾害性天气过程，有 87 个县（市、区）不同程度遭受洪涝、滑坡、泥石流等灾害影响。其中，“5·25”、“6·03”、“8·11”、“8·17”等特大暴雨导致石阡、松桃、印江、碧江、习水、赤水等县（市、区）受灾，先后有 15 个县城发生内涝，大量农房倒塌，局地粮田水打沙壅，受灾范围之广、程度之深，实属历史罕见。全年洪涝灾害造成 40.5 万公顷农作物受灾，其中，绝收 6.4 万公顷；受灾人口 1013.9 万人次，因灾死亡 114 人；倒塌房屋 3 万间，损坏房屋 23.8 万间；直接经济损失 177 亿元，占全年气象灾害直接经济总损失的 91%。

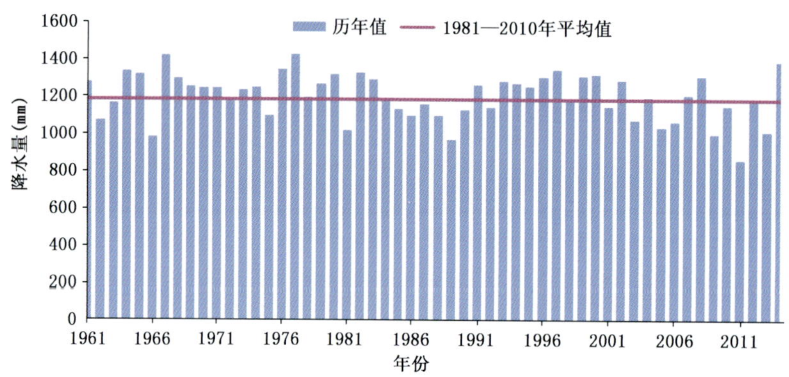

图 4.24.2　1961—2014 年贵州省年降水量历年变化图(毫米)

Fig. 4.24.2　Annual precipitation in Guizhou during 1961—2014 (unit:mm)

图 4.24.3　7 月 15 日贵州省贵阳市南明河洪水(贵州省气象局提供)

Fig. 4.24.3　Flood at Nanming River in Guiyang on July 15, 2014 (By Guizhou Meteorological Service)

图 4.24.4　6 月 4 日贵州省石阡县内涝(贵州省气象局提供)

Fig. 4.24.4　Waterlogging in Shiqian County on June 4, 2014 (By Guizhou Meteorological Service)

2. 干旱

3月中旬，贵州省黔西南自治州、六盘水市等地降水偏少，部分县(市)出现轻到中度气象干旱，随后因对流性降水天气频繁出现，前期气象干旱得以缓解或解除。全年因干旱造成农作物受灾面积1.0万公顷，受灾人口18万人次，饮水困难1.1万人次，直接经济损失0.3亿元。

3. 局地强对流

2014年贵州省因风雹等灾害造成农作物受灾面积16.1万公顷，绝收3.0万公顷，受灾人口343万人次，死亡6人，直接经济损失14.9亿元。3月27—30日，贵州省镇宁、安龙、普安、兴仁和册亨等县出现大范围雷雨冰雹天气；据不完全统计，共造成10.1万人受灾，农作物受灾面积3680.3公顷，一般损坏房屋11545间，直接经济损失4544.5万元。

3月30—31日，受暴雨雷电天气影响，贵阳机场56架次南航进出港航班出现不同程度的延误。全年全省因雷电灾害造成损失约3.1亿元。

4.25 云南省主要气象灾害概述

4.25.1 主要气候特点及重大气候事件

2014年云南大部地区气温偏高、降水偏少、日照偏多。年平均气温较常年偏高0.8℃，是1961年以来的第二高年份(图4.25.1)，年内各月气温均偏高，其中6月、9月均为1961年以来的最高值。全省平均年降水量较常年偏少9%(图4.25.2)，是云南年降水量持续偏少的第6年，但主汛期(6—8月)降水量为近6年最多。年平均日照时数较常年偏多227小时，其中12月较常年偏少，其余月份均偏多。

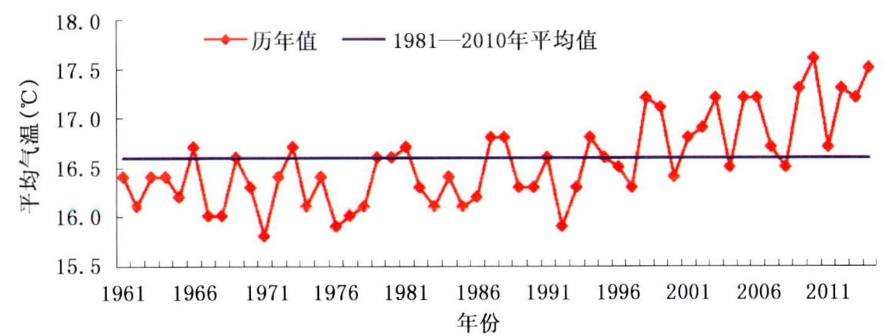

图4.25.1 1961—2014年云南省年平均气温历年变化图(℃)

Fig. 4.25.1 Annual mean temperature in Yunnan during 1961—2014(unit: ℃)

年内出现寒潮、高温、干旱、暴雨洪涝、台风等极端天气气候事件，造成气象灾害频繁发生，其中暴雨洪涝(及引发的地质灾害)是2014年云南最主要的气象灾害，其次是干旱灾害。

2014年，气象灾害共造成云南1194.3万人次受灾，151人死亡，53人失踪，紧急转移安置6.4万人；房屋受损14.6万间，倒塌0.8万间；农作物受灾面积84.6万公顷，绝收面积8.5万公顷，直接经济损失97.8亿元。总体上，2014年气象灾害造成的直接经济损失、死亡和失踪人数低于近10年的平均值。农业气候属中等偏上年景。

4.25.2 主要气象灾害及影响

1. 干旱

2014年春季云南省平均降水量较常年偏少45%，5月中旬至6月上旬初出现了持续时间长、范围较大的极端高温事件。14个县突破历史最高气温极值，有7个县(市)日最高气温超过40.0℃，昆

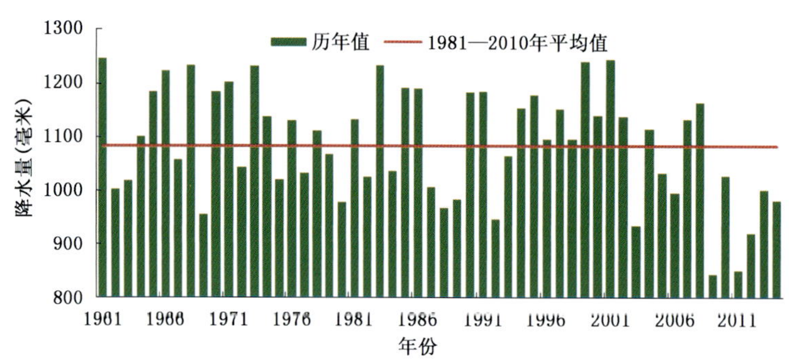

图 4.25.2　1961—2014 年云南省平均年降水量历年变化图(毫米)

Fig. 4.25.2　Annual precipitation in Yunnan during 1961—2014(unit: mm)

明 5 月 24 日、25 日和 6 月 2—4 日最高气温 5 次超过历史极端最高气温 31.5℃的记录。高温少雨造成滇中及以西地区气象干旱严重，烤烟等农作物栽插受影响，森林火灾频发。

干旱造成 13 个州市 420.3 万人次受灾，253.0 万人、150.0 万头大牲畜饮水困难；农作物受灾面积 33.2 万公顷，绝收面积 1.9 万公顷。直接经济损失 14.5 亿元。在近 6 年中损失属最轻的年份。

2. 森林火灾

2—5 月为森林火灾高发期，大理、普洱、昆明、楚雄、保山、文山、德宏等州市共发生森林火灾 365 起，森林受害面积 4236.3 公顷，与 2013 年同比分别上升 38%和 77%，森林受害率为 0.17‰。

影响最大的是 5 月 21—27 日安宁市到禄丰县发生的森林大火，火灾持续时间长，过火面积达 567 公顷。

3. 暴雨洪涝和滑坡、泥石流

2014 年云南入汛晚，但汛期强降水过程多，6—10 月全省暴雨、大暴雨站次较历史同期分别偏多 41、4 站次。共发生洪涝灾害 223 次，6 月中下旬中东部地区灾情较重，7 月中下旬、8 月下旬中南部地区受灾重。

滑坡、泥石流、崩塌等地质灾害集中出现在 6 月下旬末至 7 月，灾害多发于夜间至凌晨，造成人员伤亡重。其中昭通、怒江、迪庆、丽江、大理和保山等州市灾害偏重(图 4.25.3)。

洪涝和地质灾害造成 234.4 万人次受灾，95 人死亡，42 人失踪；房屋受损 2.6 万间，倒塌 0.4 万间；农作物受灾面积 14.8 万公顷，绝收面积 1.9 万公顷。直接经济损失 23.6 亿元。

4. 局地强对流

3—5 月、6—8 月上旬，冰雹、大风灾害频繁发生，年内冰雹灾害次数(118 次)多于大风灾害次数(44 次)。雷电灾害初发期偏晚，造成的人员伤亡少于近 10 年平均值。其中 5 月 27 日，安宁市青龙街道普达箐火场雷电灾害造成 3 人死亡，25 人受伤(图 4.25.4)。

灾害造成 176.6 万人次受灾，16 人死亡(其中雷电灾害 13 人)，1 人失踪；房屋受损 6.3 万间；农作物受灾面积 15.7 万公顷，绝收面积 1.9 万公顷。直接经济损失 16.9 亿元。

5. 热带气旋

7 月 19—23 日受第 9 号强台风“威马逊”、9 月 17—19 日受第 15 号台风“海鸥”登陆后减弱的热带低压影响，云南中南部发生暴雨洪涝、滑坡、泥石流灾害，共造成 280.7 万人次受灾，40 人死亡，10 人失踪，紧急转移安置 4.6 万人，农作物受灾面积 13.5 万公顷、绝收面积 2.2 万公顷，房屋倒塌 0.4 万间、损坏 5.6 万间，直接经济损失 39.7 亿元，为近 5 年来台风影响损失最重的年份。其中 7 月 21 日 6 时，暴雨导致德宏州芒市芒海镇发生泥石流灾害，造成 1659 人受灾、17 人死亡、3 人失踪、7 人受伤、紧急转移安置 115 人(图 4.25.5)。

图 4.25.3 2014 年 7 月 28 日云南省云县泥石流灾害(云县气象局提供)
Fig. 4.25.3 Mud slides happened in Yunxian County of Yunnan Province on July 28, 2014 (By Yunxian Meteorological Service)

图 4.25.4 2014 年 4 月 4 日云南省江城县冰雹灾害(江城县气象局提供)
Fig. 4.25.4 Hail disaster in Jiangcheng County of Yunnan Province on April 4, 2014 (By Jiangcheng Meteorological Service)

图 4.25.5 2014 年 7 月 21 日云南省芒市遭受泥石流灾害(芒市气象局提供)
Fig. 4.25.5 Mud slides happened in Mangshi City of Yunnan Province on July 21, 2014 (By Mangshi Meteorological Service)

6. 低温冷害、雪灾和霜冻

2014 年冬春季的低温冷害和雪灾频繁,但持续时间短,灾害损失在近 10 年中属偏轻的年份。1—2 月的三次寒潮过程造成滇中及以北以东地区的 7 个州(市)29 个市(县)发生雪灾、低温冷害、霜冻等灾害,昭通、曲靖、昆明、红河、文山等州市受灾较重。

灾害造成 82.3 万人次受灾;损坏房屋 0.1 万间;农作物受灾面积 7.5 万公顷,绝收面积 0.5 万公顷,直接经济损失 3.1 亿元。

4.26 西藏自治区主要气象灾害概述

4.26.1 主要气候特点及重大气候事件

2014 年,西藏地区年平均气温为 5.4℃,较常年偏高 0.7℃(图 4.26.1)。冬季大部分地区气温偏高,为区域性暖冬,春季气温正常,夏、秋季气温偏高。错那、洛隆、芒康、普兰等 11 个站不同月份月平均气温创历史同期新高或持平;西藏平均年降水量为 457.5 毫米,接近常年(图 4.26.2)。冬季隆子、狮泉河、改则降水偏多,其他各地正常或偏少,其中日喀则、申扎、贡嘎等 9 个站点整个冬季无降水。春、秋季大部分地区降水正常或偏少,夏季降水正常。拉萨、狮泉河、那曲等 6 个站不同月份月降水量超过历史同期极值。

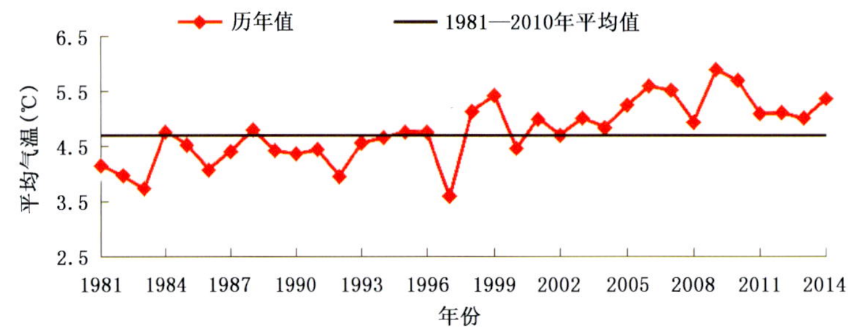

图 4.26.1 1981—2014 年西藏自治区年平均气温历年变化图(℃)

Fig. 4.26.1 Annual mean temperature in Tibet during 1981—2014(unit: ℃)

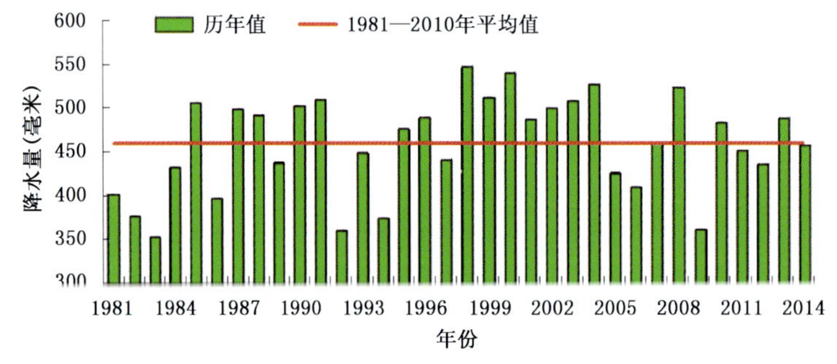

图 4.26.2 1981—2014 年西藏自治区年降水量历年变化图(毫米)

Fig. 4.26.2 Annual precipitation in Tibet during 1981—2014(unit: mm)

2014 年西藏气象灾害以及气象因素引发的次生灾害共造成 17.3 万人次受灾,因灾死亡 18 人,紧急转移安置 4.0 万人;农作物受灾面积 1.3 万公顷,绝收面积 0.5 万公顷;牲畜死亡 31.7 万头(只、匹);倒塌或严重损坏房屋 0.1 万间,一般损坏房屋 0.5 万间;直接经济损失 1.9 亿元。

4.26.2 主要气象灾害及影响

1. 雪灾

2014 年雪灾造成 2.2 万人次受灾,死亡 2 人;农作物受灾面积 200 公顷;牲畜死亡 28.6 万头(只、匹);直接经济损失 0.2 亿元。

2 月 1—7 日，噶尔、安多等县发生暴风雪灾害。造成 2.0 万人受灾，冻伤 367 人，牲畜死亡 15.8 万头(只、匹)。

2. 暴雨洪涝

2014 年暴雨洪涝造成 7.1 万人次受灾，死亡 1 人；农作物受灾面积 3900 公顷，绝收面积 1100 公顷；一般损坏房屋 4000 间；牲畜死亡 2.6 万头(只、匹)；直接经济损失 0.9 亿元。

8 月 11 日，那曲地区那曲县突降暴雨，日降水量达 42.8 毫米，引发山洪灾害。造成那曲镇 7 个居委会 2214 户群众受灾，转移安置 1770 人，一般损坏房屋 1805 间，部分市政道路、设施和建材受损。直接经济损失 0.7 亿元。

3. 局地强对流

2014 年大风、冰雹、雷电共造成 3.6 万人次受灾，死亡 15 人；农作物受灾面积 4700 公顷，绝收面积 2000 公顷；倒塌房屋 1000 间，损坏房屋 1000 间；牲畜死亡 4500 头(只、匹)。直接经济损失 0.5 亿元。

9 月 20 日 17 时，山南地区加查县洛林乡岗雪巴村遭雷击，5 头牦牛死亡。直接经济损失 3.5 万元(图 4.26.3)。

图 4.26.3 加查县岗雪巴村雷灾现场(山南地区气象局提供)

Fig 4.26.3 Thunder disaster in Gangxueba Village, Gyaca County (By Shannan Meteorological Service)

4. 干旱

2014 年干旱造成 4.4 万人次受灾，农作物受灾面积 4100 公顷，绝收面积 1500 公顷；直接经济损失 0.3 亿元。

初夏(5—6 月)，昌都地区八宿、芒康、洛隆等县出现晴热少雨天气，导致农田出现干旱，农作物受灾面积 3011 公顷。

4.27 陕西省主要气象灾害概述

4.27.1 主要气候特点及重大气候事件

2014 年陕西省平均气温 12.7℃，较常年偏高 0.6℃，属正常偏暖年份(图 4.27.1)。平均降水量 690.3 毫米，较常年(633.2 毫米)偏多 9%，属降水略偏多年份(图 4.27.2)。冬季暖干；春季降水较常年偏多28%，透墒雨出现时间接近常年；夏季温高雨少，7月全省35℃以上高温出现站次为2002年以来第1位，19站刷新了同期历史极值。秋季降水较常年偏多55%，9月6—17日关中、陕南出现了极端持续降水过程，7站连续降水量超过历史极值。

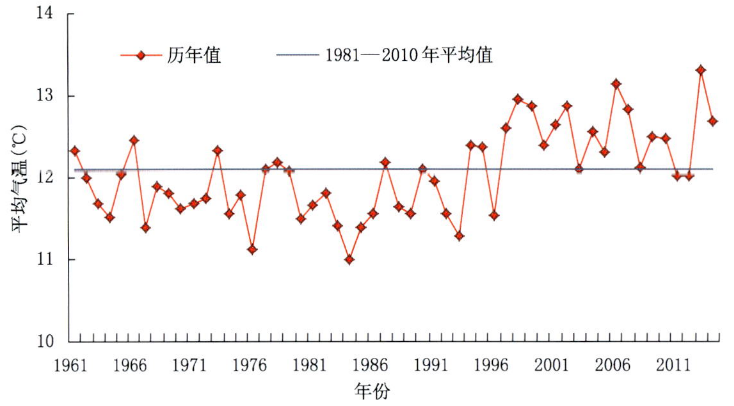

图4.27.1　1961—2014年陕西省年平均气温历年变化图(℃)
Fig. 4.27.1　Annual mean temperature in Shannxi during 1961－2014(unit:℃)

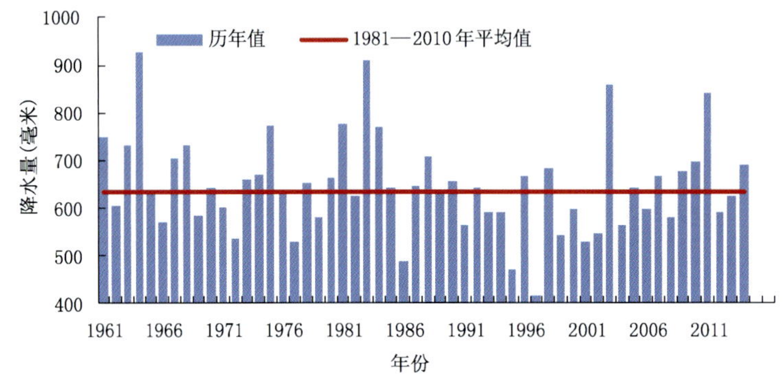

图4.27.2　1961—2014年陕西省年降水量历年变化图(毫米)
Fig. 4.27.2　Annual precipitation in Shannxi during 1961－2014(unit: mm)

2014年陕西主要气象灾害有干旱、暴雨洪涝、风雹、低温冷冻等，全省1208.5万人次受灾，因灾死亡31人；农作物受灾面积77.2万公顷，绝收面积10.3万公顷；造成直接经济损失93.3亿元。2014年属气象灾情较轻年份，因灾死亡人数为近10年来最少。但多地出现重复受灾，局地灾情较重。

4.27.2　主要气象灾害及影响

1. 干旱

2014年，陕西省因旱造成870.2万人次受灾，农作物受灾面积43.5万公顷，59.9万人出现临时饮水困难，直接经济损失44.3亿元。

2. 暴雨洪涝

2014年陕西省因暴雨洪涝及其引发的地质灾害共造成186.6万人次受灾，死亡30人；农作物受灾面积14.3万公顷，绝收面积2.7万公顷；倒塌损坏房屋11.8万间，直接经济损失27.5亿元。

3. 风雹

2014年，风雹灾害共造成全省148.6万人次受灾，因灾死亡1人；农作物受灾面积19.0万公顷；倒塌损坏房屋9000间；直接经济损失21.1亿元。

4. 低温冷冻和雪灾

2014 年，低温冷冻害造成全省 3.1 万人次受灾，农作物受灾面积 4500 公顷，其中绝收面积 1100 公顷；直接经济损失 4000 万元。

4.28 甘肃省主要气象灾害概述

4.28.1 主要气候特点及重大气候事件

2014 年，甘肃省年平均气温 8.7℃，比常年偏高 0.6℃（图 4.28.1）。3 月平均气温比常年同期偏高 1.8℃，为 1961 年以来第 3 高；12 月偏低 0.7℃，为近 9 年来最低。年平均降水量 420.2 毫米，比常年偏多 5%（图 4.28.2）。夏季出现局地强降水，引发山洪、泥石流和山体滑坡等次生地质灾害，造成的影响和损失较重；冰雹较常年偏少，但局地受灾严重；甘肃东南部出现严重伏旱，局地旱灾较重；大风、沙尘日数偏少，利于生态环境改善和空气质量提高；早、晚霜冻次数偏少，寒潮和强降温次数偏少，但部分地区遭受冻害和低温冷害，受灾较重。2014 年因气象灾害共造成 1052.3 万人次受灾，死亡失踪 9 人；农作物受灾面积 161.8 万公顷，绝收面积 6.7 万公顷；直接经济损失 74.5 亿元。总体上，2014 年气候属较好年景，气象灾害属较轻年份，夏、秋粮皆喜获丰收。

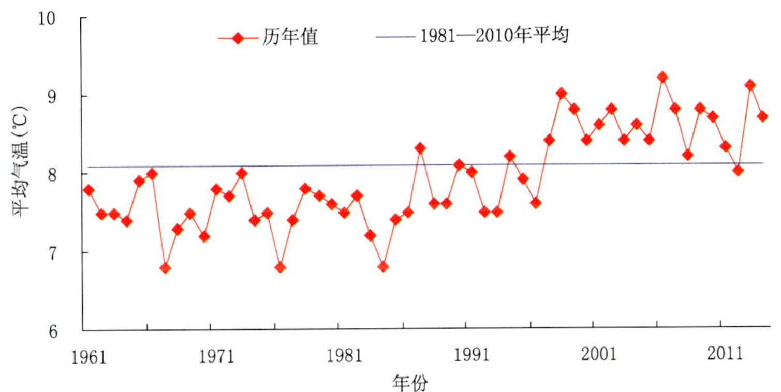

图 4.28.1 1961—2014 年甘肃省年平均气温历年变化图(℃)

Fig. 4.28.1 Annual mean temperature in Gansu during 1961－2014(unit:℃)

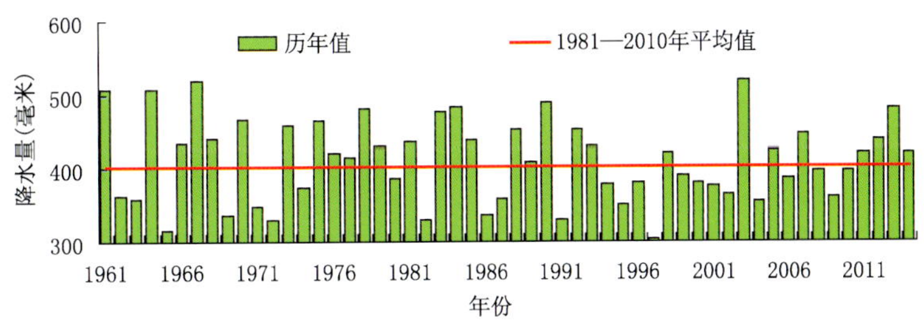

图 4.28.2 1961—2014 年甘肃省年降水量历年变化图(毫米)

Fig. 4.28.2 Annual precipitation in Gansu during 1961－2014(unit: mm)

4.28.2 主要气象灾害及影响

1. 干旱

2014 年因干旱造成 142.5 万人次受灾，10.6 万人次出现饮水困难，农作物受灾面积 64.4 万公顷，绝收面积 1.4 万公顷，直接经济损失 9.4 亿元。

夏季(6—8月),全省平均气温较常年同期偏高,累计34站出现35℃以上高温天气,瓜州日最高气温达39℃;降水量较常年同期偏少15%。7月中旬至8月上旬,东南部连续无有效降水日数达24~27天,伏旱严重,对大秋作物生长影响大。季内受干旱影响,共造成全省131.1万人受灾,饮水困难9.1万人,农作物受灾面积22.8万公顷,绝收面积1.2万公顷;直接经济损失8.9亿元,其中农业经济损失7.6亿元。

2. 暴雨洪涝

2014年因暴雨洪涝灾害造成167.9万人次受灾,死亡7人,失踪1人,农作物受灾面积15.5万公顷,绝收面积0.8万公顷,倒塌损坏房屋1.2万间,直接经济损失14.8亿元。

6月18日08时至19日08时,白银、定西、陇南、庆阳等市局地出现大到暴雨,武都最大降水量为52.6毫米,同时甘南州局地出现冰雹。本次暴雨灾害造成9个市州的20个县区15万人受灾;因灾死亡失踪4人;农作物受灾面积2.3万公顷,直接经济损失1.2亿元。

3. 局地强对流

2014年因大风、冰雹、雷电等强对流天气共造成139.1万人次受灾,农作物受灾面积14.3万公顷,绝收面积2.2万公顷;直接经济损失13.9亿元。

8月16日18时28分,甘肃省庆阳市镇原县、平凉市华亭县的局地出现强降雨天气(图4.28.3)。镇原县三岔、新集等6个乡镇遭受暴雨袭击,夹有短时冰雹,其中新集乡降雨量最高达到68.7毫米。

图4.28.3 2014年8月16日华亭冰雹灾情(华亭县气象局提供)

Fig. 4.28.3 Hail disaster in Huating County on August 16, 2014 (By Huating Meteorological Service)

4. 低温冷冻害和雪灾

2014年因低温冷冻害和雪灾造成602.8万人次受灾,农作物受灾面积67.6万公顷,绝收面积2.3万公顷,直接经济损失36.4亿元。

4月23日12时至24日08时,甘肃省出现2014年首场区域性大风沙尘暴及强降温天气过程。河西五市出现大风沙尘天气,其中12个观测站出现沙尘暴。河西五市普遍出现显著降温,酒泉、嘉峪关两市降温8~16℃,张掖、金昌、武威三市降温4~9℃。其中气温下降超过10℃的有:敦煌(16℃)、马鬃山(14℃)、肃北(12℃)。兰州、天水、庆阳等市因低温冷冻灾害天气,造成155.1万人不同程度受灾，农作物(经济林果)受灾面积 6.7 万公顷，成灾面积 5.3 万公顷，绝收面积 0.9 万公顷，直接农业经济损失 12.3 亿元。

4.29 青海省主要气象灾害概述

4.29.1 主要气候特点及重大气候事件

2014 年青海省年平均气温 3.1℃，较常年偏高 0.8℃(图 4.29.1)，为历史第 5 高，冬、春、夏季气温略高，秋季偏高。年平均降水量 421.9 毫米，较常年偏多 1 成(图 4.29.2)，各季降水量分配不均，冬、春季略偏少，夏季略多，秋季偏多。

2014 年主要气候事件有：冬春季，多地出现低温雨雪天气；夏季，全省多地降水日数偏多，降水量突破历史极值，形成大范围、长时间的阴雨天气及降水引发的地质灾害，同时东北大部地区冰雹、雷暴频发；秋冬季，北部地区出现大范围寒潮、强降温及暴雪天气。

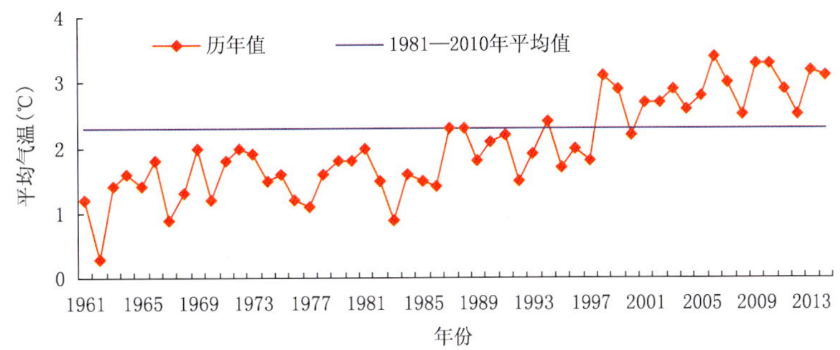

图 4.29.1　1961—2014 年青海省年平均气温历年变化图(℃)
Fig. 4.29.1　Annual mean temperature in Qinghai during 1961—2014 (unit:℃)

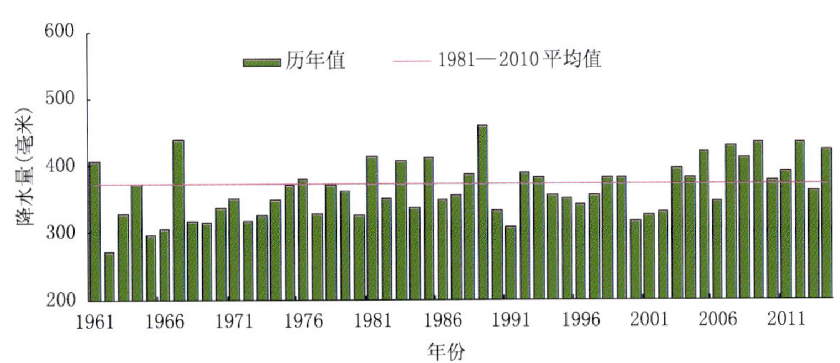

图 4.29.2　1961—2014 年青海省年降水量历年变化图(毫米)
Fig. 4.29.2　Annual precipitation in Qinghai during 1961—2014(unit:mm)

2014 年气象灾害及其引发的次生灾害共造成青海省 129.8 万人次受灾，死亡 9 人，失踪 1 人；农作物受灾面积 17.0 万公顷，绝收面积 1.8 万公顷；直接经济损失 9.3 亿元。年内农业区遭受了洪涝、连阴雨、冰雹、雪灾等气象灾害，农业生产受到一定影响，但总体上气象条件对农作物的影响利大于弊，属“平偏丰”年景。而牧草生长季(4—9 月)气象条件总体上不利于牧草的生长发育，牧业区牧草长势年景综合评价为“歉年”。

4.29.2 主要气象灾害及影响

1. 暴雨洪涝

6月3日至11月2日全省共发生暴雨灾害23起(图4.29.3),泥石流、山体滑坡5起,共造成14.9万人次受灾,死亡7人,倒塌损坏房屋4000余间,农作物受灾面积1.4万公顷,绝收2800公顷,直接经济损失1.7亿元。11月2日玉树州山体滑坡造成大经堂及部分建筑物毁坏,大经堂的文物掩埋被毁,通往当卡寺道路毁坏,并威胁214国道。

图4.29.3 2014年7月6日贵南暴雨冲断树枝压垮房屋(贵南县气象局提供)
Fig.4.29.3 House damaged by rainstorm in Guinan County on July 6, 2014 (By Guinan Meteorological Service)

2. 局地强对流

5月13日到8月22日,全省共发生冰雹(28起)、雷电(4起)灾害32起,造成47.9万人次受灾,死亡2人,农作物受灾面积6.8万公顷,绝收面积9700公顷,直接经济损失3.9亿元。

3. 低温冷冻害和雪灾

2月15日、4月11日、10月11—12日称多、西宁、东部农业区大部发生的雪灾和5月10—11日德令哈、乐都、民和出现的低温冻害,共造成56.8万人次受灾,农作物受灾面积达6.4万公顷,绝收5500公顷,直接经济损失3.6亿元。在东部农业区发生较大的雪灾在历史上较为少见,另外雪灾还造成牧区草场严重被覆盖,牲畜无法采食牧草,道路积雪结冰现象严重,影响当地交通运输。

4.30 宁夏回族自治区主要气象灾害概述

4.30.1 主要气候特点及重大气候事件

2014年宁夏全区平均气温为9.3℃,较常年同期偏高0.8℃(图4.30.1);年内气温阶段性变化大,冬季气温略偏高,春秋季气温明显偏高,夏季气温接近常年。全区平均降水量为329.0毫米,比常年偏多22.7%,为1991年以来最多(图4.30.2)。2013年秋季至2014年春季,宁夏中北部及南部地区发生不同程度干旱;4月大范围的大风沙尘雨雪及霜冻天气给设施农业、林果业造成严重影响;8月较大范围冰雹灾害给农业生产造成重大经济损失。年内,暴雨洪涝、冰雹、干旱、霜冻、大风沙尘、高温、雷电等多种气象灾害，对农牧业生产、人民生活及生态建设造成了较为严重的影响。全区因气象灾害共造成220.6万人次受灾，4人死亡，农作物受灾面积43.8万公顷，绝收面积3.9万公顷。灾害造成直接经济损失16.6亿元，其中，局地强对流天气(大风、冰雹、雷电)造成的灾害损失最大，为6.9亿元；干旱灾害损失次之，为5.8亿元；低温冷冻灾害损失第三，为3.8亿元。

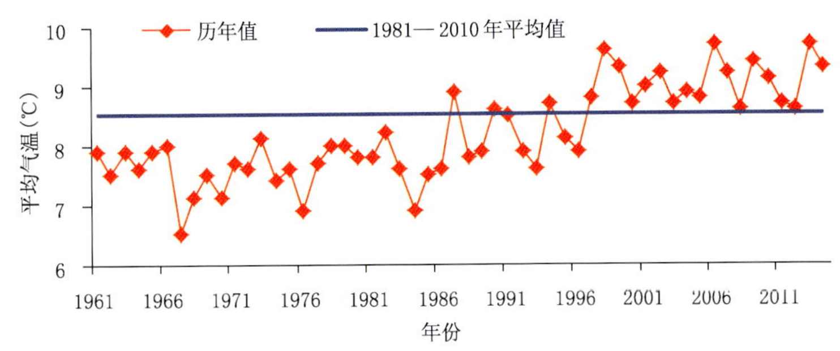

图4.30.1 1961—2014年宁夏年平均气温历年变化图(℃)

Fig. 4.30.1 Annual mean temperature in Ningxia during 1961—2014(unit: ℃)

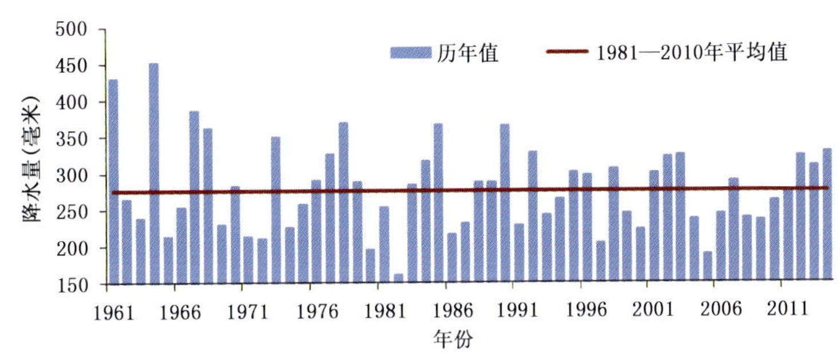

图4.30.2 1961—2014年宁夏年降水量历年变化图(毫米)

Fig. 4.30.2 Annual precipitation in Ningxia during 1961—2014(unit: mm)

4.30.2 主要气象灾害及影响

1. 干旱

2013年10月至2014年1月，宁夏中北部大部地区持续72～112天无降水天气，降水量比常年同期偏少2成左右，直至2月4—6日才出现2013年入冬以来的第一场全区性降雪，初雪之晚历年罕见，中北部地区普遍出现中度以上气象干旱，旱情重于2013年同期。5月上中旬，全区平均降水量比常年同期偏少7成，中部干旱带及南部山区大部地区土壤含水量下降，对作物生长造成较严重影响。全年干旱共造成中部干旱带和南部山区10个县(区)112个乡镇120.1万人次受灾，农作物受灾面积22.8万公顷，绝收1.3万公顷，直接经济损失5.8亿元。

2. 暴雨洪涝

2014年，全区各地共遭受暴雨洪涝灾害9次，造成2.5万人次受灾，0.3万间房屋不同程度受损，1600公顷农作物不同程度受灾，直接经济损失约1000万元。

3. 局地强对流

2014年，全区各地因遭受雷雨大风冰雹灾害(图4.30.3)共造成农作物受灾面积9.4万公顷；受灾人口47.2万人次，死亡4人；直接经济损失6.9亿元。其中，冰雹灾害15次，大风灾害1次，雷电灾害1次。

图 4.30.3 2014 年 8 月 16 日中宁县受冰雹危害的玉米和枸杞(宁夏气象服务中心提供)
Fig. 4.30.3 Maize and wolfberry damaged by hail hazard in Zhongning County on August 16, 2014 (By Ningxia Meteorological Service)

4. 低温冻害

2014 年,全区遭受 2 次明显霜冻灾害(图 4.30.4),共造成 50.8 万人次受灾,11.5 万公顷农作物及经果林受冻,直接经济损失 3.8 亿元。

图 4.30.4 2014 年 4 月 25 日青铜峡市受霜冻危害的苹果(青铜峡市气象局提供)
Fig. 4.30.4 Apple damaged by frost hazard in Qingtongxia City on April 25, 2014 (By Qingtongxia Meteorological Service)

5. 高温

2014 年 7 月 26 日至 8 月 2 日,中北部大部地区连续 3～7 天出现日最高气温达 35℃以上的高温天气,石嘴山、中宁最高气温达 37.6℃。持续高温造成用水用电量明显增长,对生产生活等产生较大影响。

4.31 新疆维吾尔自治区主要气象灾害概述

4.31.1 主要气候特点及重大气候事件

2014 年新疆区域平均气温为 8.2℃，接近常年(图 4.31.1)，其中北疆和天山山区平均气温较常年偏低 0.1℃，南疆年平均气温较常年偏高 0.1℃；年降水量为 157.1 毫米，较常年偏少 13.5 毫米(图 4.31.2)，偏少近 1 成。开春期和入冬期全疆大部偏晚；初霜期和终霜期全疆大部偏早。冬季最大积雪深度北疆和天山山区偏厚，南疆大部偏薄。

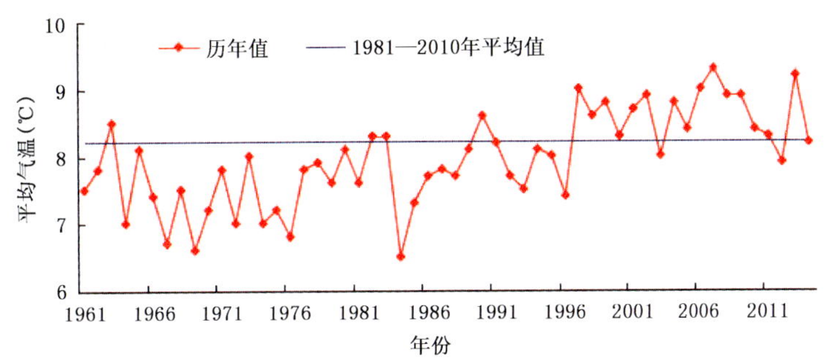

图 4.31.1 1961—2014 年新疆年平均气温历年变化图(℃)

Fig. 4.31.1 Annual mean temperature in Xinjiang during 1961—2014(unit:℃)

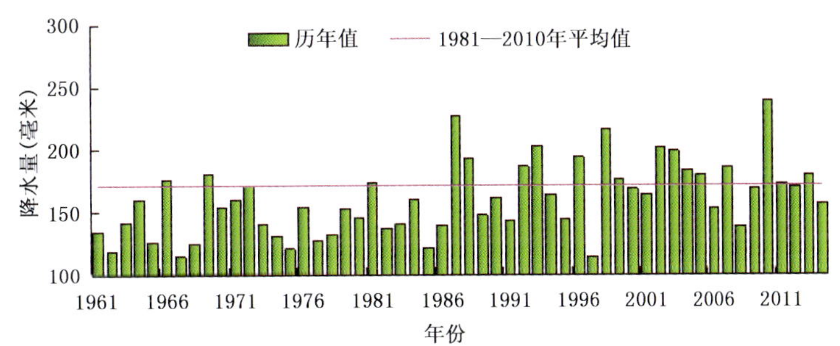

图 4.31.2 1961—2014 年新疆年降水量历年变化图(毫米)

Fig. 4.31.2 Annual precipitation in Xinjiang during 1961—2014(unit: mm)

年内出现的主要气象灾害有干旱、大风沙尘、低温冷害、霜冻(冻害)、冰雹、暴雨洪涝、雪灾等。2014 年各类气象灾害造成的直接经济损失 157.5 亿元，因灾死亡 28 人，属于气象灾害重度发生年份，其中干旱、大风沙尘、低温冷害和冰雹灾害影响最重。

4.31.2 主要气象灾害及影响

1. 干旱

受 2014 年春夏季降水偏少的影响，新疆的阿勒泰、塔城、和田和伊犁河谷等区域出现干旱灾害，造成 138.4 万人次受灾，7.2 万人次饮水困难，农作物受灾面积 57.6 万公顷，绝收面积 4.4 万公顷，直接经济损失 64.5 亿元，为近 31 年来最重。2014 年 5—7 月，在植物生长发育关键时段，伊犁河谷平均降水量 65.1 毫米，比历年同期偏少 52.8%，为有气象记录以来同期第一少；同时，5—7 月气温偏高 1.5℃。干旱造成伊犁州 9 个县(市)57.8 万人受灾；农作物受灾面积 28.9 万公顷；草场受灾面积 152 万公顷；饮水困难牲畜 346 万头(只)；直接经济损失超过 43 亿元(图 4.31.3)。

图 4.31.3　2014 年 5—6 月新源县因干旱受灾绝收的麦田(新源气象局提供)
Fig. 4.31.3　Wheat crop failed by drought in Xinyuan County during May to June
(By Xinyuan Meteorological Service)

2. 局地强对流

2014 年新疆冰雹灾害共出现 32 县次,涉及 8 个地(州、市)22 县市,造成农作物受灾面积累计超过 3300 公顷。

2014 年新疆共遭受大风、沙尘暴灾害 116 县次,大风及沙尘造成 50.5 万人受灾,农作物受灾面积约 40.2 万公顷。春季 4—5 月出现了 7 场明显的区域性大风,发生频次居历史同期第一位。

2014 年新疆发生雷电灾害 2 起,其中 6 月、8 月各 1 起,造成 1 人死亡以及通讯等基础设施受损。

3. 低温冷害、霜冻和雪灾

2014 年春季,新疆冷空气活动频繁,剧烈的降温和持续的低温给农林作物幼苗生长带来了巨大的不利影响,石河子、吐鲁番、阿克苏、伊犁等地州共 6 县市出现了低温冷害,哈密、伊犁等地共 4 县市出现冻害,哈密、塔城和伊犁等地共 5 县市出现了霜冻。低温冷害、霜冻和低温冻害共造成直接经济损失 15.7 亿元,其中低温冷害带来的直接经济损失约为 8.3 亿,霜冻和冻害带来的直接经济损失约为 7.4 亿。

2014 年伊犁、乌鲁木齐、昌吉、阿克苏、巴州、喀什等 6 地(州、市)14 县次出现雪灾。12 月 7—8 日,乌鲁木齐日降水量达 17.7 毫米,突破了本站历史上 12 月日最大降水量的极值;暴雪过后,积雪深度达 25 厘米。

4. 暴雨洪涝

2014 年全疆共计 49 个县次出现局地暴雨山洪及地质灾害,发生频次明显少于多年平均值;共造成直接经济损失 4.9 亿元,并造成 19 人死亡,倒塌房屋 1000 余间,损坏房屋 3.2 万间。其中 6 月 17—22 日,喀什、克州、和田、阿克苏等多站出现短时强降水,和田地区于田县吐格曼巴什村、皮什盖村累计降水量超过 120 毫米,引发局地洪涝灾害(图 4.31.4)。

图 4.31.4　2014 年 6 月 22 日和田地区洛浦县暴雨引发局部洪水冲毁道路(洛浦县气象局提供)
Fig. 4.31.4　The road damaged by flood in Lop County on June 22 (By Lop Meteorological Service)

第5章 全球重大气象灾害概述

5.1 基本概况

《2014年WMO全球气候状况声明》(WMO Statement on the Status of the Global Climate in 2014)指出，全球海洋温度创历史新高，地表高温，洪水泛滥构成了2014年全球气候的部分显著特征。

年初，北美大陆遭遇寒潮和暴风雪袭击，造成重大人员伤亡和经济损失。年内，欧洲异常温暖，有19个国家在这一年出现创纪录温度。全球多国暴雨洪涝灾害频发，以亚洲、美洲和欧洲最为频繁；8月和9月在孟加拉、巴基斯坦和印度以及12月在斯里兰卡发生了洪水；巴拉那河流域洪水侵袭了巴拉圭、阿根廷、玻利维亚和巴西；暴风雨天气侵袭欧洲，多国遭受洪水、大风灾害，受损严重。大旱肆虐巴西东部和中部，洪都拉斯，危地马拉，萨尔瓦多和尼加拉瓜。2014年全球范围内共发生78次热带气旋，少于2013年的总数(94次)以及1981—2010年的平均数量(89次)，但超过2010年总数(67次)，是有卫星观测以来的热带气旋发生次数最低值；8月台风“夏浪”袭击日本，造成巨大损失；12月菲律宾连续遭受“黑格比”、“蔷薇”袭击，带来巨大影响。

5.2 全球重大气象灾害分述

5.2.1 寒流和暴雪

1月上旬，美国东北部和中西部地区遭遇寒潮和暴风雪袭击，共造成至少21人死亡。下旬，美国多地遭到暴风雪袭击，造成至少9人死亡，另有104人受伤；泰国有63人由于寒冷天气引发的疾病死亡；罗马尼亚南部、东部以及中部地区遭遇暴风雪袭击，造成6人死亡；罕见的暴风雪袭击美国南部，至少13人死亡，数百万人的工作和生活大受影响，6个州宣布进入紧急状态。

2月，日本出现大范围降雪天气，导致32人死亡，2000余人受伤；韩国庆尚北道连降大雪，造成10人死亡，100多人受伤；美国遭遇暴风雪袭击，至少17人死亡。

3月初，美国中西部和东部遭暴风雪袭击，造成至少13人死亡。

4月下旬，珠穆朗玛峰南侧尼泊尔境内发生雪崩，造成15人死亡；中国新疆地区遭遇大雪袭击，造成2人死亡，3人失踪。

10月中旬，尼泊尔境内喜马拉雅山区遭遇暴风雪袭击，引发雪崩，造成至少43人死亡；尼泊尔北部藏族聚居区木斯塘县遭遇暴风雪天气，至少20人遇难。

11月中下旬，美国接连遭受极强冷空气突袭，至少17人死亡。

12月下旬，印度北部遭遇最强寒潮，至少4人死亡；北日本(北海道、东北)的日本海沿岸各地出现暴风雪天气，至少11人死亡。

5.2.2 暴雨洪涝

1. 亚洲

1月中旬，菲律宾南部大雨引发洪灾及山体滑坡，造成23人死亡；印度尼西亚北苏拉威西省连日暴雨造成洪水和山体滑坡，至少18人死亡，逾4万人被疏散；下旬，印度尼西亚再遭山洪袭击，至少3人死亡，26人失踪。

3月下旬，中国南方多地遭受暴雨、雷雨大风和冰雹袭击，至少22人死亡，3人失踪；哈萨克斯坦卡拉干达州连降暴雨，水库漫坝，洪水淹没下游近100栋房屋，造成5人死亡，9人受伤。

4月下旬，阿富汗北部地区遭遇洪水袭击，造成至少107人死亡。

5—9月，中国南方多地遭受暴雨、冰雹等袭击，发生入汛以来最大洪水。

6月，斯里兰卡西部及南部地区遭受暴风雨袭击，暴雨引发的洪涝及山体滑坡造成23人死亡；阿富汗北部暴雨引发洪水，造成近百人死亡，另有近百人受伤；中国南方多地发生暴雨洪涝及泥石流滑坡灾害，至少80人死亡、25人失踪，直接经济损失超过120亿元人民币。

7月中旬，印度中央邦一建筑物因暴雨倒塌，造成7名儿童遇难，另有9人受伤。

8月初，印度东部奥里萨邦连日强降水引发洪灾，至少23人死亡，数万人受灾；上中旬，柬埔寨各地普降大雨，12个省份出现洪水灾害，累计造成45人死亡，9.5万户家庭受灾。中旬，越南暴雨引发山洪，至少6人死亡；尼泊尔与印度两国部分地区连续多日遭到强降雨袭击并引发洪水和泥石流灾害，共造成至少184人死亡；日本出现大范围暴雨天气，造成5人死亡。下旬，韩国南部地区遭受暴雨袭击，导致5人遇难，5人失踪。8月下旬至9月上旬，泰国28个府普降大雨并引发洪涝灾害，造成10人死亡。

9月上旬，日本北海道和东北局地遭暴雨袭击，造成1人死亡，4人受伤。上中旬，克什米尔地区遭受暴雨和洪水袭击，导致巴基斯坦至少346人死亡，印控克什米尔地区至少200人死亡。中下旬，中国华西部分地区发生暴雨洪涝及滑坡、泥石流灾害，造成46人死亡，10人失踪，直接经济损失达130.5亿元人民币。下旬，印度东北部地区暴雨引发洪水和山体滑坡，导致至少88人死亡。

10月上旬，马来西亚东马沙巴州遭受暴雨袭击，发生严重水灾，造成1人死亡，逾万居民受到影响。下旬，中国海南遭受暴雨袭击，直接经济损失超过2亿元人民币。

11月上旬，马来西亚彭亨州金马仑高原暴雨成灾，导致河水泛滥和山洪暴发，造成3人死亡，近200人紧急疏散。

12月下旬，泰国南部、斯里兰卡遭受持续暴雨袭击，引发水灾和泥石流，共造成至少20余人死亡，近百万人受灾。

2. 欧洲

1月上旬，英国遭暴风雨袭击，导致7人死亡。

2月上中旬，英国遭遇暴雨洪水袭击，造成2人死亡，多地农田房屋被淹，泰晤士河决堤，迫使沿岸数千户家庭紧急疏散。

5月中旬，巴尔干半岛西部连遭大雨，波黑、塞尔维亚、黑山和阿尔巴尼亚遭遇洪水，波黑出现100多年来最严重的洪灾，造成至少47人死亡，50万人被迫转移；塞尔维亚遭遇特大洪水，造成至少51人死亡。

6月上旬，德国西部地区遭遇暴雨天气，至少5人死亡，多数航班和列车停运。中旬，保加利亚东部和中部连日暴雨引发洪灾，造成10人死亡，3人失踪。

8月初，保加利亚西北部遭暴雨袭击，强降雨引发洪水，共造成2人溺亡，10人失踪，900名居民从家中撤离。

9 月上旬，保加利亚西南部暴雨引发洪水，造成 3 人死亡。

10 月中旬，意大利热那亚等部分地区暴发山洪，造成 1 人死亡，财产损失至少 3 亿欧元。

11 月中下旬，法国、意大利、瑞士边境地区暴雨成灾，造成 9 人死亡。

3. 美洲

1 月中旬，巴西圣保罗州暴雨引发洪灾，造成 23 人死亡，4 人失踪。

2 月上旬，阿根廷布宜诺斯艾利斯遭受暴雨侵袭，1 人死亡，至少 2000 人被疏散。中旬，玻利维亚遭遇洪水袭击，导致 59 人死亡，约 6000 个家庭生活受影响。

4 月上旬，美国南方遭遇暴雨袭击引发洪灾，造成 1 人死亡，1 人失踪。

6 月中旬，巴拉圭首都亚森松遭受洪水侵袭，15 万居民紧急撤离。

7 月上旬，美国东部地区遭遇严重的暴风雨袭击，导致大量房屋被破坏或摧毁，至少 5 人死亡，30 万人电力供应中断。中旬，巴西南部地区遭遇特大暴雨引发洪水灾害，100 多个城市受灾，1.8 万人被迫离开家园。

9 月上旬，美国西南部遭暴雨洪水袭击，导致亚利桑那州 2 人死亡。

10 月上旬，美国德克萨斯州休斯敦市遭受暴雨袭击，造成 1 人死亡，3.7 万多户居民用电受到严重影响。10 月中旬，狂风、暴雨、冰雹等袭击美国南部和中西部地区，至少 2 人死亡。

11 月上旬，海地北部遭受暴雨袭击，引发泥石流和洪水，至少 12 人死亡，数以千计的人无家可归。

12 月上旬，美国东部地区遭暴风雨袭击，数万户家庭因受到暴雨影响而断电，至少 1 人死亡。

4. 大洋洲

10 月中旬，澳大利亚悉尼遭强风和暴雨袭击，造成 3 万户家庭停电，部分地区树木损毁，多地还出现了洪涝灾害。

5. 非洲

3 月以来，南非东北部和东部多个地区连遭暴雨袭击，至少有 11 人死于洪水。

8 月初，苏丹境内暴雨引发洪水，共造成 39 人遇难，数千房屋被摧毁。

5.2.3 台风

1 月下旬，菲律宾遭热带风暴“玲玲”袭击，致 40 人死亡。

4 月上旬，美国北卡罗来纳州遭龙卷风吹袭，数幢房屋被毁，5 人受伤。下旬，美国中西部和南方暴发龙卷风、强风以及冰雹等恶劣天气，造成 17 人死亡；飓风“伊塔”袭击所罗门群岛，引发暴雨导致河水上涨决堤，造成 23 人死亡。

7 月，日本遭台风“浣熊”肆虐，至少 5 人死亡，50 多人受伤；台风“威马逊”在菲律宾登陆，至少 77 人死亡，越南多地受台风“威马逊”影响，引发山洪和泥石流，至少 27 人死亡；“威马逊”造成中国广东、广西、海南和云南 4 省（区）88 人死亡或失踪，1190 万人受灾，直接经济损失 446.5 亿元。

8 月上旬，台风“娜基莉”袭击韩国，致 10 人死亡，2 人受伤。中旬，台风“夏浪”登陆日本，日本北部地区普降暴雨，造成 10 人死亡，179 万民众紧急采取避难措施；巴基斯坦西北部城市白沙瓦遭遇风暴袭击，至少 13 人死亡，55 人受伤。

9 月下旬，台风“海鸥”两次登陆中国，造成广东、广西、海南、贵州、云南 5 省（区）948.5 万人受灾，9 人死亡，2 人失踪，直接经济损失达 176.5 亿元人民币；台风“凤凰”登陆菲律宾，造成 10 人死亡，经济损失达 1.44 亿菲律宾比索（约 1990 余万元人民币）；台风“凤凰”先后 4 次登陆中国，造成浙江省 125.4 万人受灾，直接经济损失 9.5 亿元人民币。

10 月上旬，台风“巴蓬”登陆日本，造成 200 多万人紧急疏散，6 人死亡，4 人失踪。中旬，热带气旋“胡德胡德”在印度东南部沿海地区登陆，至少 24 人死亡；台风“黄蜂”登陆日本，致 2 人死亡，1 人下落不明，94 人受伤。下旬，强热带风暴“特鲁迪”袭击墨西哥格雷罗州和瓦哈卡州，造成 6 人死亡，2000 多人被迫转移；飓风“贡萨洛”袭击英国，至少 3 人死亡，5 人受伤。

12 月上旬，台风“黑格比”登陆菲律宾，至少 39 人死亡。中旬，强风暴“菠萝快车”吹袭美国西海岸，给加利福尼亚州、俄勒冈州及华盛顿州等地带来狂风暴雨，造成至少 2 人死亡。下旬，美国东南部密西西比州遭遇龙卷风袭击，至少 4 人死亡；下旬，热带风暴“蔷薇”在菲律宾南部棉兰老岛东岸登陆，造成菲中部和南部地区至少 53 人死亡。

5.2.4 雷电

1 月中旬，阿根廷遭雷电袭击，导致至少 3 人死亡，22 人受伤；印度尼西亚一架小型飞机在飞行途中遭雷电袭击，导致 4 人死亡。下旬，非洲国家布隆迪一所高中遭到闪电袭击，造成 7 名学生死亡，另有 51 人受伤。

6 月上旬，印度比哈尔邦遭遇雷电袭击，至少 10 人死亡，6 人受伤。

7 月下旬，美国洛杉矶遭罕见雷电袭击，1 人死亡，另有 13 人受伤。

9 月上旬，加拿大安大略省，1 人遭雷击身亡。

11 月上旬，巴西圣保罗遭遇暴雨、雷电袭击，造成 3 人死亡。

5.2.5 滑坡

1 月中旬，意大利中北部因连日阴雨造成河水泛滥和泥石流，导致至少 1 人死亡，1 人失踪。下旬，印尼爪哇岛因强降雨引发两次山体滑坡，共造成至少 19 人死亡，10 人失踪。

2 月上旬，玻利维亚暴雨引发泥石流，造成至少 4 人死亡，9 人失踪；下旬，印度尼西亚东部巴布亚省首府查亚普拉因暴雨引发山体滑坡，造成 11 人死亡，2 人失踪。

3 月下旬，美国华盛顿州西雅图北部地区暴雨引发特大泥石流，造成至少 41 人死亡，4 人失踪。

4 月上旬，印度尼西亚北苏门答腊省和西爪哇省因暴雨引发两起山体滑坡事件共，致 11 人死亡。

5 月上旬，阿富汗东北部巴达赫尚省发生特大山体滑坡灾难，造成至少 2700 人死亡，大量人员失踪。下旬，美国科罗拉多州梅萨郡遭泥石流侵袭，导致 3 人失踪。

6 月中旬，印度尼西亚西爪哇省发生山体滑坡事件，导致 6 人死亡，3 人失踪。

7 月下旬，尼泊尔多地发生洪涝和泥石流，至少 10 人死亡，大量房屋受损，部分地区道路受阻；印度西部马哈拉施特拉邦暴雨引发大型泥石流，至少 109 人死亡。

8 月上旬，美国南加州遭暴雨袭击引发泥石流，导致 1 人死亡，2000 余人被困。下旬，日本广岛市暴雨引发泥石流灾害，造成 72 人死亡，2 人失踪。

10 月下旬，斯里兰卡发生山体滑坡，造成至少 28 人死亡，约 300 人失踪。

12 月中旬，印度尼西亚持续暴雨引发山体滑坡，致 50 余人死亡，100 余人失踪。

5.2.6 高温热浪

1 月，澳大利亚遭受高温热浪袭击，至少 203 人因酷热天气而死亡。

6 月上旬，日本列岛各地遭受高温袭击，因中暑被送往医院的人数多达 491 人，其中 1 人死亡。

5.2.7 干旱

美国加利福尼亚州近 3 年持续干旱。据 3 月中旬统计，干旱造成 3 万多公顷农田无收，经济损失数十亿美元。

2 月中旬至 4 月，朝鲜西海沿岸地区遭到几十年来最严重的干旱，粮食生产受挫。

美国西部遭遇了百年难遇的大旱，干旱给当地农业造成了 15 亿美元的损失。

巴西遭遇 80 年不遇的大旱，农业重要产区圣保罗州可能遭受 50 年来最大损失。

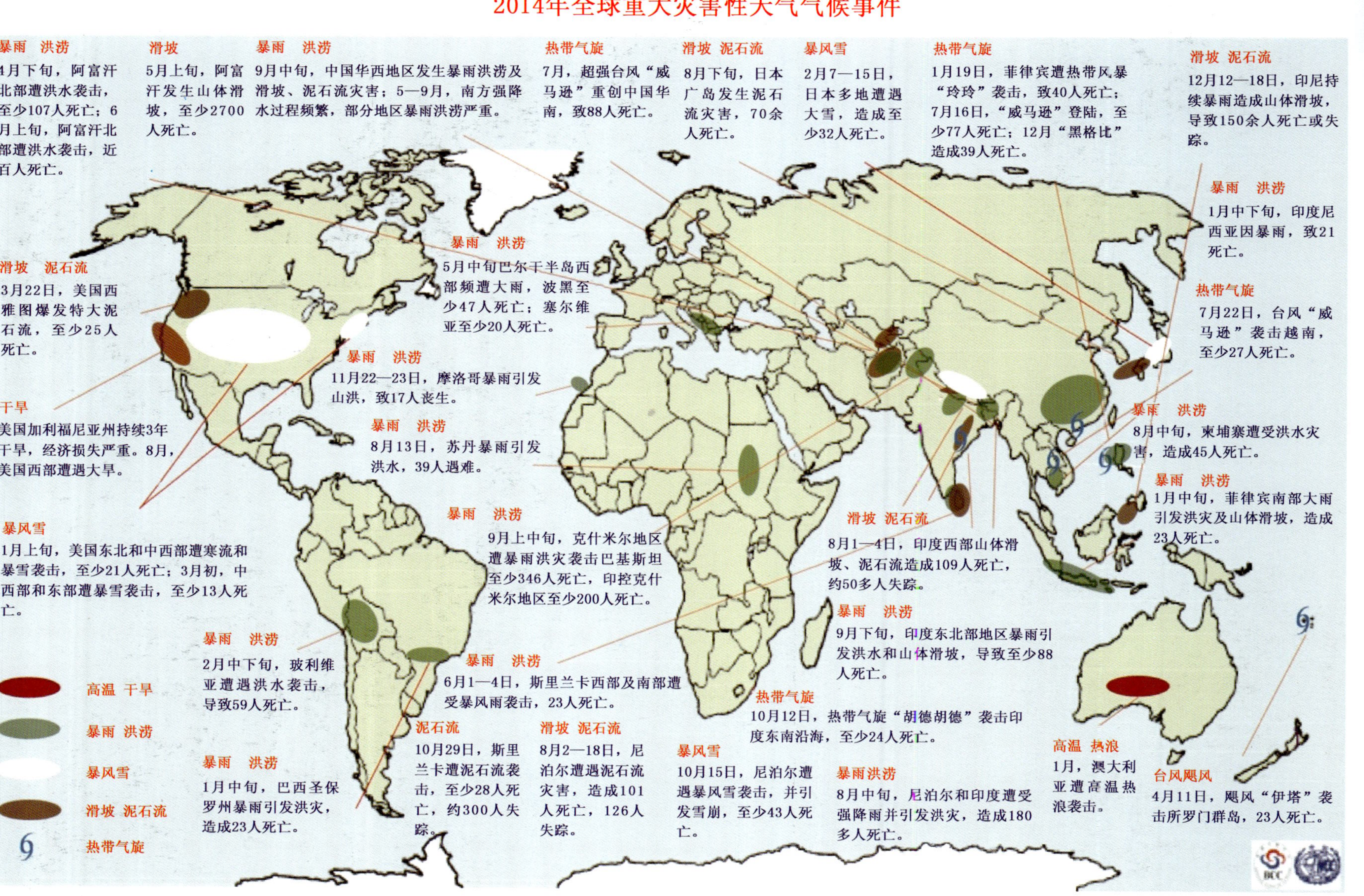
2014年全球重大灾害性天气气候事件
暴雨 洪涝
4月下旬，阿富汗北部遭洪水袭击，至少107人死亡；6月上旬，阿富汗北部遭洪水袭击，近百人死亡。
滑坡
5月上旬，阿富汗发生山体滑坡，至少2700人死亡。
暴雨 洪涝
9月中旬，中国华西地区发生暴雨洪涝及滑坡、泥石流灾害；5—9月，南方强降水过程频繁，部分地区暴雨洪涝严重。
热带气旋
7月，超强台风“威马逊”重创中国华南，致88人死亡。
滑坡 泥石流
8月下旬，日本广岛发生泥石流灾害，70余人死亡。
暴风雪
2月7—15日，日本多地遭遇大雪，造成至少32人死亡。
热带气旋
1月19日，菲律宾遭热带风暴“玲玲”袭击，致40人死亡；7月16日，“威马逊”登陆，至少77人死亡；12月“黑格比”造成39人死亡。
滑坡 泥石流
12月12—18日，印尼持续暴雨造成山体滑坡，导致150余人死亡或失踪。
暴雨 洪涝
1月中下旬，印度尼西亚因暴雨，致21死亡。
热带气旋
7月22日，台风“威马逊”袭击越南，至少27人死亡。
暴雨 洪涝
5月中旬巴尔干半岛西部频遭大雨，波黑至少47人死亡；塞尔维亚至少20人死亡。
滑坡 泥石流
3月22日，美国西雅图爆发特大泥石流，至少25人死亡。
暴雨 洪涝
11月22—23日，摩洛哥暴雨引发山洪，致17人丧生。
干旱
美国加利福尼亚州持续3年干旱，经济损失严重。8月，美国西部遭遇大旱。
暴雨 洪涝
8月13日，苏丹暴雨引发洪水，39人遇难。
暴雨 洪涝
8月中旬，柬埔寨遭受洪水灾害，造成45人死亡。
暴雨 洪涝
1月中旬，菲律宾南部大雨引发洪灾及山体滑坡，造成23人死亡。
暴风雪
1月上旬，美国东北和中西部遭寒流和暴雪袭击，至少21人死亡；3月初，中西部和东部遭暴雪袭击，至少13人死亡。
暴雨 洪涝
9月上中旬，克什米尔地区遭暴雨洪灾袭击巴基斯坦至少346人死亡，印控克什米尔地区至少200人死亡。
滑坡 泥石流
8月1—4日，印度西部山体滑坡、泥石流造成109人死亡，约50多人失踪。
暴雨 洪涝
9月下旬，印度东北部地区暴雨引发洪水和山体滑坡，导致至少88人死亡。
暴雨 洪涝
2月中下旬，玻利维亚遭遇洪水袭击，导致59人死亡。
暴雨 洪涝
6月1—4日，斯里兰卡西部及南部遭受暴风雨袭击，23人死亡。
热带气旋
10月12日，热带气旋“胡德胡德”袭击印度东南沿海，至少24人死亡。
高温 干旱
暴雨 洪涝
暴风雪
滑坡 泥石流
热带气旋
暴雨 洪涝
1月中旬，巴西圣保罗州暴雨引发洪灾，造成23人死亡。
泥石流
10月29日，斯里兰卡遭泥石流袭击，至少28人死亡，约300人失踪。
滑坡 泥石流
8月2—18日，尼泊尔遭遇泥石流灾害，造成101人死亡，126人失踪。
暴风雪
10月15日，尼泊尔遭遇暴风雪袭击，并引发雪崩，至少43人死亡。
暴雨洪涝
8月中旬，尼泊尔和印度遭受强降雨并引发洪灾，造成180多人死亡。
高温 热浪
1月，澳大利亚遭高温热浪袭击。
台风飓风
4月11日，飓风“伊塔”袭击所罗门群岛，23人死亡。

第6章　防灾减灾重大气象服务事件

2014年，我国南方汛期强降雨过程偏多、偏强，局地出现严重暴雨洪涝和地质灾害；登陆我国台风个数偏少，但部分台风登陆强度强，登陆次数多，灾情重；8月3日云南鲁甸发生6.5级地震；青年奥林匹克运动会在南京举行；亚太经合组织(APEC)峰会在北京召开。面对各种气象灾害和重大社会活动气象服务保障重任，各级气象部门积极应对，主动服务，为防灾减灾工作做出了有利贡献；加之极端天气气候事件相对较少，2014年因气象灾害造成的死亡人数和经济损失明显偏少。

2014年，中国气象局从服务民生、服务发展、服务决策的角度出发，紧密围绕防灾减灾、应对气候变化、保障国家粮食安全、促进生态文明建设等重点需求，累计向党中央、国务院报送专题报告、重大气象信息专报等决策气象服务材料303期，为全国春季农业生产会议、国家防总全体会议、京津冀和长三角大气污染防治协作领导小组会议，以及南京青年奥运会、北京APEC会议、北京2022年冬季奥运会申办等重大会议和社会活动提供重大决策气象服务材料28期，其中有63期决策服务材料获得党中央、国务院领导同志批示。

6.1　南方强降雨气象服务

2014年，我国南方地区共出现中等强度以上降雨过程35次，与常年平均(34.7次)基本持平。特强降雨过程5次(常年平均2.9次)、强降雨过程4次(常年平均2.7次)，均较常年平均偏多，强降雨过程主要出现在5月至8月。针对南方多次强降雨过程及可能引发的城乡积涝和山洪地质等灾害，气象部门密切监视，加强天气会商和研判、提前预报预警，各项气象服务保障工作有条不紊地开展。

6.1.1　加强预报预警，做好应急保障服务

5—8月，中国气象局先后共启动3次重大气象灾害(暴雨)应急响应。中央气象台加强预报会商，并启动南方强降雨和梅雨期、汛期专题会商。中央气象台共发布暴雨预警166次，其中蓝色预警121次、黄色预警33次、橙色预警12次。同时，通过电视、电台、短信、微博、微信、网站、手机APP等多个渠道实时跟踪报道最新天气资讯，提醒公众和相关部门加强防范强降雨可能引发的城乡积涝、山洪和滑坡、泥石流等次生灾害，注意中小河流洪水和水库运行风险，服务效果显著。

6.1.2　加强内部决策服务，做好实况监测和过程跟踪评估

针对每次强降雨过程，气象部门加强值班、值守，密切监视降雨实况，及时收集暴雨灾情。期间，中央气象台共向气象局决策层有关领导制作发布暴雨实况短信、彩信300余条；提供实时更新强降雨过程实况图；并运用自主研发的区域暴雨强度评估模型分析制作暴雨过程跟踪评估材料5期。

6.1.3　加强服务材料上报，提供针对性和科学性强的决策建议

针对频繁强降雨天气过程，中央气象台及各级气象部门及时向政府及相关部委报送决策气象

服务材料，提供精细化和针对性较强的建议，为决策层防灾减灾提前部署提供重要科学参考信息。6—8 月，中央气象台共制作有关强降雨的决策材料 115 期，其中《重大气象信息专报》25 期，《气象灾害预警服务快报》50 期，《两办刊物信息》40 期。

6.2 “威马逊”气象服务

“威马逊”是 2014 年影响我国最严重的台风。超强台风“威马逊”在海南省文昌和广东徐闻登陆时中心附近最大风力均为 60 米/秒(17 级)，为 1973 年以来登陆华南地区的最强台风(与 7314 号台风持平)，也是 1949 年以来登陆广东、广西的最强台风。

据统计，“威马逊”造成广东、广西、海南、云南 4 省(区)88 人死亡或失踪，1190 万人受灾，直接经济损失 446.5 亿元。在超强台风“威马逊”气象服务中，中国气象局加强组织策划，密切监视，贴近需求，积极主动为决策部门和公众提供有力和全面的气象服务保障。由于预报较为准确，各部门防御得当，“威马逊”受灾情况明显轻于相同强度的台风(0608 号超强台风“桑美”登陆浙江苍南，造成 483 人死亡；7314 号超强台风登陆海南琼海，造成 903 人死亡)。

6.2.1 密切监视，做好监测预报预警

“威马逊”台风发生发展影响期间，各级气象部门及时启动台风应急响应，开展临近精细化预报。国家气象中心首次开展台风风雨自动监测业务，及时制作监测信息产品；精细化分析大风(10 级以上、12 级以上、14 级以上)的分布与持续时间、强降雨(小时雨量极值分布)等致灾因子及可能影响，加强灾害预评估分析，提高服务的针对性。中央气象台多次组织加密会商，加强对省(区)气象台的指导，同时强化台风分析预报的精细化水平，应用台风大风反演融合分析技术、升级区域台风模式等现代化建设成果，提高分析预报的准确率。中央气象台针对“威马逊”的 24 小时路径预报误差为 75.8 千米，比日本和美国误差分别少 46 和 35 千米；48～120 小时路径预报也均优于日本和美国。

6.2.2 贴近需求，为决策部门提供气象保障

针对“威马逊”台风，中国气象局共制作决策气象服务材料 25 份，报送党中央、国务院，其中 5 篇材料得到李克强总理等中央领导(7 人次)批示；及时向 29 个气象灾害预警联络员单位发送台风预警信息和暴雨预警信息；制作《全国地质灾害气象风险预警》、《全国渍涝风险气象预报》、《24 小时公路地质灾害预报》，《全国农业气象灾害预警评估》等专题材料为相关部委提供针对性的服务。海南省气象局向省领导及相关部门报送决策气象服务材料 9 份，发送 540 份决策服务材料，政府及各部门决策人员 26858 人接收预警决策短信 970988 条，气象信息员接收预警短信 42753 人次数。

6.2.3 关注民生，全方位做好公众气象服务

中国气象局通过中央电视台、中央人民广播电台、凤凰卫视、旅游卫视等权威广播电视媒体全程跟踪报道台风发生发展动态，及时发布台风、暴雨、地质灾害等预警预报信息，制作台风服务节目近 500 档。中国气象频道连续两次组成联合追风小组，分别赴广东、海南、福建等地进行现场报道，第一时间以全媒体形式发布台风登陆点附近最新现场报道。中国天气网、中国气象视频网、中国兴农网及时推出功能更全面、更新颖易用的新版台风 flash 产品。另外，广西、海南省(区)均已建立高级别气象灾害预警的全网发布机制，在此次防台风工作中，气象灾害预警信息经由绿色通道实现了对影响人群的广播、电视、短信、卫星电话等的全覆盖，有效降低了灾害损失和人员伤亡。

6.3 北京APEC会议气象服务保障

党和国家领导人从APEC会议筹备工作伊始就反复强调天气的重要性，做好北京APEC会议气象服务保障工作是确保会议成功的关键因素之一。优质、精细、贴心的APEC会议气象服务保障最终获得了北京市委、市政府的多次肯定和社会各界的广泛赞扬。

6.3.1 强化组织保障，提前筹划和部署

2014年10月初成立了由矫梅燕副局长为组长的气象服务领导小组和办公室，以及预报组、人影组、服务组等5个专项工作小组，对接和落实APEC峰会筹备工作领导小组有关服务需求。制定了《2014年北京APEC会议气象服务实施方案》，实施了京津冀及周边地区6省(区、市)气象协同保障机制。

6.3.2 加强能力建设，完善气象监测和预警服务体系

早在2013年上半年，北京市气象局就在雁栖湖核心区搭建完成气象综合观测站，开展大气环境、气象要素的梯度对比观测和分析。利用京津冀区域综合观测网，开展APEC主会场及周边区域的大气环境、气象要素的加密观测；完善了京津冀区域环境数值预报系统，实现了重污染天气短、中、长期结合的无缝隙预报；充分利用气象部门已有的综合信息发布网络及国家突发公共事件预警信息发布系统，及时面向社会公众发布环境气象监测预警和科普信息。

6.3.3 深化部门合作，形成服务合力

10月25日，中国气象局与环保部印发加强重污染天气预报预警工作的通知，要求建立APEC期间空气质量的联合保障机制。京津冀区域内各省(市)气象与环保部门建立日常预报会商制度和流程，区域内5省(市、区)通过数据共享专线或共享平台，实现了环境质量、气象数据的实时共享。

6.3.4 精益求精，全力以赴做好各项气象服务保障

10月8日开始，中国气象局全面启动APEC会议关键服务期气象服务保障工作，中央气象台联合京津冀地区气象部门每天开展APEC会议气象服务专题视频会商，及时滚动发布和提供气象服务专题服务信息。10月25日至11月11日，北京市气象局共完成了水立方、雁栖岛、颐和园、首博和国博、朝阳、顺义等7个活动地点的定点预报，滚动提供中期、短期、逐小时气象服务专报146期，包括《2014 APEC会议——水立方气象服务专报》56期、《2014 APEC会议——配偶活动气象服务专报》48期、《2014APEC会议气象服务专报》33期、《2014 APEC会议——残疾人主题活动气象服务专报》9期；10月30日至11月12日，中央气象台逐日向中办、国办报送《APEC会议气象服务专报》13期，滚动预报北京地区的天气和空气质量状况。

6.4 青奥会气象服务

2014年青奥会举行期间，正值南京主汛期，加上持续连阴雨和低温，气候异常和短时强降水、雷雨大风等强对流、高影响天气给气象保障服务工作增加了一定难度。气象部门为此次精彩、成功、和谐的青奥盛会全程保驾护航，也向国际奥委会、各代表队、组委会、现场服务团队和决策指挥人员等交上了一份满意的答卷。

6.4.1 提前筹划，积极组织制定保障措施

在筹备青奥会气象服务保障阶段，组建了由气象部门国家级协调指导层、省级决策指挥层、技

术支持层和业务运行层组成的青奥会气象服务组织体系机构；组织制定了《第二届夏季青年奥林匹克运动会气象实施方案》，下发了《中国气象局办公室关于做好第二届青年奥林匹克运动会气象保障服务工作的通知》，要求各相关单位加强沟通协作，形成服务合力，切实做好南京青奥会气象服务保障工作。

6.4.2 开展需求调研，加强针对性服务

广泛开展青奥会的需求调研，并根据调研结果，针对青奥会期间重大活动、各种赛事、旅游、生活、交通等方面提供各种不同的气象服务产品；同时，为各个场馆的不同赛事提供个性化的气象服务信息，包括天气对赛事的影响评估及建议等。并通过广播、电视、报纸等传统平台和青奥会气象服务网站、手机客户端、微博、微信等新媒体，及时、准确发布各类气象服务信息，为各项赛事活动、城市运行和市民出行提供精细、动态、准确、高效的气象服务。

6.4.3 分析高影响天气风险，制定应急预案

基于青奥会期间高影响天气风险分析的基础，编制《赛事期间高影响天气服务应急预案》和《南京青奥会开闭幕式气象风险应急预案》，实现了气象风险和相应应对预案有机衔接。同时，青奥会期间，协调 2 部移动应急车随时待命，为各项赛事、突发事件等提供现场应急气象服务。

6.4.4 加强科技支撑，提供智能化贴心预报预警服务

专门研发了精细化、集约化的青奥会气象预报系统，为赛会期间可能出现的高影响天气预报提供科技支撑；气象信息通过专线接入青奥会赛事信息系统，并推送到各个场馆；开闭幕式指挥中心和比赛场馆安装 30 台左右的多媒体气象信息显示屏，提供智能推送和定点定制服务；上线卡通动漫手机客户端和中、英、法文气象服务网站，向各国青少年提供精细、趣味、有特色的气象信息。

6.5 云南鲁甸地震气象服务

8 月 3 日 16 时 30 分云南鲁甸发生 6.5 级地震。地震发生后，中国气象局立即行动，迅速启动应急响应，动员全部门力量，按照党中央、国务院统一部署，把抗震救灾作为当前气象服务工作的重中之重，迅速恢复灾区气象业务，快速建立与地方各级政府前线指挥机构及救援单位的联系，全力做好抗震救灾气象保障服务。

6.5.1 及时启动应急响应，有序有效开展工作

8 月 3 日 22 时，中国气象局启动地震灾害气象服务Ⅳ级应急响应，4 日 14 时将地震灾害气象服务Ⅳ级应急响应升级为Ⅲ级应急响应。进入响应状态后，中国气象局从气象服务、技术保障、救灾协同和后勤服务等各方面进行周密部署，先后召开 3 次紧急会议，及时传达落实习近平总书记、李克强总理、汪洋副总理关于抗震救灾的重要指示要求。云南省气象局迅速成立“云南鲁甸 6.5 级地震抗震救灾气象保障服务工作领导小组”，组建综合协调、预报、现场服务、保障等 6 个专项工作小组。

6.5.2 主动调研服务需求，明确服务保障重点

云南省气象局每天两次参加抗震救灾指挥部召开的协调会，及时调研抗震救灾对气象服务的需求，确定“强降雨天气预报预警、滑坡泥石流等次生灾害预报预警、堰塞湖险情、救灾安置点预报服务、公路等交通干线抢险、防雷避雷”等服务重点。中国气象局对口征询救灾部门的气象保障服务需求，上下共同紧急制订了针对救灾部门和指挥机构的决策服务专报、救援物资设备运输的道路交通天气预报、灾民安置点天气预报、堰塞湖抢险气象保障以及防范震区地质灾害等分对象、分类

别专项服务方案，有针对性地开展气象保障服务。

6.5.3 加强与外部门联动，提供针对性科学性气象保障

特别针对震区抢险救灾和山洪地质灾害、堰塞湖排险等服务需要，中国气象局加强与民政、水利、国土、交通等部门的联动，强化山洪地质灾害风险预警、交通气象预报和堰塞湖上游流域面雨量预报。截至8月10日，联合制作发布《全国地质灾害气象风险预警》7期、《云南鲁甸震区气象公路预报》5期、《全国渍涝风险气象预报》2期；成立地震灾区公路交通气象保障应急小组，每天两次制作地震灾区公路精细化滚动预报、铁路气象预报服务等专题预报材料并报送有关部门。

6.5.4 发挥部门体制优势，实现气象预报服务一体化

充分发挥垂直管理体制优势，集全国气象部门之力全力做好抗震救灾气象保障。中央气象台和西南区域气象中心气象台每天至少两次与云南省气象部门开展震区天气会商，并强化震区灾害性天气指导预报。国家、省、市、县四级气象部门上下联动、密切配合，强化与各级党委、政府特别是各级抗震救灾指挥部门的对接，做到气象服务无缝隙。

6.5.5 强化公众气象服务，全方位做好防灾科普宣传

云南省气象部门通过电视台、广播电台、手机短信、网站、电子显示屏等，及时发布抗震救灾气象服务信息。从8月8日开始，每天向国家应急广播鲁甸抗震救灾应急电台提供每3小时滚动天气预报、灾害性天气预警信息及气象科普知识。通过手机发布各类预报预警及实况信息61次，全网发布预警信息18次，受众520万人次，电子显示屏发布22次，微博发布152次，网站发布118次，电视插播83次，向1172.7万人次发布暴雨、雷电预警信息。

附　录

附录 A　气象灾情统计年表

表 A1　2014 年气象灾害总受灾情况统计表

Table A1　Summary of total meteorological disasters in China in 2014

地区	农作物受灾情况		人口受灾情况			直接经济损失（亿元）
	受灾面积（万公顷）	绝收面积（万公顷）	受灾人口（万人次）	死亡人口（人）	失踪人口（人）	
北京	5.3	1.1	32.1	3	0	10.5
天津	1.0	0.4	3.7	1	0	1.3
河北	143.6	17.7	1716	22	0	135.1
山西	117.4	11.4	476.0	9	0	50.8
内蒙古	187.8	25.9	644.5	17	0	113.1
辽宁	193.1	55.1	746.7	8	0	169.4
吉林	68.9	11.8	545.2	1	0	117.2
黑龙江	81.0	11.4	257.4	11	0	55.8
上海	0	0	0	0	0	0
江苏	55.4	4.0	548.4	2	0	14.0
浙江	20.4	1.4	457.6	16	0	58.0
安徽	64.1	2.2	1201.5	10	0	29.4
福建	10.3	1.1	155.8	15	1	44.7
江西	48.7	4.7	634.2	57	0	72.8
山东	88.6	7.7	958.5	5	0	82.1
河南	190.5	21.0	2491	7	0	118.7
湖北	105.9	7.3	982.8	23	1	67.9
湖南	113.6	19.2	1704.9	61	6	206.5
广东	84.2	16.0	742.8	54	3	337.1
广西	121.3	6.1	1100.5	56	1	191.7
海南	30.9	11.1	621.4	29	7	177.4
重庆	28.1	3.4	649.7	111	18	98.5
四川	91.7	8.1	1590.9	50	6	166.6
贵州	62.6	9.7	1492.2	120	20	195.2
云南	84.6	8.5	1194.3	151	53	97.8
西藏	1.3	0.5	17.3	18	0	1.9
陕西	77.2	10.3	1208.5	31	0	93.3
甘肃	161.8	6.7	1052.3	7	2	74.5
青海	17.0	1.8	129.8	9	1	9.3
宁夏	43.8	3.9	220.6	4	0	16.6
新疆（包含兵团）	184.9	19.5	465.8	28	0	157.5
合计	2485.2	308.8	24042.4	936	119	2964.7

表 A2 2014 年暴雨洪涝(滑坡、泥石流)灾害情况统计表

Table A2 Summary of rainstorm induced flood (landslide and mud-rock flow) disaster in China in 2014

地区	农作物受灾情况		人员受灾情况		房屋倒损情况		直接经济损失(亿元)
	受灾面积(万公顷)	绝收面积(万公顷)	受灾人口(万人次)	死亡人口(人)	倒塌房屋(万间)	损坏房屋(万间)	
北京	0	0	0	0	0	0	0
天津	0	0	0	0	0	0	0
河北	4.8	0.5	61.1	9	0	0.2	3.5
山西	9.0	1.4	65.1	8	0.2	0.8	6.2
内蒙古	7.8	2.4	13.1	5	0	0.3	3.1
辽宁	1.4	0.1	5.2	4	0	0	0.8
吉林	2.4	0.6	9.4	0	0.3	1.1	5.5
黑龙江	51.3	6.9	139.9	7	0.3	2.7	38.9
上海	0	0	0	0	0	0	0
江苏	0.2	0.0	4.8	0	0	0	0.2
浙江	13.5	1.1	271.8	5	0.3	1.5	45.0
安徽	26.9	0.5	470.4	1	0.1	0.4	14.6
福建	4.9	0.6	77.8	15	0.2	1.5	27.4
江西	38.1	3.5	511.1	18	1.5	5.5	54.9
山东	6.6	0.1	85.6	0	0	0.1	2.4
河南	4.8	0.4	63.8	2	0.2	0.6	4.0
湖北	29.4	3.6	338.3	16	1.4	4.2	38.5
湖南	104.2	18.3	1543	54	3.9	23.3	200.2
广东	12.2	1.1	173.8	33	2.6	1.9	77.1
广西	11.6	1.1	245.0	28	0.7	2.3	18.2
海南	0.2	0.0	9.0	0	0	0	0.5
重庆	25.1	3.1	545.1	106	6.0	15.3	95.7
四川	29.3	5.2	902.2	49	3.8	19.6	142.6
贵州	40.5	6.4	1013.9	114	3.0	23.8	177.0
云南	14.8	1.9	234.4	95	0.4	2.6	23.6
西藏	0.4	0.1	7.1	1	0	0.4	0.9
陕西	14.3	2.7	186.6	30	1.8	10	27.5
甘肃	15.5	0.8	167.9	7	0.1	1.1	14.8
青海	1.4	0.3	14.9	7	0	0.4	1.7
宁夏	0.2	0.0	2.5	0	0	0.3	0.1
新疆(包含兵团)	3.1	0.3	37.3	19	0.1	3.2	4.9
合计	473.9	62.8	7200.1	631	26.9	123.1	1029.8

表 A3 2014 年干旱灾害情况统计表

Table A3 Summary of drought disaster in China in 2014

地区	农作物受灾情况		人员受灾情况		直接经济损失（亿元）
	受灾面积（万公顷）	绝收面积（万公顷）	受灾人口（万人次）	饮水困难人口（万人次）	
北京	2.6	0.7	18.4	0.8	3.7
天津	0	0	0	0	0
河北	102.8	10.8	1275.4	35.3	102.1
山西	72.2	4.1	155.0	3.8	11
内蒙古	131.4	18.4	482.1	125.5	85.9
辽宁	181.1	54.4	659.7	37.3	162.8
吉林	56.8	9.7	506.3	15.7	104.8
黑龙江	6.2	1.1	12.3	0	3.0
上海	0	0	0	0	0
江苏	47.4	3.5	475.1	0	10.2
浙江	0	0	0	0	0
安徽	28.3	1.7	593.6	5.8	10.0
福建	0	0	0	0	0
江西	0	0	0	0	0
山东	68.9	6.0	751.9	26.1	51.0
河南	180.9	20.4	2365.3	147.4	110.6
湖北	63.4	2.2	522.5	97.5	23.1
湖南	0	0	0	0	0
广东	0	0	0	0	0
广西	1.6	0.0	28.1	2.8	0.5
海南	0	0	0	0	0
重庆	0.8	0.1	31.1	2.6	0.3
四川	57.7	2.1	593.8	128.7	17.4
贵州	1.0	0	18.0	1.1	0.3
云南	33.2	1.9	420.3	253	14.5
西藏	0.4	0.2	4.4	0	0.3
陕西	43.5	4.3	870.2	59.9	44.3
甘肃	64.4	1.4	142.5	10.6	9.4
青海	2.4	0.0	10.2	0.1	0.1
宁夏	22.8	1.3	120.1	51.3	5.8
新疆（包含兵团）	57.6	4.4	138.4	7.2	64.5
合计	1227.2	148.5	10194.7	1012.5	835.6

表 A4　2014 年大风、冰雹及雷电灾害情况统计表

Table A4　Summary of gale, hail and lightning disaster in China in 2014

地区	农作物受灾情况		人员受灾情况		房屋倒损情况		直接经济损失（亿元）
	受灾面积（万公顷）	绝收面积（万公顷）	受灾人口（万人次）	死亡人口（人）	倒塌房屋（万间）	损坏房屋（万间）	
北京	2.7	0.5	13.7	3	0	0.5	6.8
天津	1.0	0.4	3.7	1	0	0	1.3
河北	25.4	2.6	296.7	13	0	0.3	20.5
山西	15.4	2.0	106.2	1	0	0.5	12.7
内蒙古	43.9	5.1	117.8	12	0.1	0.8	22.5
辽宁	2.4	0.6	19.4	4	0	0.1	4.1
吉林	8.9	1.4	24.9	1	0	0.3	6.3
黑龙江	23.5	3.5	49.8	4	0	0.6	8.5
上海	0	0	0	0	0	0	0
江苏	5.6	0.5	52.3	2	0	0.2	2.8
浙江	0.5	0.0	22.4	1	0	0.2	1.5
安徽	1.0	0	6.1	9	0	0	0.4
福建	0.3	0.0	6.7	0	0	1.5	0.8
江西	4.2	0.4	34.2	29	0.2	1.1	4.6
山东	5.8	1.4	64.4	5	0	0.3	22.5
河南	3.8	0.3	51.4	5	0.1	0.3	3.8
湖北	4.9	0.4	35.8	7	0.1	0.3	2.8
湖南	2.1	0.4	37.2	7	0.1	1	2.4
广东	1.5	0.1	7.7	21	0	1.5	4.1
广西	1.5	0.1	39.5	13	0.1	1.9	1.8
海南	0	0	0	2	0	0	0
重庆	2.1	0.2	63.4	5	0.1	1.7	2.1
四川	3.0	0.5	62.6	1	0.1	1.4	4.0
贵州	16.1	3.0	343	6	0.2	6	14.9
云南	15.7	1.9	176.6	16	0	6.3	16.9
西藏	0.5	0.2	3.6	15	0.1	0.1	0.5
陕西	19.0	3.2	148.6	1	0	0.9	21.1
甘肃	14.3	2.2	139.1	0	0	0.4	13.9
青海	6.8	1.0	47.9	2	0	0	3.9
宁夏	9.4	2.3	47.2	4	0	0.2	6.9
新疆（包含兵团）	81.2	11.5	204.8	4	0.1	1.3	62.3
合计	322.5	45.8	2226.7	194	1.3	29.7	276.7

表 A5 2014 年台风灾害情况统计表

Table A5 Summary of typhoon disaster in China in 2014

地区	农作物受灾情况		人口受灾情况			倒塌房屋（万间）	直接经济损失（亿元）
	受灾面积（万公顷）	绝收面积（万公顷）	受灾人口（万人次）	死亡人口（人）	紧急转移安置人口（万人次）		
北京							
天津							
河北							
山西							
内蒙古							
辽宁	0.9	0.1	9.4	0	0.1	0	0.9
吉林							
黑龙江							
上海							
江苏	2.1	0.0	16.2	0	0	0	0.7
浙江	5.7	0.3	158.5	0	32.9	0	10.8
安徽	3.8	0.1	68.9	0	2.5	0.1	2.8
福建	4.9	0.5	70.9	0	21.2	0	16.5
江西	3.5	0.7	52.0	10	4.1	0.1	12.2
山东	7.4	0.2	54.2	0	0.8	0.1	6.1
河南							
湖北							
湖南							
广东	70.0	14.8	554.5	0	35.0	0.7	255.3
广西	105.1	4.8	766.0	15	47.1	1.3	170.1
海南	30.8	11.1	612.4	27	28.6	2.5	176.9
重庆							
四川							
贵州	0.7	0.1	15.8	0	0.4	0	1.4
云南	13.5	2.2	280.7	40	4.6	0.4	39.7
西藏							
陕西							
甘肃							
青海							
宁夏							
新疆（包含兵团）							
合计	248.3	34.9	2659.5	94	177.3	5.2	693.4

表 A6　2014 年雪灾和低温冷冻灾害情况统计表

Table A6　Summary of snow, low-temperature and frost disaster in China in 2014

地区	农作物受灾情况		人员受灾情况		房屋倒损情况		直接经济损失（亿元）
	受灾面积（万公顷）	绝收面积（万公顷）	受灾人口（万人次）	死亡人口（人）	倒塌房屋（万间）	损坏房屋（万间）	
北京	0	0	0	0	0	0	0
天津	0	0	0	0	0	0	0
河北	10.5	3.8	82.8	0	0	0	9
山西	20.8	3.9	149.7	0	0	0	20.9
内蒙古	4.8	0.0	31.5	0	0	0	1.6
辽宁	7.3	0	53.0	0	0	0	0.8
吉林	0.8	0	4.6	0	0	0	0.6
黑龙江	0	0	55.4	0	0	0	5.4
上海	0	0	0	0	0	0	0
江苏	0.1	0	0	0	0	0	0.1
浙江	0.7	0	4.9	10	0	0	0.7
安徽	4.1	0.0	62.5	0	0	0	1.6
福建	0.2	0	0.4	0	0	0	0
江西	2.8	0.0	36.9	0	0	0	1.1
山东	0.0	0	2.4	0	0	0	0.1
河南	1.0	0	10.5	0	0	0	0.3
湖北	8.3	1.1	86.2	0	0	0.1	3.5
湖南	7.3	0.5	124.7	0	0	0.5	3.9
广东	0.5	0.0	6.8	0	0	0	0.6
广西	1.5	0.1	21.9	0	0	0	1.1
海南	0	0	0	0	0	0	0
重庆	0.2	0.0	10.1	0	0	0	0.4
四川	1.8	0.3	32.3	0	0	0	2.6
贵州	4.4	0.2	101.5	0	0	0.1	1.6
云南	7.5	0.5	82.3	0	0	0.1	3.1
西藏	0.0	0	2.2	2	0	0	0.2
陕西	0.5	0.1	3.1	0	0	0	0.4
甘肃	67.6	2.3	602.8	0	0	0	36.4
青海	6.4	0.6	56.8	0	0	0	3.6
宁夏	11.5	0.3	50.8	0	0	0.1	3.8
新疆(包含兵团)	43.0	3.3	85.3	5	0.1	0.8	25.8
合计	213.3	16.8	1761.4	17	0.1	1.7	129.2

附录 B　主要气象灾害分布示意图

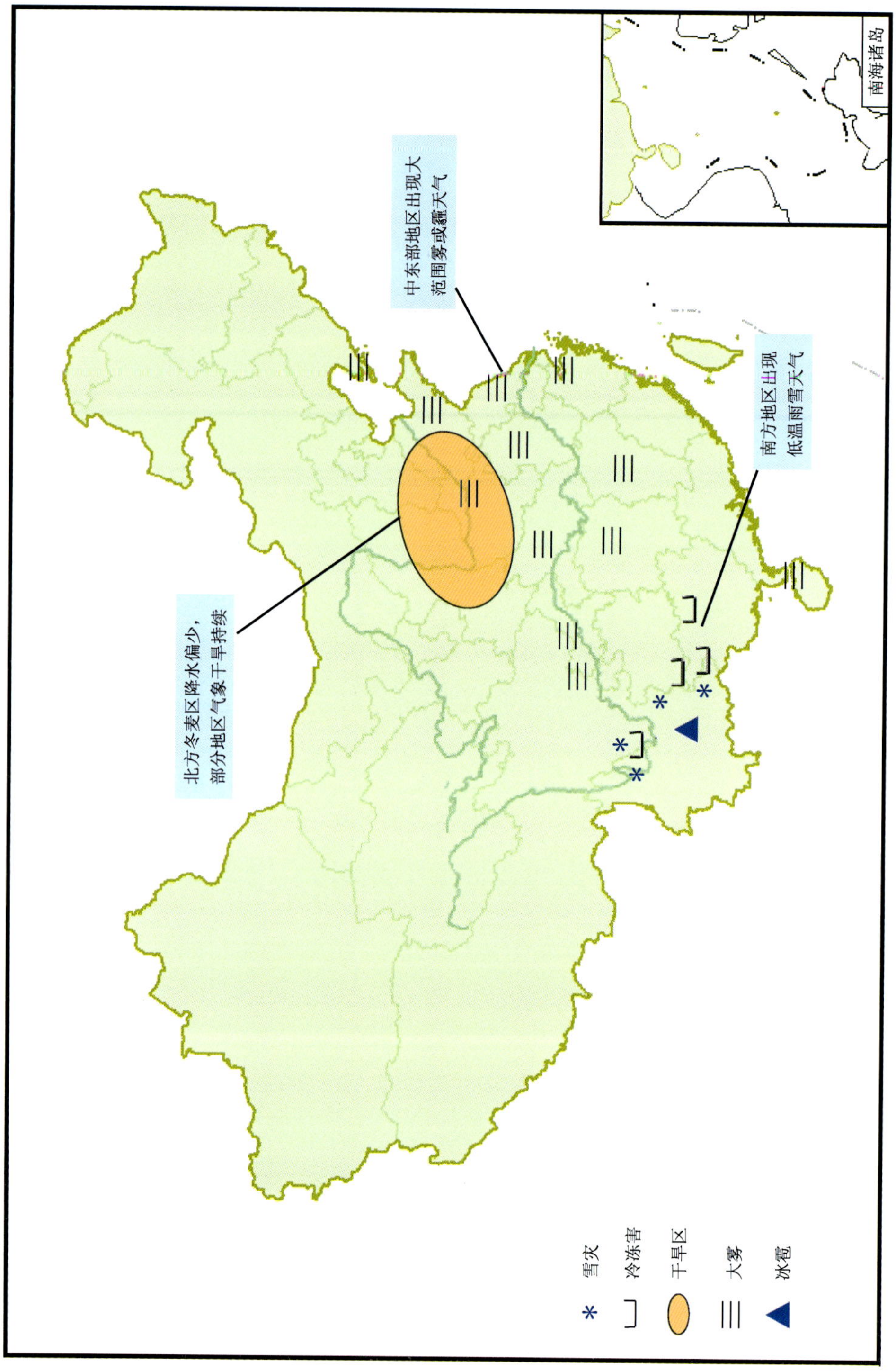

中东部地区出现大范围雾或霾天气

南方地区出现低温雨雪天气

北方冬麦区降水偏少，部分地区气象干旱持续

南海诸岛

雪灾

冷冻害

干旱区

大雾

冰雹

图 B1　2014 年 1 月全国主要和极端天气气候事件分布图

Fig. B1　Main and extreme weather and climate events over China in January 2014

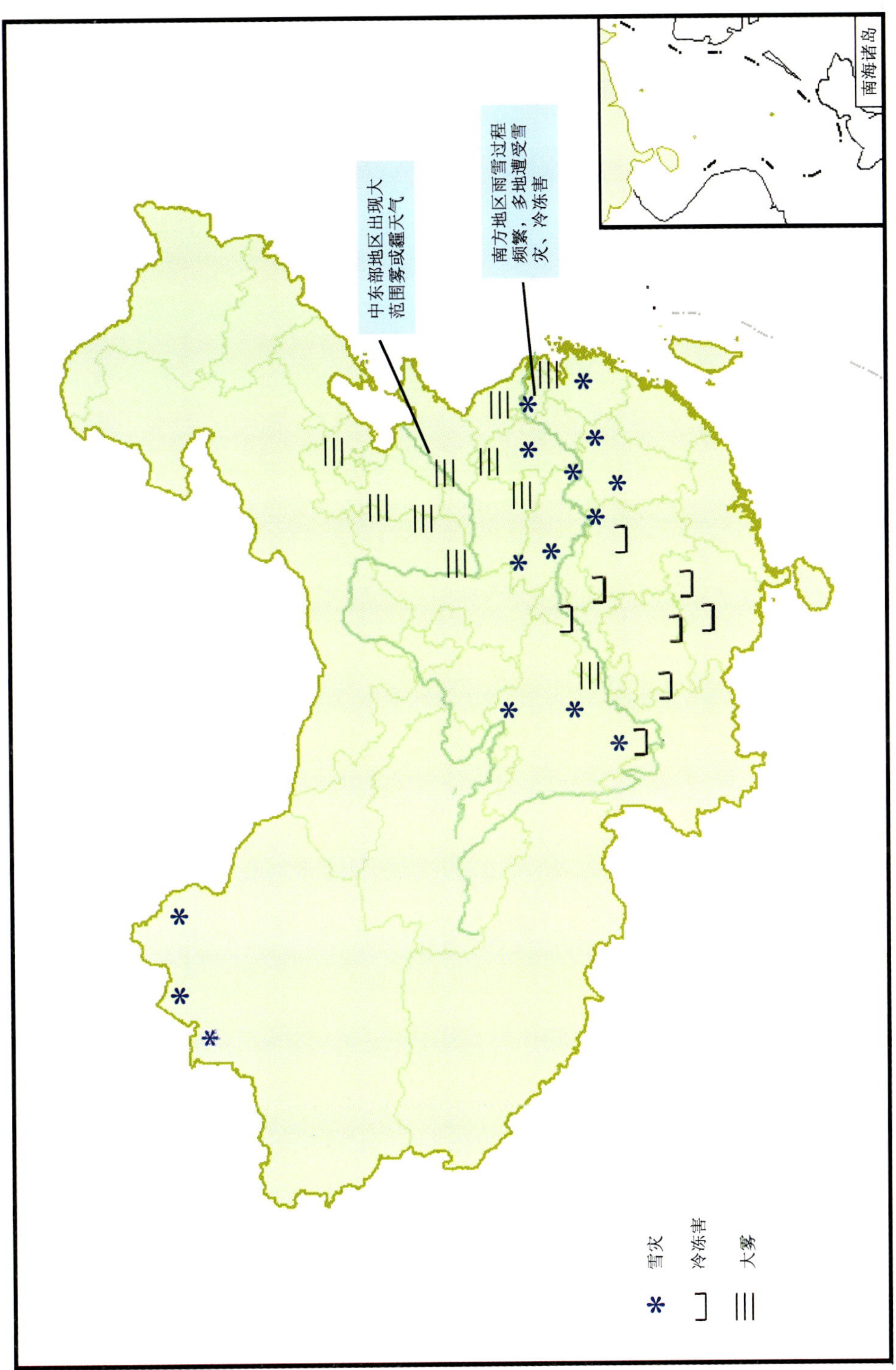

图 B2　2014 年 2 月全国主要和极端天气气候事件分布图

Fig. B2　Main and extreme weather and climate events over China in February 2014

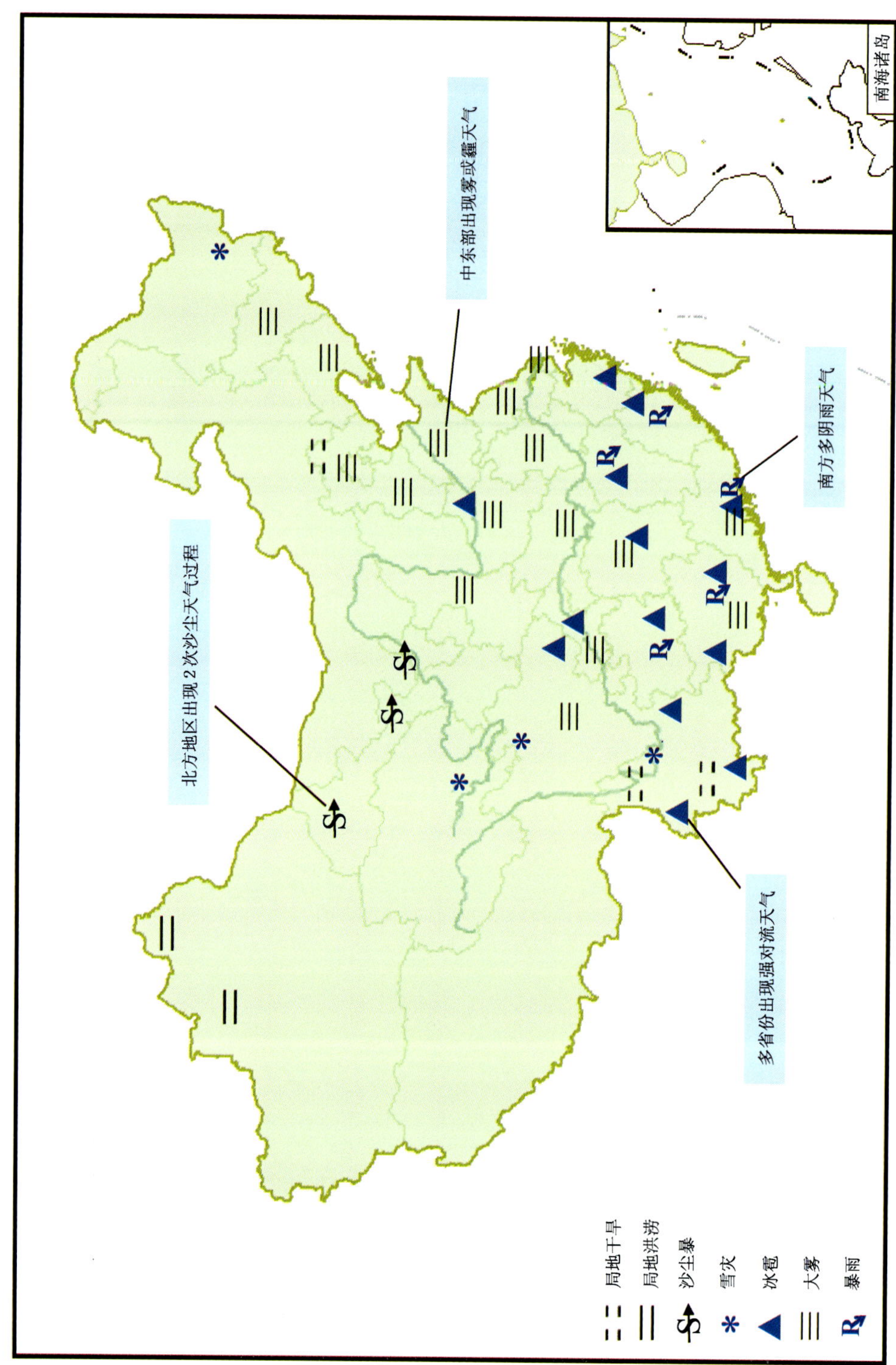

图 B3　2014 年 3 月全国主要和极端天气气候事件分布图

Fig. B3　Main and extreme weather and climate events over China in March 2014

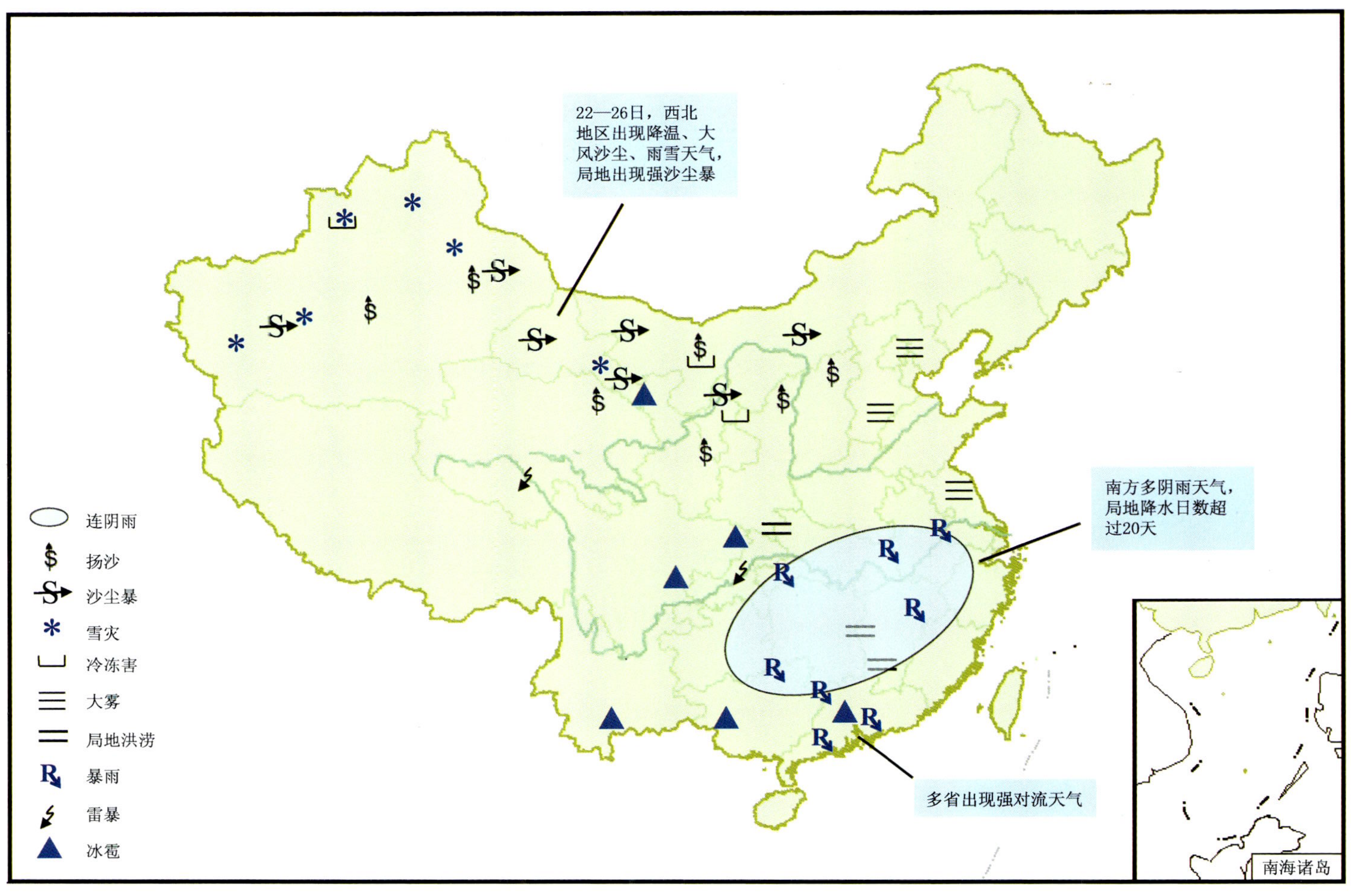

图 B4　2014 年 4 月全国主要和极端天气气候事件分布图

Fig. B4　Main and extreme weather and climate events over China in April 2014

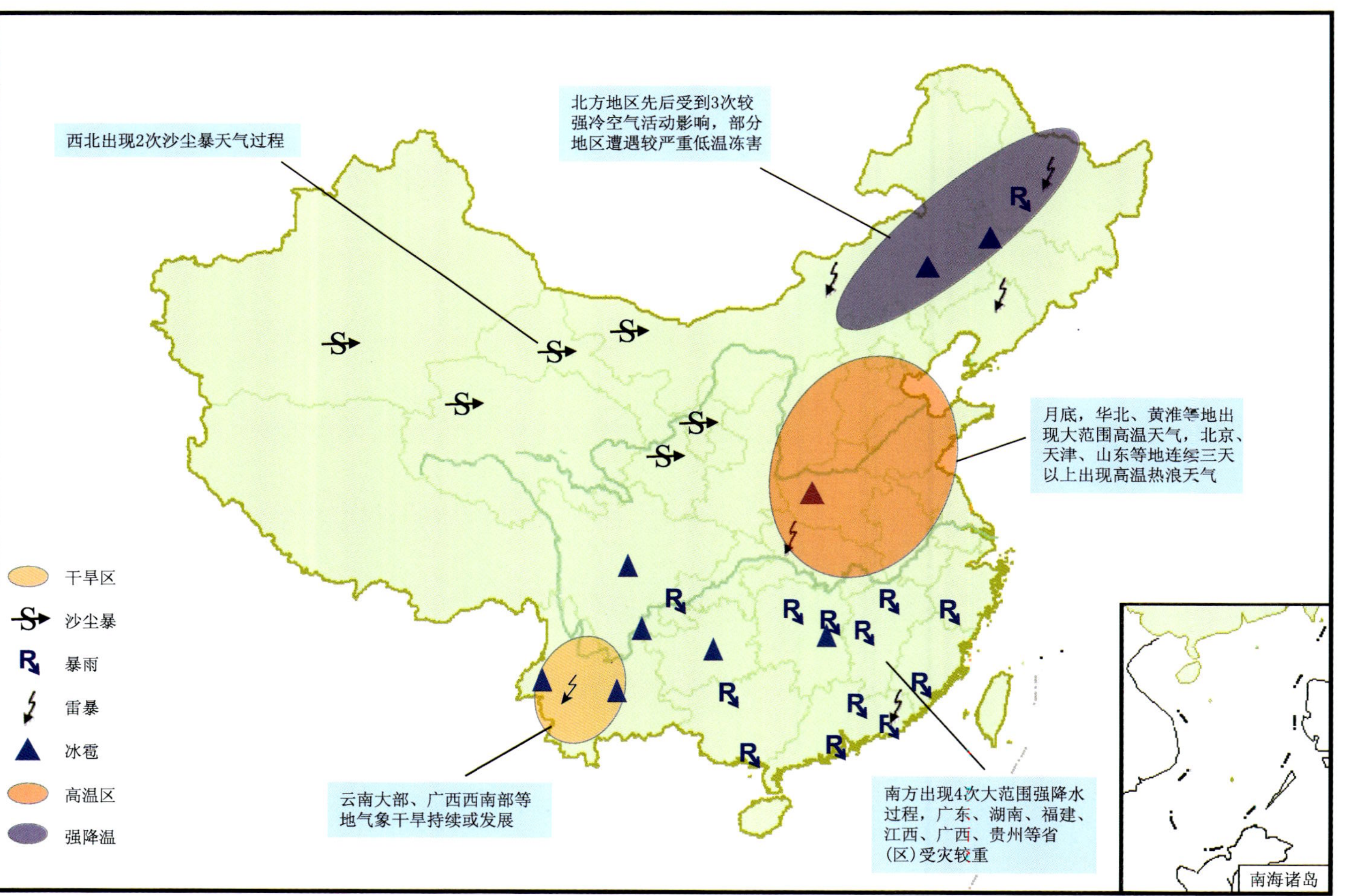

图 B5　2014 年 5 月全国主要和极端天气气候事件分布图

Fig. B5　Main and extreme weather and climate events over China in May 2014

图 B6　2014 年 6 月全国主要和极端天气气候事件分布图

Fig. B6　Main and extreme weather and climate events over China in June 2014

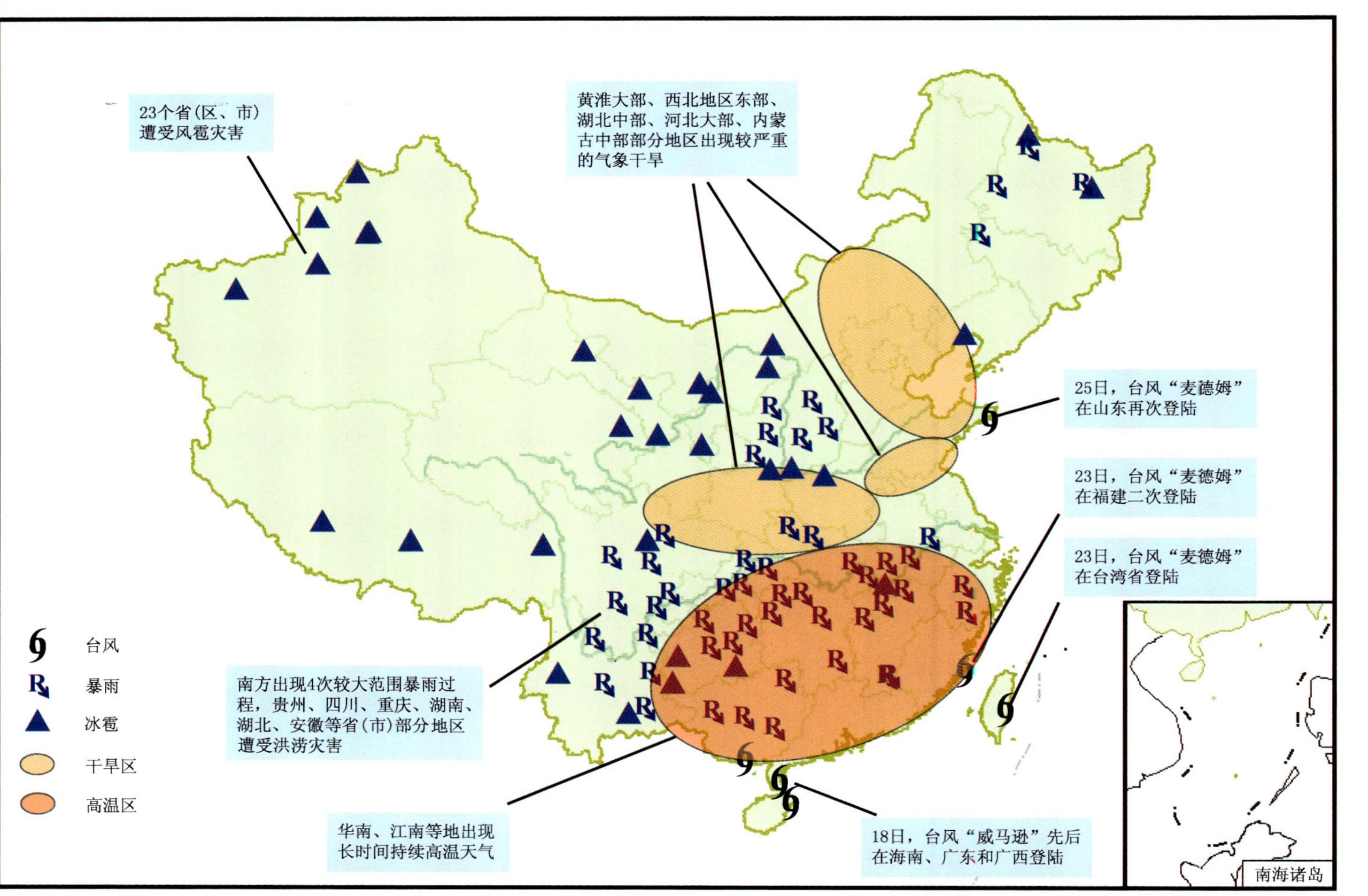

图 B7　2014 年 7 月全国主要和极端天气气候事件分布图

Fig. B7　Main and extreme weather and climate events over China in July 2014

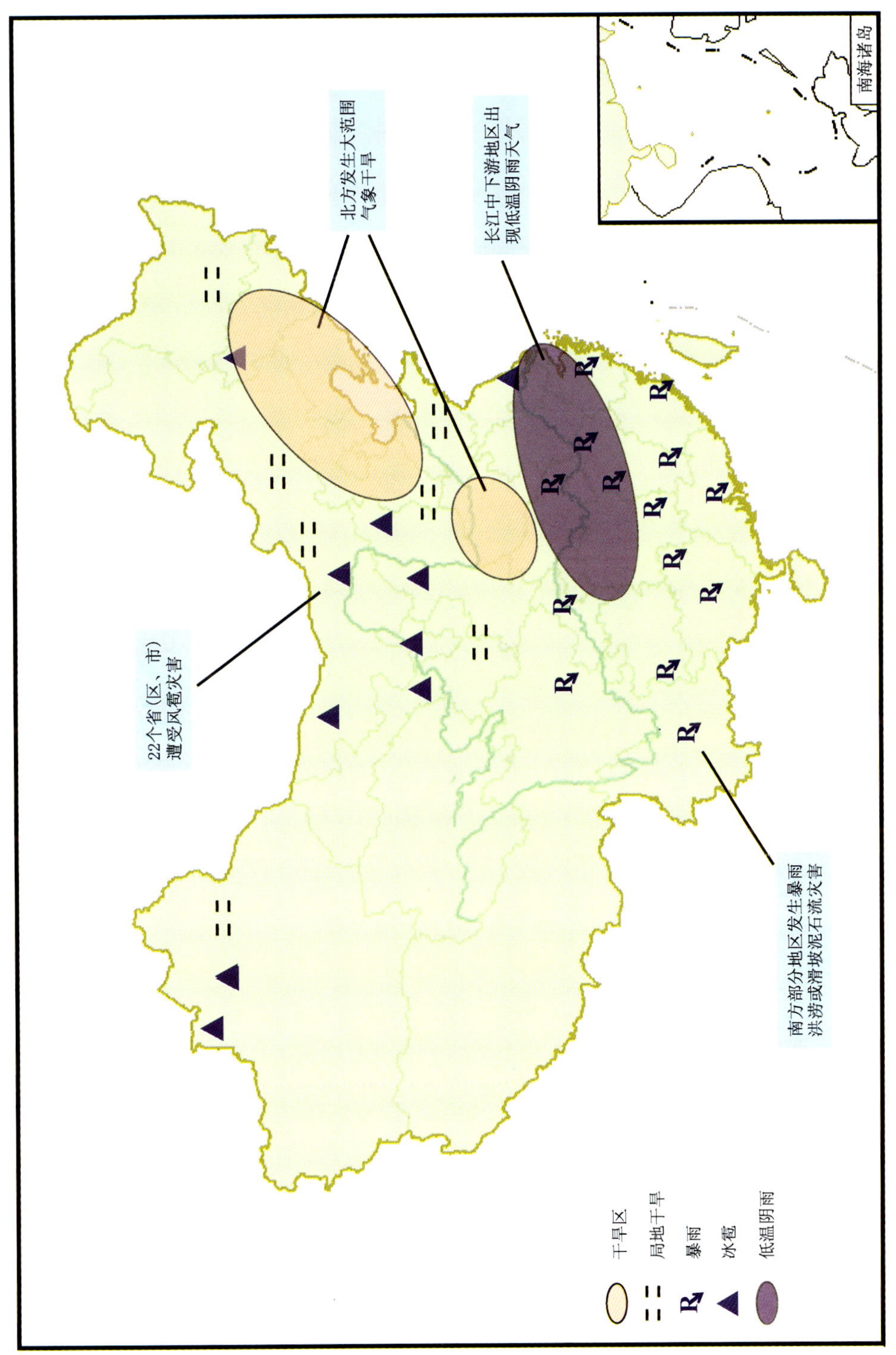

图 B8　2014年8月全国主要和极端天气气候事件分布图

Fig. B8　Main and extreme weather and climate events over China in August 2014

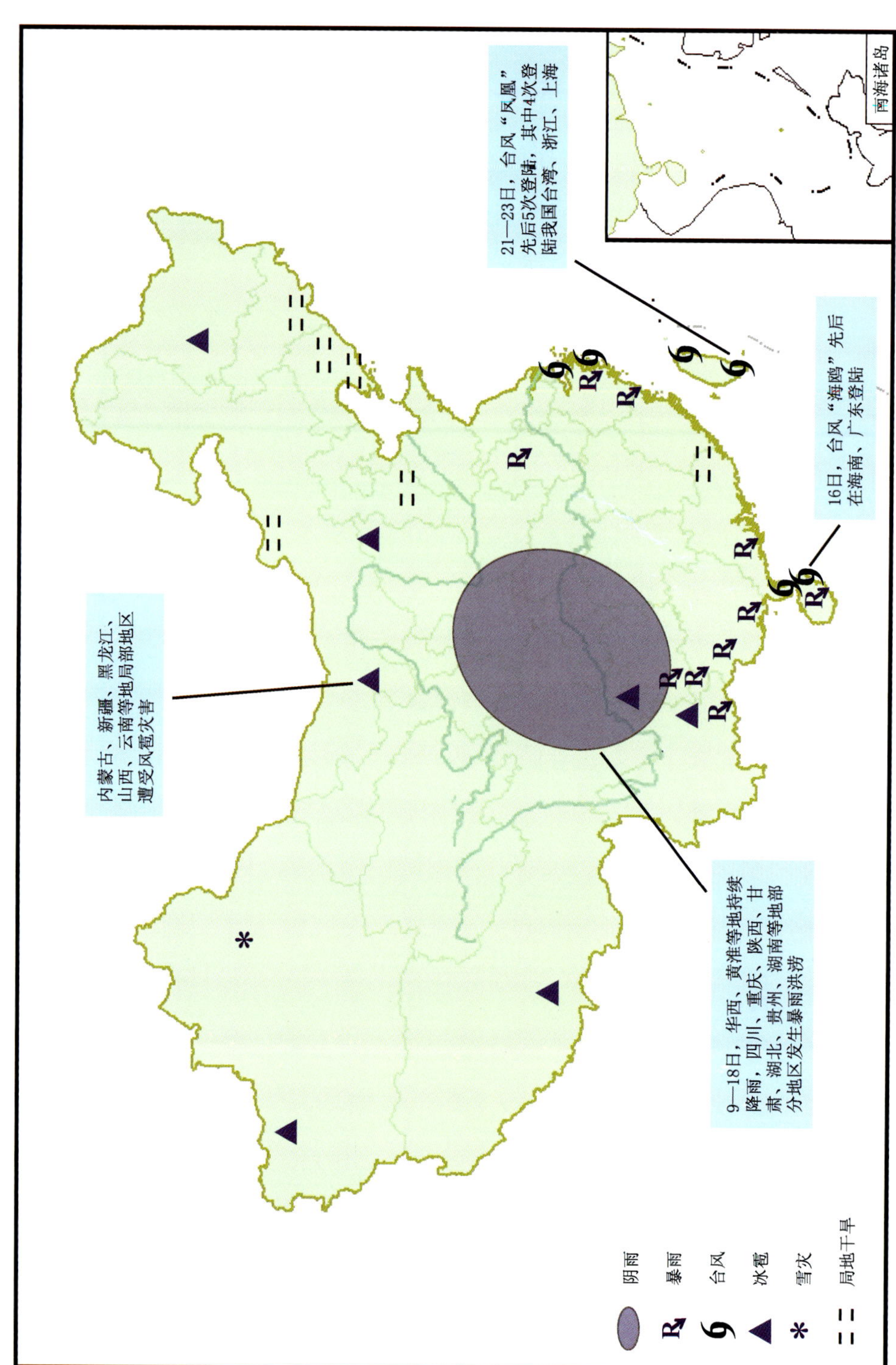

图 B9 2014 年 9 月全国主要和极端天气气候事件分布图

Fig. B9 Main and extreme weather and climate events over China in September 2014

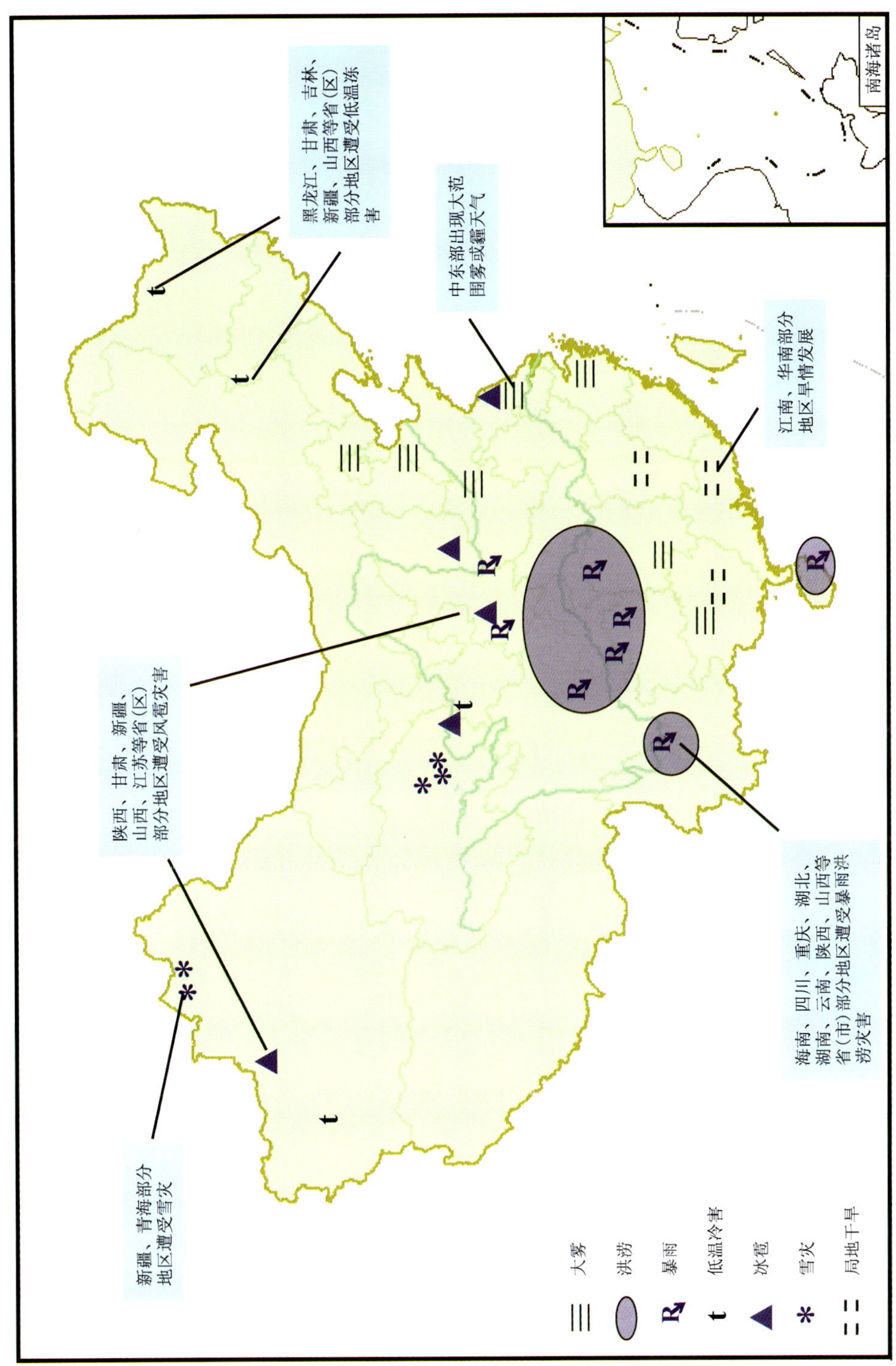

图 B10　2014 年 10 月全国主要和极端天气气候事件分布图

Fig. B10　Main and extreme weather and climate events over China in October 2014

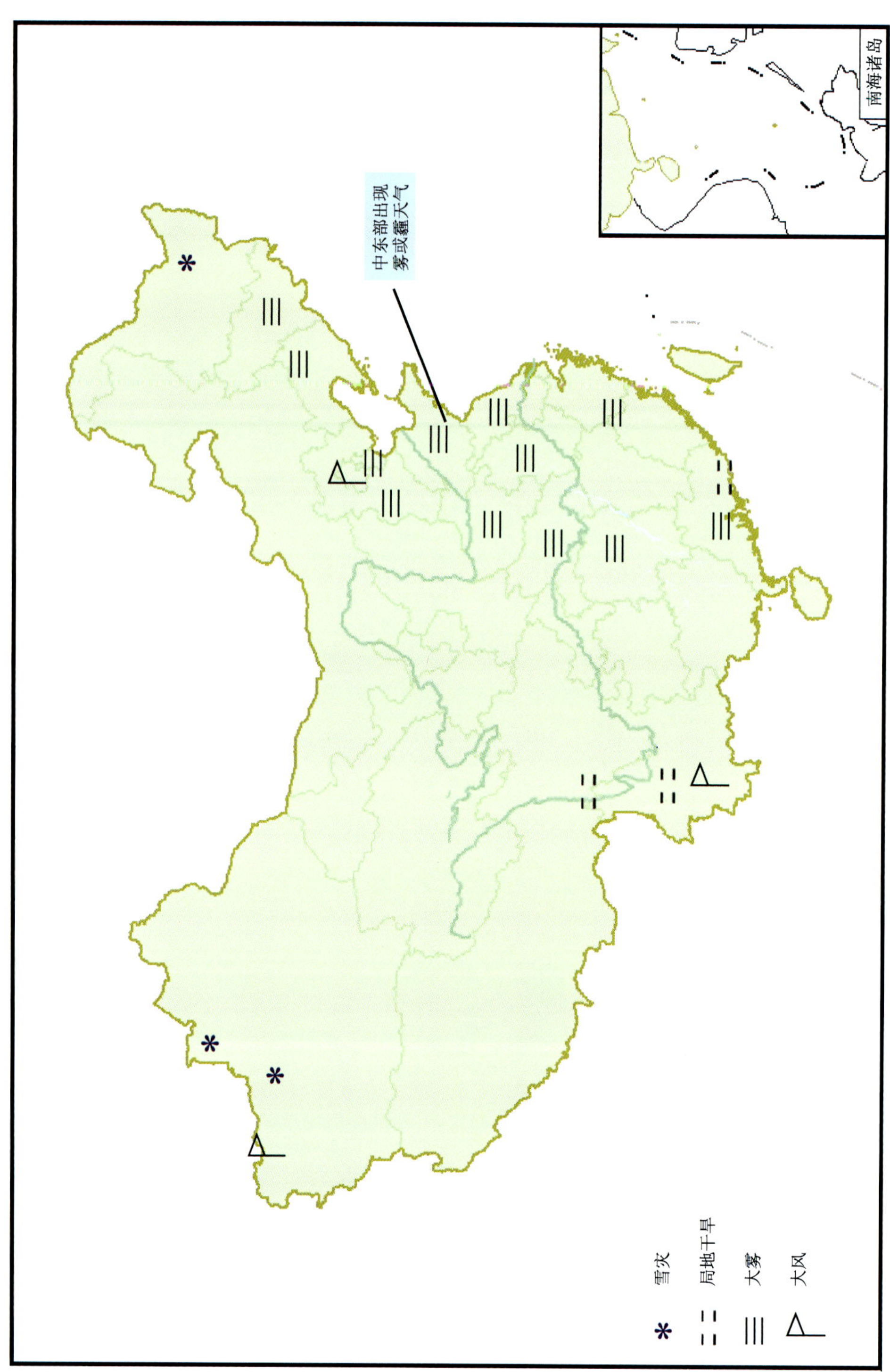

图 B11　2014 年 11 月全国主要和极端天气气候事件分布图

Fig. B11　Main and extreme weather and climate events over China in November 2014

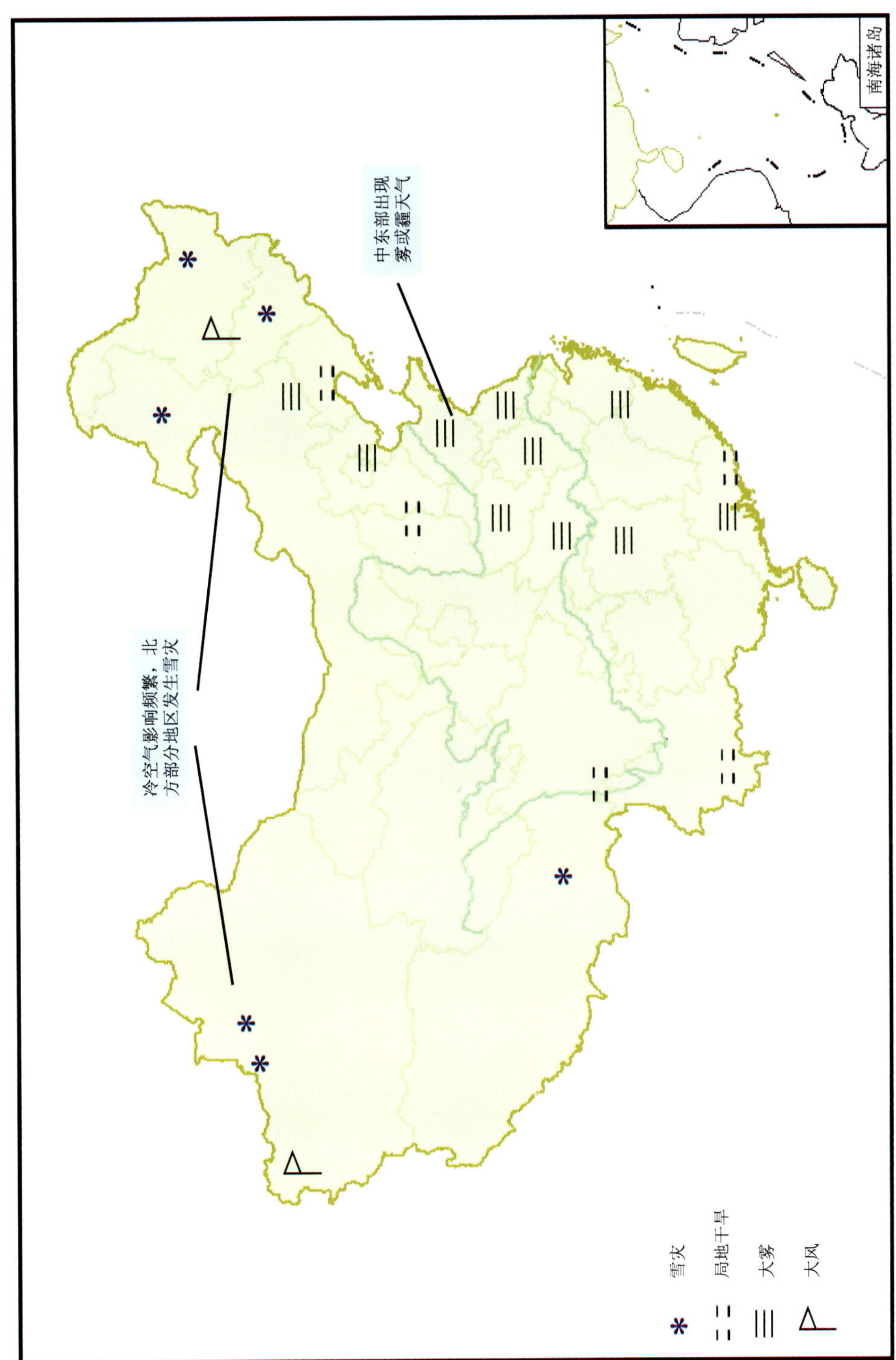

图 B12　2014 年 12 月全国主要和极端天气气候事件分布图

Fig. B12　Main and extreme weather and climate events over China in December 2014

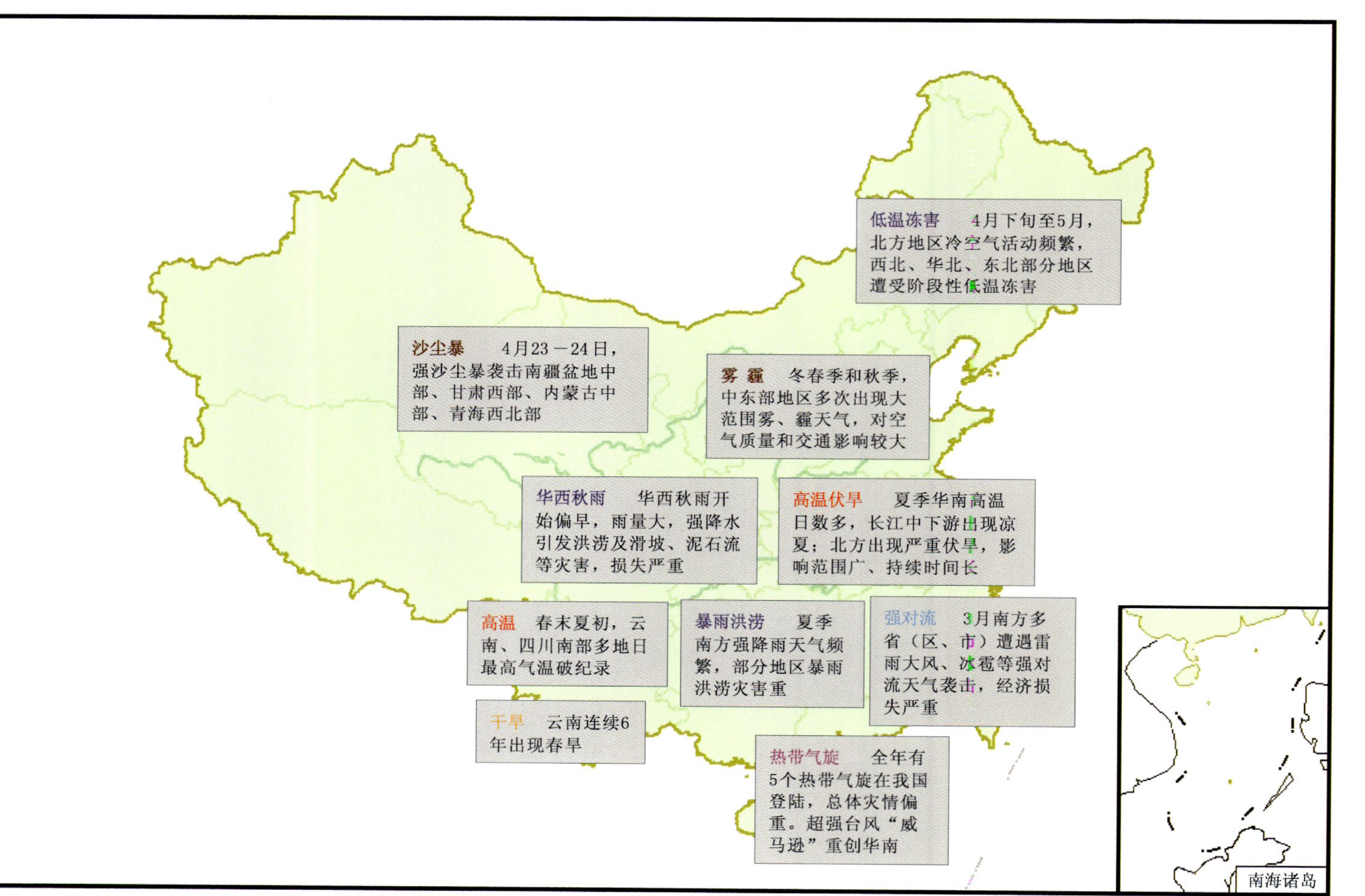

图 B13　2014 年全国主要和极端天气气候事件分布图

Fig. B13　Main and extreme weather and climate events over China in 2014

附录 C　气温特征分布图

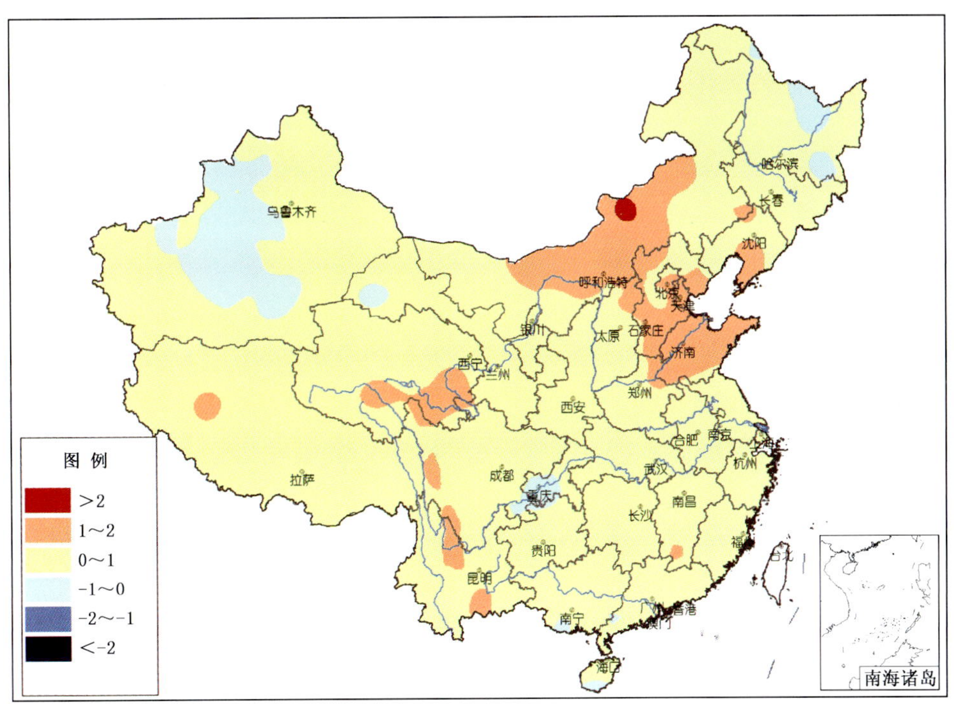

图 C1　2014 年全国年平均气温距平分布图(℃)

Fig. C1　Distribution of annual mean temperature anomalies over China in 2014 (unit: ℃)

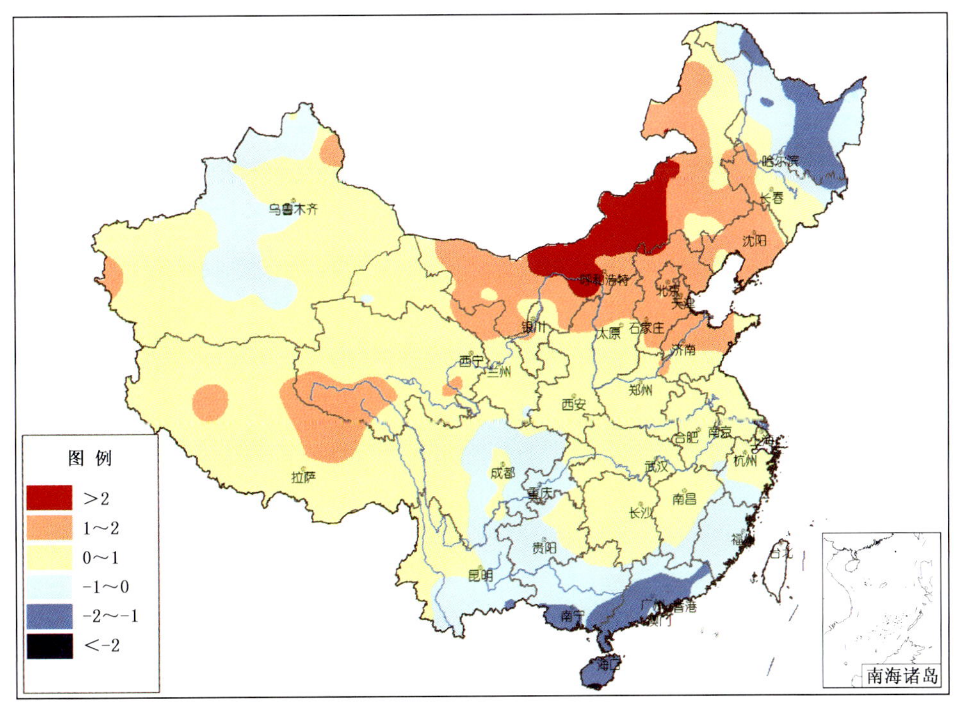

图 C2　2014 年全国冬季平均气温距平分布图(℃)

Fig. C2　Distribution of winter mean temperature anomalies over China in 2014 (unit: ℃)

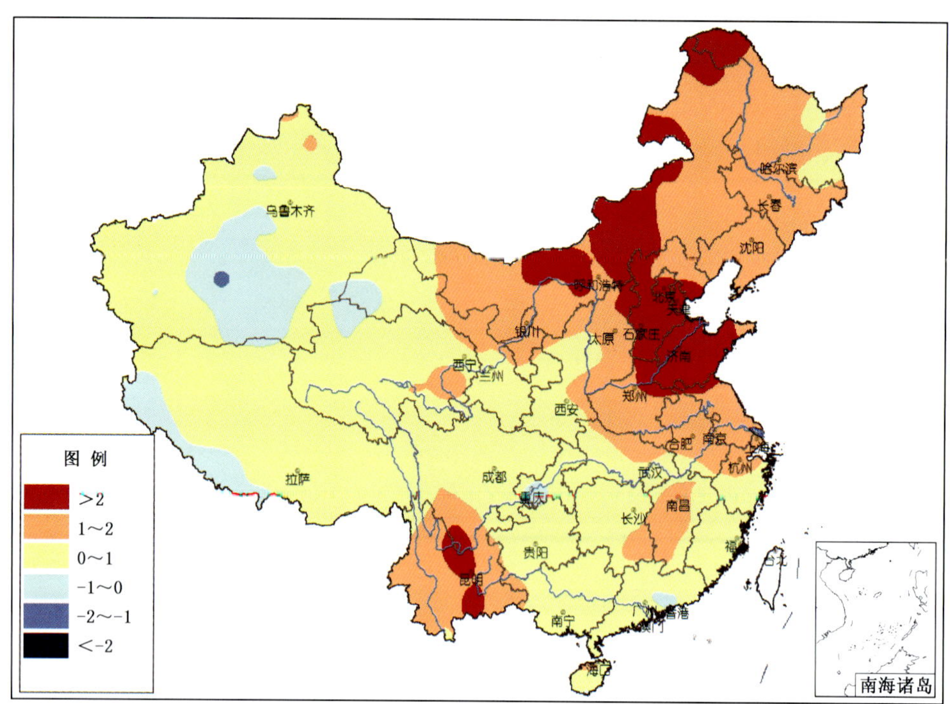

图 C3　2014 年全国春季平均气温距平分布图(℃)

Fig. C3　Distribution of annual spring temperature anomalies over China in 2014 (unit:℃)

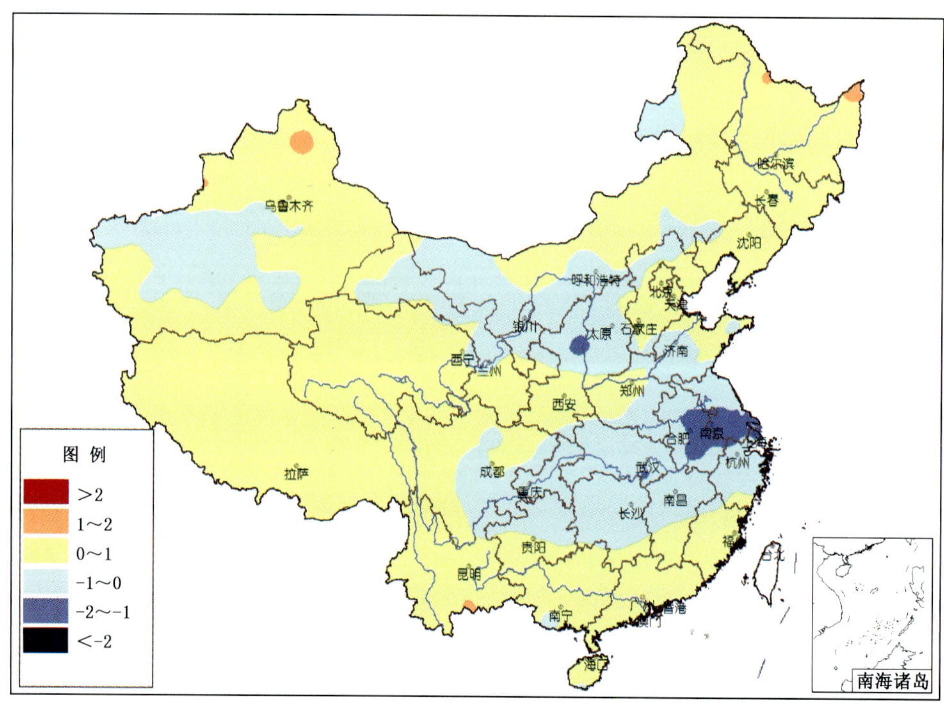

图 C4　2014 年全国夏季平均气温距平分布图(℃)

Fig. C4　Distribution of summer mean temperature anomalies over China in 2014 (unit:℃)

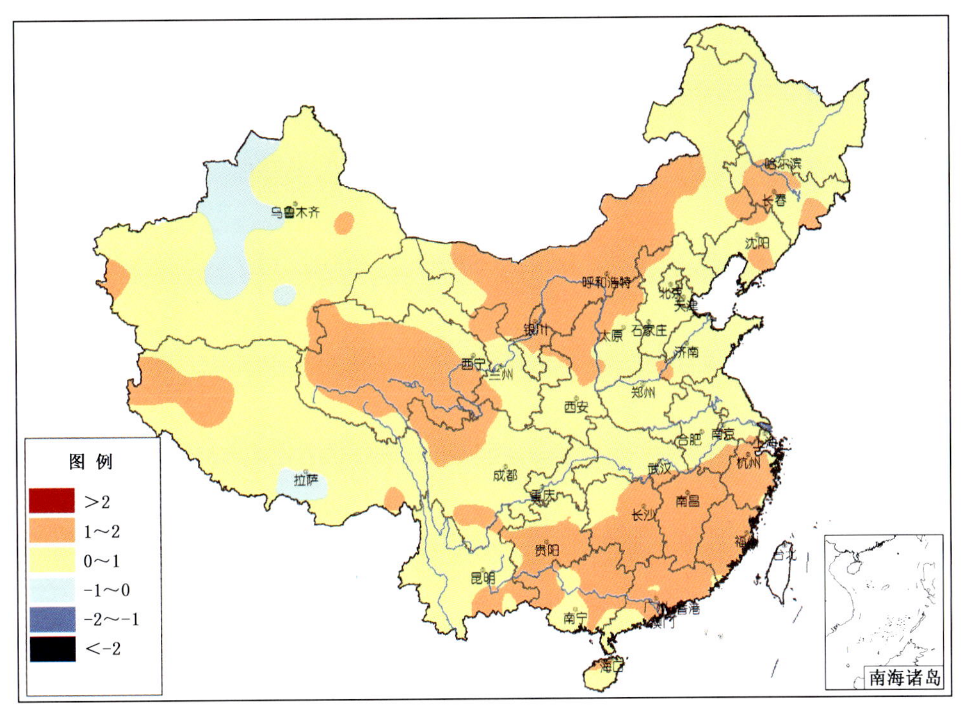

图 C5 2014 年全国秋季平均气温距平分布图(℃)

Fig. C5 Distribution of autumn mean temperature anomalies over China in 2014 (unit:℃)

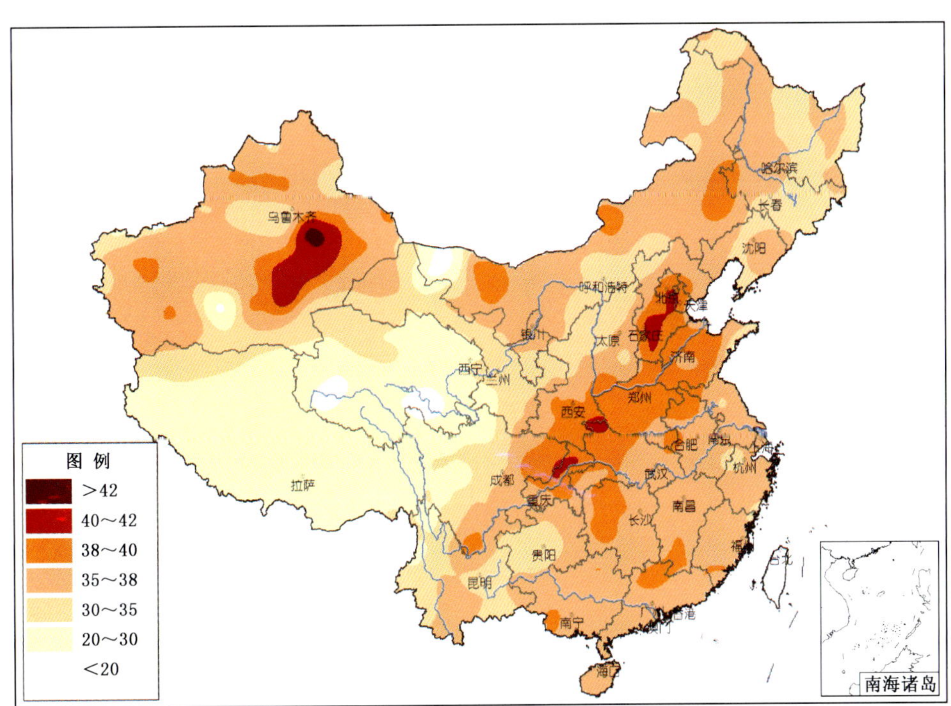

图 C6 2014 年全国极端最高气温分布图(℃)

Fig. C6 Distribution of annual extreme maximum temperature over China in 2014 (unit:℃)

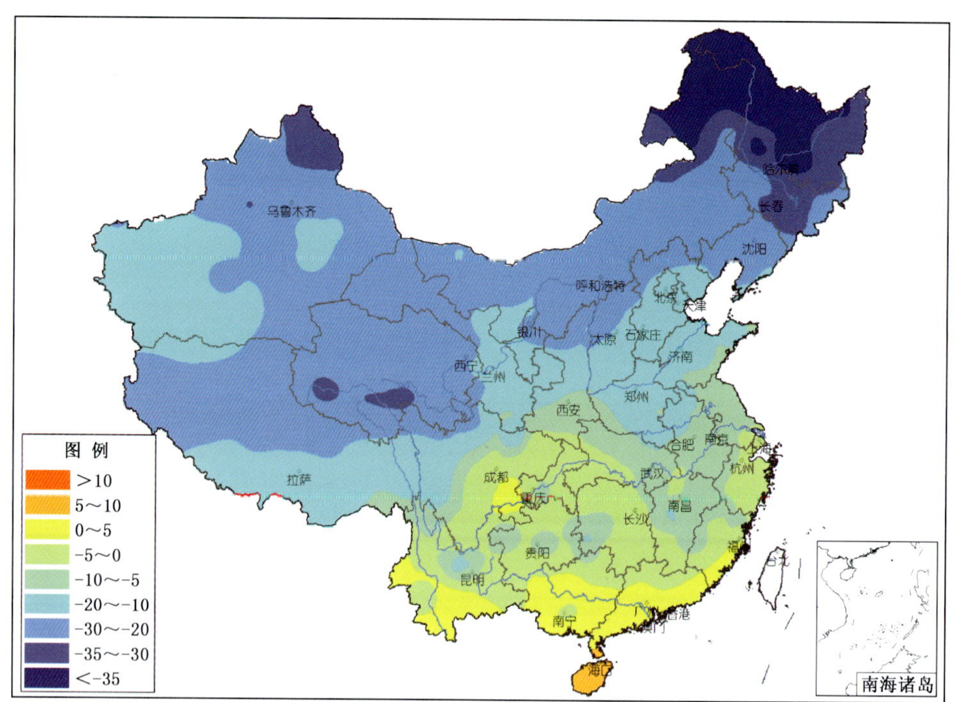

图 C7　2014 年全国极端最低气温分布图(℃)

Fig. C7　Distribution of annual extreme minimum temperature over China in 2014 (unit:℃)

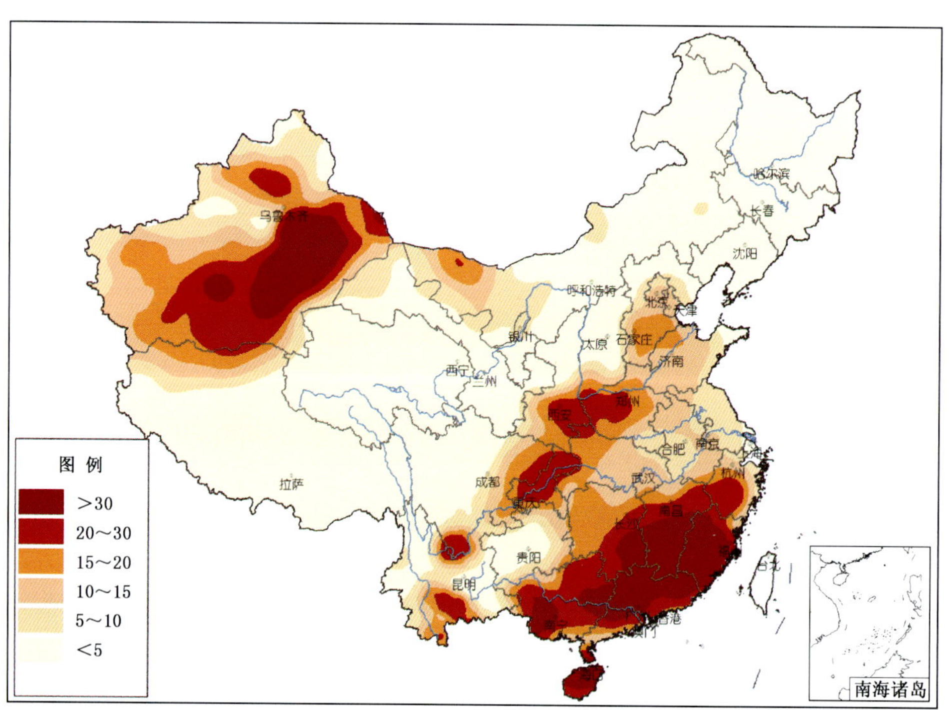

图 C8　2014 年全国高温(日最高气温≥35℃)日数分布图(天)

Fig. C8　Distribution of hot days (daily maximum temperature ≥35℃) over China in 2014 (unit:d)

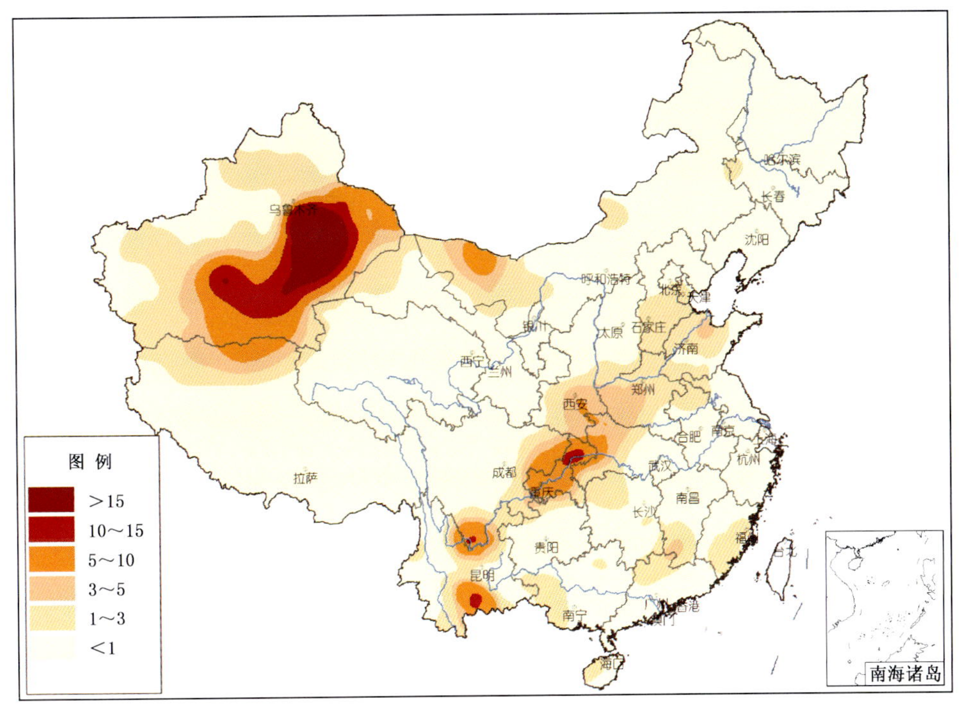

图 C9　2014 年全国高温(日最高气温≥38℃)日数分布图(天)

Fig. C9　Distribution of hot days (daily maximum temperature ≥38℃) over China in 2014 (unit:d)

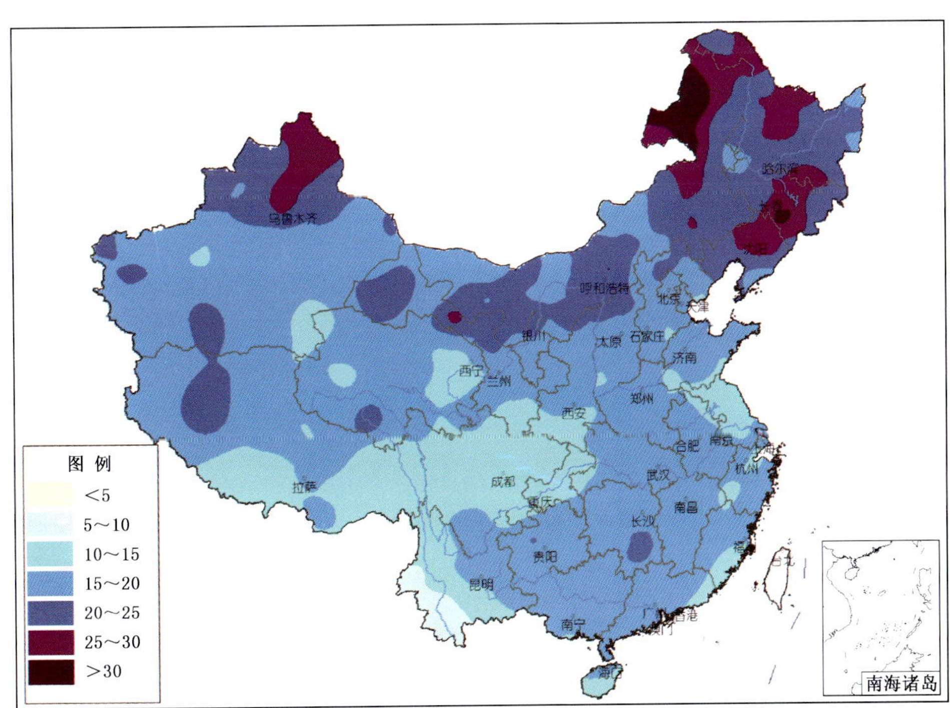

图 C10　2014 年全国最大过程降温幅度分布图(℃)

Fig. C10　Distribution of the maximum amplitude of temperature dropping over China in 2014 (unit:℃)

附录 D 降水特征分布图

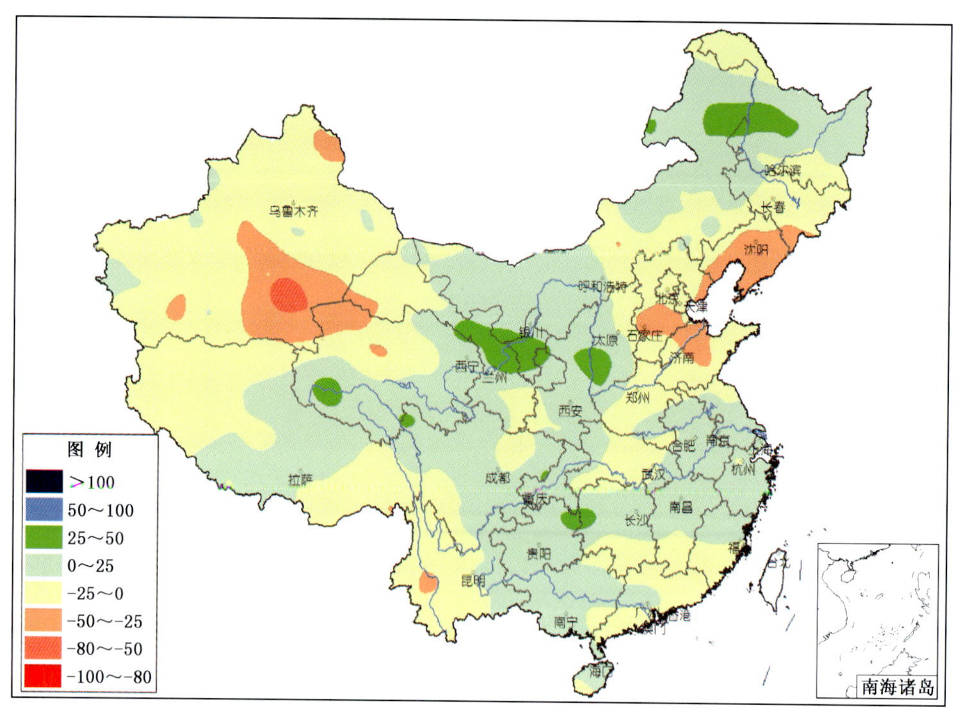

图 D1 2014 年全国降水量距平百分率分布图(%)

Fig. D1 Distribution of annual precipitation anomalies over China in 2014 (unit: %)

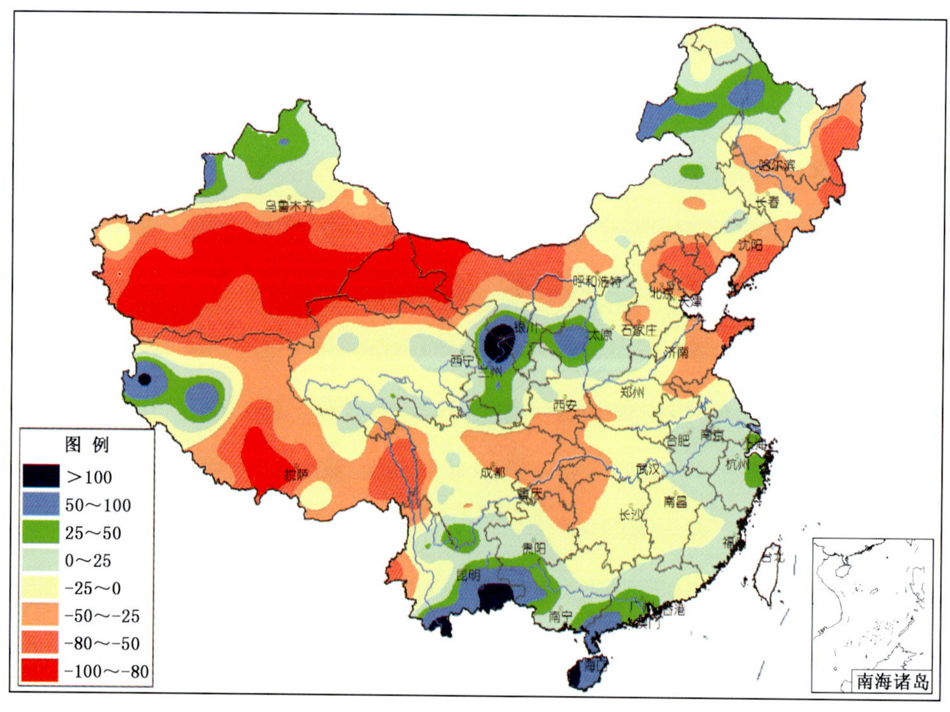

图 D2 2014 年全国冬季降水量距平百分率分布图(%)

Fig. D2 Distribution of winter precipitation anomalies over China in 2014 (unit: %)

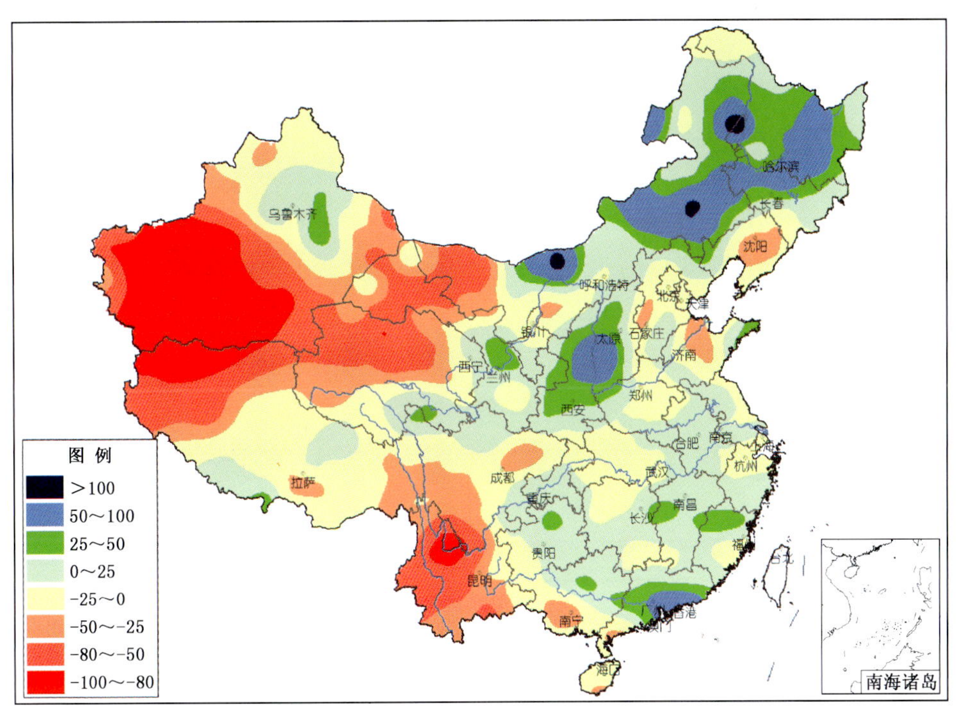

图 D3　2014 年全国春季降水量距平百分率分布图(%)

Fig. D3　Distribution of spring precipitation anomalies over China in 2014 (unit:%)

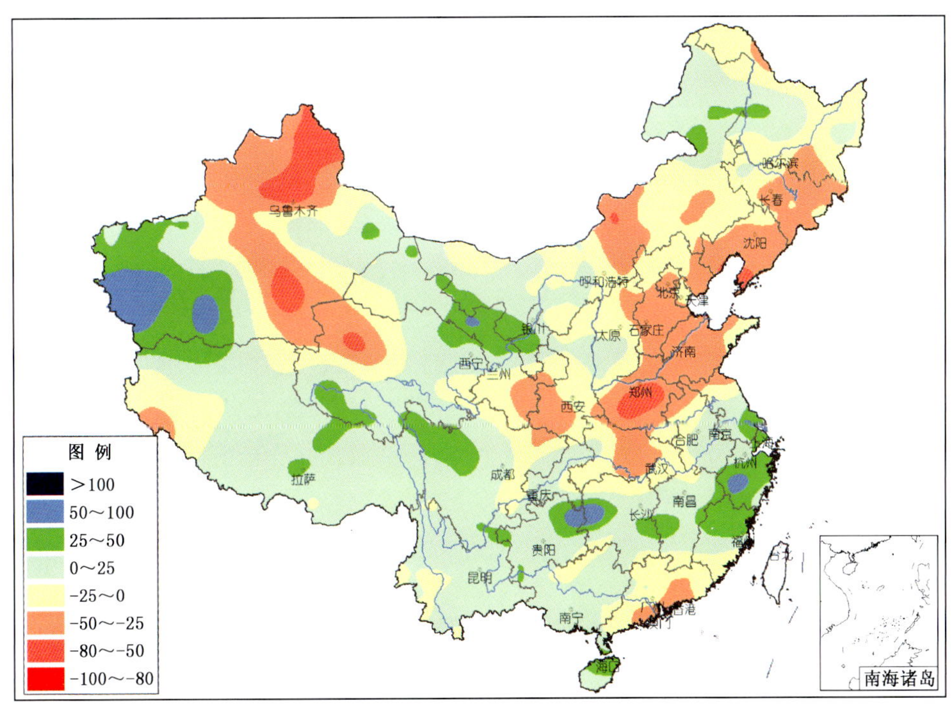

图 D4　2014 年全国夏季降水量距平百分率分布图(%)

Fig. D4　Distribution of summer precipitation anomalies over China in 2014 (unit:%)

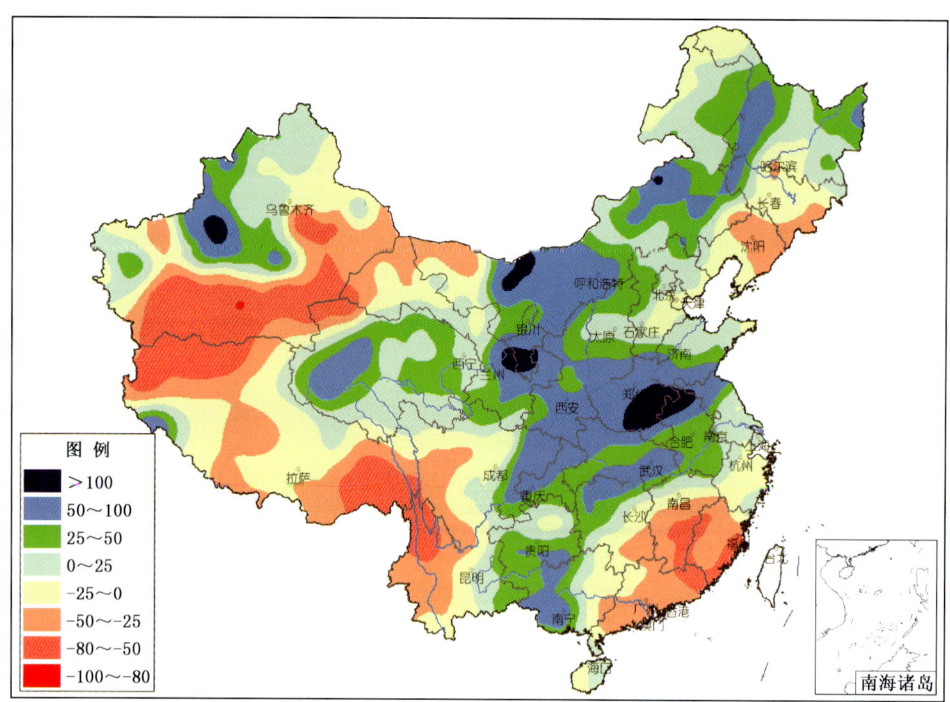

图 D5　2014 年全国秋季降水量距平百分率分布图(%)

Fig. D5　Distribution of autumn precipitation anomalies over China in 2014 (unit:%)

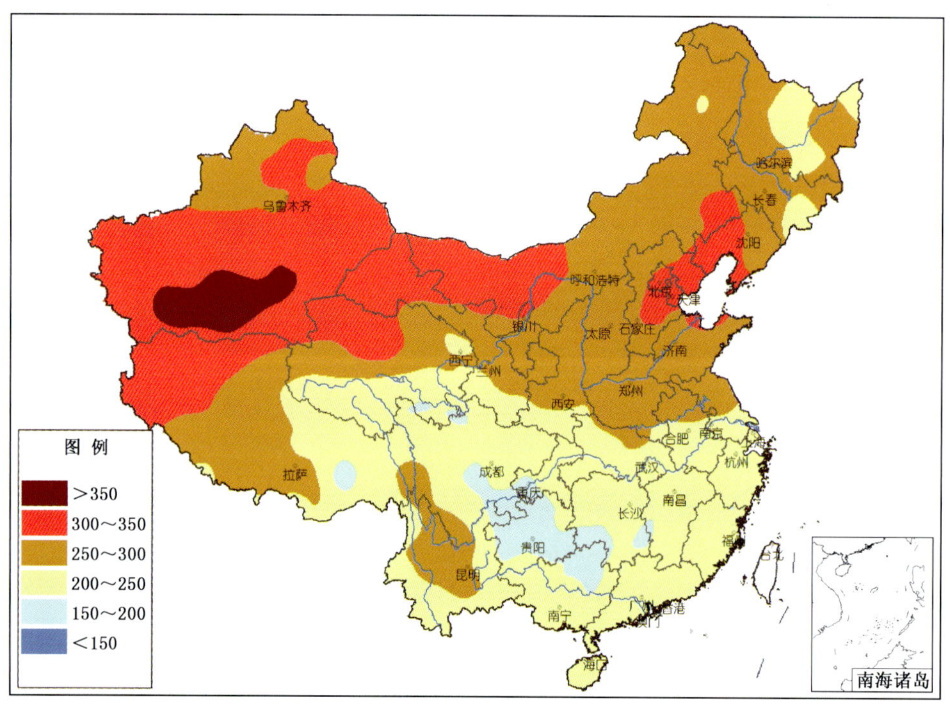

图 D6　2014 年全国无降水日数分布图(天)

Fig. D6　Distribution of non－precipitation days over China in 2014 (unit:d)

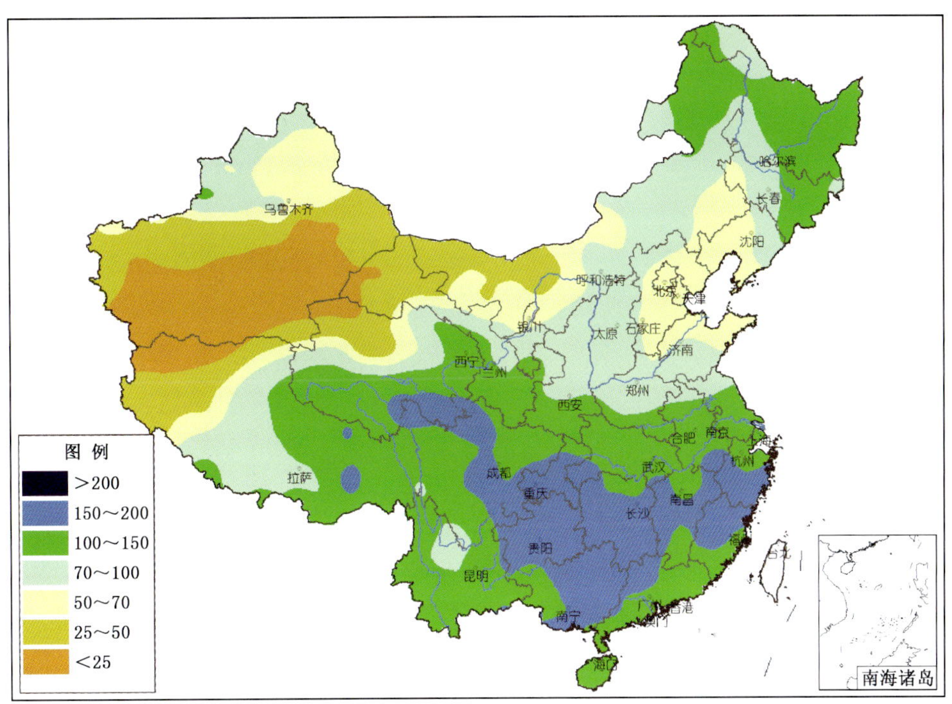

图 D7 2014 年全国降水(日降水量≥0.1 毫米)日数分布图(天)

Fig. D7 Distribution of the number of days with daily precipitation ≥0.1 mm over China in 2014 (unit:d)

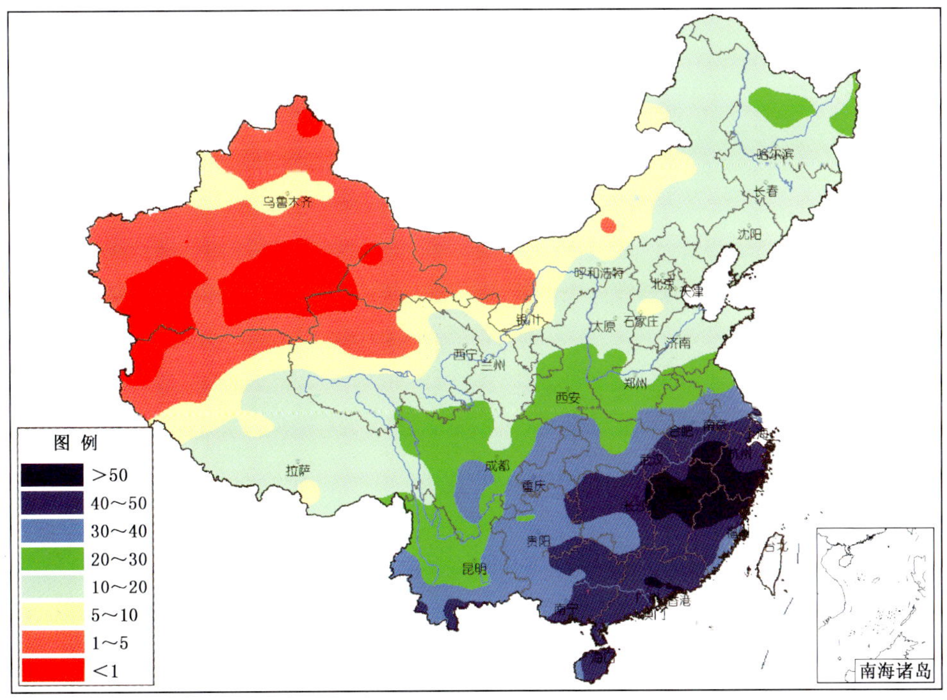

图 D8 2014 年全国降水(日降水量≥10.0 毫米)日数分布图(天)

Fig. D8 Distribution of the number of days with daily precipitation ≥10.0 mm over China in 2014 (unit:d)

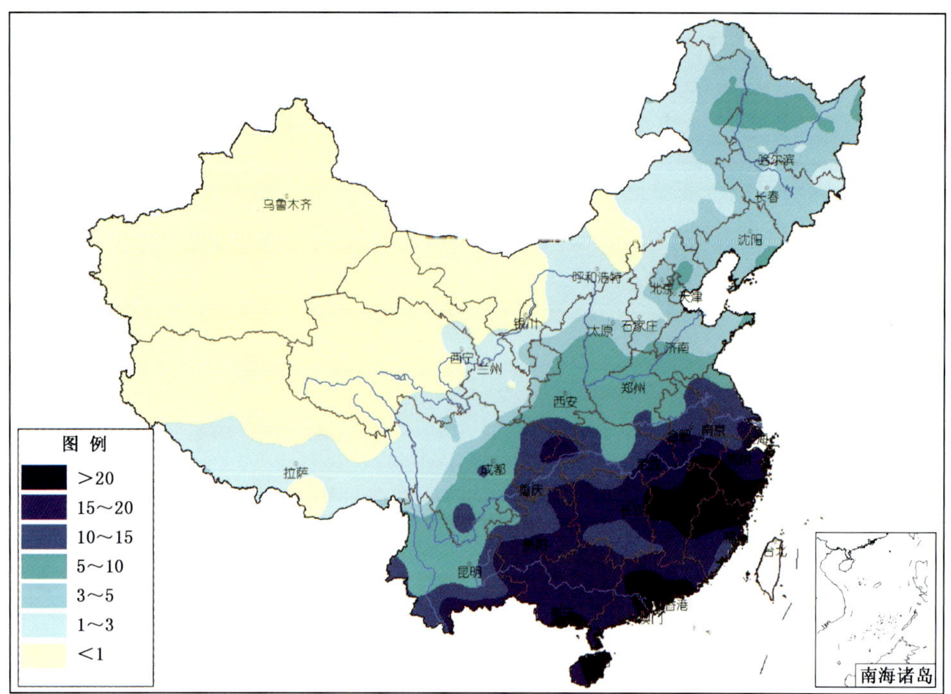

图 D9　2014 年全国降水(日降水量≥25.0 毫米)日数分布图(天)

Fig. D9　Distribution of the number of days with daily precipitation ≥25.0 mm over China in 2014 (unit:d)

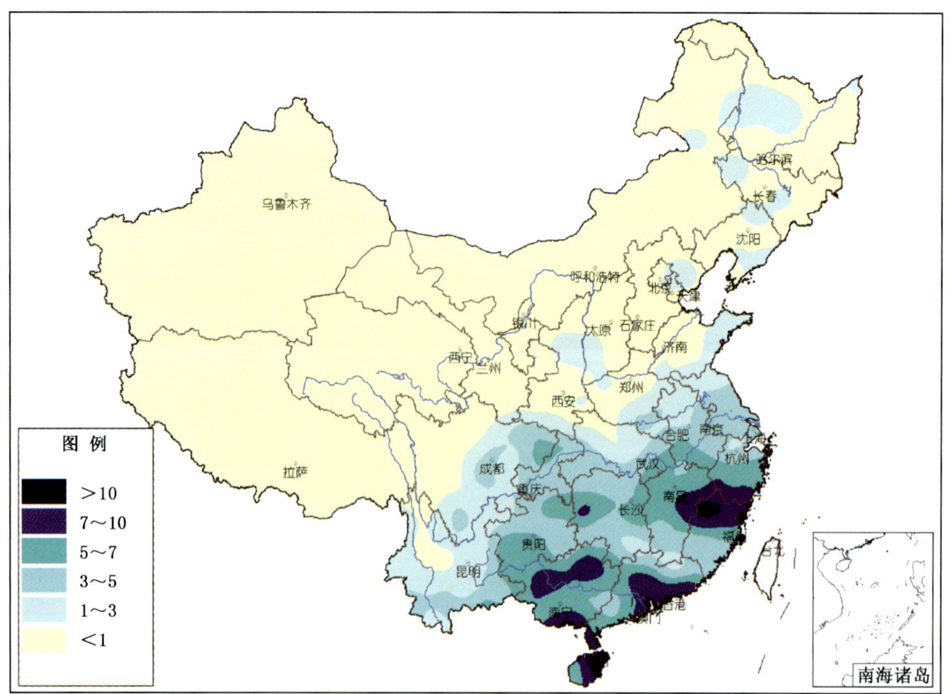

图 D10　2014 年全国降水(日降水量≥50.0 毫米)日数分布图(天)

Fig. D10　Distribution of the number of days with daily precipitation ≥50.0 mm over China in 2014 (unit:d)

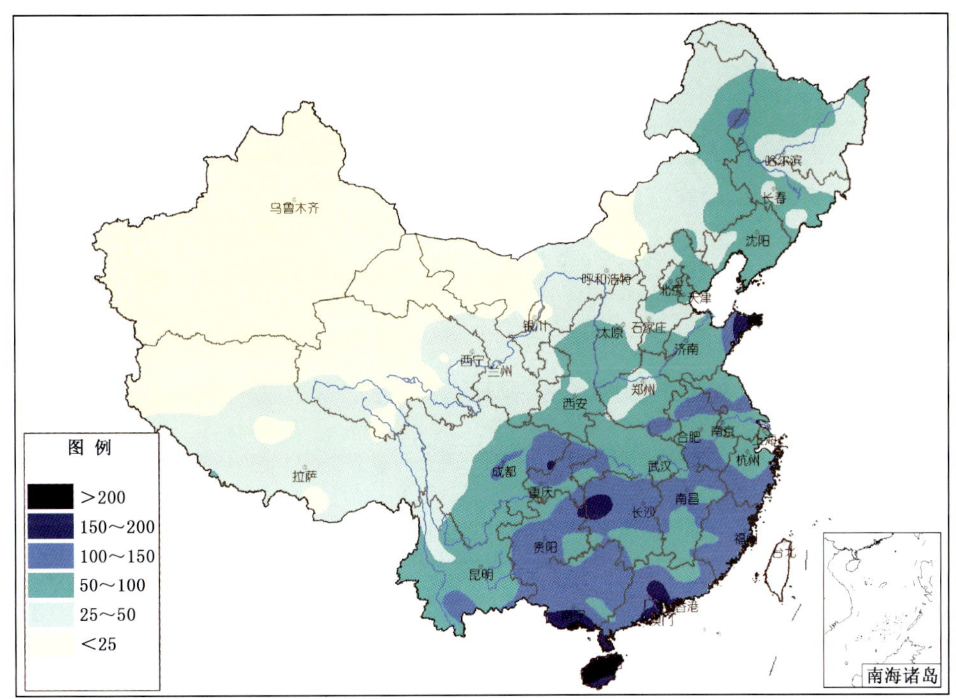

图 D11　2014 年全国日最大降水量分布图(毫米)

Fig. D11　Distribution of maximum daily precipitation amount over China in 2014 (unit:mm)

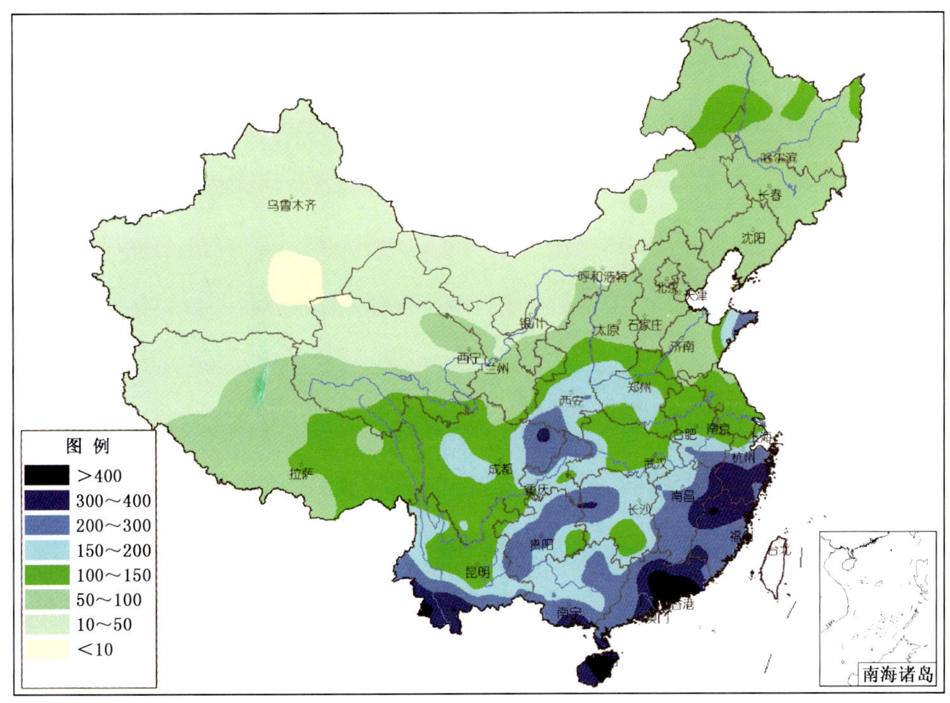

图 D12　2014 年全国最大连续降水量分布图(毫米)

Fig. D12　Distribution of maximum consecutive precipitation amount over China in 2014 (unit:mm)

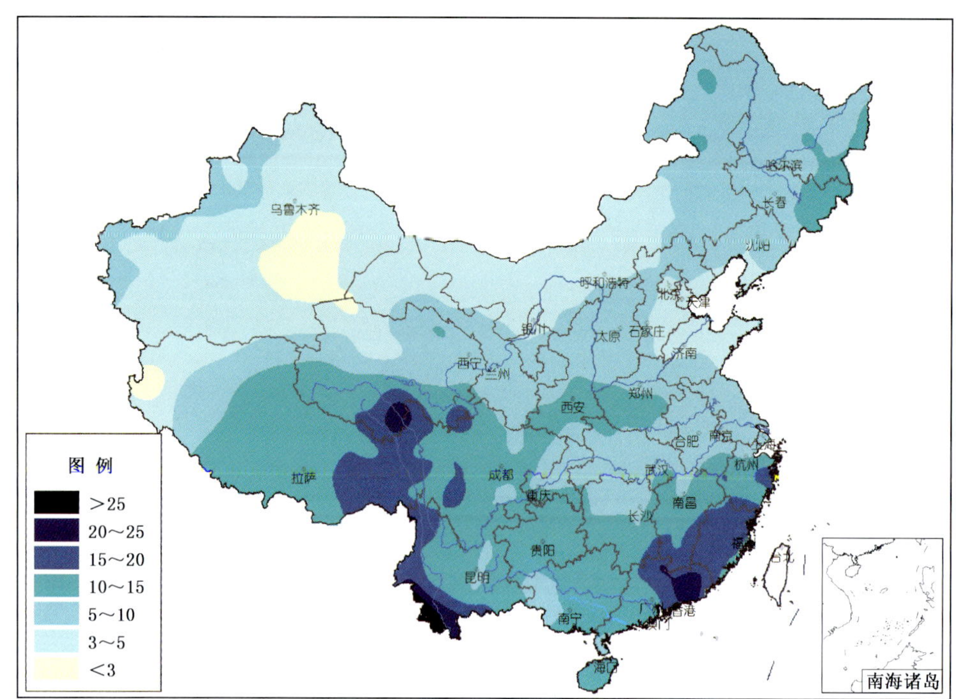

图 D13　2014 年全国最长连续降水日数分布图(天)

Fig. D13　Distribution of the maximum consecutive precipitation days over China in 2014 (unit:d)

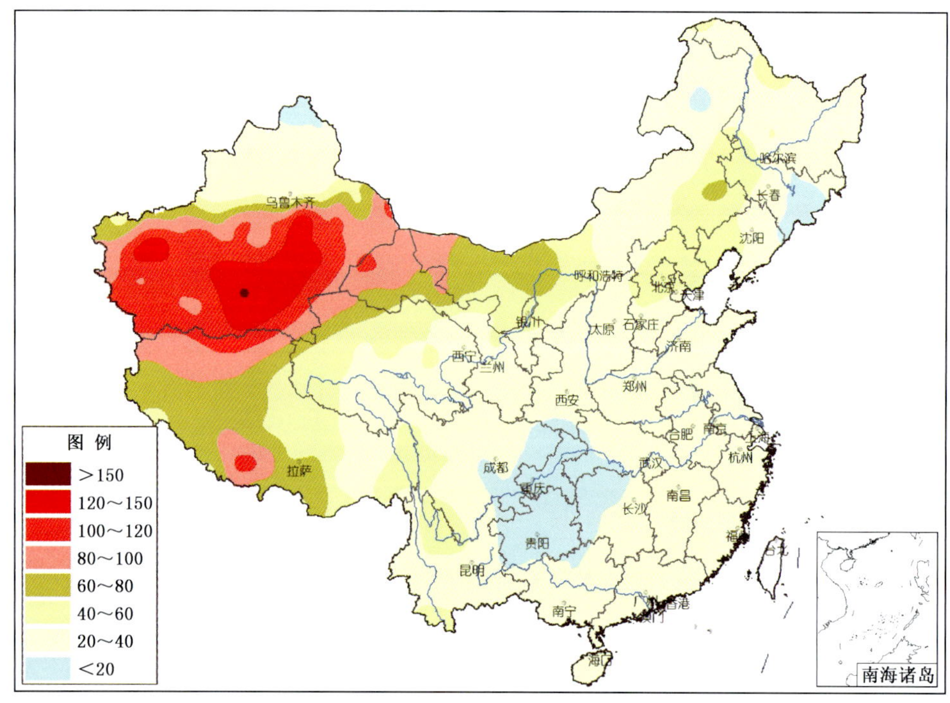

图 D14　2014 年全国最长连续无降水日数分布图(天)

Fig. D14　Distribution of the maximum consecutive non－precipitation days over China in 2014 (unit:d)

附录 E 天气现象特征分布图

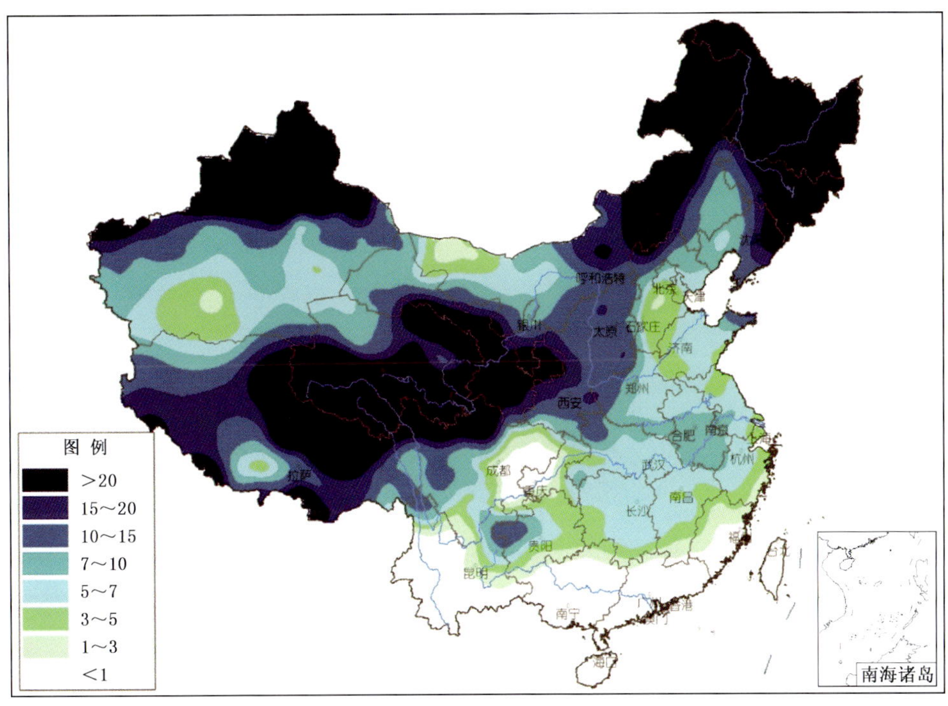

图 E1 2014 年全国降雪日数分布图(天)

Fig. E1 Distribution of snow days over China in 2014 (unit:d)

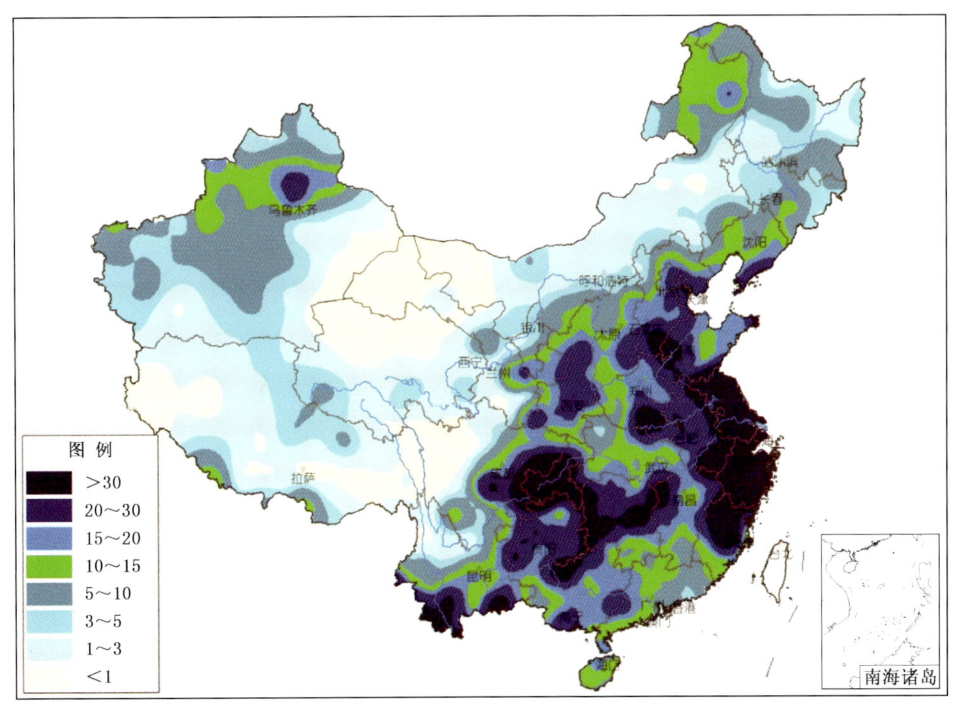

图 E2 2014 年全国雾日数分布图(天)

Fig. E2 Distribution of fog days over China in 2014 (unit:d)

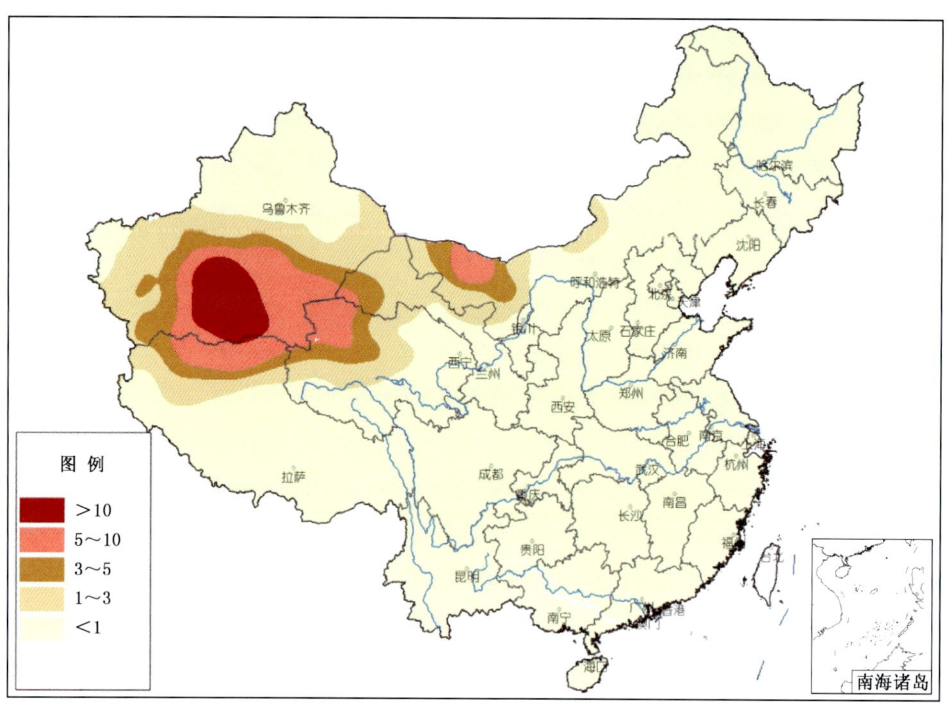

图 E3　2014 年全国沙尘暴日数分布图(天)

Fig. E3　Distribution of sand and dust storm days over China in 2014(unit:d)

附录 F 香港、澳门、台湾气象灾害事件选编

香港

● 2 月上中旬，香港出现持续低温天气。11 日早晨，香港市区最低气温只有 7.5℃，是 1996 年以来 2 月份出现的最低气温纪录。由于天气持续寒冷，香港民政事务总署继续开放全港 15 个避寒中心，供有需要的市民避寒。11—12 日共有 17 名香港市民疑因低温导致病发晕倒猝死，超过 1800 名长者身体不适使用平安钟求助，至少 115 人送院治疗。

● 3 月 9 日晨，香港市区最低气温 14.2℃，九龙城、筲箕湾分别为 13.2℃、13.4℃，新界上水为 12.1℃。由于天气持续阴凉，导致 4 名男子疑因低温引发疾病不治身亡。长者安居协会共接获 1500 多名长者按动平安钟求助，其中 120 人因气喘及痛症需要送院治疗。

● 3 月 30 日晚至 31 日晨，香港遭受暴雨、雷雨大风和冰雹袭击。30 日，香港天文台降雨量达 103.1毫米，元朗、屯门、荃湾及沙田的降雨量超过 150 毫米，最大 1 小时降雨量达 56 毫米，是有纪录以来 3 月份 1 小时的最高雨量；同时，屯门、元朗、沙田等地相继出现冰雹，最大冰雹直径有 20～30 毫米。受暴雨等恶劣天气影响，位于九龙塘的又一城屋顶雨水渠损毁，玻璃天花板被冰雹砸烂，商场变成"水帘洞"；多个地铁站通道甚至站台被淹；多条道路被迫封闭；在葵涌 6 号货柜码头，数十个货柜疑不堪风吹雨打而倒塌，造成 1 人受伤。截至 31 日晚，香港渠务署共收到 43 宗水浸报告，土力工程处接到 5 宗山泥倾泻报告。路政署及康文署分别接获 29 宗及 68 宗塌树报告。新界部分农田遭受冰雹灾害，菜农直接经济损失约 20 万港元。香港机场约 200 个航班因天气恶劣而延误，44 个航班被取消，1 个航班要转飞其他机场。

● 4 月 2 日，香港遭受暴雨、冰雹袭击，其中元朗降雹持续时间约 20 秒。沙田广林苑 1 株大树被连根拔起，造成 1 女子左腿被倒塌的树干压断。

● 5 月 11 日早上，香港出现大雨，上水燕岗村多处农田发生水浸，受淹面积约 7 公顷，水深 10 余厘米，估计直接经济损失超过 100 万元(港币)。

● 6 月和 7 月，香港平均气温分别为 29.0℃和 29.8℃，均创 1884 年有记录以来历史同期最高。同时，6 月平均最低气温 27.0℃，为历史同期第二高；7 月平均最低气温 27.6℃，与历史同期最高记录持平。由于天气炎热，空调使用频繁，一些市民 7 月的电费比前月高出约 3 成。在个别高温的日子，香港特区政府民政事务总署开放 14 间夜间临时避暑中心，供有需要的市民入住。

● 7 月 18 日，受台风"威马逊"影响，香港往返海口和三亚的 6 个航班被取消或延误。

● 8 月 7 日早晨，香港一对夫妇乘坐无篷顶 P4 机动舢舨在西贡火石洲一带海域捕鱼时遭遇雷击，造成 1 死 1 伤。

● 8 月 12—13 日，香港遭受暴雨、雷电袭击，其中 12 日晚深水埗 1 小时最大雨量达 100 毫米，湾仔及油尖旺地区也都超过 70 毫米。受暴雨影响，13 日学校停课，湾仔金紫荆广场举行的升旗仪式被迫取消，山顶缆车与昂坪缆车均延迟开放。

● 9 月 15—16 日，受台风"海鸥"影响，香港机场共有 629 个进出港航班延误，115 个航班取消；航海交通全面停航；大部分巴士暂停行驶；铁路班次也随之减少。香港特区政府各机关及大部分私人机构一度停止办公，股市休市，各学校停课。"海鸥"影响期间，特区政府收到 128 宗塌树及 5 宗水浸事故报告，共造成 29 人受伤，176 人入住民政事务总署开放的临时庇护站；新界约 300 公顷农田受灾。

澳门

● 受台风"海鸥"影响，澳门风雨交加。9 月 16 日清晨，西湾大桥平均风速每小时 86 千米，阵风高达每小时 122.4 千米。"海鸥"影响期间适逢大潮，内港下环一带出现海水倒灌，部分道路积水，低洼

地区水深近腰，有些电动车和私家车被水浸半个车胎。"海鸥"导致澳门对外交通基本中断，澳门机场和港澳码头均有不少旅客滞留；市内公共交通暂时停运；中、小、幼及特殊教育的班级16日全日停课。民防中心共接获73宗树木、棚架倒塌等事故报告，事故中共有5人受伤。

台湾

● 1月下旬初，台湾遭受寒潮低温袭击。21日，台湾大部分地区气温降至10℃以下，其中岛内最高峰玉山最低气温只有−5～−7℃；玉山、合欢山、阿里山、梨山等山区都出现降雪，其中阿里山和梨山是近9年来首度降雪。宜兰太平山虽未降雪，但气温降至0℃，树枝结满雾凇，能见度只有5米。这次寒潮低温共造成全台湾43人猝死。由于天寒地冻，21日台中市丰原葫芦墩公园附近水域发生鱼群集体暴毙事件，鱼尸绵延约2千米；22日云林沿海有上万尾虱目鱼遭冻毙，损失上百万元新台币；台南市北门区少数虱目鱼塭也有零星鱼苗冻毙现象。

● 2月上旬后期至中旬前期，受寒潮影响，台湾出现持续低温阴雨天气。10日，新竹以北地区气温都在10℃以下，新竹最冷只有8.1℃，淡水8.5℃，板桥9.3℃，台北9.4℃；台南及宜兰也只有11～12℃。10—13日，合欢山连续4天降雪，积雪最厚处达50厘米，为近年罕见大雪；玉山也出现近年来少见的大雪，积雪厚18厘米。大雪造成合欢山公路冰封中断。由于气温骤降，各地陆续传出"冻死人"事件：台北市8—10日有15人疑因天冷猝死，8人因疑似中风而送医救治。新北市8—9日共有19人疑因气温骤降猝死，死者大多为高龄老人，且不少罹患心血管疾病等慢性病症。桃园县9日气温骤降到10℃，有4人因心血管疾病骤逝。台中市9—11日共有10人猝死；中风及心肌梗塞急诊患者比平时增加近2成。

● 2月17日，台湾金门地区发生浓雾天气，局部能见度不足200米。大雾导致金门与厦门东渡码头客轮、金门与泉州石井码头航班一度停航，"小三通"交通受影响。

● 2月18—21日，受冷空气影响，台湾各地气温一路下滑。20日凌晨，阿里山气温降至0℃，降雪逾40分钟，积雪达0.8厘米；太平山、合欢山、玉山、雪霸农场（海拔1923米）等地也纷纷降雪。由于气温骤降，不少过敏体质民众纷纷挂号就诊，过敏性气喘患者比平时增加约3成，荨麻疹、鼻过敏患者也增加2成；台北医学大学附设医院风湿免疫过敏科两天就收治了10多位突发气喘症的病人。

● 3月29日，台湾金门地区出现浓雾。受其影响，金门机场从29日凌晨5时起全部关闭，而海上交通金门到东渡和金门到五通的航线从7时25分开始也暂时停航。

● 4月18日清晨起，台湾金门及马祖出现浓雾，金门能见度不到100米。金门及马祖机场因浓雾而被迫关闭，到上午8时，包括松山机场、台中机场及高雄机场，共有10班飞金门及马祖的班机延误或取消。

● 春季，台湾南部降水偏少，造成水库蓄水不足。3月初，供应台南民生及工业用水的南化水库蓄水量降至3900万吨，蓄水率仅剩4成。4月底，南化水库蓄水量又降至2成，而曾文水库蓄水量不到1成。由于水情吃紧，部分地区采取节水措施，一期稻作全面停灌，二期稻作灌溉则以"供8停6"的方式进行。

● 5月20—21日，台湾遭受暴雨袭击。台北市24小时内降雨量达350毫米，打破1907年设站以来5月份单日雨量纪录（1972年5月7日175毫米），远超过去30年5月的平均降雨量（234.4毫米）。新北市、嘉义县、桃园县、高雄市等地累计降雨量也超过200毫米。受强降雨影响，台湾主要河流水位急速上涨，台北市、新北市、台中市、彰化县及南投县等5县市、30乡镇市区、84处一度受淹，台北市南京东路四段一家位于地下室的台球场及酒吧水深及膝。多处发生洪水与土石流灾情，造成2人失踪。中南部蔬菜产区频传泡水灾情，农作物损失超过1000万元新台币。中山高速公路北上38.5公里处，因大雨路滑、视线不良，引发29辆车连环追撞事故，6人轻伤送医，并一度造成全线封闭、4线道禁止通行，车辆回堵10千米至桃园南崁交流道。不过，此次丰沛的降雨有效缓解了台湾旱情，对增加水库蓄水十分有利。翡翠水库蓄水量快速攀升到85%以上，可确保夏天台北市供水不会发生限水情况。

● 5月29日，台湾台中市外埔区与大甲区交界处出现罕见龙卷风，持续时间约2分钟。造成当地一处鸭寮整个屋顶被龙卷风掀起，现场满目疮痍，附近几处平房的屋瓦也被强风吹落。

● 6月3日，台湾云林、嘉义、台南等地遭受暴雨袭击。台南强降雨集中在中午11—12时，集水区累积雨量120毫米，兰花生技园区积水达20厘米；嘉义市区多处水深到脚踝，兴业西路地下道严重积水，轿车受困；云林县暴雨持续3个多小时，平均小时雨量达111毫米，各乡镇区顿成水乡泽国，道路成小河，一般道路积水超过脚踝，麦寮、台西等沿海低洼地区水深及膝，部分民众被迫撤离。由于降水强度大，局部地区发生灾情：台铁嘉义站至水上乡的南靖站铁轨积水，导致双向交通受阻1个多小时；部分医院停诊，小学停课；台南后壁区土沟、菁寮、四安、崩埤、白沙屯及白河区约100公顷一期稻作受灾倒伏。不过，此次强降水对增加水库蓄水比较有利。台南曾文水库进水3000多万吨，南化水库蓄水量8000万吨，水库达7成满，有助于缓解农业灌溉用水不足状况，二期稻作可望取消供8天停6天的轮灌措施，恢复正常灌溉。

● 6月15日，受台风“海贝思”外围云系影响，澎湖、金门陆续出现局部性大雨及强风，台湾本岛降雨主要集中在南部及东南部地区，台东绿岛当天累积雨量超过120毫米，居全台首位。台南市盐水区1男童被强风吹落的约5千克重的椰树枝砸中头部，造成后脑红肿及脸部擦伤。

● 7月23日凌晨，台风“麦德姆”登陆台湾，带来狂风暴雨。22—23日，花莲降雨量最多达650毫米，宜兰次多为562毫米，屏东、高雄、台东等地也都超过500毫米；沿海及部分岛屿出现大风，其中兰屿阵风17级，成功15级，彭佳屿13级。受“麦德姆”影响，台湾境内航线航班几乎全部取消；西部干线各级对号列车、南回线、花东线、宜兰线、北回线、内湾线、集集线、平溪线全线停驶；全台共有12条公路封闭；台东来往绿岛、兰屿交通船一度停航。“麦德姆”使花东农业遭受重创，台东知名文旦产地东河乡北源山区果园落果达5成以上，花莲初步估计灾害损失超过2亿元新台币。“麦德姆”给人们生产生活和旅游等也造成不利影响。除连江县外，台湾各县市都停班、停课；全台有36.56万户一度停电；玉山公园、阿里山森林游乐区、野柳地质公园都封园；宜花、中投逾8成房客退订，上千名大陆游客太鲁阁行程被迫取消。“麦德姆”造成新北、新竹、彰化、云林、嘉义、台南、台东等地共34人不同程度受伤，4人死亡。

● 8月4日上午，台湾高铁台中站道岔信号发生异常（因控制箱内的二极管遭雷击，电路板烧毁），造成南下及北上17个车次取消，49个车次误点，近2.8万名旅客受到影响。

● 8月6—13日，台湾高雄市连续6天出现大到暴雨，其中8日、10日的降雨量均超过200毫米，造成市区多处积水。11日清晨，高雄市灾区积水近40厘米深，前镇区河水暴涨，部分地方停班停课；12日，高雄淹水地方多达62处，不仅发生气爆的重灾区凯旋路以及二圣路段受淹，严重影响搜救和灾后重建工作，平时不会淹水路段也连续多日遭受水淹之苦，最严重时水深及腰。8月12日早晨，台南市也降下大暴雨，整个安南区及仁德高速公路路段几乎全部被淹，全市一度停班、停课。

● 8月13日，台湾金门地区遭受近5年最强暴雨袭击，清晨4—5时降雨量达73.5毫米。暴雨造成金沙镇10多公顷农田被淹，损失数百万元新台币；金沙湖畔一商务旅馆1楼全泡在水里，电器设备、厨房、餐饮器材等损失近千万元新台币。

● 9月19日8时至22日8时，受台风“凤凰”影响，台湾东部和南部累计降雨量有100～300毫米，部分地区400～500毫米，屏东和台东县局地超过500毫米，屏东县泰武乡达995毫米；兰屿最大阵风达13级，双北与宜兰也出现8级以上阵风。受暴雨影响，屏东、台东、花莲等地共有28处受淹；全台有600多户停水，7.6万户停电，预防性疏散撤离3900多人；部分县市停班、停课，公路、铁路交通一度封闭，桃园机场至21日16时共有108班进出境航班被取消或延误。此次台风“凤凰”共造成1

人死亡，4 人受伤。

● 12 月中旬后期，台湾遭受寒潮袭击，台南以北至宜兰、花莲的低温普遍在 10～12℃，多地气温不足 10℃。其中，淡水 16 日晚间气温 9.3℃，创入冬以来全台平地低温纪录，台中 18 日清晨气温降至 8.7℃，再破入冬以来平地低温纪录。嘉义气温 9.8℃、梧栖 10.8℃、台南 11℃，也都刷新当地入冬以来的低温纪录。此次寒潮低温天气，造成全台 26 人冻死，其中包括台东 1 名出生 6 天男婴在寒夜失温死亡，基隆 1 名七旬老妇冻死在公厕，台中 1 名五旬独居退休警员受冻猝死家中。

附录 G 2014 年国内外十大天气气候事件

国内十大天气气候事件

1.1949 年以来最强台风"威马逊"袭击华南
2. 10 月 4 次雾、霾过程覆盖中东部,11 月北京现"APEC 蓝"
3. 夏季北方 17 省(区、市)大地"望梅止渴"
4. 云南连续 6 年出现春旱
5. 4 月 23—24 日强沙尘暴席卷西北大地
6. 强冷空气让春天的北方重回冬天,农作物受冻害
7. 3 月 9 省(区、市)遭遇雷雨大风、冰雹等强对流天气袭击
8. 华南前汛期开始早雨量大,深圳遭遇 2008 年以来最强暴雨
9.5 月下旬华北黄淮多地拉响红色预警
10.8 月长江中下游出现罕见凉夏

国外十大天气气候事件

1.1 月 7 日美国纽约度过 118 年来最冷一天
2.赤道中东太平洋诞生一个"小男孩"扰乱气候规律
3.巴西遭遇 50 年来最严重干旱,境内最长河流圣方济河源头干涸
4.澳大利亚年初经历罕见高温,打破 150 余项气候记录
5.印度新德里 47.8℃高温创 62 年来新纪录
6.4 月末法国埃菲尔铁塔"消失"在雾、霾中
7. 气候变暖是毋庸置疑的事实,主因是人类活动导致
8.持续暴雨致巴尔干半岛出现百年不遇洪灾
9.暴风雪引发雪崩,43 人魂断喜马拉雅
10.太阳活动出现 24 年一遇超大活动区

Summary

In 2014, the annual mean temperature over China is 10.1℃, which is 0.5℃ warmer than the climatic normal, but 0.1℃ lower than the year 2013 (Fig. 1). The temperatures in four seasons are higher than the normal seasonally. The annual precipitation over China is 636.2 mm, 1.0% more than the normal and 2.6% less than the year 2013 (Fig. 2). Winter, spring and summer precipitation are close to the climatic normal, while that in autumn is more than the climatic normal.

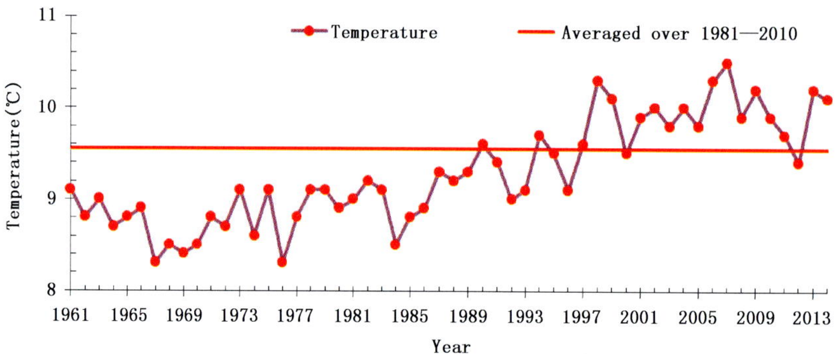

Fig. 1 Annual mean temperature over China during 1961—2014 (unit: ℃)

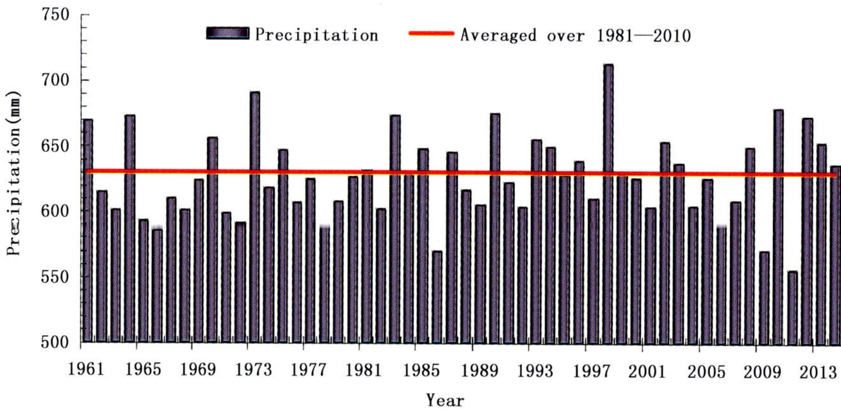

Fig. 2 Annual precipitation over China during 1961—2014 (unit: mm)

In 2014, there are periodic droughts in north China in summer. The rainstorm processes are concentrated in south China during flood season, but no basin-wide rainstorm and flood disaster, therefore, rainstorm and flood disasters are relatively slight. There are heavy and intense rainfalls in West China and Yellow-Huai River region, causing landslide and mudslide disaster in certain places. Lesser typhoons are generated and landed, but with stronger intensity. The consecutive fog and haze weather in central-east China results in adverse impacts to human health and transportation. There are frequent high temperature weather events in southern China in summer, while it is relatively cool in the mid-lower reaches of Yangtze River. There are periodical low-temperature, freezing weather and continuous rain in certain regions with slight harm to agriculture.

The statistics indicate that meteorological and the related disasters in 2014 affect about 0.24 billion person-times, and cause 1055 death and missing. Disasters also strike 2.49×10^7 hm^2 crop lands, with 3.09×10^6 hm^2 farmlands without harvest. And direct economic loss (DEL) reached 296.5 billion RMB (Fig. 3). In general, DEL caused by meteorological disasters in 2014 slightly exceeds the average level of the 1990—2013. While the number of death (missing) and disaster stricken area in 2014 is obviously lesser than the average level of 1990—2013. The meteorological disaster in 2014 belongs to slight.

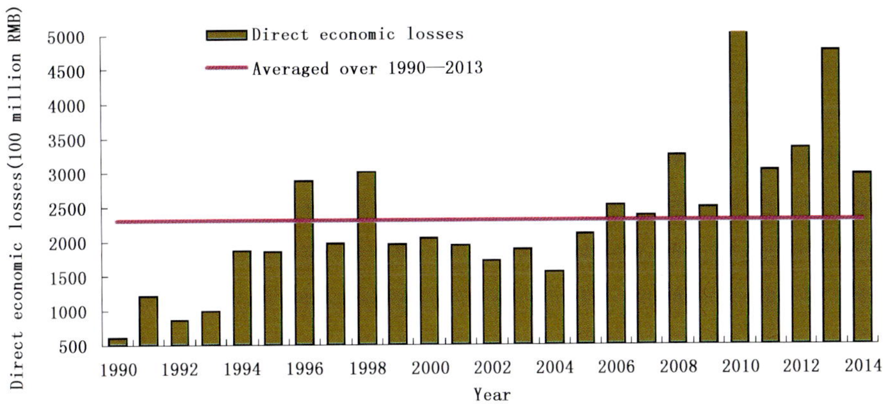

Fig. 3 Direct economic losses (DEL) caused by meteorological disasters over China during 1990—2014

Fig. 4 exhibits the relative proportions of loss indices for five major meteorological disasters over China in 2014. Rainstorm and flood disaster has the highest percentages in the total "death toll", "collapsed houses" and "direct economic losses", accounts for 69.9%, 80.3%, and 34.7% respectively. Drought has the highest percentages in the total "affected population", "crop areas affected" and "crop areas without harvest", accounts for 42.4%, 49.4% and 48.1% respectively.

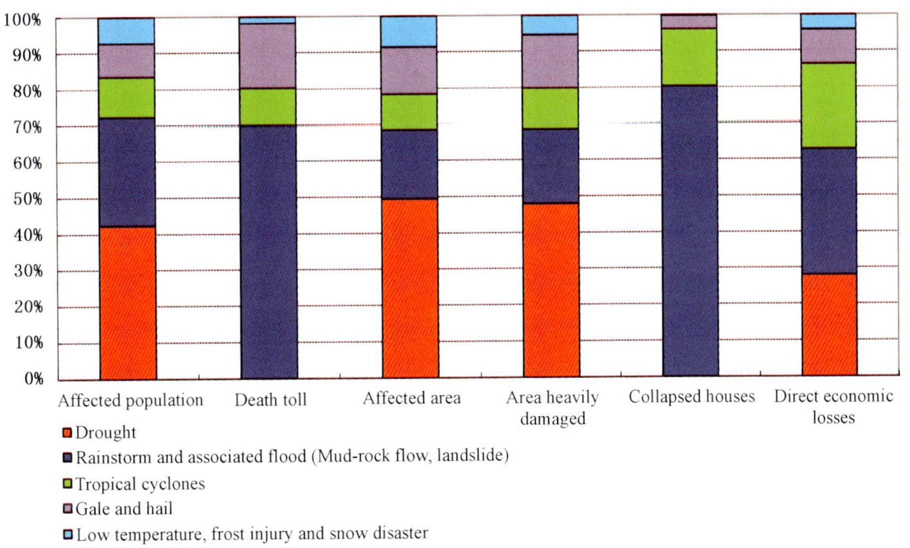

Fig. 4 Relative proportions of loss indices for five major meteorological disasters over China in 2014

Overall, affected population, death toll, affected area and affected crop areas without harvest, collapsed houses and direct economic losses by meteorological disasters in 2014 are less than those in 2013. From the viewpoint of disaster type, the direct economic losses (Fig. 5 left) and death toll (Fig. 5 right) caused by each disaster in 2014 are lower than those in 2013.

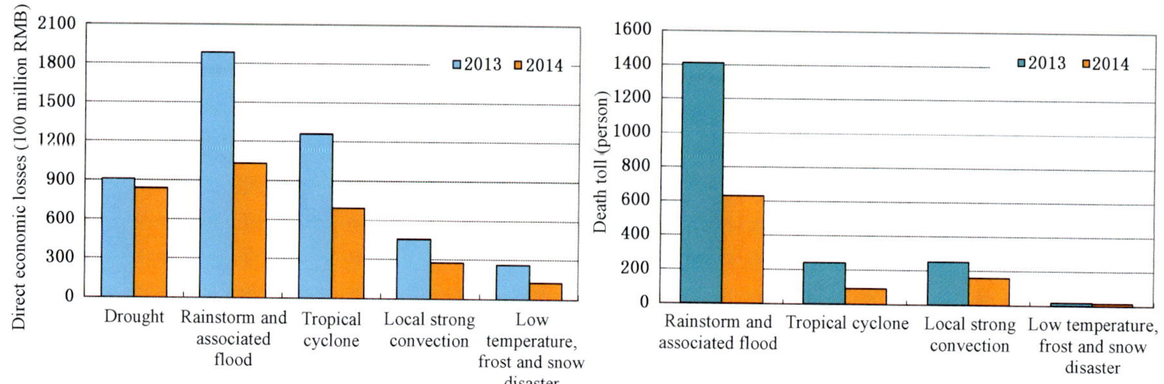

Fig. 5 Direct economic losses (left) and death toll (right) caused by main meteorological hazards over China in 2013 and 2014

General Review of Main Meteorological Disasters in 2014

Droughts In 2014, Droughts affect area of about 12.27 million hm^2, which is significantly less than the 1990—2013 averaged level and is the third least since 1990, belongs to a relatively light year in terms of meteorological drought disaster (Fig. 6). However, the regional and periodic drought disasters are frequent in 2014, including spring droughts in Northeast China, Yunnan province, and south of Sichuan province, severe summer droughts in Northeast China and the Yellow-Huai region, and autumn droughts in the Jiangnan region and South China.

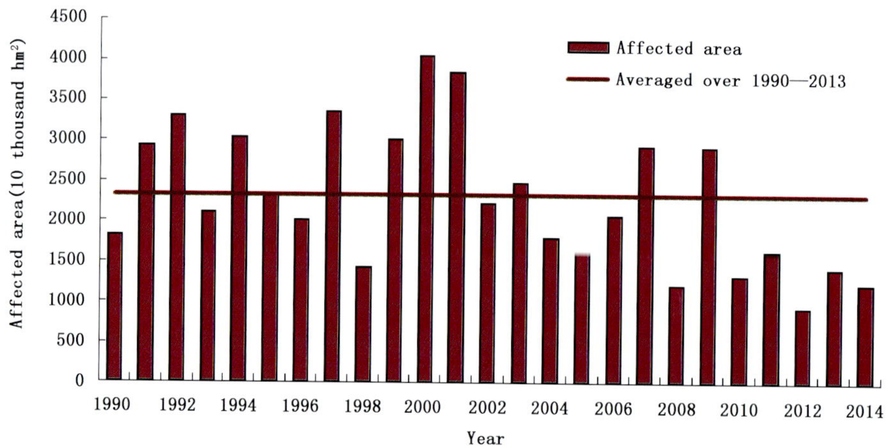

Fig. 6 Histogram of drought-affected areas over China during 1990—2014

Rainstorm and Associated Flood, Mud-rock Flow and Landslides In 2014, no large-scale basin wide rainstorm and floods occur in China, but local severe rainstorms and flood frequently happened. There are 36 rainstorm processes, 31 of them are in southern China. There are frequent rainstorm and floods in southern China which cause severe damages during the flood season (May to September). Frequent and intense rainfall in West China and the Yellow-Huai region induces comparatively severe urban waterlogging, landslide and mudslide disaster in Sichuan, Chongqing, Shaanxi and Hubei provinces etc. Rainstorm and floods affect about 4.74 million hm^2 and cause death toll of 631 persons and direct economic losses of about RMB 103.0 billion. The affected areas (Fig. 7) and death toll in year 2014 are obviously less than those of averaged level in 1990—2013, while the direct economic losses are more than the average. In general, 2014 belongs to a relatively light year in terms of rainstorm and related disaster.

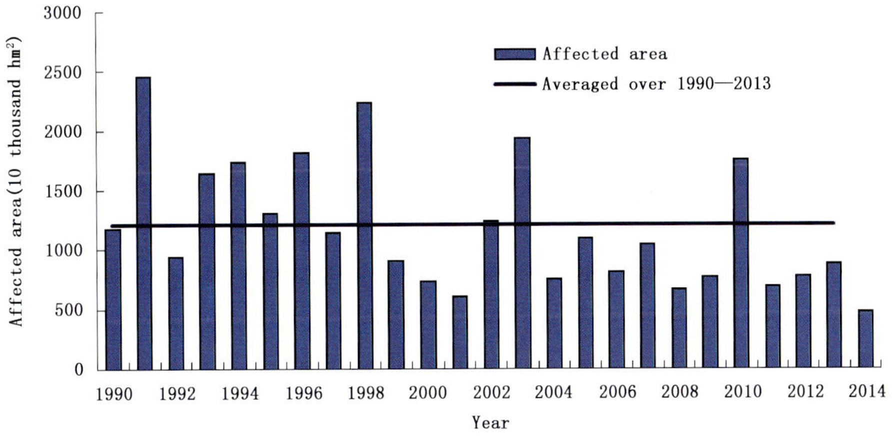

Fig. 7 Histogram of rainstorm and floods affected area over China during 1990—2014

Tropical cyclones (typhoons) In 2014, there are 23 tropical cyclones formed in the northwest Pacific and the South China sea, which is 2.5 less than the climatic normal of 25.5. Five of them landed in the mainland, which is 2.2 less than the climatic normal. The landing times of the first and last tropical cyclone are both earlier than the normal. It is rare that there are three tropical cyclones which landed in China more than one time. Those five tropical cyclones landed in the mainland are all landed along the coastal areas in South China, located more south than the normal. These tropical cyclones caused 94 deaths and direct economic losses of RMB 69.3 billion. The death toll is less than the average level of 1990—2013, but the direct economic loss is higher than the average. In general, the year 2014 is the relatively sever year in terms of tropical cyclone disaster (Fig. 8).

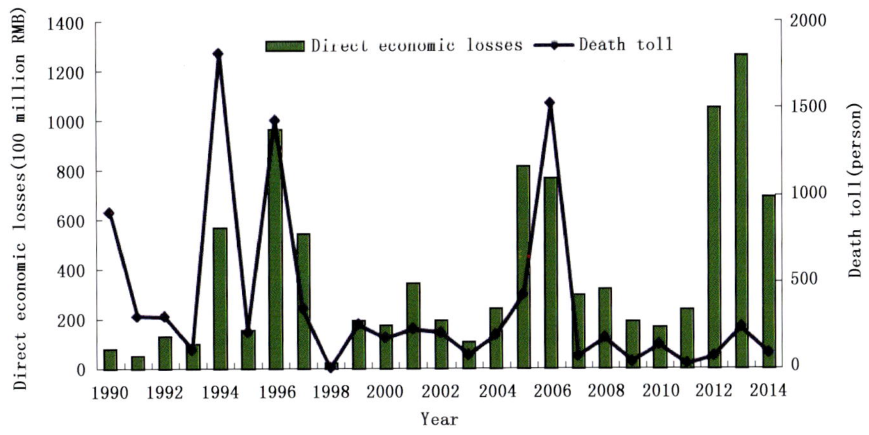

Fig. 8 Histogram of direct economic losses and death toll caused by tropical cyclones over China during 1990—2014

Local strong convections(gale, hail, tornado, lightning stroke, etc) In 2014, the averaged local strong convection days are 14.0 days, 4.4 days less than the climatic normal. The gale and hail disasters affect crop areas of 3.23 million hm^2 and cause death toll of 194 people and direct economic loss of RMB 27.67 billion. Comparing to the average value of 2005—2013, the year 2014 is the relatively slight year in terms of gale and hail disasters.

Low Temperature, Frost Injury and Snow Disasters In 2014, the low temperature, frost and snow disaster hit a total affected crop area of 2.13 million hm^2 and caused a direct economic loss of about RMB 12.9 billion. The year 2014 is the relatively slight year in terms of low temperature, frost and snow disaster. There is large-scale low temperature and snow disaster in Southern China at the beginning of the year; while there are periodic low temperature and frost disasters in the northern region in spring. Some regions in the mid and lower reaches of Yangtze River suffer from low temperature, cloudy and drizzly in summer. The low temperature and frost disasters cause adverse impacts to the agriculture sector in certain regions.

Sand Storm There are 7 dust weather processes in spring in 2014, 10 less than the climatic normal, and 4.9 less than the average of 2000—2013 (11.9 processes). There are 3 sandstorm and severe sandstorm, 4.2 less than the average of 2000—2013 (7.2 processes). The averaged dust and sandstorm days is 2.5 days, 2.6 days less than the climatic normal, ranking the third least since 1961. The beginning time of first sand storm event is March 19, 36 days later than the average of 2001—2013 (February 11). The sandstorm process during April 23—24 is the most intense with widest impact in 2014. The year 2014 is the relatively slight year in terms of sand storm disaster.